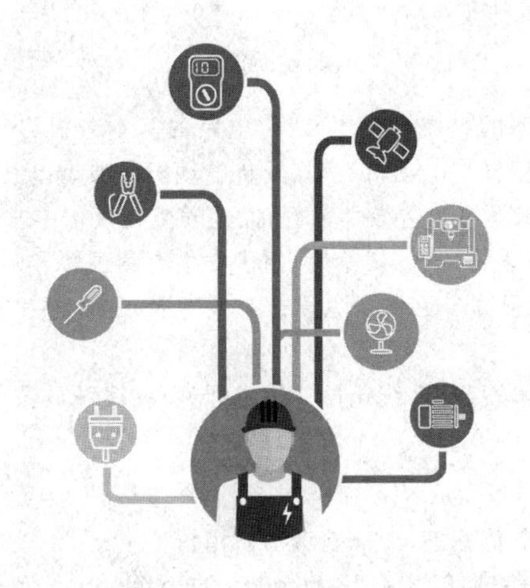

电工基础

第3版 微课版

王民权　主编

应力恒 梅晓妍　副主编

清華大學出版社
北京

内容简介

本书的主要内容包括：电路的组成及基本知识、电路的基本分析方法、单相正弦交流电路、三相正弦交流电路、磁路与变压器、三相异步电动机、三相异步电动机的典型电气控制电路。

本书的主要特色包括：知识学习精选教学案例，鼓励学生在模仿中掌握分析问题的方法与步骤；应用技能和操作类内容以"图形＋表格"的方式给出，便于学生看图理解和对比学习。

本书适合装备制造大类高职高专在校学生、成人教育及函授学生、企业电气工程技术人员阅读使用。

本书配套有知识点微课教学视频、系统化设计学习课件、在线开放数字化资源。

图书在版编目(CIP)数据

电工基础：微课版/王民权主编．—3版．—北京：清华大学出版社，2022.5(2023.9重印)
ISBN 978-7-302-60573-7

Ⅰ．①电…　Ⅱ．①王…　Ⅲ．①电工－基本知识　Ⅳ．①TM

中国版本图书馆CIP数据核字(2022)第064243号

责任编辑：田在儒
封面设计：刘　键
责任校对：李　梅
责任印制：曹婉颖

出版发行：清华大学出版社
网　　址：http://www.tup.com.cn，http://www.wqbook.com
地　　址：北京清华大学学研大厦A座　　邮　　编：100084
社 总 机：010-83470000　　邮　　购：010-62786544
投稿与读者服务：010-62776969，c-service@tup.tsinghua.edu.cn
质量反馈：010-62772015，zhiliang@tup.tsinghua.edu.cn
印 装 者：三河市铭诚印务有限公司
经　　销：全国新华书店
开　　本：185mm×260mm　　**印　张**：18.5　　**字　　数**：426千字
版　　次：2013年9月第1版　2022年7月第3版　　**印　　次**：2023年9月第3次印刷
定　　价：59.00元

产品编号：097587-01

前　言
FOREWORD

中国共产党第二十次全国代表大会报告指出："高质量发展是全面建设社会主义现代化国家的首要任务。""教育、科技、人才是全面建设社会主义现代化国家的基础性、战略性支撑。""培养什么人、怎样培养人、为谁培养人是教育的根本问题。"

"电工基础"是装备制造大类专业的一门电工技术基础课。课程内容涵盖电路元器件识别、电路物理量计算与测量、交直流电路分析、磁路与变压器、三相异步电动机、典型电动机电气控制电路等。

职业教育除了知识传承和应用能力的培养以外，还需要关注学生未来的可持续发展。为了充分反映产业发展新进展，对接科技发展趋势和市场需求，及时吸收成熟的新技术、新工艺、新规范等，在本书的总体规划和资料收集阶段，编者深入装备制造类企业，调研电气技术人员的专业知识、岗位技能和职业素养。具体编写过程中，通过与企业专家紧密合作系统规划教材内容，把企业现场的工作任务典型化为课程项目；同时注意把维修电工的应知应会内容融入教材的理论知识与技能训练项目中，实现书证融通；进而把成熟的课程项目与基本理论有机结合，按知识点、技能点建设课程的数字化资源，形成理实一体的新形态教材。

全书章节整体构架为"学习目标→学习指导→学习内容→知识应用"，同时又根据具体内容调整编写风格。如针对理论知识为主的"电路分析方法"，按"方法探索→方法学习→方法应用→总结提高"组织教材内容；针对应用技能为主的"典型电气控制电路"，则按"认识元件→电路组成→功能分析→电路装接→故障检查"安排学习进程。

与第2版相比，本书注重把多年积累的教学方法、项目案例、课程思政等内容有机嵌入教材内容。具体如：知识学习部分精选教学案例，引导学生在模仿中掌握分析问题的方法与步骤；应用技能部分以"图形＋表格"代替文字叙述，便于学生直观理解和对比学习；针对晦涩难懂的理论知识编写了16个"电工故事"嵌入相关的知识点，结合每章内容给出了7个"细雨润心田"案例。

本书建议学时为72～80学时，教师可根据专业特点和实训设备情况适当调整。

本书由宁波职业技术学院的王民权担任主编并负责统稿。第1章由应力恒编写，第2章由梅晓妍编写，第3～7章由王民权编写。企业专家史晓峰参与了第1～4章思政案例的编写，提供了第4章的"相序检测器制作"课程案例；浙江省技术能手、宁波市拔尖人才张晖参与了第5～7章思政案例的编写，提供了第7章各节中“技能实训报告样例”和“元件接线图”。

在本书编写的过程中，参考了一些经典的本科教材和优秀的高职教材；采纳了出版社编辑的很多重要的意见和建议，在此一并表达真诚的感谢。

虽为呕心之作，但囿于作者水平，书中疏漏不妥之处恐难避免。恳请使用者不吝赐教，提出宝贵的修改意见，帮助它成为一本有生命力的好教材。

不积跬步，无以至千里。让我们从本书开始，踏上专业的学习之路。

编　者

2023年8月

导语：走进电的世界

目 录
CONTENTS

第1章 电路的组成及基本知识 …… 1

1.1 电路的组成与基本物理量 …… 1

1.1.1 典型电路应用实例 …… 1

1.1.2 电路的概念 …… 2

1.1.3 电路中的物理量 …… 4

1.2 认识电阻元件 …… 10

1.2.1 电阻的种类与规格 …… 11

1.2.2 电阻的作用 …… 13

1.2.3 电阻的特性 …… 14

1.2.4 电阻的基本使用 …… 16

1.3 认识电容元件 …… 17

1.3.1 电容的种类与规格 …… 18

1.3.2 电容的结构与作用 …… 20

1.3.3 电容的特性 …… 22

1.3.4 电容的串并联 …… 23

1.3.5 电容的基本使用 …… 24

1.4 认识电感元件 …… 26

1.4.1 电感的种类与规格 …… 26

1.4.2 电感的结构与作用 …… 28

1.4.3 电感的特性 …… 28

1.4.4 电感的串并联 …… 29

1.4.5 电感的使用方法 …… 30

1.5 认识电源 …… 31

1.5.1 电压源及其特性 …… 32

1.5.2 电流源及其特性 …… 33

1.6 电路物理量的测量 …… 34

1.6.1 电流的测量 …… 34
1.6.2 电压的测量 …… 39
1.6.3 功率的测量 …… 42
1.6.4 电能的测量 …… 43
1.7 基尔霍夫定律的学习与应用 …… 44
1.7.1 电路模型中的术语 …… 45
1.7.2 基尔霍夫定律及应用 …… 45
细雨润心田：能量平衡,和谐发展 …… 49
本章小结 …… 49
习题1 …… 51

第2章 电路的基本分析方法 …… 54

2.1 电阻的联结与等效 …… 54
2.1.1 实际问题 …… 54
2.1.2 电阻的串联 …… 55
2.1.3 电阻的并联 …… 57
2.1.4 电阻的混联 …… 60
2.1.5 电阻星形联结与三角形联结的等效变换 …… 61
2.2 电源等效变换 …… 64
2.2.1 方法探索 …… 65
2.2.2 电源等效变换及应用 …… 65
2.3 支路电流法 …… 69
2.3.1 方法探索 …… 70
2.3.2 支路电流法及应用 …… 70
2.4 结点电位法 …… 74
2.4.1 方法探索 …… 74
2.4.2 结点电位法及应用 …… 74
2.5 叠加定理 …… 78
2.5.1 方法探索 …… 78
2.5.2 叠加定理及应用 …… 79
2.6 戴维宁定理 …… 82
2.6.1 方法探索 …… 82
2.6.2 戴维宁定理及应用 …… 84
细雨润心田：尊重科学,有效学习 …… 88
本章小结 …… 89
习题2 …… 91

第 3 章 单相正弦交流电路 …… 95

3.1 正弦交流电的表示方法 …… 95
3.1.1 正弦交流电的三要素 …… 95
3.1.2 正弦交流电的表示方法 …… 99
3.1.3 正弦交流电各种表示法的比较 …… 104
3.2 单一参数电路的分析与计算 …… 105
3.2.1 纯电阻电路 …… 105
3.2.2 纯电容电路 …… 107
3.2.3 纯电感电路 …… 111
3.3 复合参数电路的分析与计算 …… 115
3.3.1 RLC 串联电路 …… 115
3.3.2 RLC 并联电路 …… 120
3.3.3 RLC 混联电路 …… 123
3.3.4 电路参数的测量 …… 125
3.4 电路功率因数的提高 …… 126
3.4.1 提高功率因数的意义 …… 126
3.4.2 提高功率因数的方法 …… 127
*3.5 电路的谐振 …… 129
3.5.1 串联谐振电路 …… 129
3.5.2 并联谐振电路 …… 131
细雨润心田：合理配电，服务民生 …… 133
本章小结 …… 134
习题 3 …… 136

第 4 章 三相正弦交流电路 …… 140

4.1 三相交流电源的联结 …… 140
4.1.1 三相对称交流电源 …… 141
4.1.2 三相电源的星形(Y)联结 …… 142
4.1.3 三相电源的三角形(△)联结 …… 144
4.1.4 三相电源与负载的正确联结 …… 144
4.2 三相负载的联结 …… 146
4.2.1 三相负载的星形(Y)联结 …… 146
4.2.2 三相负载的三角形(△)联结 …… 150
4.3 三相电路功率的计算与测量 …… 155
4.3.1 三相电路功率的计算 …… 156
4.3.2 三相电路功率的测量 …… 158
*4.4 三相电路相序的判断 …… 160

4.4.1 相序检测原理 …… 160
4.4.2 相序检测装置的制作与使用 …… 162
细雨润心田：电力百年，社会共享 …… 162
本章小结 …… 163
习题4 …… 165

第5章 磁路与变压器 …… 167

5.1 磁场与磁路定律 …… 167
5.1.1 磁场 …… 167
5.1.2 磁场的基本物理量 …… 168
5.1.3 磁路与磁路基本定律 …… 170
5.2 直流电磁铁及其应用 …… 174
5.2.1 起重电磁铁 …… 174
5.2.2 电机的磁极 …… 175
5.2.3 各类电磁继电器 …… 175
*5.3 交流电磁铁 …… 177
5.3.1 交流电磁铁的电磁关系 …… 178
5.3.2 交流电磁铁的磁力关系 …… 179
*5.3.3 交流电磁铁的损耗 …… 181
5.4 变压器 …… 182
5.4.1 控制变压器 …… 182
5.4.2 三相电力变压器 …… 188
5.4.3 自耦调压器 …… 189
5.4.4 其他变压器 …… 190
细雨润心田：变压变流，一专多能 …… 191
本章小结 …… 192
习题5 …… 193

第6章 三相异步电动机 …… 195

6.1 电动机的结构与铭牌 …… 195
6.1.1 定子的结构与作用 …… 196
6.1.2 转子的结构与作用 …… 197
6.1.3 铭牌与接线 …… 198
6.2 电动机的工作原理 …… 201
6.2.1 定子旋转磁场的产生 …… 201
6.2.2 定子旋转磁场的速度 …… 203
6.2.3 转子旋转原理 …… 205
6.2.4 转子的转速与转差率 …… 206

6.3 电动机的机械特性与运行特性 …… 206
6.3.1 电动机的机械特性…… 207
6.3.2 负载的机械特性…… 209
6.3.3 电动机的运行特性…… 210
*6.3.4 电动机的功率关系…… 211
6.4 电动机的起动、调速、反转和制动 …… 213
6.4.1 电动机的起动…… 213
6.4.2 电动机的调速…… 219
6.4.3 电动机的反转…… 220
6.4.4 电动机的制动…… 220
细雨润心田：电机运转，经济发展 …… 222
本章小结…… 222
习题 6 …… 225

第 7 章 三相异步电动机的典型电气控制电路…… 227

7.1 常用低压电器 …… 228
7.1.1 低压断路器…… 228
7.1.2 低压熔断器…… 231
7.1.3 按钮…… 232
7.1.4 交流接触器…… 233
7.1.5 热继电器…… 235
*7.1.6 接线端子排…… 236
7.2 三相异步电动机单向运行的电气控制 …… 239
7.2.1 电路组成与功能分析…… 240
7.2.2 电路装接…… 241
7.2.3 电路检查…… 243
*7.2.4 具有点动功能的单向运行电气控制电路…… 247
*7.2.5 能够两地操作的单向运行电气控制电路…… 248
7.3 三相异步电动机双向运行的电气控制 …… 250
7.3.1 电路组成与功能分析…… 250
7.3.2 电路装接…… 251
7.3.3 电路检查…… 253
7.3.4 机械电气双重互锁的双向运行控制电路…… 256
*7.3.5 能自动往复的双向运行控制电路…… 257
7.4 三相异步电动机Y-△起动运行的电气控制 …… 260
7.4.1 时间继电器…… 260
7.4.2 电路组成与功能分析…… 261
7.4.3 电路的装接与检查…… 262

7.5 三相异步电动机双速运行的电气控制 …… 263
7.5.1 电路组成与功能分析 …… 263
7.5.2 元件接线图 …… 265
7.6 三相异步电动机反接制动的电气控制 …… 266
7.6.1 倒顺开关 …… 266
7.6.2 速度继电器 …… 266
7.6.3 电路组成与功能分析 …… 267
7.6.4 元件接线图 …… 268
7.7 电动机顺序运行电气控制电路的设计与实施 …… 269
7.7.1 工程问题 …… 269
7.7.2 电气控制原理图设计 …… 270
7.7.3 元件接线图设计 …… 271
7.7.4 电器元件选择 …… 271
*7.7.5 电路装接与调试 …… 273
细雨润心田：练精技能，铸就匠心 …… 274
本章小结 …… 274
习题7 …… 276

附录 …… 279

附录A 常见电阻的特点及用途 …… 279
附录B 色环的含义 …… 279
附录C 常见电容 …… 280
附录D 常见电感 …… 280
附录E 防护等级 …… 281
附录F Y系列三相异步电动机型号选择表 …… 282
附录G 习题答案 …… 285

参考文献 …… 286

Chapter 1 —— 第 1 章

电路的组成及基本知识

1.1 电路的组成与基本物理量

【学习目标】

- 熟悉电路的组成及电路的三种工作状态。
- 掌握电路中常见物理量的定义、单位。
- 掌握电路元件中电压和电流的参考方向。

【学习指导】

电路物理量是本节的学习重点。不积跬步,无以至千里。下面就从电路的物理量和电路的基本定律开始,学习电工的基本知识和技能。

在高中物理的学习中,已了解简单直流电路中电压、电流、功率的定义、单位及基本运算方法。本节讲述的电压和电流,不仅要考虑其大小,更要关注其方向。此外,电路元件中电压、电流的大小和方向决定了该元件在电路中所起的作用。最后,可通过比较电压与电位的异同,掌握电位的概念。

在学习过程中能注意到这些问题,将有利于后续电路基本定律、电路分析方法的学习。

目前正处在一个高速发展的信息时代。人们每天都在使用各种各样的电子产品和设备,每天都在与电路"打交道"。中学的物理课本中已有一些关于电路的概念和实验,如果大家有些淡忘或者是第一次接触电路,通过一些身边的例子可帮助大家掌握基本的概念,对电路的应用有一个初步的印象,为以后的学习打下坚实的基础。

1.1.1 典型电路应用实例

1. 最简单的电路

首先,通过一个简单的例子对电路产生一些感性的认识,如图 1-1-1 所示。家里的一个简单的电灯电路包括了灯泡、开关和电源,这三者组成了最简单的电路,对这个电路操作的效果就是电灯的亮和灭。人们每天开灯、关灯的动作就是在操作一个最简单的电路。由此可见,电路在生活中无处不在。

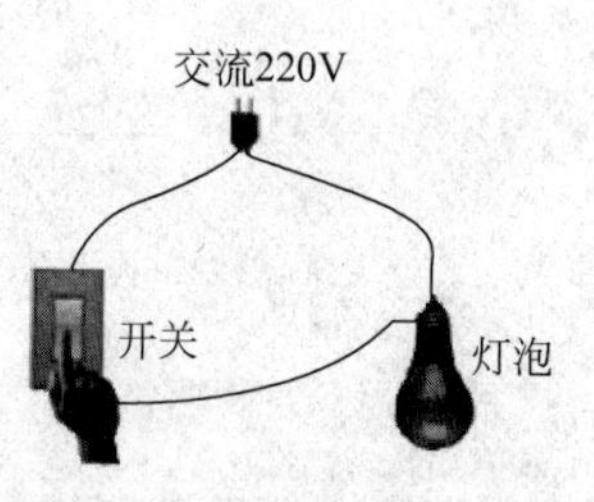

图 1-1-1 最简单的电路

2. 家庭电路

在生活和生产的很多方面都用到单相交流电,家庭电路就是其中的一个应用。家庭电路由配电和用电两部分组成,如图 1-1-2 所示。上面谈到的最简单电路,实际就是家庭电路中的一个分支。家庭电路的用电部分由若干这样的用电分支构成,而这些用电分支的电能分配取决于进户线之后的配电部分。所以,人们看到的家庭电路是由进户线、导线、开关、配电箱、插座、用电器等构成的。

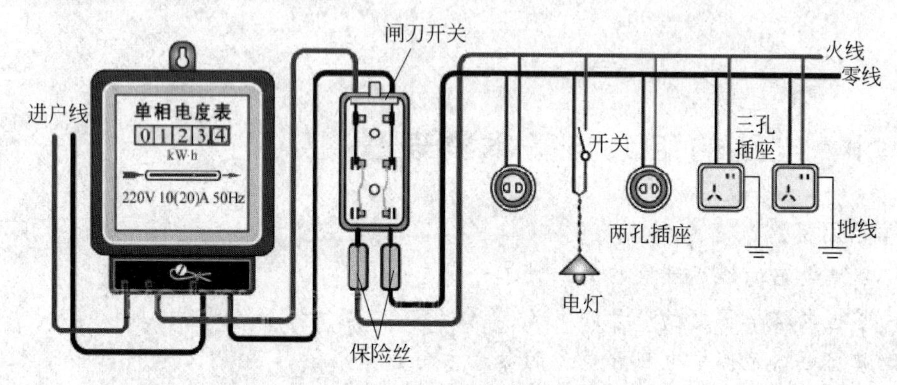

图 1-1-2 家庭电路

3. 电力系统供电电路

电力系统供电电路是三相电路。整个供电系统的应用电路如图 1-1-3 所示,供电系统由发电厂、电能输送线路、变配电站、用电单位等构成。发电厂中的发电机发出的电能通过变压器、输电线等送到用电单位,并通过负载将电能转换成其他形式的能量(如热能、机械能)。

通过前面的电路实例,大家一定能对电路有一个比较清晰的认识,总结如下。

(1) 一个最简单的电路应该包括电源、用电器、导线和开关。

(2) 电路完成特定的功能,主要通过电能的传输、分配与转换。

1.1.2 电路的概念

1. 电路的组成

电路与电路图

根据以上认识,给出电路的定义:实际电路由输电导线、电气设备、用电元件组成,为完成某种预期的目的而设计、连接和安装形成的电流通路,一般由电源(供应电能的设备,把其他形式的能量转换为电能,如发电机)、负载(使用电能的设备,把电能转换为其他形式的能量,如电动机)、控制装置(根据负载的需要,起分配电能和控制电路的作用,如控制开关)和导线(连接各组成部分,提供电流通路)组成。

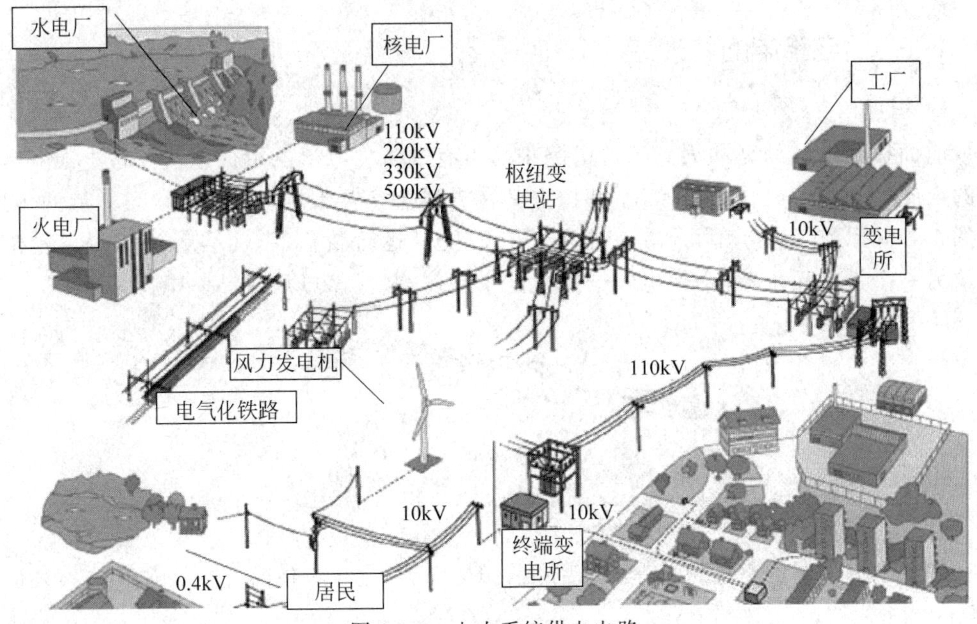

图 1-1-3　电力系统供电电路

2．电路图

用规定的元件符号表示实际元件的互连图，称为电路图。图 1-1-4 是手电筒电路对应的电路图。

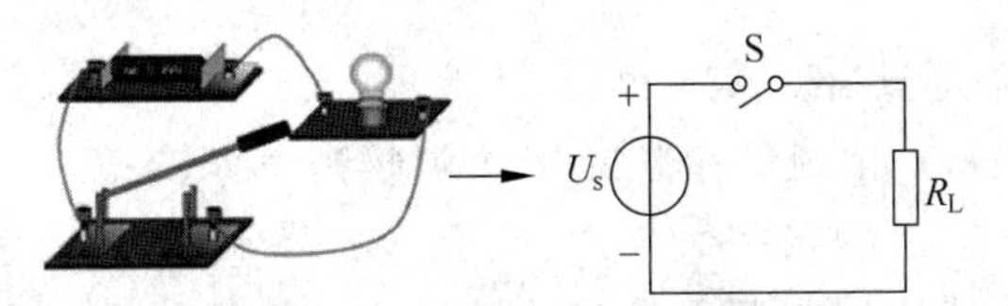

图 1-1-4　最简单的电路图

3．电路的工作状态

大家都知道，操作图 1-1-1 中所示的开关能实现电灯的亮和灭。亮，意味着电路中有电流经过；灭，意味着电路中没有电流。要在一段电路中产生电流，必须有电荷的定向移动。电压能使电荷发生定向移动，电源则是提供电压的装置。

根据电路中电流的有无，电路一般具备三种工作状态：通路、开路和短路，如图 1-1-5 所示。通路是有完整电流流通路径的电路，如图 1-1-5(a)所示。开路是没有电流的电路，如图 1-1-5(b)所示。若电路中某一部分的两端被电阻值接近于零的导体连接在一起，电路则呈短路状态，如图 1-1-5(c)所示。

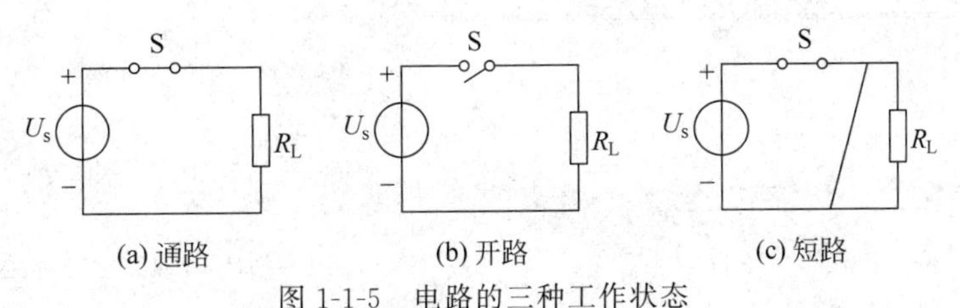

图 1-1-5　电路的三种工作状态

1.1.3 电路中的物理量

1. 电流

电路中的电流

前面提到电灯的亮和灭意味着电路中是否有电流。电流的形成取决于带电粒子有规则的定向运动。带电粒子开始流动时，立刻在导体中产生影响，如同撞球间力量的传送，如图 1-1-6 所示。电流实际上是带电粒子在改变其运行轨道时，将自身所带的电动能传送给另一个带电粒子，每个带电粒子重复这个动作，并使该过程在导体中持续。

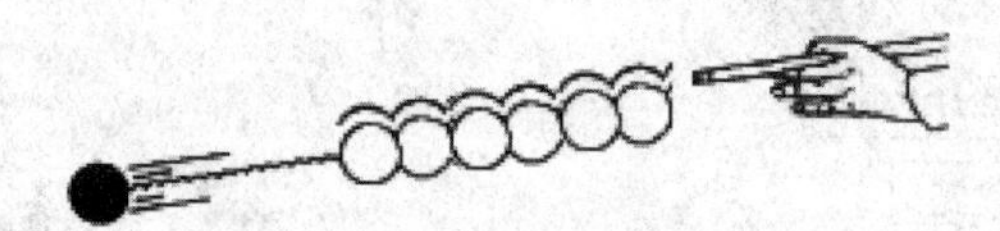

图 1-1-6 撞球间力量的传送

(1) 电流强度

表征电流强弱的物理量就是电流强度，用 i 表示，代表单位时间内通过导体横截面的电荷量，即 $i=\frac{\Delta q}{\Delta t}$，用微分的形式表示为 $i=\frac{\mathrm{d}q}{\mathrm{d}t}$。式中，$\mathrm{d}q$ 为 $\mathrm{d}t$ 时间内通过导体横截面的电荷量。

在直流电路中，单位时间内通过导体横截面的电荷恒定不变，有 $I=\frac{Q}{t}$。

(2) 电流的单位

电流强度的单位是安培(A)，也可用千安(kA)、毫安(mA)、微安(μA)等表示。电流的单位是以法国物理学家安德烈·玛丽·安培(图 1-1-7)的名字命名的，他于 1820 年提出了电磁理论，是第一个构建仪器来测量电荷流动的人。为了纪念他，人们将“安培”作为电流的单位。

图 1-1-7 物理学家安培

(3) 电流的方向

习惯上将正电荷移动的方向规定为电流的实际方向。在分析电路时，复杂电路中某一段电路电流的实际方向有时很难确定，为此，引入参考方向这一概念。

电流的参考方向可以任意选定，如图 1-1-8 所示。无下标 I 的箭头指向即为电流的参考方向；含双下标的 I_{ab} 表示电流的参考方向由 a 指向 b。当选定的电流参考方向与实际方向一致时，电流为正值($I>0$)；当选定的电流参考方向与实际方向不一致时，电流为负值($I<0$)，如图 1-1-9 所示。

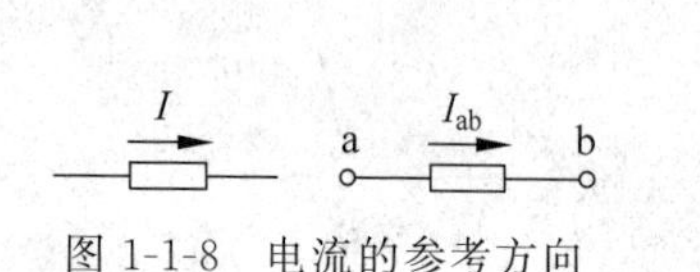

图 1-1-8 电流的参考方向

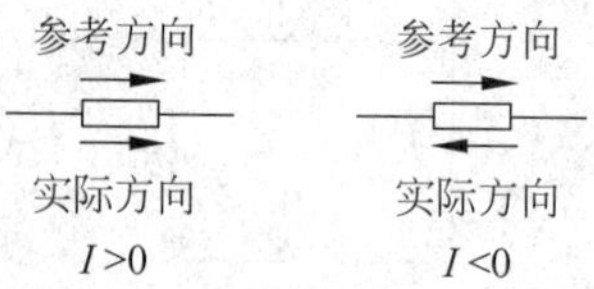

参考方向
实际方向
$I>0$

参考方向
实际方向
$I<0$

图 1-1-9 电流参考方向和实际方向之间的关系

2. 电压与电位

电压和电位的本质是相同的。通过图 1-1-10,大家可以形象地了解电压和电位。

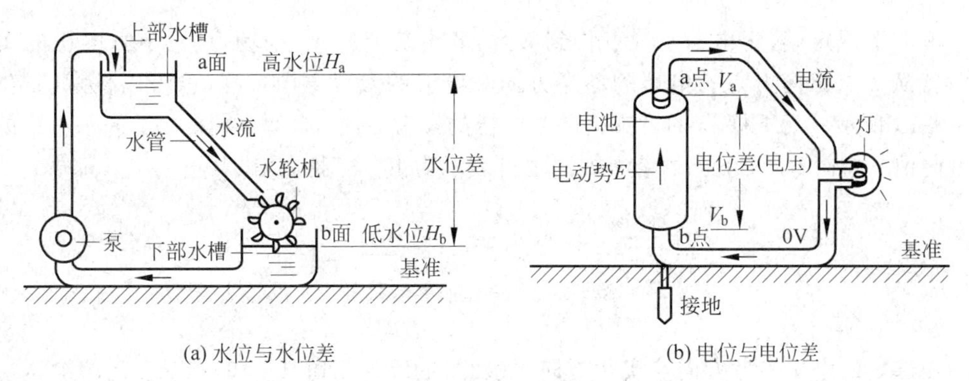

(a) 水位与水位差　　(b) 电位与电位差

图 1-1-10　电压与电位的本质

(1) 电位

水在重力作用下从高处向低处流动,水位越高,水的位能越高,水流动的压力越大。电的情形相同。相对于某一基准的电位能是电位,即在电路中任选一点作为参考点(零参考点),某点 a 到参考点的电位能就叫作 a 点的电位,用 V_a 表示。电位的单位是伏(V)。

电路中的电位与电压

(2) 电压

对于电压,可以这样认为,设电池正极电位为 V_a,负极电位为 V_b,在电位差 V_a-V_b 的作用下,能够使电流在电路中流通。这种电位的差叫作"电压"或"电位差",单位和电位的单位相同,都是伏(V),当然,也有千伏(kV)、毫伏(mV)、微伏(μV)等。有时,也可以这样定义电压:电场力将单位正电荷从电路中某点移至另一点所做功的大小,用 u 表示,$u=\frac{dw}{dq}$。式中,dq 为由 a 点移到 b 点的电荷量,dw 为电荷移动过程中获得或失去的能量。在直流电路中,单位时间内电场力将单位正电荷从电路中某点移至另一点所做的功恒定不变,有 $U=\frac{W}{Q}$。图 1-1-11 所示为单位电荷在电场作用下的做功过程。

电压的单位是以意大利物理学家亚历山得罗·伏特(图 1-1-12)的名字命名的。他研

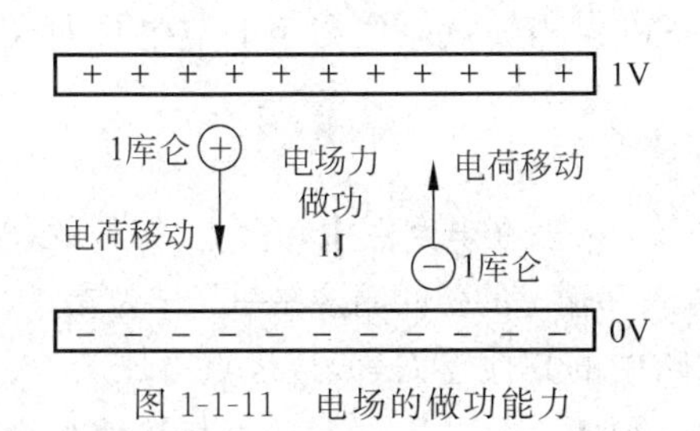

图 1-1-11　电场的做功能力

图 1-1-12　物理学家伏特

究了异金属之间的化学反应，于1880年发明了第一节电池。为了纪念他，人们将“伏特”作为电压的单位。

(3) 电压的方向

习惯上规定，若正电荷从a点移到b点，其电势能减少，电场力做正功，电压的实际方向就从a点指向b点。电压的参考方向和电流的参考方向一样，也可以任意选定，如图1-1-13所示。无下标U的箭头指向为电压的参考方向；含双下标的U_{ab}表示电压的参考方向由a指向b；无下标的参考方向也可表示为由“+”指向“−”。

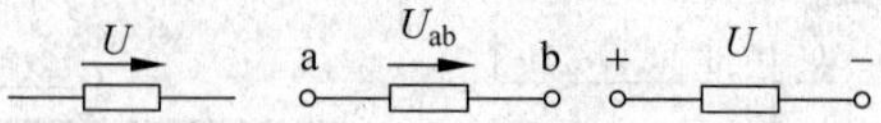

图1-1-13 电压的参考方向

当选定的电压参考方向与实际方向一致时，电压为正值($U>0$)；当选定的电压参考方向与实际方向不一致时，电压为负值($U<0$)，如图1-1-14所示。

(4) 关于参考方向的几个说明

① 电流、电压的实际方向是客观存在的，而参考方向是人为选定的。

② 当电流、电压的参考方向与实际方向一致时，电压值、电流值取正号，反之取负号。

③ 分析计算每一个电流值、电压值时，要先选定其各自的参考方向，否则没有意义。

(5) 关联与非关联参考方向

如果指定流过元件的电流参考方向是从电压的“+”极指向“−”极，即两者采用一致的参考方向，称为关联参考方向；若两者采用的参考方向不一致，称为非关联参考方向，如图1-1-15所示。

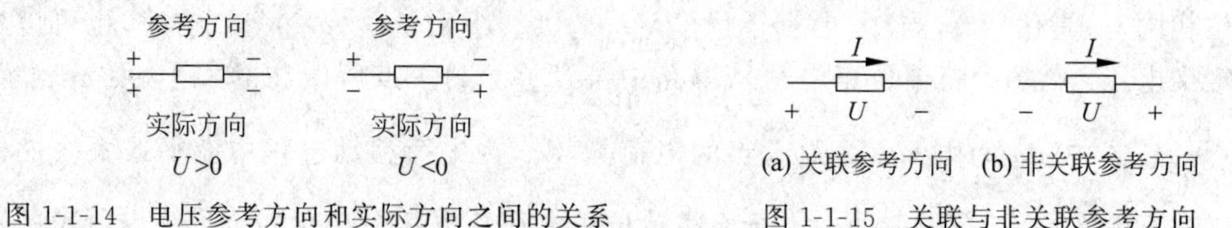

图1-1-14 电压参考方向和实际方向之间的关系

图1-1-15 关联与非关联参考方向

(6) 电压与电位的关系

从前面的分析中可以看到，电压与电位的本质是相同的，但存在一定的区别。电位是相对的，其大小与参考点的选择有关；电压是不变的，其大小与参考点的选择无关。参考点的选择是任意的，但一个电路只能选择一个参考点。同时，对于前面提到的电压与电位的关系，可以用一个式子来表示，即$U_{ab}=V_a-V_b$。当a点电位高于b点电位时，$U_{ab}>0$；当a点电位低于b点电位时，$U_{ab}<0$。

(7) 实际电路中的电位

在分析电路时，通常需要选择零参考电位点。一般在电路图中，有“⊥”符号的就是零参考电位点。在电子电路中，一般把电源、信号输入和输出的公共端接在一起作为参考点。

工程上常选大地作为参考点。相对于电路中的其他点而言，接地点电压为0V。在一个电路中，所有接地点具有相同的零电位特性，因此是公共点。接地点与接地点之间可以看成是由导体连在一起的零电阻电流通路。图 1-1-16 举例说明了一个有接地连接的简单电路。合上开关 S，电流从 10V 电源的正极流出，经过导线流到电阻 R_L，通过电阻，最后通过公共的接地连接回到电源负极。

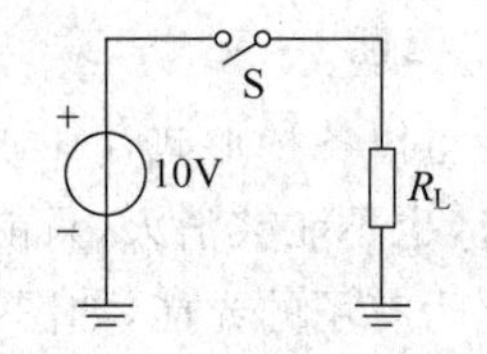

图 1-1-16　有接地连接的简单电路

实际生活中经常会碰到判断接地极的情况，比如插头、插座的接地极，如图 1-1-17 所示。在检修电子线路时，常常需要测量电路中各点对"地"的电位，以此判断电路的工作是否正常。

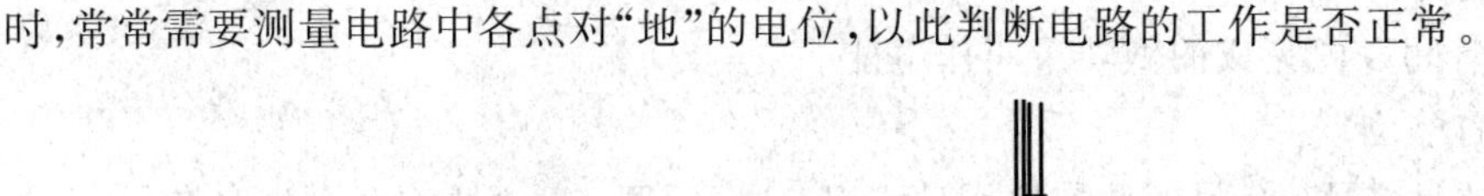
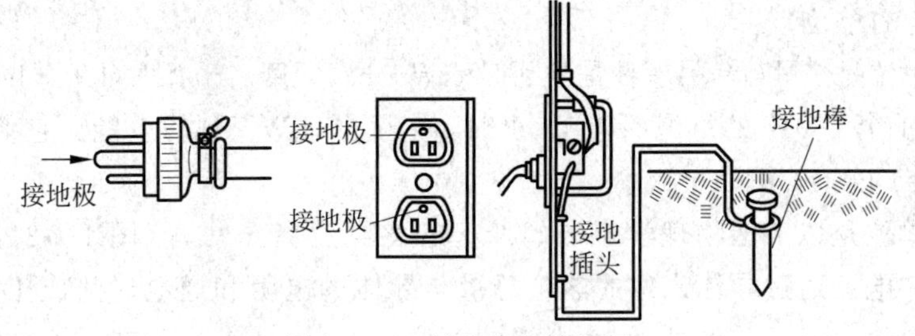

图 1-1-17　插头中的接地极

电工故事：电位与电压

泰山位于泰安市境内，泰山主峰海拔 1545m，泰安市海拔 153m，二者的高度差为 1392m，如图 1-1-18 所示。

电路中的参考点、电位、电压，类似于高度测量中的海平面、海拔和高度差，它们之间各个量之间的对照关系如表 1-1-1 所示。

表 1-1-1　对照关系

海平面	参考点
海拔	电位
高度差	电压

在图 1-1-19 中，$R_1=400\Omega$，$R_2=600\Omega$。

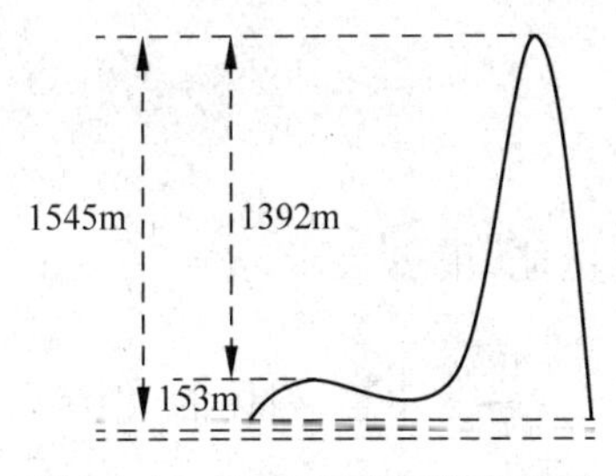

图 1-1-18　海拔与高度差的关系

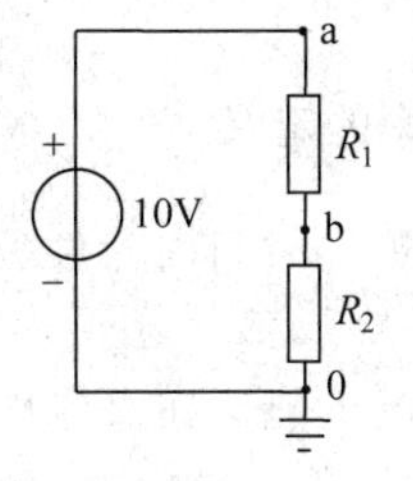

图 1-1-19　电位与电压的关系

如果以 0 点为参考点(零电位点)，则 a、b 两点的电位分别为

$V_a=10V$，$V_b=6V$；ab 两点之间的电压为 $U_{ab}=V_a-V_b=4V$。

如果以 b 点为参考点，则 a 点和 b 点的电位分别为

$V_a=4V$，$V_b=0V$；ab 两点之间的电压为 $U_{ab}=V_a-V_b=4V$。

由上面的比较可以看出，电路中的电位随着参考点的改变而改变；但不论参考点如何变化，电路中两点之间的电压保持恒定。

电路中的电能和电功率

3. 电能

能量以各种形式存在，包括电能、热能、光能、机械能、化学能以及声能。能量既不能被创造，也不能被消灭，只能从一种形式转化为另一种形式。例如，一盏白炽灯可以把电能转化为有用的光能，如图 1-1-20 所示。然而，并不是所有的电能都可以转化为光能，大约 95%的电能会转化成为热能。

(1) 电能的定义

电在某一时间段内完成的做功量叫作电能。

(2) 电能的单位

电能的单位是焦耳(J)，另一种是千瓦时(kW·h)，即度。千瓦时(kW·h)较焦耳(J)更实用。例如，1 个 100W 的灯泡照明 10 小时，使用了 1kW·h 的电能。它们之间的关系为 1kW·h=1 度=3.6×10^6J。

电能的单位是以英国物理学家詹姆斯·普雷斯科特·焦耳(图 1-1-21)的名字命名的，他提出了“电流通过导体产生的热量总量与导体的电阻和通电时间成正比”的物理关系。为了纪念他，人们用“焦耳”作为电能的单位。

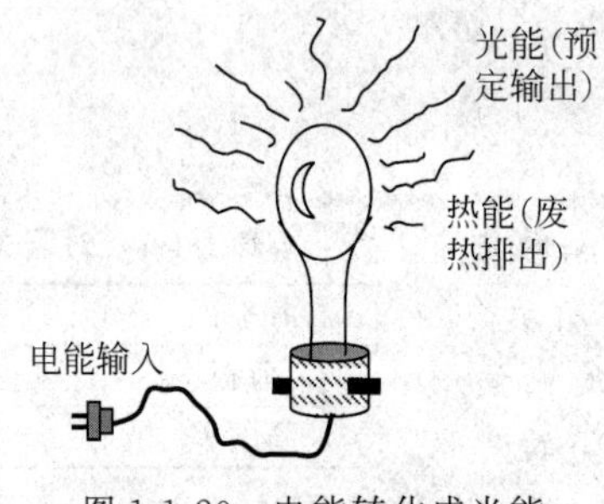

图 1-1-20 电能转化成光能

图 1-1-21 物理学家焦耳

4. 电功率

(1) 电功率的定义

电功率是单位时间内元件吸收或发出的电能，用 p 表示，$p=\dfrac{\mathrm{d}w}{\mathrm{d}t}$。式中，d$w$ 为 dt 时间内元件转换的电能。在直流电路中，功率 $P=\dfrac{W}{t}$。注意，斜体的 W 用来表示电能，而正体的 W 表示功率的单位瓦特。在知道电压值和电流值的前提下，功率还可以表示为 $P=UI$。

(2) 电功率的单位

功率的单位是瓦特(W)。在电子学领域中，小功率是很常见的，如毫瓦(mW)、微瓦(μW)；在电力工业领域，大功率单位千瓦(kW)、兆瓦(MW)更常见。电动机的额定功率通常用马力(hp)来表示，在米制单位制中，1hp=735W。

功率的单位是以苏格兰发明家詹姆士·瓦特(图 1-1-22)的名字命名的。他因对蒸汽机进行改进，从而使蒸汽机可以在工业中得到应用而闻名于世。为了纪念他，人们将“瓦特”作为功率的单位。

(3) 电路吸收或发出功率的判断

当电压和电流为关联参考方向时，如图 1-1-23(a)所示，取 $p=ui$；当电压和电流为非关联参考方向时，如图 1-1-23(b)所示，取 $p=-ui$。

若计算结果 $p>0$，说明元件吸收电能，是耗能元件；若计算结果 $p<0$，则元件发出电能，为供能元件。

图 1-1-22　发明家瓦特

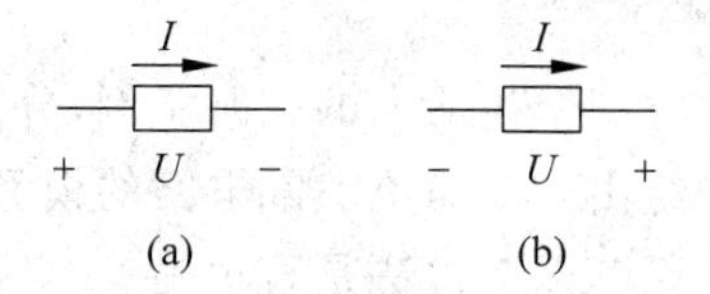

图 1-1-23　元件吸收或发出能量

【例 1-1-1】 求图 1-1-24 中所示各元件的功率，并判断元件是耗能元件还是供能元件。

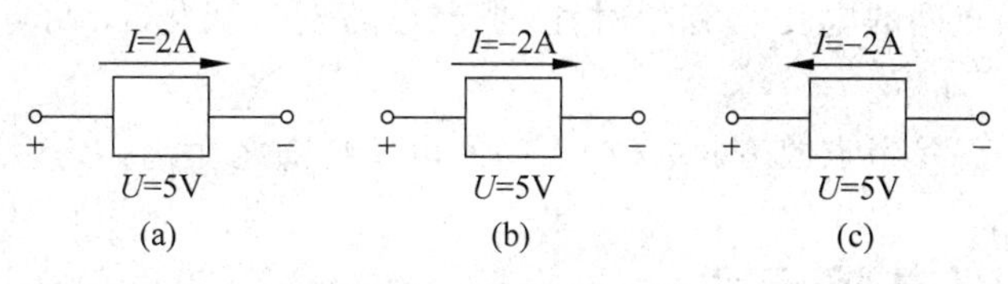

图 1-1-24　例 1-1-1 图

【解】 通过本例，学习确定电路元件性质的方法。

① 图 1-1-24(a)中，元件上电压和电流的参考方向为关联参考方向，因此

$$P=UI=5\text{V}\times 2\text{A}=10(\text{W})>0$$

该元件吸收 10W 功率，为耗能元件。

② 图 1-1 24(b)中，元件上电压和电流的参考方向为关联参考方向，因此

$$P=UI=5\text{V}\times(-2)\text{A}=-10(\text{W})<0$$

该元件产生 10W 功率，为供能元件。

③ 图 1-1-24(c)中，电压和电流的参考方向为非关联参考方向，因此

$$P=-UI=-5\text{V}\times(-2)\text{A}=10(\text{W})>0$$

该元件吸收 10W 功率，为耗能元件。

(4) 额定功率

额定功率是经常听到的用电器的一个参数。额定功率是用电设备长期运行不致过热损坏的最大功率。额定功率与电阻器的电阻值无关，主要由电阻器的物理结构、尺寸和形状决定。下面以电器设备为例，详细说明额定功率。

在电路中使用电阻器时，电阻器的额定功率应大于它要处理的最大功率。例如，一个金属膜电阻器要在电路中消耗0.75W，则额定功率应该比0.75W高，如1W。

如果电阻器消耗的功率大于额定功率，电阻器会发热，导致电阻器被烧坏，或电阻值发生很大的变化。

由于过热而被损坏的电阻器，可以通过烧焦的表面观察到。如果没有可见的迹象，可以使用万用表欧姆挡检测怀疑被损坏的电阻器，看它是否开路或电阻值是否增大。测量时，应断开电阻器与电路的连接。

功率是单位时间内元件吸收或发出的电能。元件消耗或吸收的电能可表示为

$$W = Pt$$

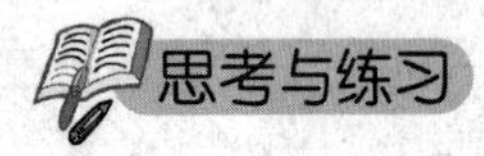

1-1-1 举一个生活中的电路实例，分析它由哪几部分组成，各部分的作用是什么。

1-1-2 绘出一个简单实际电路的模型。

1-1-3 判断以下说法是否正确。

(1) 电流的参考方向，可能是电流的实际方向，也可能与实际方向相反。

(2) 判断一个元件是负载还是电源，应根据电压实际极性和电流的实际方向来确定。当电压实际极性和电流的实际方向一致时，该元件是负载，消耗电能。

(3) 电路中某一点的电位具有相对性，只有参考点确定后，该点的电位值才能确定。

(4) 电路中两点间的电压具有相对性，当参考点发生变化时，两点间的电压将随之变化。

(5) 当电路中的参考点改变时，某两点间的电压将随之变化。

1.2 认识电阻元件

【学习目标】

- 了解电阻的种类和作用，熟悉电阻的外在标识与阻值之间的关系。
- 了解电阻元件的伏安特性，掌握欧姆定律及应用。
- 掌握电阻的串并联特性，可以进行电阻串并联的等效计算。
- 可以进行电阻阻值的测量和电阻元件的选择。

【学习指导】

电阻是最常见的电路元件，但是你会选择电阻吗？本节的学习从如何选择电阻元件入手。选择电阻元件关系到两个参数：一是阻值；二是额定功率值。

这两个参数可以通过以下方法获取。

电阻元件

(1) 观察法：通过观察电阻表面的标注，知道该电阻的阻值大小和额定功率值。

(2) 计算法：运用欧姆定律、电阻串并联关系计算某特定电路中电阻的阻值大小。

(3) 测量法：使用指针式万用表测量某一未知电阻的阻值。

如果能轻松地运用各种方法获取电阻阻值和额定功率值，说明你已经完全掌握了本节的知识要点。

电阻器(resistor)是一种专门设计的、具有一定电阻力的元件。电阻器简称电阻,是阻碍或者限制电路中电流的元件。生活中的任何电子元器件中都有电阻,电阻最主要的作用就是产生热量、限制电流并分压。本小节主要讨论各种不同类型电阻的特性、作用和在电路中的应用。

1.2.1　电阻的种类与规格

1. 电阻的种类

图 1-2-1 为各类常见电阻的外形。这些电阻的特点及用途见附录 A。

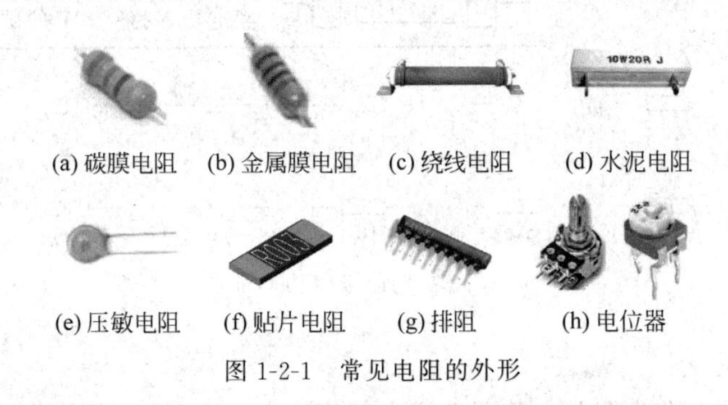

(a) 碳膜电阻　(b) 金属膜电阻　(c) 绕线电阻　(d) 水泥电阻

(e) 压敏电阻　(f) 贴片电阻　(g) 排阻　(h) 电位器

图 1-2-1　常见电阻的外形

2. 电阻的标注

通过电阻的外形、颜色和特定的文字标注,可以很快地知道电阻的阻值大小。常见的标注方法有:直标法、文字符号法、数码法和色标法。标注的内容包括标称电阻值和偏差。

在介绍这四种标注方法之前,首先了解电阻的单位及其数量级。电阻的基本单位是欧姆(Ohm),简称欧,用希腊字母 Ω 表示。欧姆是一个很小的单位,为了表示方便,常用千欧(kΩ)、兆欧(MΩ)作为电阻的单位,其数量级关系如表 1-2-1 所示。

表 1-2-1　电阻符号及单位

文字符号	单位及进位数	文字符号	单位及进位数
k	kΩ(10^3 Ω)	G	GΩ(10^9 Ω)
M	MΩ(10^6 Ω)	T	TΩ(10^{12} Ω)

(1) 直标法

直标法是指将电阻的阻值和允许偏差用阿拉伯数字与文字符号直接标记在电阻体上,其表示方法及实例如图 1-2-2 和表 1-2-2 所示。注意,允许偏差用百分数表示,若未标注偏差值,即为±20%的允许偏差。

需要说明的是,有时候在电阻外壳上仅能看到额定功率的标注,如图 1-2-3 所示。通常,小于 1W 的电阻在电路图中不标出额定功率值,大于 1W 的电阻用罗马数字表示。

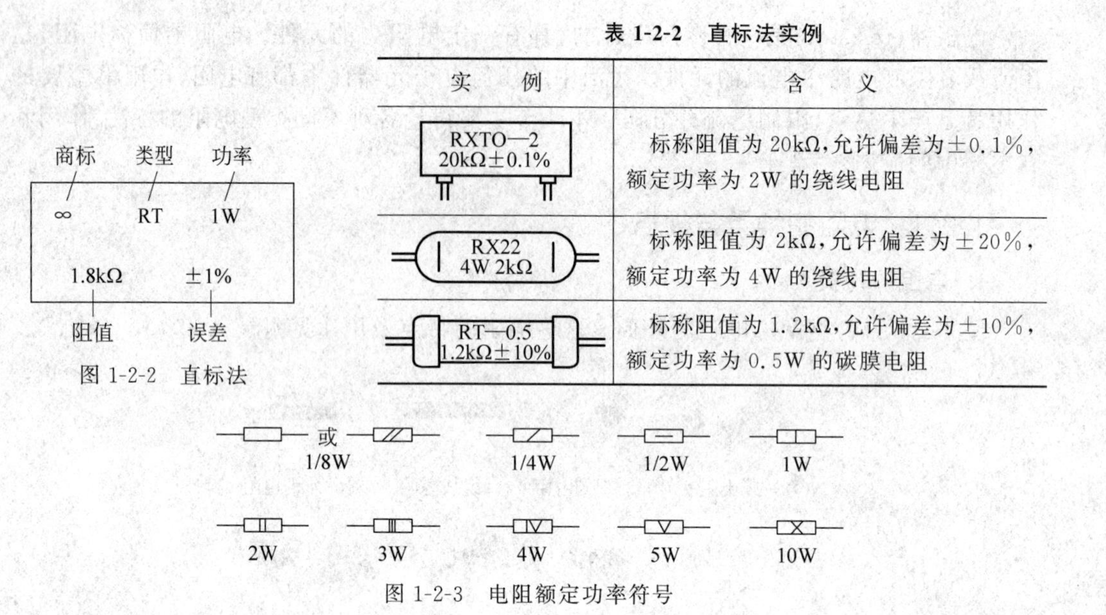

图 1-2-2　直标法

表 1-2-2　直标法实例

实　例	含　义
RXTO—2 20kΩ±0.1%	标称阻值为 20kΩ,允许偏差为±0.1%,额定功率为 2W 的绕线电阻
RX22 4W 2kΩ	标称阻值为 2kΩ,允许偏差为±20%,额定功率为 4W 的绕线电阻
RT—0.5 1.2kΩ±10%	标称阻值为 1.2kΩ,允许偏差为±10%,额定功率为 0.5W 的碳膜电阻

图 1-2-3　电阻额定功率符号

(2) 文字符号法

文字符号法是指将电阻的标称阻值用文字符号表示。允许偏差的标注符号如表 1-2-3 所示。大多数电阻的允许偏差值有 J、K、M 三类。

表 1-2-3　电阻允许偏差的标注符号

百分数	±0.1%	±0.5%	±1%	±2%	±5%	±10%	±20%	±30%
符号	B	D	F	G	J(Ⅰ)	K(Ⅱ)	M(Ⅲ)	N

文字符号标注含义及实例如图 1-2-4 和表 1-2-4 所示。

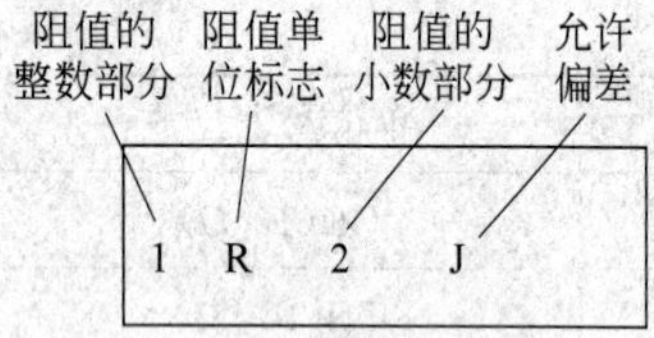

阻值的整数部分　阻值单位标志　阻值的小数部分　允许偏差

1　R　2　J

图 1-2-4　文字符号标注含义

表 1-2-4　文字符号法实例

实　例	含　义
6R2J	标称值为 6.2Ω,允许偏差为±5%
1M5	标称值为 1.5MΩ,允许偏差为±20%
R15D	标称值为 0.15Ω,允许偏差为±0.5%

(3) 数码法

在产品和电路图上用 3 位数字表示元件的标称值的方法称为数码表示法,常见于手机中的贴片电阻上,其表示方法及实例如图 1-2-5 和表 1-2-5 所示。

(4) 色标法

色标法是指用不同颜色代表不同的数字,根据色环的颜色及排列判断电阻的大小。色环电阻分四环电阻和五环电阻,标识如图 1-2-6 所示。色环与有效数、倍乘数、允许偏差的对应关系见附录 B。

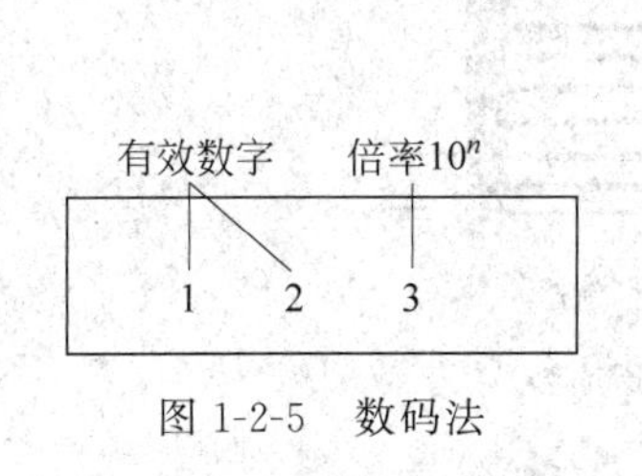

图 1-2-5　数码法

表 1-2-5　数码法实例

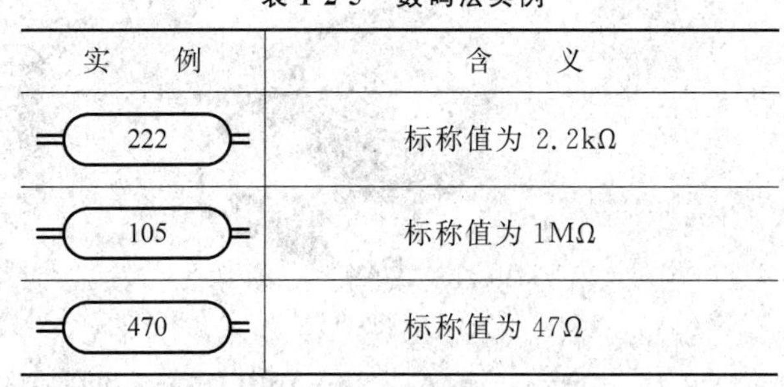

实　　例	含　　义
222	标称值为 2.2kΩ
105	标称值为 1MΩ
470	标称值为 47Ω

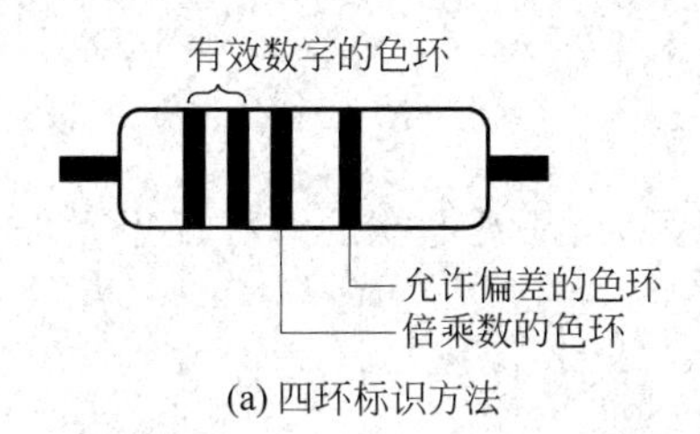

(a) 四环标识方法

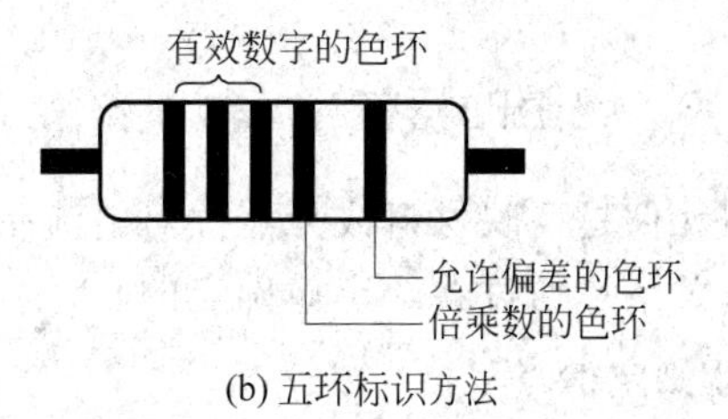

(b) 五环标识方法

图 1-2-6　色标法

无论四环电阻还是五环电阻，都从最靠近电阻体的一端开始读数(紧靠电阻体一端的色环为第一环，露着电阻体本色较多的一端为末环)。若不清楚哪一环是第一环，通常四环电阻可根据“肯定不能从金色或银色环的一端开始读”的原则，通过观察电阻两端色环中是否有一端为金色环或银色环进行判断。若五环电阻两端色环中都没有金色环或银色环，可根据“五环电阻的第五环色环宽度是其他色环宽度的 1.5～2 倍”原则进行判断。

色标法实例如表 1-2-6 所示。

表 1-2-6　色标法实例

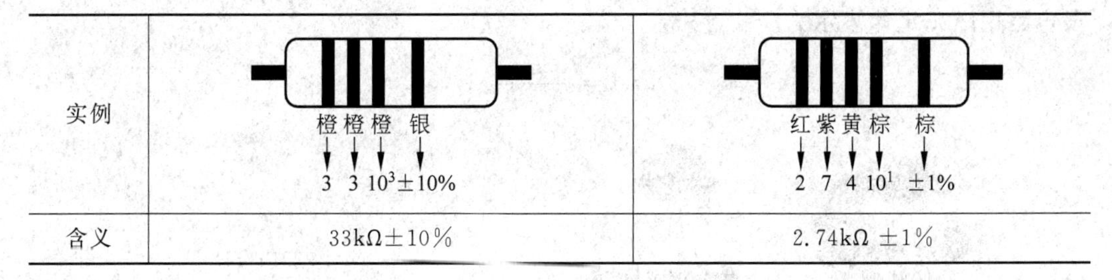

实例	橙 橙 橙 银 3 3 10^3 ±10%	红 紫 黄 棕 棕 2 7 4 10^1 ±1%
含义	33kΩ±10％	2.74kΩ ±1％

1.2.2　电阻的作用

电阻的主要功能是把电能转换为其他形式的能，如光能、热能。例如，很多电器加热是通过电阻产生热量实现的。用途广泛的电阻丝是用镍和铬制作的高电阻合金，也就是镍铬合金。这种电阻在干燥器、烤面包机和其他一些加热器具中作为加热元件，如图 1-2-7(a)所示的电炉。汽车后窗加热系统也是将电阻栅格附在玻璃窗内壁形成加热元件。电流流经栅格产生热量，这些热量用来清除车窗上的雾气和冰雪，如图 1-2-7(b)所示。还有许多电器发光也是通过电阻产生的，如白炽灯。

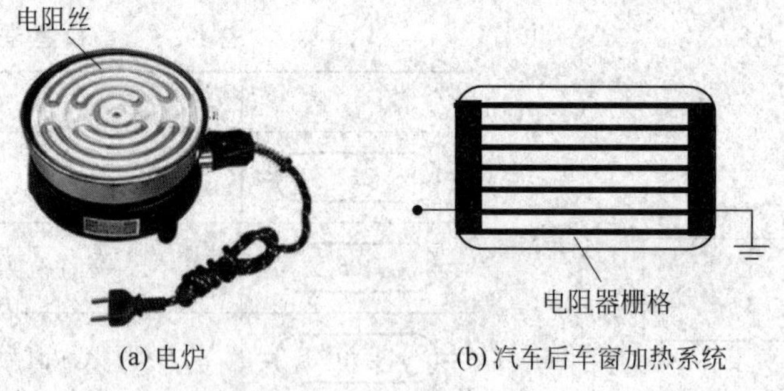

(a) 电炉　　(b) 汽车后车窗加热系统

图 1-2-7　电阻器加热元件

1.2.3　电阻的特性

电阻元件是反映材料或元器件对电流呈现阻力、消耗电能的一种理想元件。它的特性和数量关系是通过欧姆定律确定的。

1. 欧姆定律

我们知道，在室温条件下，铜导线内的自由电子频繁地与其他电子、晶格离子及杂质碰撞，从而限制电子的定向运动。1826 年，乔治・西蒙・欧姆（Georg Simon Ohm，1787—1854）公布了关于不同材料电阻的实验结果，实验装置如图 1-2-8 所示。他发现流过物体的电流和加在其上的电压呈线性关系，并定义电阻为施加的电压与引起的电流之比。为了纪念他，人们用"欧姆"作为电阻的单位。

欧姆定律描述如下：电路中的电流 I 与电压 U 成正比，与电阻 R 成反比，表示为

$$U=IR \tag{1-2-1}$$

欧姆定律还可应用于完整的电路中，称为全电路欧姆定律或闭合电路欧姆定律。图 1-2-9 所示是简单的闭合电路，r_0 是电源内阻，R 为负载电阻，若略去导线电阻不计，此段电路用欧姆定律表示为

$$I=\frac{E}{R+r_0} \tag{1-2-2}$$

图 1-2-8　欧姆及欧姆实验装置

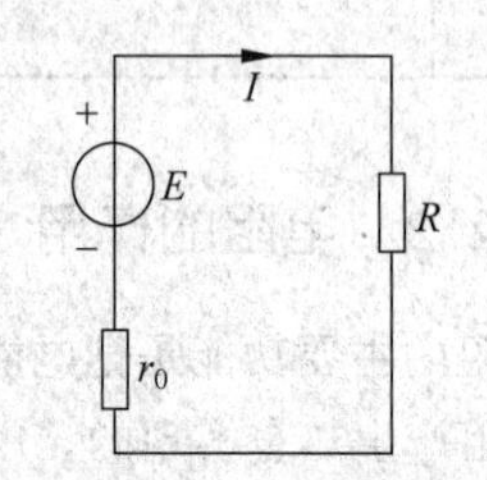

图 1-2-9　全电路欧姆定律

式(1-2-2)的意义是：电路中流过的电流的大小与电动势成正比，与电路的全部电阻成反比。电源的电动势和内阻一般认为不变，因此，改变外电路电阻，就可以改变回路中

电流的大小。

【例 1-2-1】 一个 100V/40W 和一个 100V/25W 的白炽灯，二者串联接入 100V 的电路中。试分析计算以下问题。

(1) 两个灯泡消耗的总功率是多少？

(2) 两个灯泡分别消耗多少功率？

(3) 串联使用后，灯泡的亮度有何变化？

【解】 通过本例，学习电阻元件的参数计算。

(1) 两个灯泡消耗的总功率

40W 白炽灯电阻：　　$R_1=100^2\div40=250(\Omega)$

25W 白炽灯电阻：　　$R_2=100^2\div25=400(\Omega)$

二者串联时消耗的功率：　$P=100^2\div650\approx15.4(\mathrm{W})$

(2) 两个灯泡分别消耗的功率

两个灯泡串联后，电路的电流为

$$I=100\div650\approx0.154(\mathrm{A})$$

40W 白炽灯消耗的功率：$P_1=I^2\times250\approx5.92(\mathrm{W})$

25W 白炽灯消耗的功率：$P_2=I^2\times400\approx9.48(\mathrm{W})$

(3) 串联使用后，两个灯泡消耗的功率都有所下降，不能正常发光。

本例说明，电器元件只有在额定电压下才能正常发挥作用。

【例 1-2-2】 有两个电阻元件的阻值分别为 25Ω 和 50Ω，试分析计算以下问题。

(1) 在 10V 电路中并联使用时，选择多大功率的电阻可以满足要求？

(2) 在 10V 电路中串联使用时，选择多大功率的电阻可以满足要求？

【解】 通过本例，熟悉电阻元件的应用要求。

(1) 在 10V 电路中并联使用时

25Ω 电阻消耗的功率：　　$P_1=10^2\div25=4(\mathrm{W})$

50Ω 电阻消耗的功率：　　$P_2=10^2\div50=2(\mathrm{W})$

选择时，要求 25Ω 电阻的标称功率应大于 4W，50Ω 电阻的标称功率应大于 2W，否则在使用中会由于发热损坏电阻元件。

(2) 在 10V 电路中串联使用时

两个电阻串联后，电路的电流为

$$I=10\div75=0.133(\mathrm{A})$$

25Ω 电阻消耗的功率：　　$P_1=I^2\times25\approx0.44(\mathrm{W})$

50Ω 电阻消耗的功率：　　$P_2=I^2\times50\approx0.89(\mathrm{W})$

选择时，25Ω 电阻的功率应大于 0.5W，50Ω 电阻的功率应大于 1W。

本例说明，选择电阻元件不只是选择阻值，还要考虑元件发热的影响。

2. 温度、电阻与伏安特性

物质的电阻不仅与材料的种类有关，还与温度有关。一般情况下，金属类的导体随温度的升高其电阻相应增加；半导体和电解液等物质的电阻随着温度的升高而降低，如

图 1-2-10 所示。

在温度一定的条件下,把加在电阻两端的电压与通过电阻的电流之间的关系称为伏安特性。在实际生活中,常用纵坐标表示电流 I,横坐标表示电压 U,这样画出的 $I—U$ 曲线叫作导体的伏安特性曲线,如图 1-2-10 所示。

对于某一个金属导体,在温度没有显著变化时,电阻是不变的,它的伏安特性曲线是通过坐标原点的直线。具有这种伏安特性的电学元件叫作线性元件,其伏安特性曲线如图 1-2-11(a)所示。

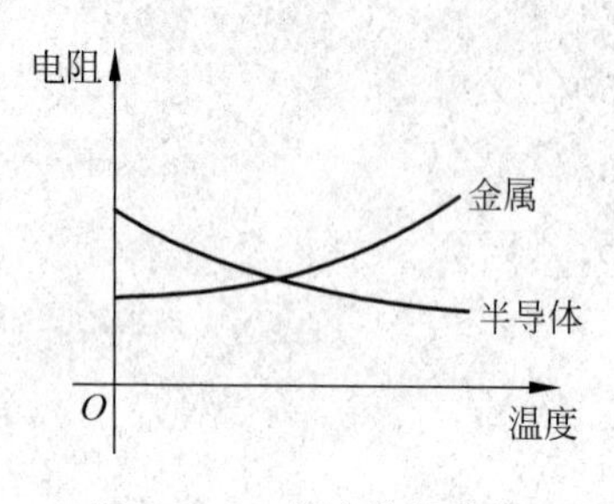

图 1-2-10 伏安特性曲线

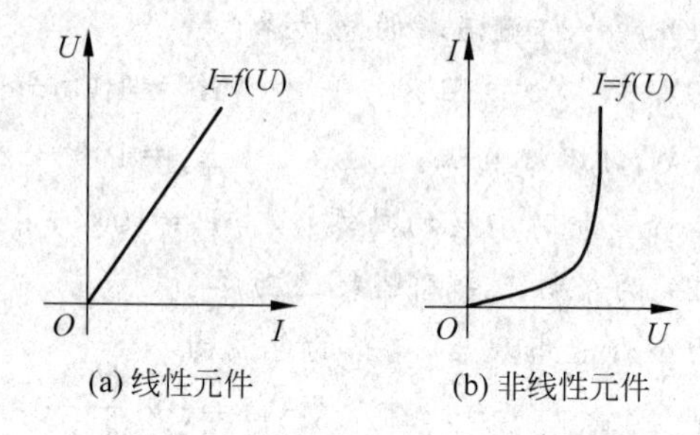

图 1-2-11 电阻元件伏安特性曲线

欧姆定律是一个实验定律,实验中用的都是金属导体。这个结论对其他导体是否适用,需要实验的检验。实验表明,除金属外,欧姆定律对电解质溶液也适用,但对气态导体(如日光灯管、霓虹灯管中的气体)和半导体元件并不适用。也就是说,在这些情况下,电流与电压不成正比,这类电学元件叫作非线性元件。它的伏安特性如图 1-2-11(b)所示。

温度是决定元件是否为线性元件的一个重要因素。一般情况下,若元件特性受温度影响较小,并且精度要求不高,可以做线性考虑。今后若未加特殊说明,电阻元件均指线性电阻元件。

1.2.4 电阻的基本使用

1. 电阻阻值的判断

凡是标称电阻值标在电阻体上的电阻,可以用前面介绍的四种方法判断其阻值。如果无法通过识读电阻表面的符号获得电阻的阻值,还可以使用指针式万用表欧姆挡测量得到。

由于电阻在电路中与不在电路中的阻值会有较大差异,因此电阻的测量一定要处于不在电路中的状态下进行。图 1-2-12 所示是电阻不在电路中时的阻值测试方法,具体过程如下。

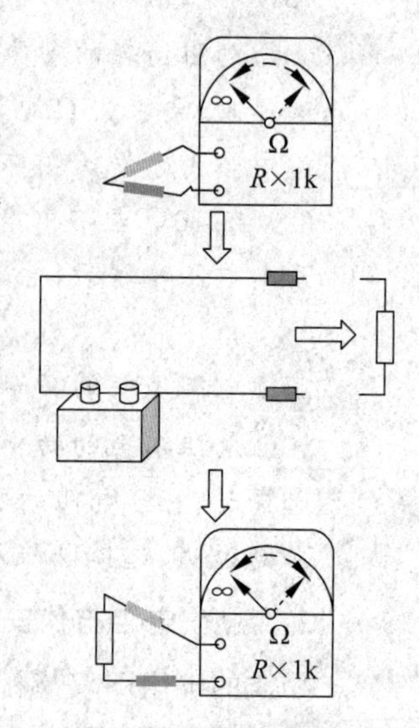

图 1-2-12 电阻的测量

(1) 将选择开关旋至电阻“Ω”挡范围内,然后将黑、红表笔短接,使指针向满值偏转。调节零欧姆调整器(电调零),使指针指示在零欧姆位置上。

(2) 断开电阻与电路的连接,以免损坏电表或得到不正确的测量值。

(3) 用两支表笔分别测量被测电阻。选择量程最为重要,应从大量程过渡到小量程，最终让指针指向表盘中央的量程。

(4) 表头指针显示的读数乘以所选量程的倍率数，即为所测电阻的阻值。如选用“$R\times100$”挡测量，指针指示“40”，则被测电阻值为 $40\times100\text{k}\Omega=4\text{k}\Omega$。

2. 电阻的选择

在实际应用中，选择电阻时需要考虑的因素很多，但主要的三个因素是电阻标称值、功率额定值和电阻公差。

电阻标称值决定了电路中电流的大小或者电阻上电压的大小，需要根据电路中电流或电阻上电压的预期值进行选择。

电阻的额定功率应大于它要处理的最大功率。例如，一个金属膜电阻在电路应用中消耗 0.75W，则该电阻的额定功率应该是比 0.75W 高的标准值，否则电阻在使用中会因过热导致损坏。根据经验，一般选择电阻的额定功率为计算值的 2 倍以上。

电阻公差是在温度为 25℃时，电阻偏离标称值的量(用百分数表示)。典型的电阻公差为 1%、2%、5%、10%、20%。对于大多数应用，电阻公差在 5%就足够了。

思考与练习

1-2-1　如果某元件上电压与电流的关系可表示为 $U=-IR$，是否可以说明此时电阻值为负？

1-2-2　尽可能多地说出电阻种类及其在生活中的用途。

1-2-3　电阻的主要性能参数有哪些？

1-2-4　判断以下说法是否正确。

(1) 额定电压为 220V，额定功率为 100W 的电阻型用电设备，当实际电压为 110V 时，负载实际功率是 50W。

(2) 电阻值不随电压、电流的变化而变化的电阻，即电阻值是常数的电阻称为线性电阻。

(3) 一根粗细均匀的电阻丝，其阻值为 4Ω，将其等分为两段，再并联使用，等效电阻是 2Ω。

1-2-5　如何用指针式万用表判断电阻的阻值？

1.3　认识电容元件

【学习目标】

- 了解电容的种类和作用，熟悉电容的外在标识与其标称容量之间的关系。
- 了解电容的特性、结构与作用。
- 掌握电容的串并联特性，可以进行电容串并联的等效计算。
- 可以用指针式万用表判断电容质量、容量，以及电解电容的极性。

【学习指导】

与电阻元件相比，电容元件也许不太熟悉。本节将从电容的外在标识、结构、特性、作用、串并联关系、使用注意事项，以及电容质量、容量和极性判断等方面全面介绍电容的知识。

电容元件

电容的外在标识、结构、作用、使用注意事项等内容都属于知识性内容，只要看懂了，就能理解这些知识。而学习电容质量、容量和极性判断时，只有拿起指针式万用表，按书中描述的过程实际动手尝试，才有助于对知识的理解。

电容的特性理解和串并联关系应用是本节学习的难点。建议从电容充放电过程入手，理解电容的库伏关系和伏安关系；从电容结构中的极板面积和极板间距入手，理解其串并联关系。

电容(capacitance)是指在给定电位差下，电容器存储电荷量能力的物理量。电容器(capacitor)就是基于此目的设计的电子元件。本小节主要讨论各种不同类型的电容及其特性、作用和在电路中的应用。

1.3.1 电容的种类与规格

1. 电容的种类

电容器又称电容元件，简称电容。电容种类繁多，按电容量是否可调，分为固定电容和可变电容。固定电容又分为有极性电容和无极性电容。通过图 1-3-1 可以看到各类常见电容外形。这些电容的特点及用途见附录 C。

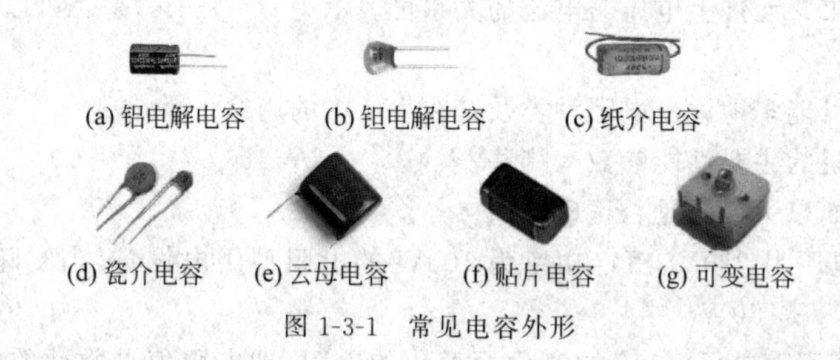
(a) 铝电解电容 (b) 钽电解电容 (c) 纸介电容

(d) 瓷介电容 (e) 云母电容 (f) 贴片电容 (g) 可变电容

图 1-3-1 常见电容外形

2. 电容的标注

电容的单位是以英国物理学家、化学家迈克尔·法拉第(图 1-3-2)的名字命名的，简称法，常用字母 F 表示。F 是一个很大的单位，为了表示方便，常用微法(μF)、纳法(nF)、皮法(pF)等作为电容的单位，其数量级关系如表 1-3-1 所示。

图 1-3-2 英国科学家法拉第

表 1-3-1 电容符号及单位

字母表示	单位及进位数	字母表示	单位及进位数
m	mF(10^{-3}F)	n	nF(10^{-9}F)
μ	μF(10^{-6}F)	p	pF(10^{-12}F)

电容的标称容量和偏差一般标在电容的外壳上，其标注方法有四种：直标法、文字符号法、数码法和色标法。

(1) 直标法

直标法有标单位的直标法和不标单位的直标法两种。直标法实例如表 1-3-2 所示。

表 1-3-2　直标法实例

方法说明		实例		含义	
标单位的直标法直接将标称容量显示在电容外壳上		25V 2200μF		标称值为 2200μF	
不标单位的直标法	以 pF 为单位的小容量电容，大多数仅标出数值而不标出单位	47		标称值为 47pF	
	以 μF 为单位的小容量电容，标注数值上可用小数点或者小数点用“R”来表示	CJ1 0.022	R47	标称值为 0.022μF	标称值为 0.47μF

(2) 文字符号法

电容的容量偏差符号与电阻器采用的符号相同，分别用 B(±0.1%)、D(±0.5%)、F(±1%)、G(±2%)、J(±5%)、K(±10%)、M(±20%)和 N(±30%)表示，文字符号法及实例如图 1-3-3 和表 1-3-3 所示。

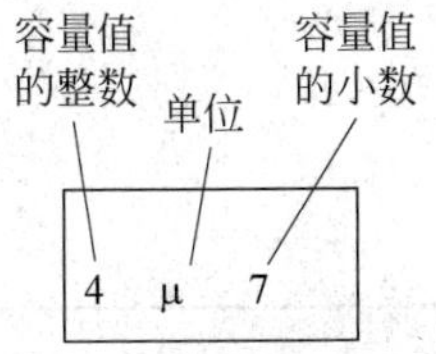

容量值的整数　单位　容量值的小数

4　μ　7

图 1-3-3　文字符号法

表 1-3-3　文字符号法实例

实例	含义	实例	含义
4μ7	标称值为 4.7μF	47nK	标称值为 47nF，允许偏差为±10%
2n2J	标称值为 2.2nF，允许偏差为±5%		

(3) 数码法

数码法的单位用 pF 表示，由 3 位数码构成，其表示方法及实例如图 1-3-4 和表 1-3-4 所示。

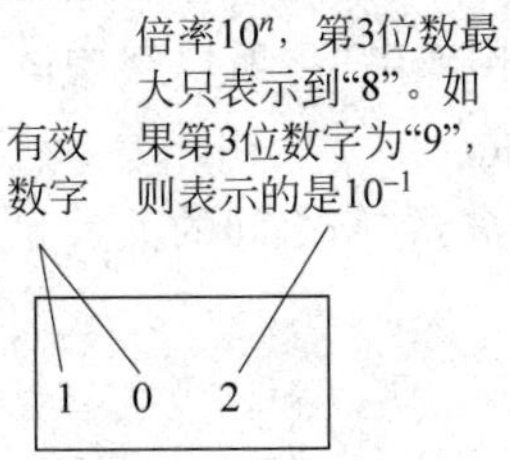

有效数字　倍率10^n，第3位数最大只表示到“8”。如果第3位数字为“9”，则表示的是10^{-1}

1　0　2

图 1-3-4　数码法

表 1-3-4　数码法实例

实例	含义	实例	含义
102	标称值为 1000pF	105J	标称值为 10×10^5pF，即 1μF，允许偏差为±5%
224	标称值为 0.22μF	569	标称值为 56×10^{-1}pF，即 5.6pF

(4) 色标法

电容的色标与电阻器的色标相似，有四种标注方法，其表示法及实例如图 1-3-5 和表 1-3-5 所示。色标法标注的容量单位一般为 pF。

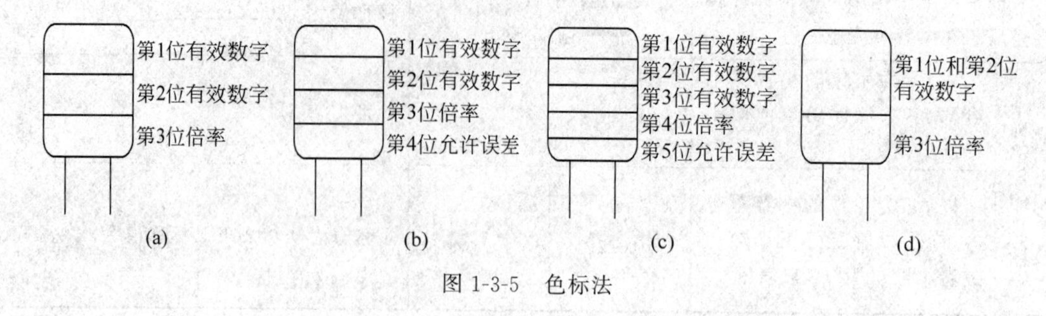

图 1-3-5 色标法

表 1-3-5 色标法实例

实例	含义	实例	含义
绿 蓝 橙	标称值为 0.056μF	红 红 黑 黑 金	标称容量为 220pF±5%
黄 紫 橙 银	标称容量为 0.047μF±10%	橙 红	标称容量为 3300pF

以上介绍的是几种固定电容的标注方法。微调电容一般要标注电容量的调整范围，如图 1-3-6 所示，标注为 5/20 的微调电容，其容量变化范围为 5～20pF。

图 1-3-6 微调电容的标注方法

1.3.2 电容的结构与作用

1. 电容的结构

电容是由两块金属极板中间加上绝缘材料(电介质)，并按照一定的工艺要求制作而成，如图 1-3-7 所示。绝缘材料可以是空气或不导电的材料，比如纸、云母、陶瓷、石蜡、绝缘油。电容现象广泛存在，任意两根互相绝缘的通电导线之间都会构成电容，所以空中的架空导线、地下的绝缘电缆、电气设备的供电导线之间都构成了电容。

电容的容量取决于极板面积、电介质(绝缘层)材料和极板间的距离，它们之间的关系为

$$C=\frac{K\cdot A}{4.45D} \tag{1-3-1}$$

式中，C 为电容量，单位皮法(pF)；K 为介电常数；A 为极板面积，单位为平方英寸；D 为极板间的距离，单位为英寸。

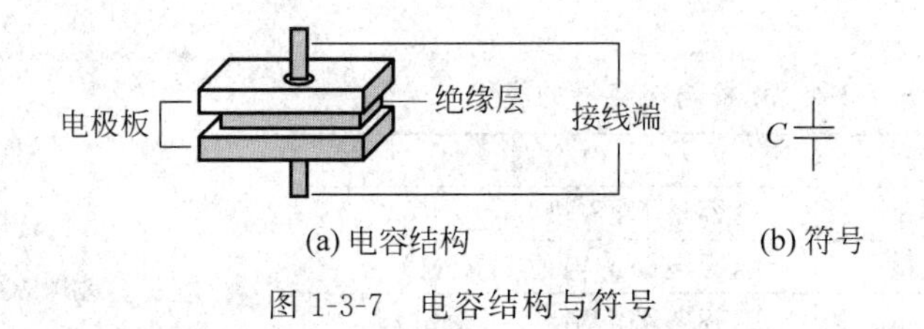

(a) 电容结构　　(b) 符号

图 1-3-7　电容结构与符号

2. 电容电路中的电流现象

电容的两个极板之间有绝缘层，所以电流不会通过电容，但是在连接电容的电路中会有电流流动。通过下面的实验可以了解电容电路中的电流是如何流动的。

使用一个 12V 的直流电源、一个 200μF 的电解电容、一个 5kΩ 的电阻器、一块直流电压表和一块双相毫安表接成如图 1-3-8 所示的电路。

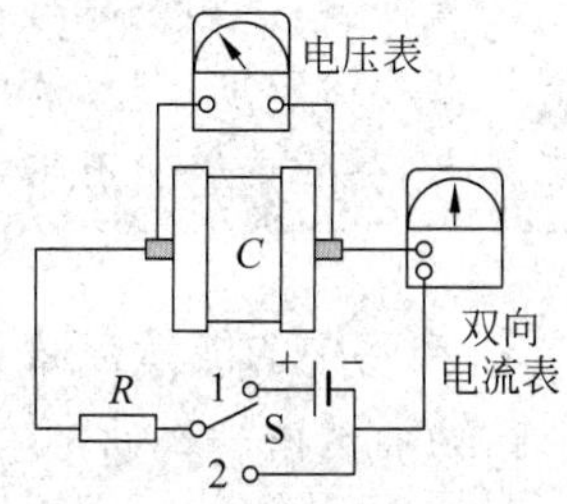

图 1-3-8　电容充放电实验电路

当与电阻相连的开关 S 向上与“1”接通后，毫安表电流值首先增加，然后返回到零，按照图 1-3-9(a)所示曲线变化；电压表的读数逐渐增加到 12V 后停止，按照图 1-3-9(b)所示变化。这两个现象说明电源通过电阻给电容充电，在充电的过程中，有电流在电路中流动；在电容电压达到 12V 后，充电结束，电路中不再有电流流动。

我们看到的电流现象是电容在充电过程中电荷的定向移动造成的。电流的流动在电容的极板上形成电荷积聚，但是电流无法通过电容的绝缘层。

充电结束后，把与电阻相连的开关 S 向下与“2”接通，使之脱离电源。这时，电容中积聚的电荷经过电阻反向放电，这时的电流和电压变化如图 1-3-10 所示。

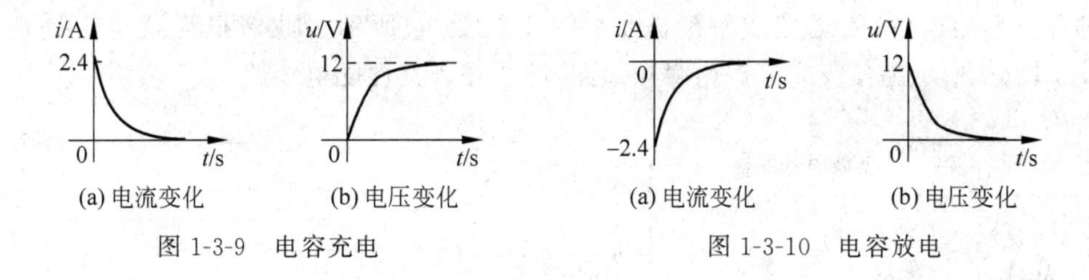

(a) 电流变化　(b) 电压变化　　(a) 电流变化　(b) 电压变化

图 1-3-9　电容充电　　图 1-3-10　电容放电

只有当电容极板上的电压变化时，由于电容的充放电现象，在电路中才有电流流过。

电工故事：吞吐电荷的电容器

图 1-3-11 是一个只有一个进出口的水桶。向内注水时，随着水桶中水量的增加，液位上升；向外抽水时，随着水桶中水量的减少，液位下降。液位与水流量有一定的对应关系。

与水桶类似，电容器是一个储存电荷的容器，二者间的关系如表 1-3-6 所示。

表 1-3-6 水桶与电容器的类比

水　桶	电容器
容积(常量)	电容量 C(常量)
水流(变量)	电容电路的电流 i(变量)
液位(变量)	电容两端的电压 u(变量)

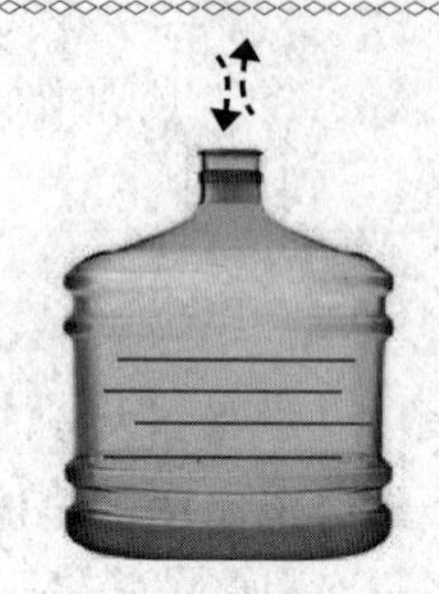
图 1-3-11 液位与水流的关系

理想电容器在使用的过程中不消耗电能,只起到存储电能、释放电能的作用。

一种常见的错误说法是,电容器"隔直阻交"是指直流电流不能通过电容器,而交流电流可以通过电容器。

实际上,不论直流电流还是交流电流,都不能通过电容器。如果把电流为"+"时看作电容器充电,则电流为"−"时就是电容器在放电。在交流电路中,电容元件反复充放电,尽管电路中有电流流过,但都没有"穿透"电容器。

3. 电容中的能量存储

电容充电后就存储了一定的电场能。电场能 W_C(单位为 J)的大小与电容量 C 和电容两端的电压 u 的关系为

$$W_C = \frac{1}{2}Cu^2 \tag{1-3-2}$$

4. 电容的用途

电容应用范围广泛,能够有效地用于电源电路、照明电路、音频电路和通信设备等。图 1-3-12 给出了几种具体的应用。其中,图 1-3-12(a)所示为除去整流电路输出波形的脉动部分波形的锯齿,使之变成平滑波形;图 1-3-12(b)所示为收音机无线电广播选台;图 1-3-12(c)所示为使荧光灯产生噪声短路,防止侵入其他配电线路。

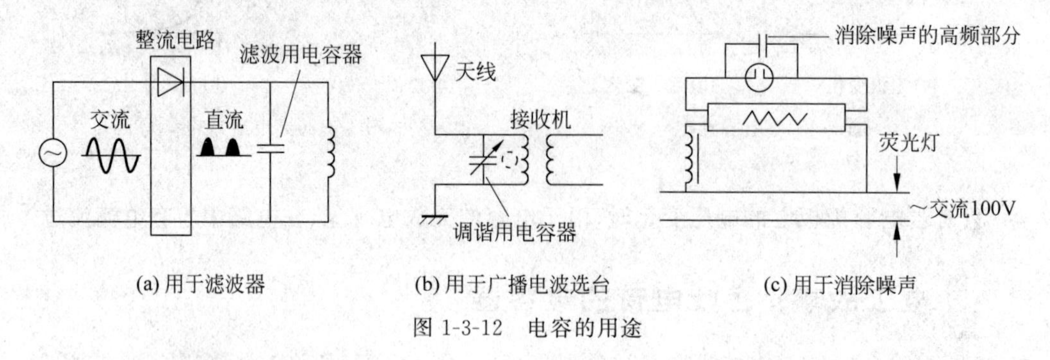

图 1-3-12 电容的用途

1.3.3 电容的特性

1. 线性电容的库伏关系

充电后的电容两端会有电压 u,并在两个极板上积聚电荷量 q,它们和电容量 C 之间

的关系称为电容的库伏关系。对于线性电容，有

$$C = \frac{q}{u} \tag{1-3-3}$$

式(1-3-3)是线性电容非常重要的库伏关系表达式。图 1-3-13 所示是线性电容的库伏特性曲线。

2. 线性电容的伏安关系

线性电容极板上积聚电荷的变化量与电容两端电压的变化量成正比，即

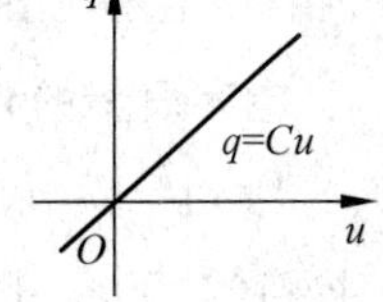

图 1-3-13 库伏关系曲线

$$C = \frac{\Delta q}{\Delta u}$$

而单位时间内电荷的变化量正是电容电路中的电流，即 $i = \frac{\Delta q}{\Delta t}$，所以

$$i = \frac{\Delta q}{\Delta t} = C\,\frac{\Delta u}{\Delta t}$$

上式以微分的形式可表示为

$$i = \frac{\mathrm{d}q}{\mathrm{d}t} = C\,\frac{\mathrm{d}u}{\mathrm{d}t} \tag{1-3-4}$$

式(1-3-4)是线性电容元件非常重要的伏安关系表达式，它表明电容电路中的电流与电容两端电压的变化率成正比。或者说，当电容两端的电压发生变化时，在电容电路中才有电流流过。

1.3.4 电容的串并联

1. 多个电容的串联

当多个电容串联时，如图 1-3-14 所示，相当于电容极板间的距离增大，总电容量与每个电容之间的关系为

$$\frac{1}{C} = \frac{1}{C_1} + \frac{1}{C_2} + \cdots + \frac{1}{C_n} \tag{1-3-5}$$

式(1-3-5)可用于多个电容串联时的简化计算。

2. 多个电容的并联

当多个电容并联时，如图 1-3-15 所示，相当于电容极板的面积增大，总电容量与每个电容之间的关系为

$$C = C_1 + C_2 + \cdots + C_n \tag{1-3-6}$$

式(1-3-6)可用于多个电容并联时的简化计算。

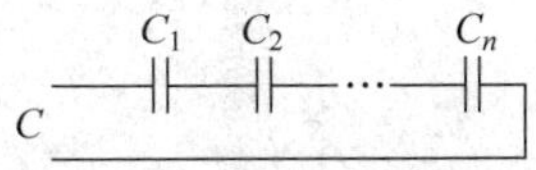

图 1-3-14 电容串联

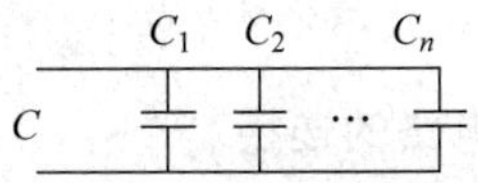

图 1-3-15 电容并联

1.3.5 电容的基本使用

根据电容的充放电现象,可以粗略判断电容的状态。图 1-3-16 所示是用指针式万用表判断电容质量、容量、电解电容极性的方法。

1. 电容质量的判断

(1) 对于 1μF 以上的电容,检测时将量程调至 $R\times 1\text{k}$ 挡(对于容量小于 1μF 的电容,由于电容充放电现象不明显,检验时宜选用指针式万用表 $R\times 10\text{k}$ 挡),并将两支表笔短接,进行欧姆调零。

(2) 将指针式万用表的红、黑表笔分别搭在高压电容的两个引脚上。

(3) 观察万用表指针的变化,若指针向右大幅度偏转,慢慢又回到左边,并在接近∞处停下,证明该电容正常。

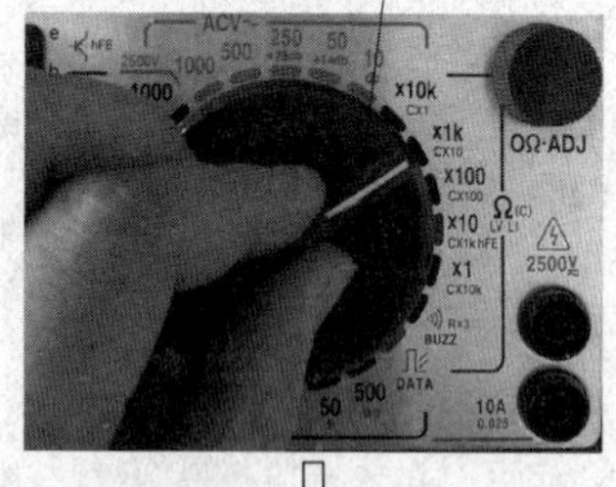

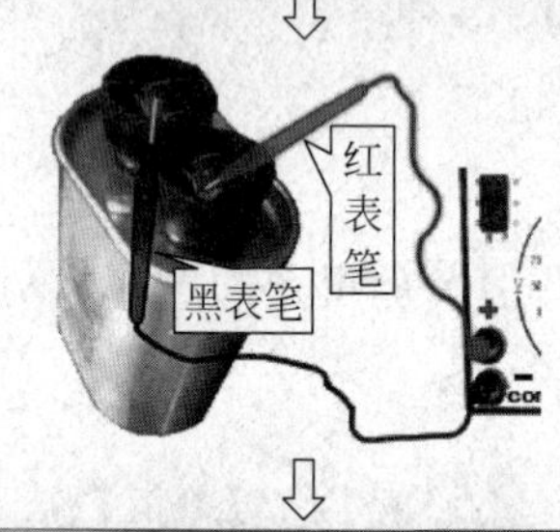

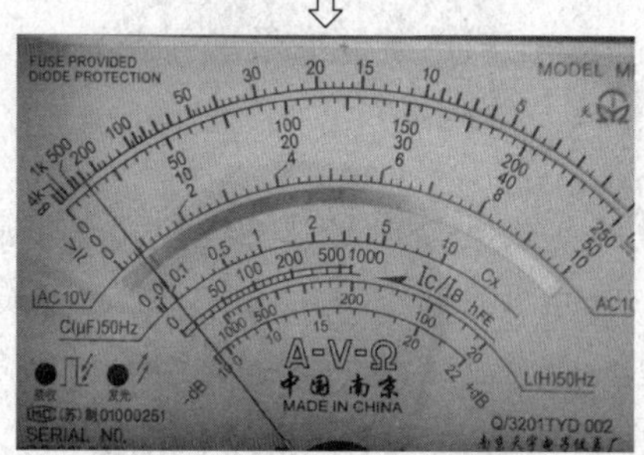

图 1-3-16 电容质量的判断

提示:将电容正常时的电阻值称为漏电电阻。若碰到以下情况,说明电容有问题。

(1) 表头指针无摆动,说明电容开路。

(2) 表头指针向右摆动角度大且不返回,说明电容已被击穿或严重漏电。

(3) 表头指针保持在 0Ω 附近,说明该电容内部短路。

一般来说,只要表头指针有小幅偏转并能返回到∞,就可以判断电容质量正常。

对于两个质量正常的电容,测量时,万用表表头指针向右摆动角度越大,说明电容容量越大;反之,说明容量较小。

2. 电解电容极性的判断

电解电容正接时漏电流小,漏电阻大;反接时,漏电流大,漏电阻小。根据这个特点,可以判断电解电容的极性。将指针式万用表打在 $R\times 1\text{k}$ 挡,在任意方向测量电解电容的漏电阻值;然后,将两支表笔对调一下,再测一次漏电阻值。两次测试中,漏电阻值小的那一次,黑表笔接触的是电解电容的负极,红表笔接触的是电解电容的正极。

注意:在利用有极性电容进行电路设计时,电容的极板一定不能接反。如果接反,电容会爆炸。

3. 电容与电路的连接

由于容量、种类、结构与使用场合不同,电容与电路其他部件的连接主要有焊接连接、扭结连接和螺纹连接三种方式,如表 1-3-7 所示。

表 1-3-7　电容与电路的连接

焊接连接	扭结连接	螺纹连接
电子产品上使用的电容与电路其他部分多采用焊接连接。这类电容的引出端线上一般均已镀锡，需要通过电烙铁加热才能连接	部分家电产品中的起动电容或补偿电容的引出端线是多股铜导线，与电路其他部分多采用扭结连接	电力变电所或大型电动机的补偿电容多为具有电解液的电力电容。这类电容的电流较大，在接入电路时采用螺纹连接

4. 电容的使用场合与注意事项

电容广泛应用在电力系统和电子设备中。在电力系统中主要用于功率补偿，以提高功率因数；在电子设备中起滤波、退耦、移相、消振、旁路等作用。

电容的主要参数有额定电压和额定容量，如图 1-3-17 所示。如果工作电压超过电容的耐压值，电容将击穿，造成不可修复的永久性损坏。电解电容在使用时有极性的要求，如果接反，将产生很高的热量并导致爆炸。

电容充电后，积聚在电极板上的电荷将长期保留，如果不释放，在下次使用时会发生危险。电容的安全放电方法很多，电子设备会通过发光二极管（LED）放电，电视机的电源指示灯即是如此。电力系统中的电力电容从电路中断开后，常使用照明灯泡进行放电。

对于一个状态未知的电容，在使用前不可轻易用手碰触，以免受到电击。对容量不大的电容，可以使用绝缘导线或指针式万用表笔的两端短接电容的接线端进行放电，如图 1-3-18 所示。

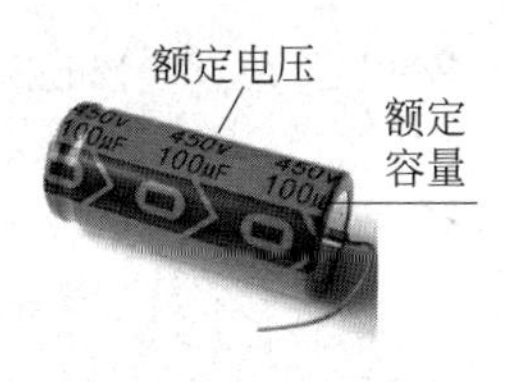

图 1-3-17　电容参数

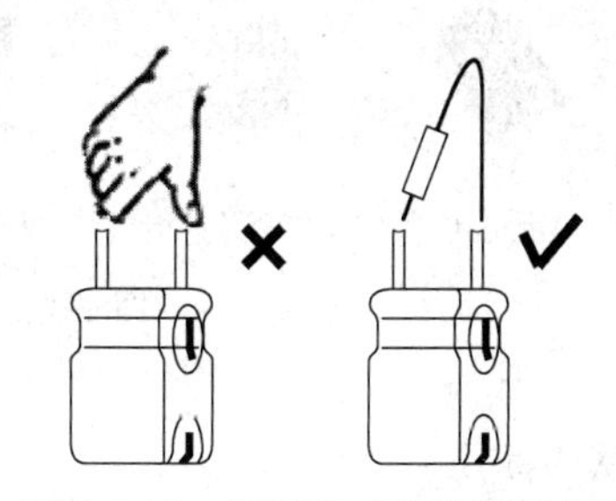
图 1-3-18　错误和正确的使用方法

思考与练习

1-3-1　尽可能地说出电容的种类及其在生活中的用途。

1-3-2　电容的主要性能参数有哪些？

1-3-3　如何使用指针式万用表判断电容的质量、容量以及电解电容的极性？

1.4 认识电感元件

【学习目标】

- 了解电感的种类和作用，熟悉电感的外在标识与其标称容量之间的关系。
- 了解电感的特性、结构与作用。
- 掌握电感的串并联特性，可以进行电感串并联的等效计算。
- 可以进行电感质量的判断。

【学习指导】

本节的学习方法与学习电容元件的方法基本一致。不同的是，学习电感的串并联关系时，建议与电阻串并联关系对照后理解。可以从楞次定律入手，了解电感的充放电过程，加深对电感的理解。

电感元件

电感是绕线线圈阻碍电流变化的特征。电感的基础是电磁场，当电流流经导体时，在导体的周围将产生电磁场。具有电感特性的电子元件称为电感线圈，又称电感(inductor)。本节主要讨论各种不同类型的电感及其特性、作用和在电路中的应用。

1.4.1 电感的种类与规格

通过上面的介绍，可以简单了解存在于身边的电感，可事实上电感的种类远不止这些。下面将介绍电感的种类及其规格，以及表示方法。

1. 电感的种类

电感的种类繁多，形状各异。图 1-4-1 所示是几种常见电感的外形，这些电感的特点及用途见附录 D。

(a) 无芯电感

(b) 带铁芯电感

(c) 带磁芯电感

(d) 贴片电感

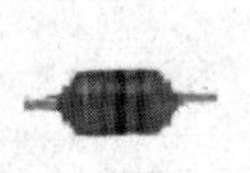
(e) 色码电感

图 1-4-1 常见电感外形

2. 电感的标注

电感的标称容量和偏差一般标在电感的外壳上，其标注方法有四种：直标法、文字符号法、数码法和色标法。电感量的基本单位是亨利(简称亨)，用字母“H”表示。常用的单位还有毫亨(mH)和微亨(μH)，它们之间的关系是：$1\text{H}=10^3\text{mH}=10^6\mu\text{H}$。直标法中常用字母 A、B、C、D、E 表示电感线圈的额定电流(最大工作电流)，分别为 50mA、150mA、300mA、700mA 和 1600mA，用Ⅰ、Ⅱ、Ⅲ表示允许误差，分别为±5%、±10%和±20%。

(1) 直标法

电感直标法及实例如图 1-4-2 和表 1-4-1 所示。

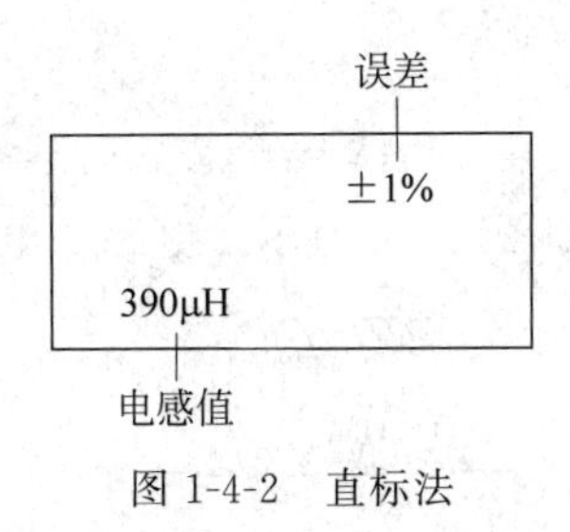

图 1-4-2 直标法

表 1-4-1 直标法实例

实 例	含 义
BⅡ 390μH	标称电感量为 390μH，允许误差为±10%
AⅠ 10μH	标称电感量为 10μH，允许误差为±5%

（2）文字符号法

文字符号法是将电感的标称值和允许偏差值用数字和文字符号按一定的规律组合标注在电感体上，其实例如表 1-4-2 所示。当单位为 μH 时，用“R”作为电感的文字符号，其他与电阻器的标注方法相同。其中，允许偏差的标注符号如表 1-2-3 所示。

表 1-4-2 文字符号法实例

实 例	含 义
4N7	标称电感量为 4.7nH
J R33	标称电感量为 0.33μH，允许偏差为±5%
4R7M	标称电感量为 4.7μH，允许偏差为±20%

（3）数码法

数码法是用 3 位数字来表示电感量的标称值，单位为 μH。该方法常见于贴片电感。如果电感量中有小数点，用“R”表示，并占 1 位有效数字，其表示法及实例如图 1-4-3 和表 1-4-3 所示。

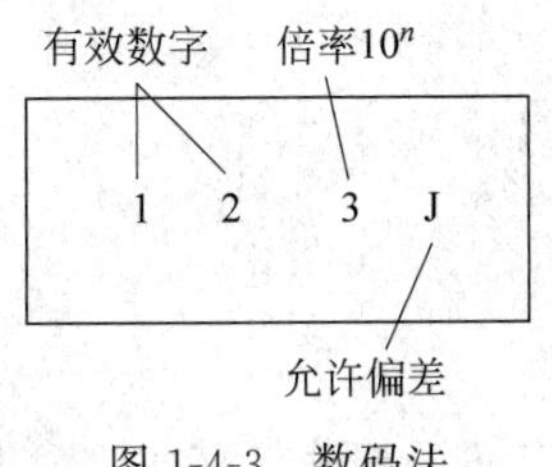

图 1-4-3 数码法

表 1-4-3 数码法实例

实 例	含 义
102J	标称电感量为 1000μH，允许偏差为±5%
183K	标称电感量为 18mH，允许偏差为±10%

（4）色标法

色环电感识别方法同电阻类似。通常用四色环表示，如图 1-4-4 所示紧靠电感体一端的色环为第一环，露出电感体本色较多的一端为末环。色环电感单位为 μH。例如，色环颜色分别为棕、黑、金、金的电感的电感量为 1μH，误差为 5%，如图 1-4-5 所示。

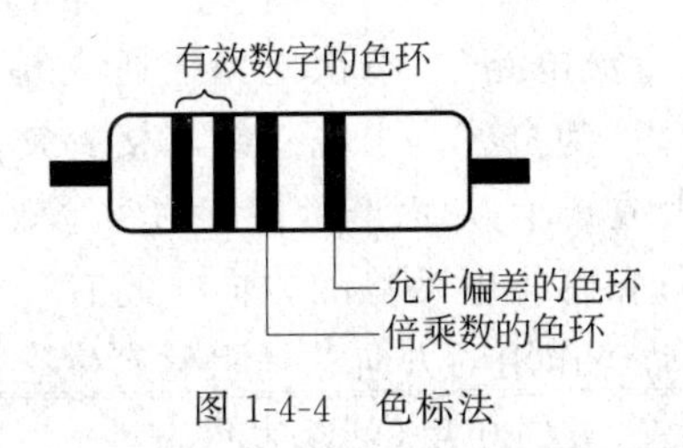

图 1-4-4 色标法

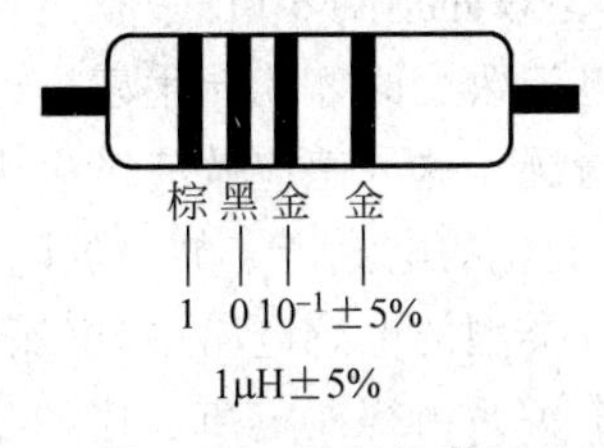

图 1-4-5 色标法实例

1.4.2 电感的结构与作用

电感的电路符号形象地描述了电感的结构。电感是在某一物体上缠绕若干匝导线或漆包线构成的,导线或漆包线的两头就是电感的两个引脚,如图 1-4-6 所示。电感在电路中标识为大写字母 L。当一个电路中出现多个电感时,通过字母 L 后跟数字或小写字母进行区分,如 L_1、L_2 等。

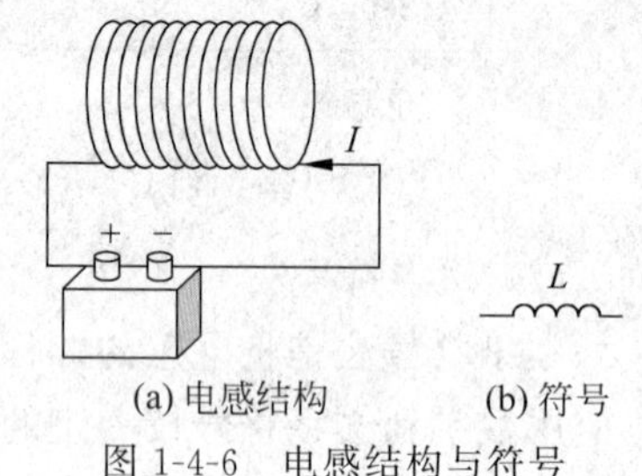

图 1-4-6 电感结构与符号

生活中许多电子器件都有电感,如继电器、螺形线圈、读/写头、扬声器。永久性磁铁扬声器常用于立体音响系统、无线电和电视中,如图 1-4-7 所示。螺形线圈常用于打开和关闭电磁阀和汽车门锁这一类装置,如图 1-4-8 所示。

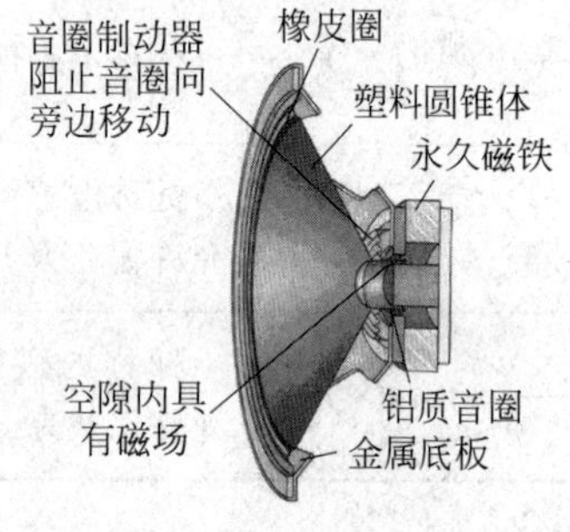

图 1-4-7 永久性磁铁扬声器

图 1-4-8 螺形线圈

电感元件中有电流流过时会存储一定的磁场能。磁场能 W_L(单位为 J)的大小与电感量 L 和电感中通过的电流 i 的关系为

$$W_L = \frac{1}{2}Li^2 \tag{1-4-1}$$

1.4.3 电感的特性

电感元件可以阻碍电流的变化是因为它可以在电路中储存和释放磁能。当电感线圈中通过直流电流时,其周围只呈现有固定方向的磁力线,不随时间而变化;但在通断的瞬间,直流电路中会出现电感效应。如图 1-4-9 所示,当通电时,线圈中产生一个磁场,变化的磁力线在线圈两端产生感应电动势,这个感应电动势将阻碍闭合回路中的电流,使其不会瞬间达到最大值。同样,当断电时,线圈中产生的感应电动势将阻碍闭合回路中的电流,使其不会瞬间达到零值。

只有电流改变时才能产生感应电动势。在直流电路中,每次电路连通或断开时都会发生这种情况。这种感应效应产生于线圈自身,称为自感。当电感线圈接到交流电源上时,导线中变化的电流产生的磁场随着电流增大或减小,从而产生持续的感应效应。

在任意类型的电感电路中,电流改变的方向和感应电动势的方向之间有一定的关联关系。这个关系由楞次定律表述如下:感应电动势作用的方向总是阻碍产生它的电流变化。感应电动势的大小与电感元件中的电压相等,方向相反,可以表示为

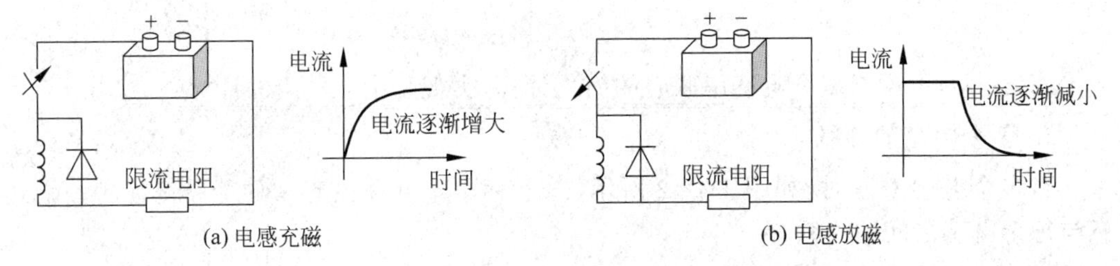

图 1-4-9　电感的充放磁

$$u_L = -e = L\frac{di_L}{dt} \tag{1-4-2}$$

电工故事：电容与电感的对偶关系

电感线圈可以把电路中的电能转化为磁能存储起来，也可以把电感线圈中的磁能通过电路释放出去。

电感线圈中存储的是磁能，电容器中储存的是电能。作为电路中的储能元件，如图 1-4-10 所示，二者之间各物理量的对偶关系如表 1-4-4 所示。

表 1-4-4　对偶关系

电感线圈	电容器
电感量 L：与结构有关的常量	电容量 C：与结构有关的常量
电感两端的电压 u（变量）	电容电路的电流 i（变量）
电感电路的电流 i（变量）	电容两端的电压 u（变量）

图 1-4-10　电感、电容实物图

理想的电感线圈在使用的过程中不消耗磁能，只起到存储磁能、释放磁能的作用。电能与磁能在电路中可以转换。

电容器中的电容量 C、电流 i、电压 u 之间的关系为

$$i = C\frac{du}{dt}$$

电感线圈的电感量 L、电压 u、电流 i 之间的关系为

$$u = L\frac{di}{dt}$$

仔细观察就会发现，如果把以上两个公式中的 C 和 L、u 和 i 对调，就可以从一种元件的伏安关系，推导出另一种元件的伏安关系。在电路中这是一种对偶关系，这种对偶关系在后续的交流电路中还会出现。

学习电容器和电感线圈的相关知识时，如果可以把一种元件的物理关系梳理清楚，则另一种元件的物理关系就可以通过对偶关系推导出来。

1.4.4　电感的串并联

1. 多个电感的串联

当多个电感串联时，如图 1-4-11 所示，总电感与每个电感之间的关系为

$$L = L_1 + L_2 + \cdots + L_n \tag{1-4-3}$$

式(1-4-3)可用于多个电感串联时的简化计算,类似于串联电阻的计算。

2. 多个电感的并联

当多个电感并联时,如图 1-4-12 所示,总电感小于并联电感中的最小电感值。总电感与每个电感之间的关系为

$$\frac{1}{L} = \frac{1}{L_1} + \frac{1}{L_2} + \cdots + \frac{1}{L_n} \tag{1-4-4}$$

式(1-4-4)可用于多个电感并联时的简化计算,类似于并联电阻的计算。

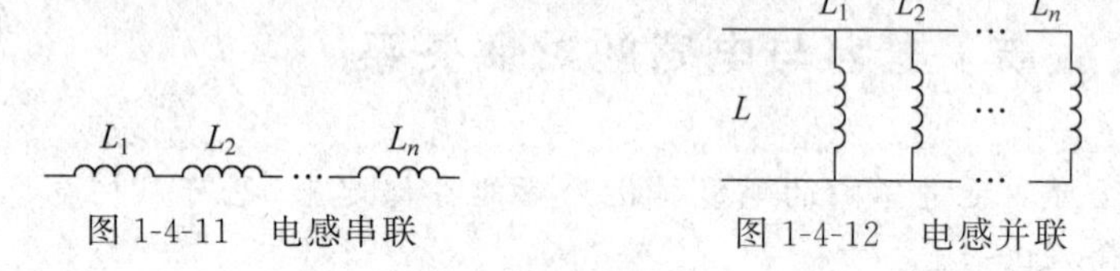

图 1-4-11 电感串联　　图 1-4-12 电感并联

1.4.5 电感的使用方法

1. 电感质量的判断

普通的指针式万用表不具备专门测试电感的挡位。使用指针式万用表只能大致判断电感的好坏,如图 1-4-13 所示,具体过程如下。

(1) 选择指针式万用表量程 $R\times1$ 挡,并将两支表笔短接,进行指针调零。

(2) 将红、黑表笔分别搭在电感的两个引脚上。

(3) 若万用表读数在几毫欧到几十欧之间,表示电感正常。若测量值为无穷大,说明电感断路。对于具有金属外壳的电感,若测得振荡线圈的外壳(屏蔽罩)与各引脚之间的阻值不是无穷大,而有一定的电阻值或为零,说明该电感存在质量问题。

采用有电感挡的数字式万用表检测电感非常方便,具体过程如下。

(1) 将数字式万用表量程拨至合适的电感挡(与标称电感量相近的量程),如图 1-4-14 所示。

(2) 将电感的两个引脚与两支表笔相连,即可从表盘读出该电感的电感量。若显示的电感量与标称电感量相近,说明电感正常;若显示的电感量与标称电感量相差较多,说明电感存在质量问题。

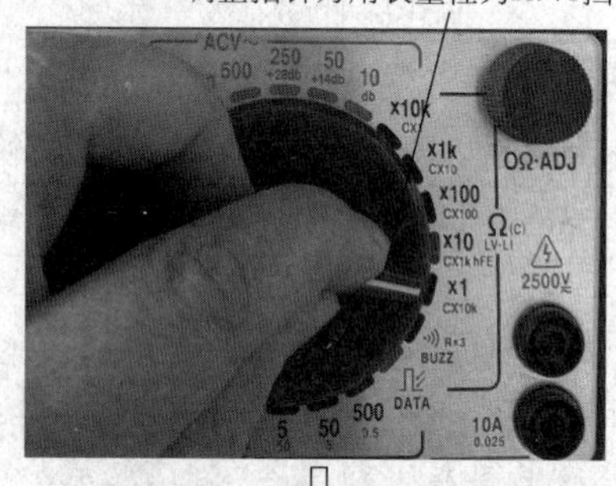

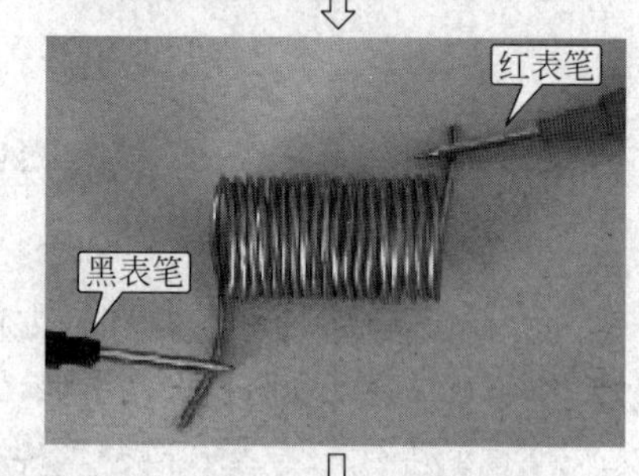

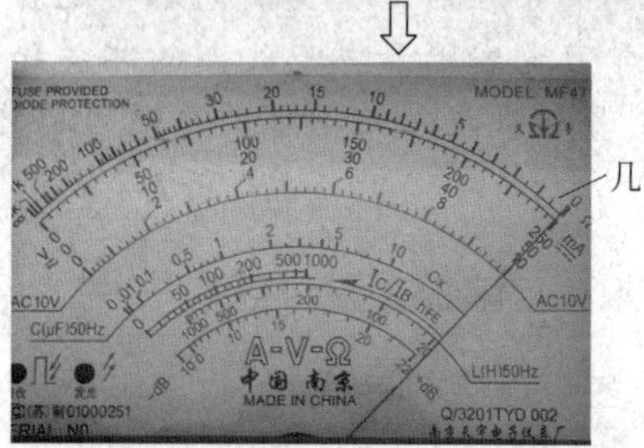

图 1-4-13 电感质量的判断

图 1-4-14　有电感挡的数字式万用表表盘

2. 电感量的判断

电感量可以用特定的仪表进行测量，它取决于铁芯及围绕铁芯的绕组的物理结构。如图 1-4-15 所示，绕组圈数越多，铁芯材料越好，铁芯截面越大，线圈长度越短，电感量越大。

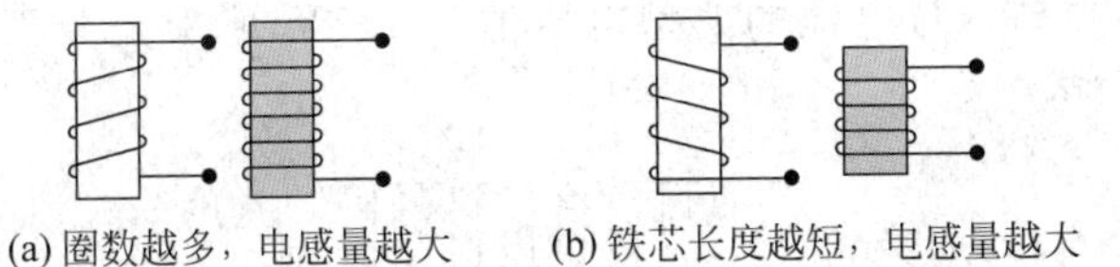

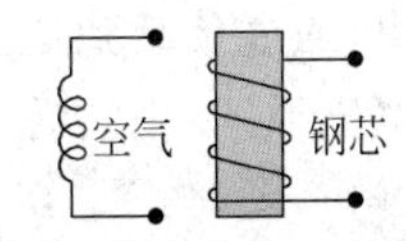

(a) 圈数越多，电感量越大　(b) 铁芯长度越短，电感量越大　(c) 钢芯线圈的电感量大于空芯线圈

图 1-4-15　电感量的判断

3. 电感的使用场合与注意事项

电感经常因为开路或短路导致损坏。检测电感是否断开或短路的简单方法是用欧姆表测量其直流电阻。一般情况下，电阻值和组成电感导线的尺寸(直径)、圈数(长度)有关。一些金属丝和圈数较多的线圈的电阻为几百欧姆；大直径的、优质绕线和圈数较少的大型线圈的电阻为十几欧姆。如果测到其电阻值为∞，说明电感断开。

思考与练习

1-4-1　尽可能多地说出电感的种类及其在生活中的用途。

1-4-2　电感的主要性能参数有哪些？

1-4-3　如何使用指针式万用表判断电感的质量和电感量？

1.5　认识电源

【学习目标】

- 熟悉电压源及其特性。
- 熟悉电流源及其特性。
- 了解受控源及其特性。

【学习指导】

本节学习分为两个层次：独立源是每位同学必须掌握的内容；受控源是选学模块，

可以根据学习能力和需求选择学习。

在进入大学学习之前,也许所接触到的实体电源都属于电压源,如干电池,因此电压源模型及特性是比较容易理解的。虽然电流源模型在生活中较难看到,也比较难理解,但要从事电气方面的工作,就必须掌握它。

学习独立源模块时,建议从比较电流源和电压源的异同入手来把握各自的特性。

(1) 理想电流源和理想电压源的伏安特性。

(2) 实际电源模型与理想电源模型的差异。

(3) 电流源与电压源对负载的电能输出形式及其计算表达式。

电源是为负载提供电能的设备,负载是与电源的输出端相连并从电源获得电能的元件或设备。本小节主要讨论各种不同类型的电源的特性和在电路中的应用。

说到电源,大家可能首先想到的就是电池。如图 1-5-1(a)所示,每个电池都有正极和负极。当负载接在电池两端时,在电池内部发生化学反应而形成导电桥,这个桥路使电池内部发生化学反应,导致负极产生的电子移动到正极,于是在电池两端产生电势能。电子从负极流出,通过负载到达正极。单节 5 号电池的典型电压值是 1.5V,它对负载表现出稳定的端电压形式,把它看作电压源。

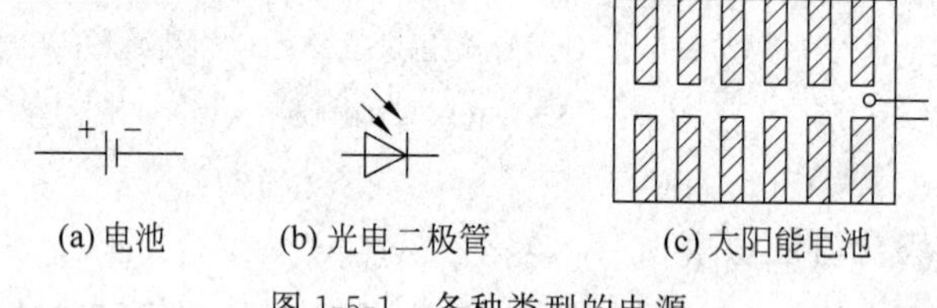

(a) 电池　(b) 光电二极管　(c) 太阳能电池

图 1-5-1　各种类型的电源

事实上,还有另外一种典型的电源,能把光能直接转换成电流,这就是光电二极管(见图 1-5-1(b))。如果把光电二极管的正、负引脚用导线连接起来,并把它放在黑暗中,导线中将不会有电流流过。但如果用光照射,光电二极管立刻就变成一个小电流源,电流从负极流出,进入正极。该电流与光的入射强度有关,基本不受外电路的影响。

太阳能电池(见图 1-5-1(c))实际就是感光表面积很大的光电二极管。太阳能电池可为一些小型电器供电,如太阳能计算器;也可以用几个太阳能电池串联后对镍镉电池充电。太阳能电池还常作为可见光和红外线检测器中的感光元件使用,如用于光强度计电路(照相机光强计、入侵报警器)和继电器中的光触发。与光电二极管相似,太阳能电池也有正极和负极引脚;不同的是,太阳能电池的感光面积较大,可提供比普通光电二极管大得多的功率。例如,单个太阳能电池置于明亮的光线下可产生 0.5V 电压。

电压源和电流源都属于能够独立向外提供电能的电源,称为独立电源。下面介绍这类电源的特性。

电压源及其特性

1.5.1　电压源及其特性

理想电压源两端的电压为恒定值,其图形符号如图 1-5-2 所示。它流过的电流由电压源的电压与相连的外电路共同决定,其伏安特性如图 1-5-3 所示。

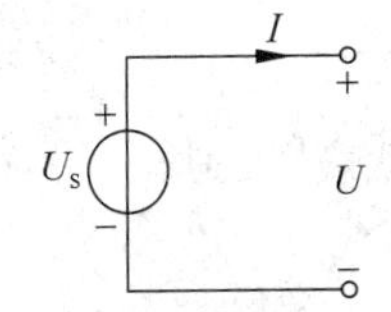

图 1-5-2　理想电压源

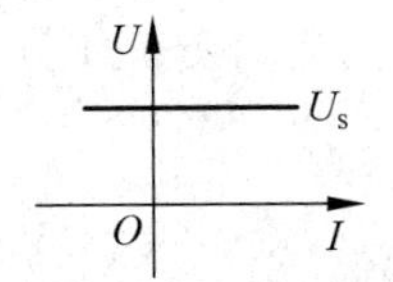

图 1-5-3　理想电压源的伏安特性

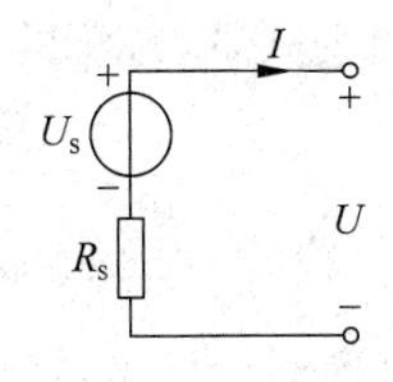

图 1-5-4　实际电压源

实际上，电源内部总存在一定的内阻，例如电池。一个实际的电压源可以用一个理想电压源 U_s 和内阻 R_s 相串联的电路来表示，如图 1-5-4 所示。这样，当接上负载有电流流过时，内阻上就会有压降。所接负载不同，电路中的电流不同，内阻上的压降不同，实际电压源的输出电压 U 就不是一个定值，其值表示为

$$U = U_s - IR_s \tag{1-5-1}$$

当把一个负载电阻 R 与电压源端子连接后，电阻 R 和电源内阻 R_s 串联。根据分压公式，电压源的端电压为

$$U = U_s \frac{R}{R + R_s} \tag{1-5-2}$$

式(1-5-2)表明，当负载电阻 R 远远大于电源内阻 R_s 时，如图 1-5-5(a)所示，R_s 的影响很小，可以忽略；但是，当负载电阻 R 接近电源内阻时，如图 1-5-5(b)所示，在计算和设计电路时就必须考虑电源内阻 R_s 的影响。

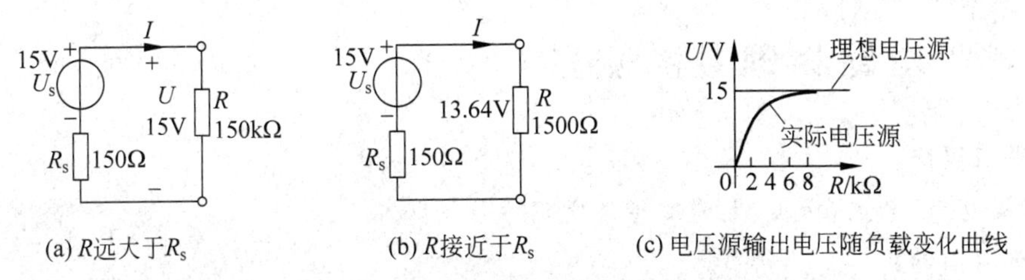

图 1-5-5　电压源内阻 R_s 对输出电压 U 的影响

1.5.2　电流源及其特性

理想电流源的输出电流为恒定值，其图形符号如图 1-5-6 所示。电流源两端的电压由电流源的电流与相连的外电路共同决定，其伏安特性如图 1-5-7 所示。

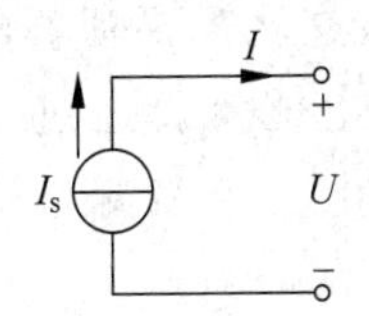

图 1-5-6　理想电流源

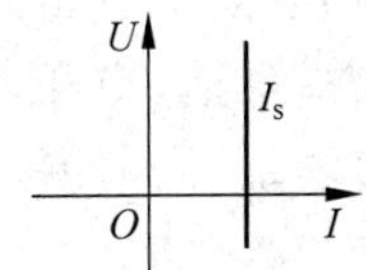

图 1-5-7　理想电流源的伏安特性

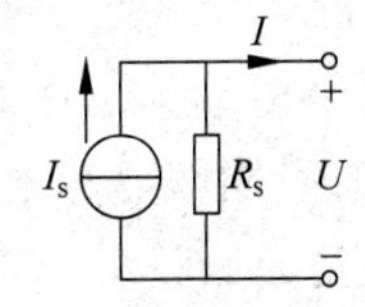

图 1-5-8　实际电流源

电流源及其特性

一个实际电流源可以用一个理想电流源 I_s 和内阻 R_s 相并联的电路来表示，如图 1-5-8 所示，这样，当接上负载，有电流流过时，内阻上就会有分流。所接负载不同，电路中 R_s

两端的电压不同,内阻上的分流不同,实际电流源的输出电流 I 就不是一个定值,其值表示为

$$I=I_s-\frac{U}{R_s} \tag{1-5-3}$$

当把一个负载电阻 R 与电流源端子连接后,负载电阻 R 和电源内阻 R_s 并联。根据分流公式,电流源的端电流为

$$I=I_s\frac{R_s}{R+R_s} \tag{1-5-4}$$

式(1-5-4)表明,当负载电阻 R 远远小于电源内阻 R_s 时,R_s 的影响很小,如图 1-5-9(a)所示,可以忽略;但是当负载电阻 R 接近电源内阻时,如图 1-5-9(b)所示,在计算和设计电路时就必须考虑电源内阻 R_s 的影响。

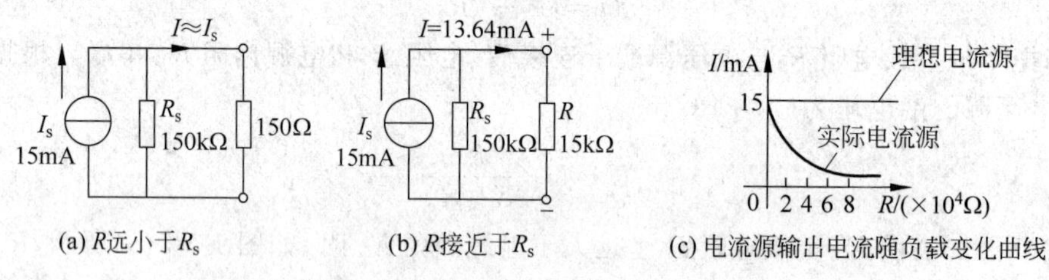

图 1-5-9 电流源内阻 R_s 对输出电流 I 的影响

1.6 电路物理量的测量

【学习目标】

掌握电压、电流、功率、电能测量的常用方法。

【学习指导】

学习本节内容最有效的方法是拿起电工仪表,按本书描述的过程实际动手尝试。实际操作将有助于对知识的理解和对技能的掌握。

另外,在学习类似操作技能的内容时,可以从两方面去把握:一是操作步骤,它可以帮助读者按部就班顺利地完成电路物理量的测量;二是注意事项,它可以预先告诉读者如何避免一些非正常事件的发生,以免在测量过程中遇到意外而措手不及。

电路学习的目标是帮助大家分析电路、设计电路和改造电路,这就需要理解电路工作过程中衡量其工作状态的参数,包括电流、电压、电位、功率和电能等。通过本节的学习,大家能够熟悉电路中的基本物理量,同时要求选择合适的电工仪表测量这些基本物理量。

电流和电压的测量

1.6.1 电流的测量

用电流表(又称安培表)测量电路中的电流。图 1-6-1 所示是常见的电流表。

指示用电流表主要用在大型充电器、电池容量监测仪、高低压配电柜等较大型电气设

备中,以显示电流的当前值。图 1-6-2 所示的电流表应用在发电机和高压电容桥中。检测用电流表一般用于实验室或电子检测中,以准确显示电流的测量值。

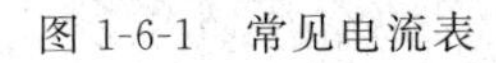

(a) 指示用电流表　(b) 检测用电流表　(c) 指针式万用表

图 1-6-1　常见电流表

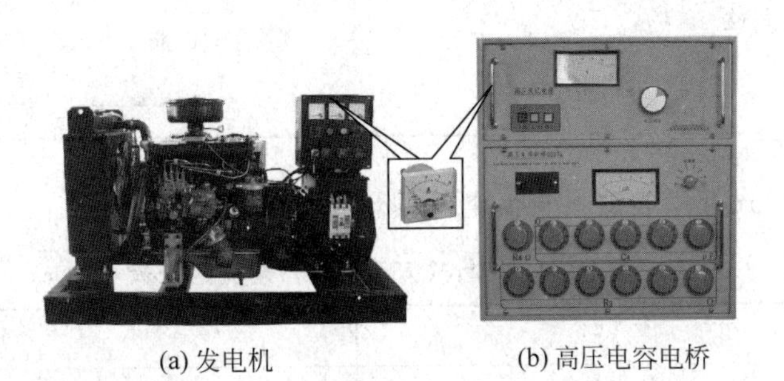

(a) 发电机　(b) 高压电容电桥

图 1-6-2　电流表的应用

1. 直流电流的测量

下面以指示用电流表和指针式万用表为例,说明直流电流的测量。

(1) 采用指示用电流表测量直流电流的步骤如表 1-6-1 所示。

表 1-6-1　指示用电流表使用方法

步　骤	内　容	图　示
1 选量程	根据被测数据选择合适量程的电流表	量程较小的电流表　量程较大的电流表
2 校表	检查电流表的指针是否指向零。若电流表的指针没有指向零,应调零。电流表不需要经常校正,只有当电流表长时间使用,其机械性能有所下降后,才会出现表头指针偏离的现象	应使指针指向零　旋转校正调零

续表

步 骤	内 容	图 示
3 选择接线极性	通过电流表接线柱的正、负极标识确定正、负极	
4 测量	电流仪表串联接入被测电路，注意极性的正确性	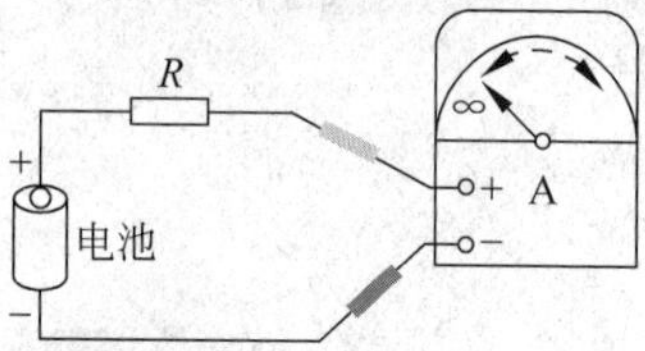

(2) 采用指针式万用表测量直流电流的步骤如表 1-6-2 所示。

表 1-6-2 指针式万用表测量电流的步骤

步 骤	内 容	图 示
1 放置	根据表盘符号，将仪表放在合适的位置。“⊓”表示水平放置，“⊥”表示垂直放置，图示表示水平放置	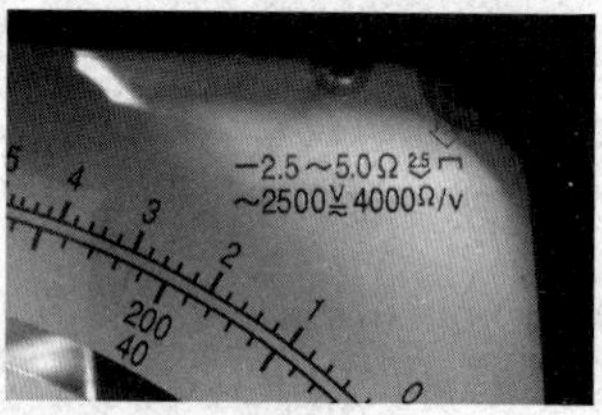
2 机械调零	使用时，应先检查指针是否在标度尺的起始点上。如果不在，可用螺丝刀调节表盘下“一”字塑料螺钉，使指针回到标度尺的起始点	
3 表笔插接	红表笔插“+”孔，黑表笔插“−(COM)”孔。用 5A 挡时，红表笔应插在“5A”插孔内	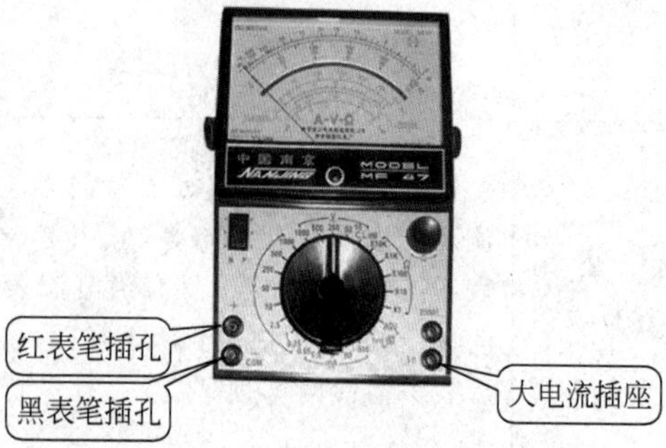

续表

步　骤	内　　容	图　　示
4 选量程	先根据估计所测值选择合适的挡位。将选择开关旋至直流电流“mA”范围，并选择至待测的电流量程上 采用5A挡时，量程开关可放在电流量程的任意位置	
5 测电流	首先判断该支路的电流方向；其次断开该支路，将电流表串联接在断开处，使电流表从红（+）表笔进，黑（−）表笔出。连接时，应注意先接黑表笔，然后用红表笔碰另一端，观察指针的偏转方向是否正确。若正确，可读数；若不正确，调换两支表笔	

注意：

（1）电流表严禁并联在电路中。

（2）在使用电流表测量时，要注意将仪表量程开关调节到满足待测电流的范围。具体来讲，在测量时，要先确定所测量的电流值不会超过表的量程。当电流未知时，先要用电流表最大量程进行测量。如果所测的电流超过电流表量程，会对表造成损害。

（3）利用常规的电流表测量电流时，要断开电路将其接入再进行测量，也可利用开关进行电路的通断控制测量电流，如图1-6-3所示。

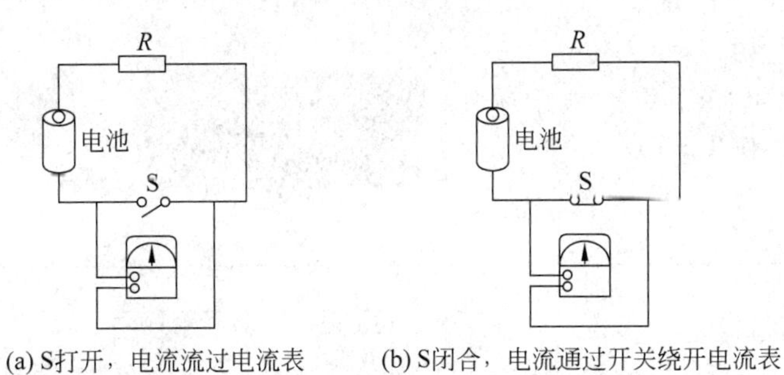

(a) S打开，电流流过电流表　　(b) S闭合，电流通过开关绕开电流表

图1-6-3　用电流表测电流

2. 交流电流的测量

交流电流与直流电流的测量方法相同，区别在于电路不需要区分正极和负极。

3. 用钳形电流表测电流

为了避免断开电路,维修电工常用一种钳形电流表测量较大的交流(AC)电流,这种电流表比普通电流表操作简单,不需要切断电路,如图 1-6-4 所示。在使用过程中,将钳形电流表夹在导线上,电流表通过测量导线内电流产生的磁场大小得出电流值。图 1-6-5 所示是几种钳形电流表检测设备漏电的使用方法。

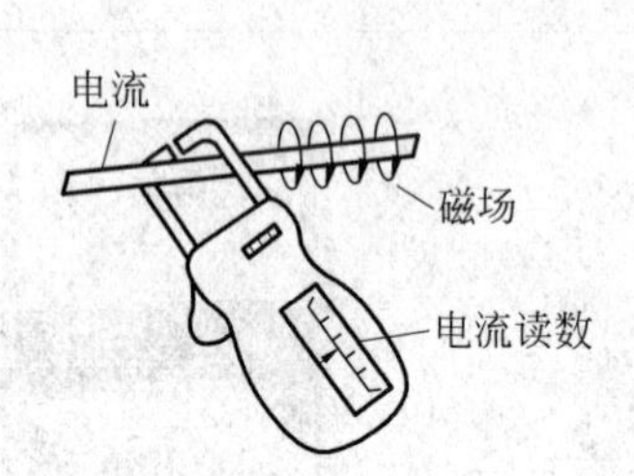

图 1-6-4 钳形电流表测量电流

图 1-6-5 利用钳形电流表检测设备的漏电情况

表 1-6-3 以检测配电箱处的交流电流为例,说明钳形电流表的使用方法。

表 1-6-3 钳形电流表的使用方法

步 骤	内 容	图 示
1 选挡位	将钳形电流表功能旋钮旋转至“ACA 1000A”处	量程交流1000A挡
2 查按钮	检查钳形电流表的“保持”按钮HOLD,使其处于放松状态	使“保持”按钮HOLD处于放松状态
3 钳住待测导线	按下钳形电流表的扳机,打开钳口,并钳住一根待测导线。钳住两根或以上导线为错误操作,无法测出电流	按下钳形电流表的扳机,并钳住待测导线

续表

步　骤	内　　容	图　　示
4 保持数据	若操作环境较暗，无法直接读数，应按下 HOLD 按钮，保持测试数据	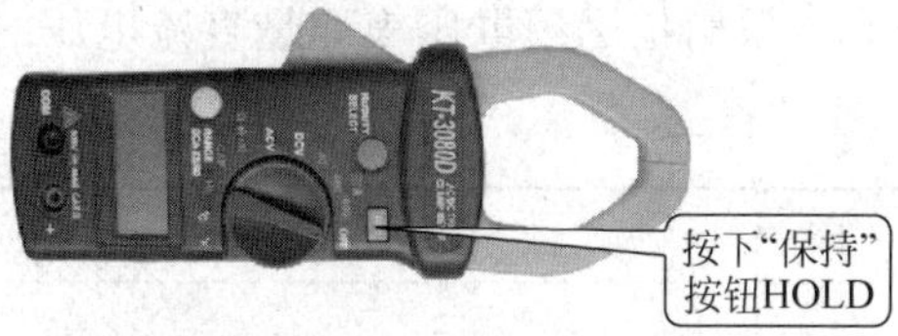 按下"保持"按钮HOLD
5 读数	读取交流电流值。若被测值小于 200A，应缩小量程再次检测	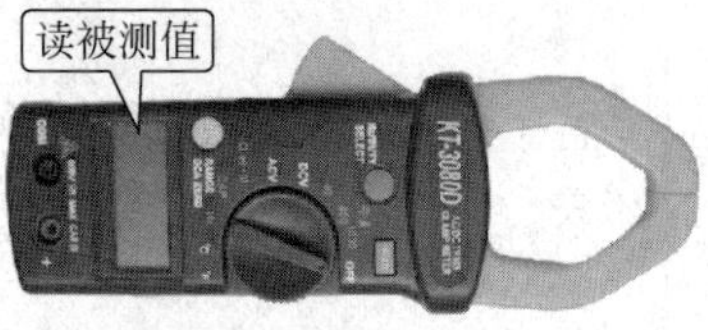 读被测值
6 恢复状态	再次按下 HOLD 按钮，钳形电流表恢复测量状态 再次测量的方法同步骤 1～步骤 5	 使"保持"按钮HOLD恢复到放松状态

1.6.2　电压的测量

人们常用电压表(又称伏特表)测量电路中的电压值。如图 1-6-6 所示是常见的电压表。

(a) 指示用电压表

(b) 检测用电压表

图 1-6-6　常见的电压表

指示用电压表多与电子产品或电气设备合成一体，用于观察设备的当前电压。图 1-6-7(a)所示的电压表应用在实验仪或配电箱中。图 1-6-7(b)所示的检测用电压表一般用于实验室或电子检测中。

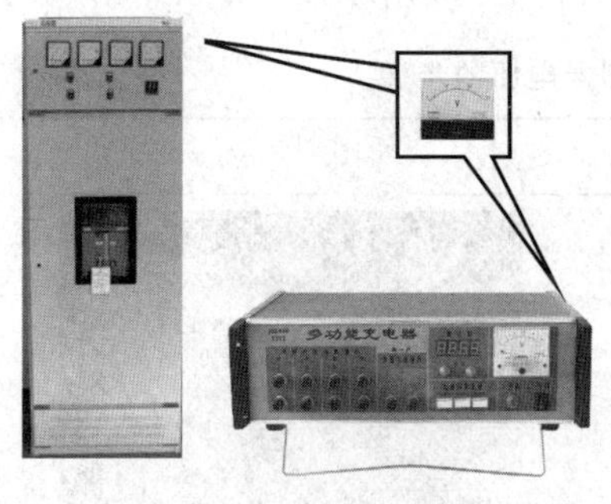

(a) 指示用电压表的应用

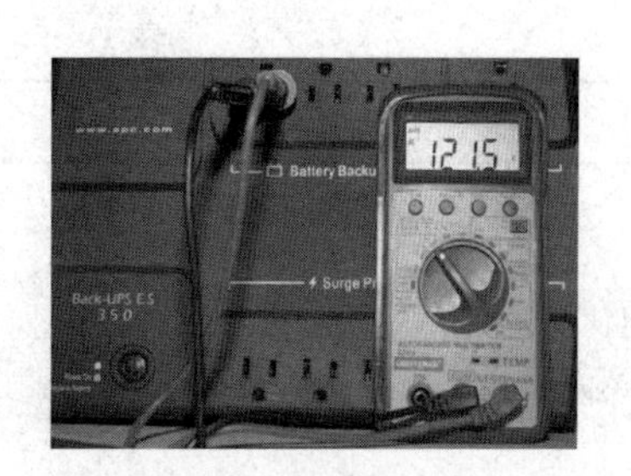

(b) 检测用电压表的应用

图 1-6-7　电压表的应用

1. 直流电压的测量

下面以指示用电压表和指针式万用表为例,说明直流电压的测量。

(1) 采用指示用电压表测量直流电压的步骤如表 1-6-4 所示。

表 1-6-4 指示用电压表使用方法

步 骤	内 容	图 示
1 选量程	根据被测数据选择合适量程的电压表	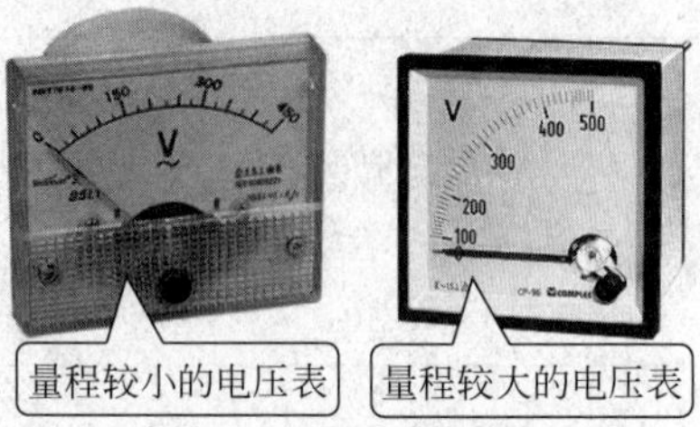 量程较小的电压表　量程较大的电压表
2 校表	检查电压表的指针是否指向零。若电压表的指针没有指向零,应调零。电压表不需要经常校正,只有当电压表长时间使用,其机械性能有所下降时,才会出现表头指针偏离的现象	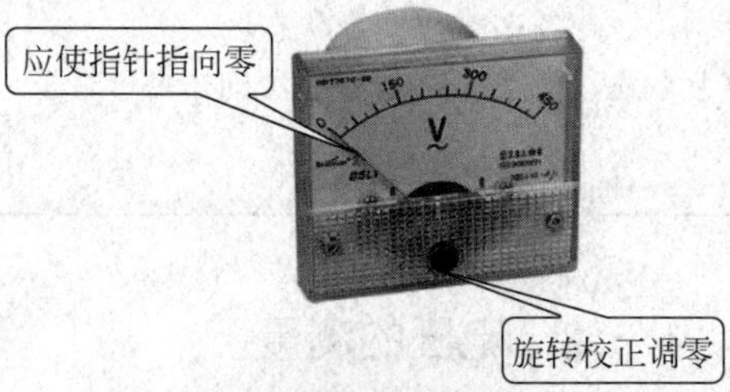 应使指针指向零　旋转校正调零
3 选择接线极性	通过电压表接线柱的正负极标识确定正极和负极	 负极接线标识
4 测量	将电压表并联入被测电路。注意极性的正确性	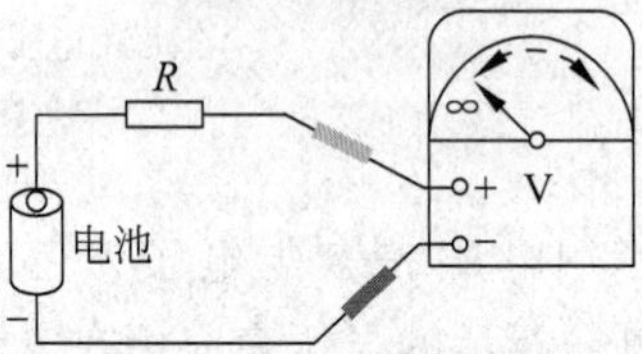 R　电池　V　+　−

(2) 采用指针式万用表测量直流电压的步骤如表 1-6-5 所示。

表 1-6-5 指针式万用表测量电压的步骤

步 骤	所 用 仪 表	图 示
1 放置	根据表盘符号,将仪表放在合适位置。"⊓"表示水平放置,"⊥"表示垂直放置,图示表示水平放置	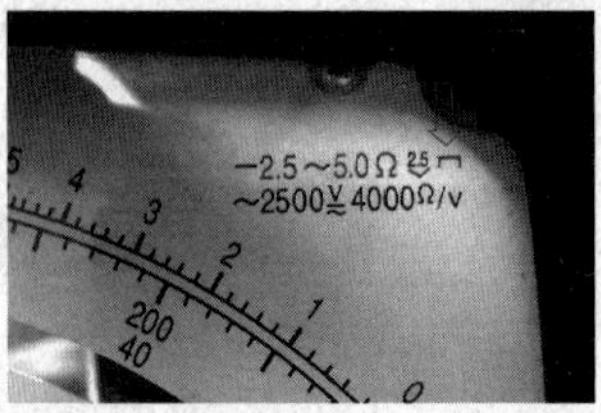 −2.5～5.0Ω ~2500V 4000Ω/V

续表

步 骤	所用仪表	图 示
2 机械调零	使用时，应先检查指针是否在标度尺的起始点。如果不在，可用螺丝刀调节表盘下“一”字塑料螺钉，使指针回到标度尺的起始点	
3 表笔插接	红表笔插“+”孔，黑表笔插“-”(COM)孔。采用2500V挡时，红表笔应插在“2500V”插孔内	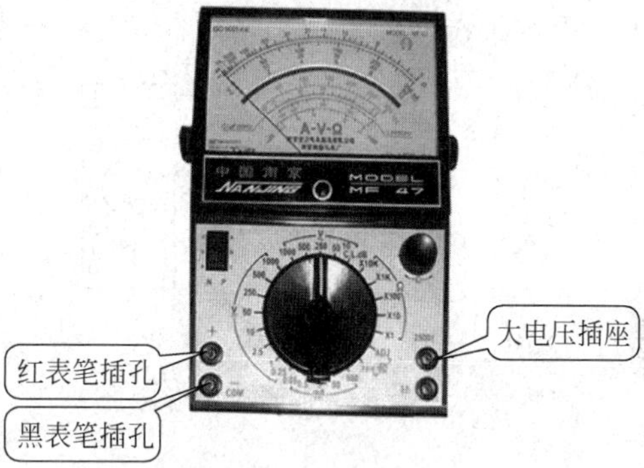
4 选量程	将范围选择开关旋至直流电压“V”的范围所需要的测量电压量程上。量程应尽可能选择接近于被测量，使指针有较大的偏转角，以减少测量示值的绝对误差 采用2500V挡时，量程开关应放在1000V的量程上	
5 测电压	并联接入被测支路。在连接到被测支路时，首先要判断该支路电压降的方向；其次，将电压表的黑(-)表笔接到被测支路的负端，红(+)表笔先碰一下被测支路的正端，观察指针的偏转方向是否正确。若正确，可读数；若不正确，将两支表笔对换	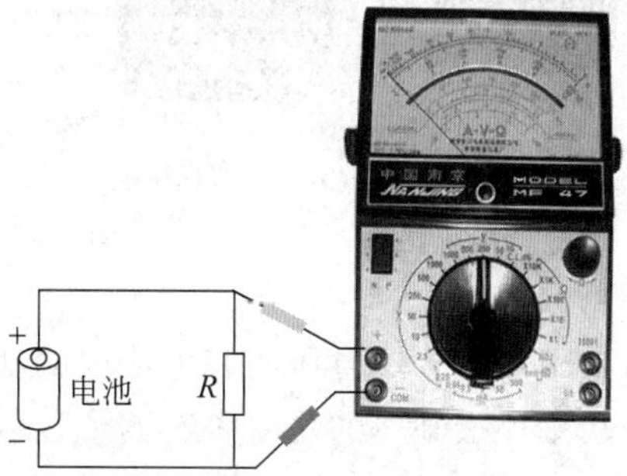

注意：

(1) 注意测量时不要让自己的身体与通电电路接触。

(2) 不能将电压表串联在电路中。

(3) 当测量未知电压时，先要把万用表调至最大量程进行试测量。如果所测电压超过万用表量程，会对伏特表造成损害。

(4) 若需要测量电路中特定一点与接地或公共参考点间的电压,需先将万用表黑色的COM端与接地或公共参考点相连,如图1-6-8所示,然后用红表笔与电路中需要测量的点连接。

2. 交流电压的测量

测量交流电压与直流电压方法相同,区别在于前者没有正、负极的要求。

3. 用电压测试器测量电压

图1-6-9所示电压测试器是电工常用的一种伏特表,常用于工作中的电压测量。电压测试器可以得到当前电压的近似值,主要用于探测是否有电压存在。实际的电压可能高于或低于测试器所显示的值。使用前,需先用该仪表测试一个已知电源,以确定其是否可以正常工作。

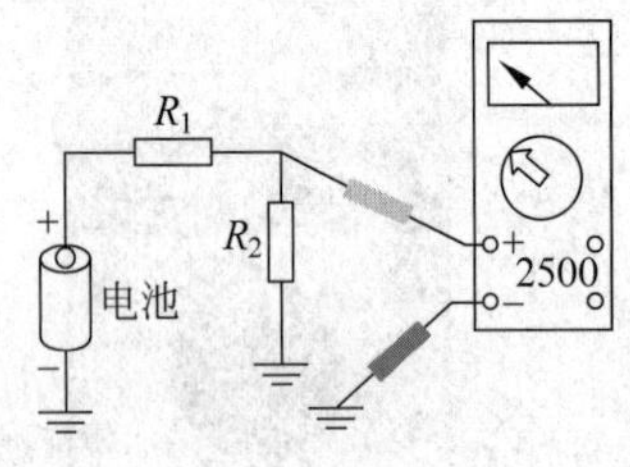

图1-6-8 测量公共参考点

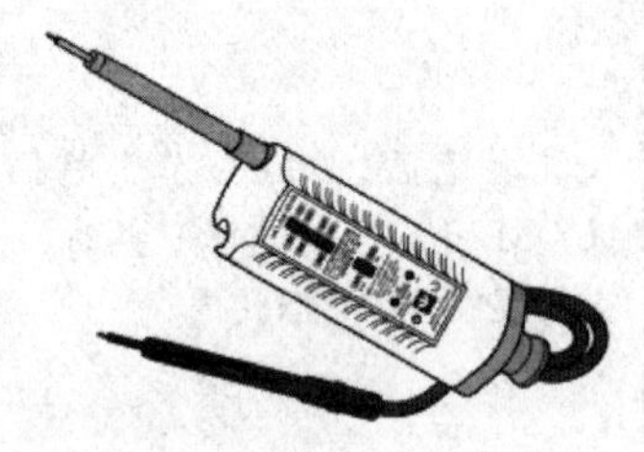

图1-6-9 伏特表

功率和电能的测量

1.6.3 功率的测量

功率表是一种用来直接测量电功率的电子仪器。图1-6-10给出了若干种常用功率表。

(a) 三相功率表

(b) 多功能功率表

(c) 数字钳形功率表

(d) 太阳能功率表

(e) 功率指示器

图1-6-10 各种功率表外形

功率表综合了电压表和电流表的功能,能直接显示电路的功率。最基本的功率表有四个连接端点,两个连接电压线圈,两个连接电流线圈。电流线圈的两个端点与负载串联;电压线圈的两个端点与负载并联。图1-6-11是一种典型的功率表电路连接方式。

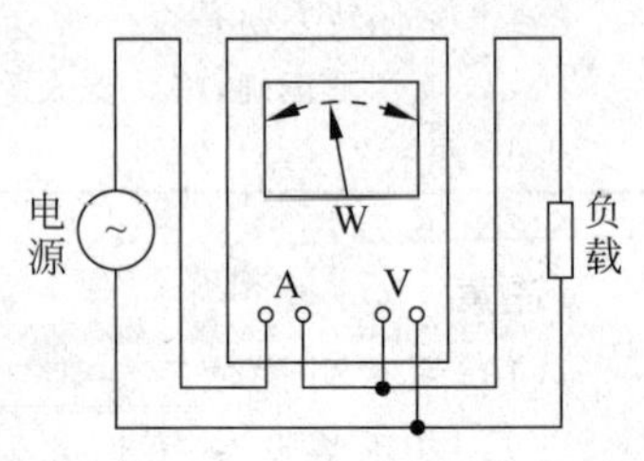

图1-6-11 典型的功率表接法

功率表有直流和交流之分,交流功率表又有单相和三相之分,内容比较复杂,有兴趣的读者可参看工厂供电方面的内容。

1.6.4　电能的测量

电能以千瓦时(kW・h)为单位，所以电度表又称电能表、千瓦时表。电能表与功率表不同的是，它能反映电功率随时间增长的累计之和。按原理划分，电能表可分为感应式和数字式两大类，如图 1-6-12 所示。

(a) 感应式电能表

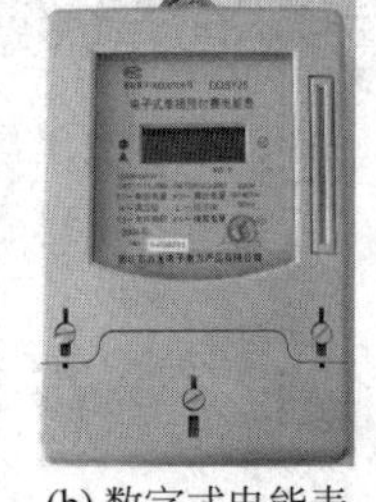

(b) 数字式电能表

图 1-6-12　典型电能表

1. 感应式电能表

感应式电能表采用电磁感应原理把电压、电流、相位转变成电磁力矩，推动铝制圆盘转动，圆盘的轴带动齿轮驱动计度器的鼓轮转动，转动的过程是时间累积的过程。因此，感应式电能表的优点就是直观、动态连续、停电不丢数据。感应式电能表一般需要人工抄读，其读数方法如下。

(1) 跳字型指示盘电能表的读数。

跳字型指示盘电能表又叫直接数字电能表，其读数方法很简单，在电能指示盘上按个、十、百、千位数字直接读取数值。这个数值就是实际的用电量累计数。例如，本月月末读数为 7340.5，上月读数为 6231.5，则本月用量为 7340.5－6231.5＝1109(度)。

(2) 标有倍率的电能表的读数。

在电能表的刻度盘上，有的标有"×10"或"×5"等字样，表明在读取该表数值时需要乘以一个倍数值。例如，本月月末读数为 7340.5，上月读数为 6231.5，表盘上标有"×5"字样，则本月用量为(7340.5－6231.5)×5＝1109×5＝5545(度)。

(3) 经电流、电压互感器接入的电能表的读数。

经电流、电压互感器接入的电能表的读数同样需要乘以实用倍率。

$$\text{实用倍率}=\frac{\text{实际用电压互感器变比}\times\text{实际用电流互感器变比}\times\text{表本身倍率}}{\text{表本身电压互感器变比}\times\text{表本身电流互感器变比}}$$

注意：*表本身倍率、表本身电压互感器变比和电流互感器变比未标时都为 1。*

例如，实际用互感器变比是 10000/100V、100/5A，表本身倍率、电压互感器变比和电流互感器变比都未标。若本月月末读数为 7340.5，上月读数为 6231.5，则实际电量为(7340.5－6231.5)×(10000/100)×(100/5)＝1109×2000＝2218000(度)。

2. 数字式电能表

数字式电能表运用模拟或数字电路得到电压和电流相量的乘积，然后通过模拟或数字电路实现电能计量功能。由于应用了数字技术，分时计费电能表、预付费电能表、多用户电能表、多功能电能表相继出现，满足了科学用电、合理用电的进一步需求。下面以预付费电能表为例，说明其应用方法。

预付费电能表不需要人工抄表，有利于现代化管理。用户通过对智能 IC 卡充值并输入电表中，电表即可供电。预付费电表在正常使用过程中，自动对所购电量做递减计算。当电能表内剩余电量小于 20 度时，显示器显示当前剩余电量，提醒用户购电。当剩余电量等于 10 度时，停电一次，提醒用户购电。此时，用户需将 IC 卡插入电能表以恢复供电。

当剩余电量为零时，自动拉闸断电。预付费电能表的用户购电信息实行微机管理，用户可直接完成查询、统计、收费及打印票据等操作。

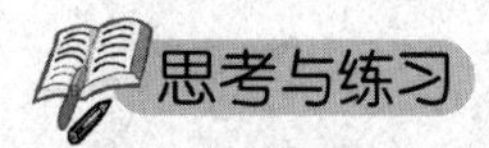

1-6-1 说出电流的几种测量方法及注意事项。

1-6-2 说出电压的几种测量方法及注意事项。

1.7 基尔霍夫定律的学习与应用

【学习目标】

- 掌握基尔霍夫电压和电流定律。
- 能用基尔霍夫电压和电流定律分析复杂的直流电路。

【学习指导】

本节的学习重点为基尔霍夫电压定律和基尔霍夫电流定律。

基尔霍夫电流定律比基尔霍夫电压定律更容易理解，但要注意的是，如何将基尔霍夫电流定律应用到一个闭合电路中，是全面掌握该定律的关键。

运用基尔霍夫电压定律列写方程的关键是对于两类方向的判断，一是电流、电压的参考方向；二是电路的回路绕行方向。判断两类方向的一致性，是学习基尔霍夫电压定律的难点。

灵活运用基尔霍夫电压、电流定律求解电路参数，将有利于后续电类专业课程的学习。

在分析电路问题时，经常会碰到使用化简电阻无法解决的问题。如在图 1-7-1 所示的复杂直流电路中有多个电源，若要确定 R_3 元件的电流，仅运用欧姆定律以及分压、分流公式无法得到结果。如果将 R_3 放在只有一个电源的电路中，是非常简单的。但是，该电路有两个电源，因此无法应用已学的欧姆定律以及分压、分流公式求出 R_3 上的电流或电压。基尔霍夫定律可以很好地解决上述电路问题。

基尔霍夫定律是德国科学家基尔霍夫(图 1-7-2)在 1845 年论证的。该定律阐明了任意电路中各处电压和电流的内在关系，解决了求解复杂电路电流与电压的问题。它包含两个定律：其一是研究电路中各结点电流间联系的规律，称为基尔霍夫电流定律；其二是研究回路中各元件电压之间联系的规律，称为基尔霍夫电压定律。

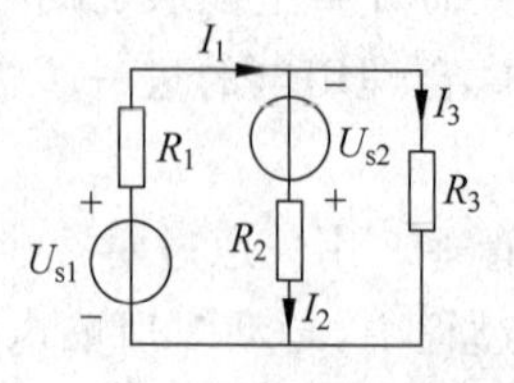

图 1-7-1 复杂直流电路

图 1-7-2 科学家基尔霍夫

基尔霍夫定律给出了分析电路的最普遍的方法。无论这个电路是线性的还是非线性的、直流的还是交流的，不管这些电路多么复杂，基尔霍夫定律都适用。

1.7.1 电路模型中的术语

在学习基尔霍夫定律之前，先了解电路模型中的一些术语，如图 1-7-3 所示。

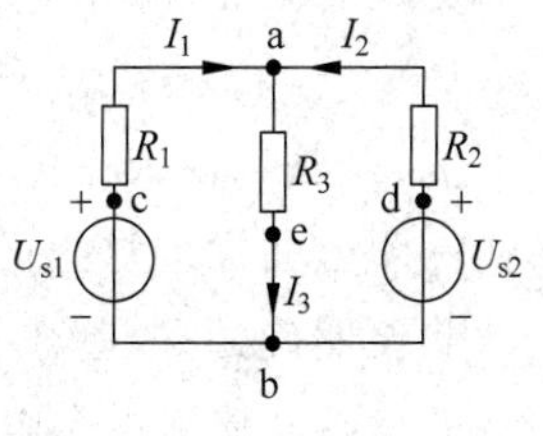

图 1-7-3　电路名词定义

1. 支路

电路中具有两个端点且通过同一电流的每个分支称为支路，每个支路上至少有一个元件，通常用 b 表示支路数。在图 1-7-3 中，acb、adb、aeb 均为支路。支路 acb、adb 中有电源，称为有源支路；支路 aeb 中没有电源，称为无源支路。

2. 结点

三条或三条以上支路的连接点称为结点。通常用 n 表示结点数。在图 1-7-3 中，a、b 都是结点，c、e、d 不是结点。

3. 回路

电路中的任意闭合路径称为回路。通常用 l 表示回路数。在图 1-7-3 中，aebca、aebda、acbda 都是回路。

4. 网孔

单一闭合路径中不包含其他支路的回路称为网孔。在图 1-7-3 中，aebca、aebda 是网孔，acbda 不是网孔。因此，网孔是回路，但回路不一定是网孔。

1.7.2 基尔霍夫定律及应用

1. 基尔霍夫电流定律

基尔霍夫电流定律简称 KCL，它的基本内容是：任一时刻在电路的任一结点上，所有支路电流的代数和恒等于零，用数学表达式表示为

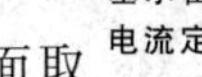

基尔霍夫电流定律

$$\sum I = 0 \quad \text{或} \quad \sum i = 0 \tag{1-7-1}$$

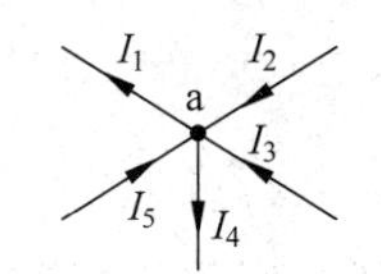

图 1-7-4　KCL 的应用

规定流出结点的电流前面取“＋”号，流入结点的电流前面取“－”号（反之亦可）。如图 1-7-4 所示，对于结点 a，有

$$I_1 - I_2 - I_3 + I_4 - I_5 = 0$$

式(1-7-1)是 KCL 的一般表达式，可以整理为

$$I_1 + I_4 = I_2 + I_3 + I_5$$

上式表明：在任一瞬间，流入任一结点的电流之和必定等于流出该结点的电流之和，可表示为

$$\sum i_{\text{入}} = \sum i_{\text{出}} \tag{1-7-2}$$

事实上，KCL 不仅适用于电路的结点，对于电路中任意假设的闭合曲面也是成立的。如图 1-7-5 所示电路，闭合曲面 S 包围了 a、b、c 三个结点。对三个结点分别列 KCL 方程如下。

$$a: -I_1+I_4+I_6=0$$

$$b: -I_4-I_2+I_5=0$$

$$c: I_3-I_6-I_5=0$$

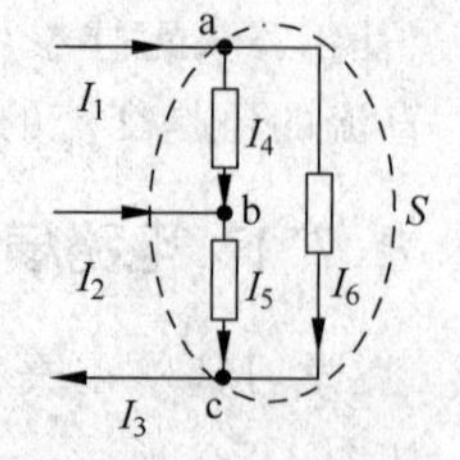

图 1-7-5 KCL 的推广

上述三式相加，得

$$-I_1-I_2+I_3=0$$

可见，基尔霍夫电流定律可推广应用于电路中包围多个结点的任一闭合曲面。这里的闭合曲面可以看作一个广义结点。

需要明确的是，基尔霍夫电流定律是电荷守恒定律和电流连续性原理在电路中任意结点的反映；基尔霍夫电流定律对支路电流的约束，与支路上接的是什么元件无关，与电路是线性还是非线性无关；基尔霍夫电流方程是按电流参考方向列出的，实际电流方向也符合这个规律。

电工故事：水流与电流

图 1-7-6(a)所示为一个水管进出水示意图。上面两个是进水管，下面三个是出水管，水流量用 F 表示。在水管中不储存水的情况下，进水量总是等于出水量。

即：$F_1+F_2=F_3+F_4+F_5$

或：$F_1+F_2-(F_3+F_4+F_5)=0$

电路中的电流与水管中的水流类似，如图 1-7-6(b)所示。电路中任何一个结点在任意时刻，进入的电流都等于流出的电流。

即：$I_1+I_2=I_3+I_4+I_5$

或：$I_1+I_2-(I_3+I_4+I_5)=0$

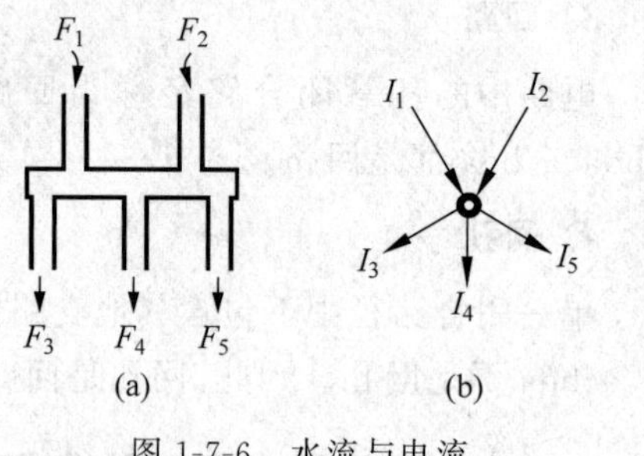

图 1-7-6 水流与电流

基尔霍夫电压定律

2. 基尔霍夫电压定律

基尔霍夫电压定律简称 KVL，它的基本内容是：在任一时刻，沿任一回路绕行一周，各元件上电压的代数和恒等于零。用数学表达式表示为

$$\sum U=0 \quad 或 \quad \sum u=0 \tag{1-7-3}$$

根据式(1-7-3)列写方程时，首先需要选定回路的绕行方向。当元件或支路的电压参考方向与绕行方向一致时，该电压取“+”号，反之取“−”号。图 1-7-7 给出某个电路的一个回路，如图中所示选定绕行方向。从 a 点出发绕行一周，则有

$$U_{ab}+U_{bc}+U_{cd}+U_{da}=0$$

又因为

$$U_{ab}=U_{s1}+I_1R_1$$

$$U_{bc}=-I_2R_2$$
$$U_{cd}=-I_3R_3-U_{s3}$$
$$U_{da}=I_4R_4$$

可以整理为

$$U_{s1}+I_1R_1-I_2R_2-I_3R_3-U_{s3}+I_4R_4=0$$

把电压源与负载分开整理可得

$$I_1R_1-I_2R_2-I_3R_3+I_4R_4=U_{s3}-U_{s1}$$

上式表明：在任一瞬间，在任一闭合电路中，所有电阻元件上电压降的代数和等于所有电压源电压升的代数和，可表示为

$$\sum IR=\sum U_s \tag{1-7-4}$$

根据式(1-7-4)列方程，当电流参考方向与回路绕行方向一致时，IR 前取正号，相反时取负号；电压源电压方向与回路绕行方向一致时，U_s 前取负号，相反时取正号。

事实上，KVL 不仅适用于闭合回路，还可以推广到广义回路。如图 1-7-8 所示电路，在 a、d 处开路，如果将开路电压 U_{ad} 添上，就形成了一个回路。

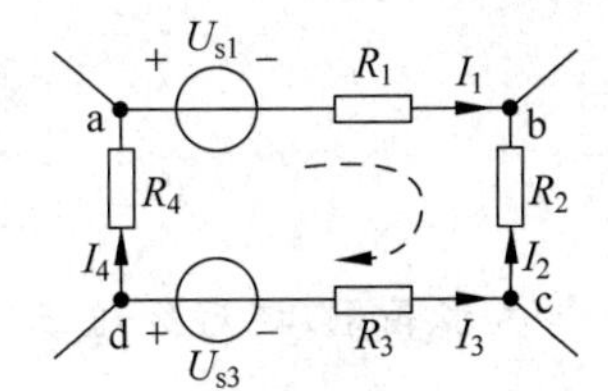

图 1-7-7　KVL 的应用

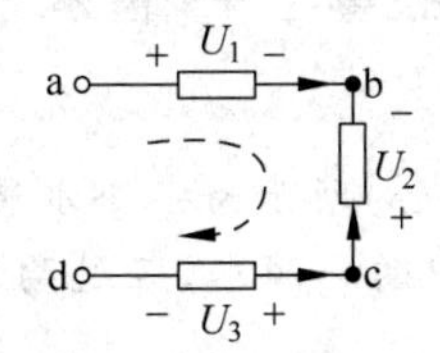

图 1-7-8　KVL 的推广

沿 a→b→c→d→a 绕行一周，列出回路电压方程，有

$$U_1-U_2+U_3-U_{ad}=0$$

KVL 的推广应用可以很方便地求出电路中任意两点间的电压。需要明确的是，基尔霍夫电压定律反映了电路遵从能量守恒定律；基尔霍夫电压定律对回路电压的约束，与回路上所接元件的性质无关，与电路是线性还是非线性无关；基尔霍夫电压方程是按电压参考方向列出的，实际电压方向也符合这个规律。

下面通过几个例题巩固基尔霍夫定律的应用。

【例 1-7-1】 电路如图 1-7-9 所示，已知 $I_1=1\text{A}$，$I_2=2\text{A}$，$I_5=16\text{A}$，求 I_3、I_4 和 I_6。

【解】 通过本例，学习基尔霍夫电流定律的解题方法。

要求三个未知电流，需要列写三个 KCL 方程。这里针对 a、b、c 三点列写 KCL 方程。

由 $I_1+I_2=I_3$，得 $I_3=3\text{A}$；

由 $I_4+I_5+I_3=0$，得 $I_4=-19\text{A}$；

由 $I_4+I_2+I_6=0$，得 $I_6=17\text{A}$。

【例 1-7-2】 电路如图 1-7-10 所示，已知 $U=20\text{V}$，$U_1=8\text{V}$，$U_2=4\text{V}$，$R_1=2\Omega$，$R_2=4\Omega$，$R_3=5\Omega$。设 a、b 两点开路，求开路电压 U_{ab}。

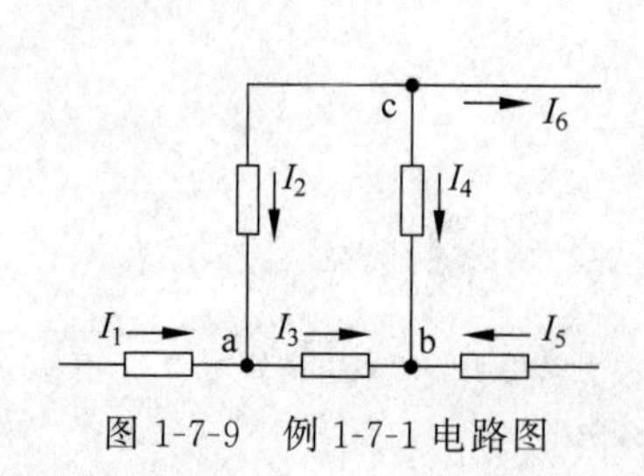

图 1-7-9 例 1-7-1 电路图

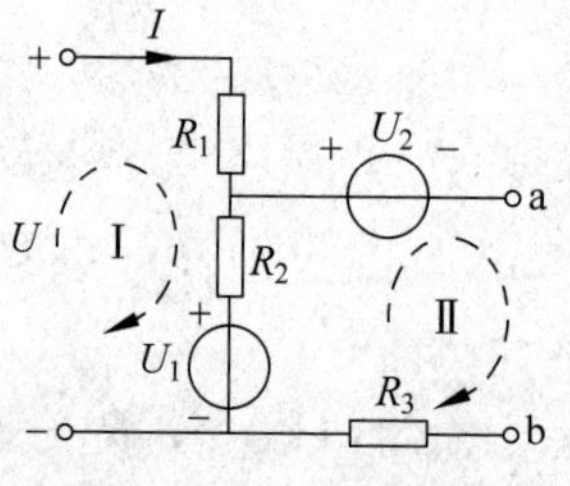

图 1-7-10 例 1-7-2 电路图

【解】 通过本例,学习基尔霍夫电压定律的解题方法。

根据回路Ⅰ和Ⅱ分别列写 KVL 方程如下:

由
$$\begin{cases}-U+IR_1+IR_2+U_1=0\\U_2+U_{ab}-U_1-IR_2=0\end{cases}$$

得
$$\begin{cases}-20\text{V}+2I+4I+8\text{V}=0\\4\text{V}+U_{ab}-8\text{V}-8\text{V}=0\end{cases}$$

最后计算得出 $I=2\text{A},U_{ab}=12\text{V}$。

电工故事:一滴水的旅行

图 1-7-11(a)所示为一个水滴的行程。

水箱 A 中的一滴水,经过两次水泵加压后到达水箱 B,之后经过三次降落,又回到水箱 A。

期间,水滴从 A 到 B,水位上升;从水箱 B 经过 C、D 又回到水箱 A,水位降低。

水滴走了一圈,其水位的上升量和下降量相等。

即:$L_1+L_2=L_3+L_4+L_5$

或:$L_1+L_2-(L_3+L_4+L_5)=0$

电路中的电位与水管中的水位相似,如图 1-7-11(b)所示。电路中任何一个回路的任意时刻,沿回路绕行一周,电位升(电压)的代数和等于电位降(电压)的代数和。

即:$U_1+U_2=U_3+U_4+U_5$

或:$U_1+U_2-(U_3+U_4+U_5)=0$

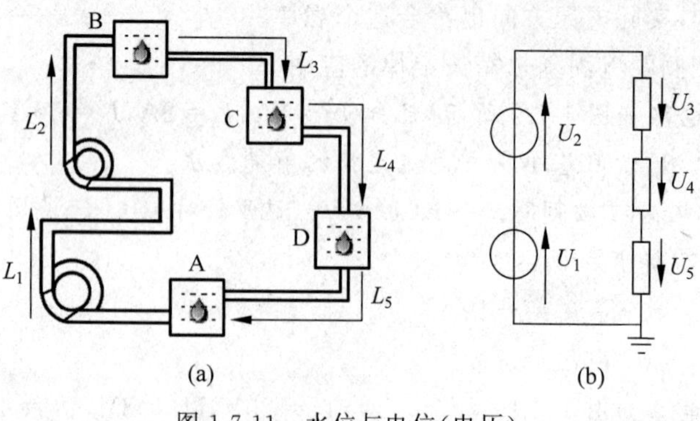

图 1-7-11 水位与电位(电压)

思考与练习

1-7-1　什么是电路的支路、结点、回路和网孔？

1-7-2　判断以下说法的正确性。

(1) 利用基尔霍夫电流定律列写结点电流方程时，必须已知支路电流的实际方向。

(2) 利用基尔霍夫电压定律列写回路电压方程时，所设的回路绕行方向不同，会影响计算结果的大小。

(3) 根据基尔霍夫定律，与某结点相连各支路的电流实际方向不可能同时流出该结点。

细雨润心田：能量平衡，和谐发展

在一个完整的电路中，必然包含电源与负载。一个电路要正常、稳定地运行，就需要有的设备发出能量(电源)，有的设备吸收能量(负载)，同时还需满足能量守恒的条件，即电源发出的能量等于负载消耗的能量。

只要是通过电力驱动实现运行的机电设备，不论是机械、化工、纺织，还是其他行业领域的产品生产，都要遵从能量平衡的规律。

在自然科学领域，能量是标量。电源发出能量和负载吸收能量是电路运行的必然结果。所谓"正、负"只是定义而已，没有真正意义上的"好、坏、优、劣"之分。

在社会学领域，中国人对于能量的定义赋予了感情色彩。习惯上，正能量表示人正面情绪的集合，它可以使人总是拥有积极的心态；负能量表示人负面情绪的集合，它可以使人具有消极的情绪。

正能量为主的人健康、积极、乐观，面对生活中的压力、困难与挫折会利用条件解决问题，随之积极进取。

负能量缠身的人颓废、消极、悲观，面对生活中的挫折、窘境与打击会心情低落抱怨环境，继而随波逐流。

每个人身上都自带能量。个人选择什么样的生活态度，就会得到相应的结果。在职业教育中，通过本课程的学习，希望能为社会多培养一些正能量的人。

他们在家庭中：尊老爱幼，努力工作，争取美好生活。

他们在团队中：团结协作，积极奋斗，发展壮大集体。

他们在社会中：完善自己，帮助他人，促进社会和谐。

本章小结

1. 电路的组成、状态及功能

(1) 电路一般由电源、负载、控制装置和导线组成。

(2) 电路具备三种工作状态：通路、开路和短路。

(3) 电路的主要功能是完成电能的传输、分配与转换。

2. 电路中的物理量

物理量		电流 I	电压 U	功率 P	电能 W
单位		安培(A)	伏特(V)	瓦特(W)	焦耳(J)
大小	交流	$i=\frac{\mathrm{d}q}{\mathrm{d}t}$	$u=\frac{\mathrm{d}w}{\mathrm{d}q}$	$p=\frac{\mathrm{d}w}{\mathrm{d}t}$	$W=Pt$
	直流	$I=\frac{Q}{t}$	$U=\frac{W}{Q}$	$P=\frac{W}{t}$ $P=I^2R$ $P=\frac{U^2}{R}$	
实际方向		将正电荷移动的方向规定为电流的实际方向	若正电荷从 a 点移到 b 点,其电势能减少,电场力做正功,电压的实际方向就从 a 点指向 b 点	—	—
参考方向		1. 电流、电压的实际方向客观存在,参考方向人为选定 2. 电流、电压参考方向与实际方向一致时,结果取正号,反之取负号 3. 计算电流、电压时,首先选定参考方向,否则无意义 4. 关联参考方向指电压和电流采用相同的参考方向 5. 非关联参考方向指电压和电流采用不同的参考方向		—	—

注:电位是指电路中其他点与参考点之间的电压,实际上是电压的另外一种表示方法。

3. 电阻元件、电感元件、电容元件的对比

电路元件	电阻 R	电感 L	电容 C
种类	碳膜电阻、金属膜电阻、绕线电阻、水泥电阻、压敏电阻、贴片电阻、排阻、电位器	无芯电感、带铁芯电感、带磁芯电感、贴片电感、色码电感	铝电解电容、钽电解电容、纸介电容、瓷介电容、云母电容、贴片电容、可变电容
标注	直标法、文字符号法、数码法和色标法		
特性	$U=IR$	$u_L=L\frac{\mathrm{d}i_L}{\mathrm{d}t}$	$i=C\frac{\mathrm{d}u}{\mathrm{d}t}$
结构	—	在铁芯上缠绕若干匝导线或漆包线制作而成	在两个金属极板中间加上绝缘材料(电介质),按照一定的工艺要求制作而成
用途	干燥器、烤面包机及其他加热电器	继电器、螺形线圈、读/写头及扬声器	电源电路、照明、音频电路及通信设备
串联	$R=R_1+R_2+\cdots+R_n$	$L=L_1+L_2+\cdots+L_n$	$\frac{1}{C}=\frac{1}{C_1}+\frac{1}{C_2}+\cdots+\frac{1}{C_n}$
并联	$\frac{1}{R}=\frac{1}{R_1}+\frac{1}{R_2}+\cdots+\frac{1}{R_n}$	$\frac{1}{L}=\frac{1}{L_1}+\frac{1}{L_2}+\cdots+\frac{1}{L_n}$	$C=C_1+C_2+\cdots+C_n$
基本使用	电阻的选择和电阻值的判断	电感质量的判断、电感量的判断及使用注意事项	电容质量的判断、电解电容极性的判断、电容与电路的连接及使用注意事项

4. 电源

项 目	理想电压源	实际电压源	理想电流源	实际电流源
模型	I + U_s − U −	I + U_s − R_s U −	I + I_s U −	I + I_s R_s U −
输出值	输出电压恒定	输出电压：$U=U_s-IR_s$	输出电流恒定	输出电流：$I=I_s-\frac{U}{R_s}$

5. 电路物理量的测量

测量仪表		电流表	电压表	功率表	电能表
(1)	表型	指示用电流表	指示用电压表	感应式功率表	感应式电能表
	使用	选量程→校表→选择接线极性→测量		直接显示电路功率	按不同类型抄表
(2)	表型	指针式万用表		数字式功率表	数字式电能表
	使用	放置→机械调零→表笔插接→选量程→测量		直接显示电路功率	不需要人工抄表
(3)	表型	钳形电流表	电压测试器	—	—
	使用	选挡位→查按钮→钳住待测导线→保持数据→读数→恢复状态	直接测量当前电压近似值		

6. 基尔霍夫定律

项 目	基尔霍夫电流定律(KCL)	基尔霍夫电压定律(KVL)
表述	任一时刻在电路的任一结点上，所有支路电流的代数和恒等于零	在任一时刻，沿任一回路绕行一周，各段电压的代数和恒等于零
表达式	$\sum I=0$ 或 $\sum i=0$	$\sum U=0$ 或 $\sum u=0$
适用范围	KCL不仅适用于电路的结点，也适用于电路中任意假设的闭合曲面	KVL不仅适用于闭合回路，还应用于非闭合的广义回路

习题 1

1-1 已知某电路中 $U_{ab}=-8V$，说明 a、b 两点中哪点的电位高。

1-2 实验室有 100W、220V 电烙铁 45 把，每天使用 6h，问 24 天用电多少度？

1-3 如习题 1-3 图所示，电路中电压参考方向已选定。$U_1=-5V$，$U_2=5V$，试指出电压的实际方向。

1-4 如习题 1-4 图所示，已知 $V_a=5V$，$V_c=-2V$，求 U_{ab}、U_{bc}、U_{ca}。若将 c 点改为参

考点，求 V_a、V_b、U_{ab}、U_{bc}、U_{ca}。计算结果可说明什么道理？

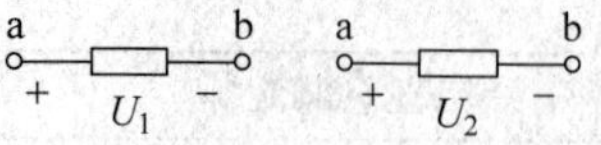

习题 1-3 图

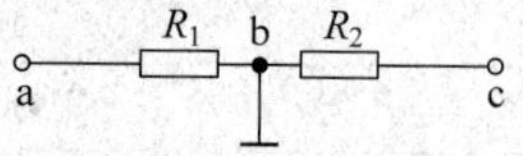

习题 1-4 图

1-5　在习题 1-5 图中，若 $U=10\text{V}$，$I=-2\text{A}$。请问哪个元件吸收功率？哪个元件输出功率？为什么？

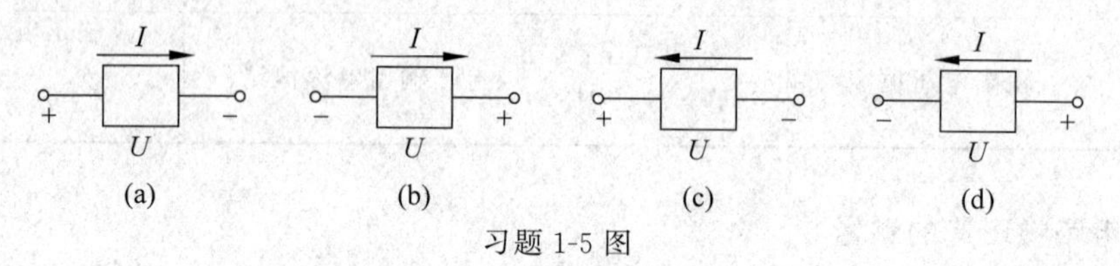

习题 1-5 图

1-6　习题 1-6 图所示为某电路中的一部分，三个元件中流过相同的电流 $I=-1\text{A}$，$U_1=2\text{V}$。

(1) 求元件 A 的功率 P_1，并说明是吸收还是发出功率；

(2) 若已知元件 B 吸收功率 12W，元件 C 发出功率 10W，求 U_2 和 U_3。

1-7　求下列标签所表示的电阻值和允许偏差。

(1) 220J　(2) 472J　(3) R33J　(4) 5R1G

1-8　电路如习题 1-8 图所示，求电压 U 或电流 I。

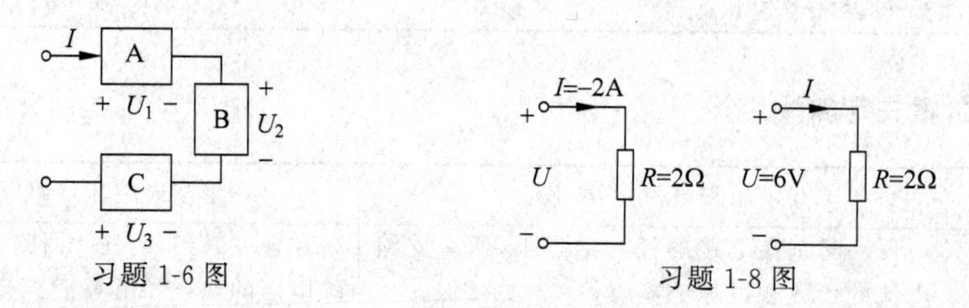

习题 1-6 图　　习题 1-8 图

1-9　利用本章所学内容，判断一个 1kΩ/1W 的碳膜电阻误接到 220V 电源上的后果。

1-10　求下列标签所表示的电容量和允许偏差。

(1) 33　(2) 0.22　(3) R68J　(4) 3n3

1-11　已知电容 C_1 为 $4\mu\text{F}$，电容 C_2 为 $12\mu\text{F}$，将两个电容串联和并联时，其等效电容分别为多少？

1-12　求下列标签所表示的电感值和允许偏差。

(1) 220M　(2) 242K　(3) 6R8M　(4) 6N8

1-13　已知电感 L_1 为 18mH，电感 L_2 为 20mH，将两个电感串联和并联时，其等效电感分别为多少？

1-14　能否用习题 1-14 图所示的(a)、(b)两个电路分别表示实际直流电压源和实际直流电流源？

1-15　试求习题1-15图所示电路电流 I_1 和 I_2。

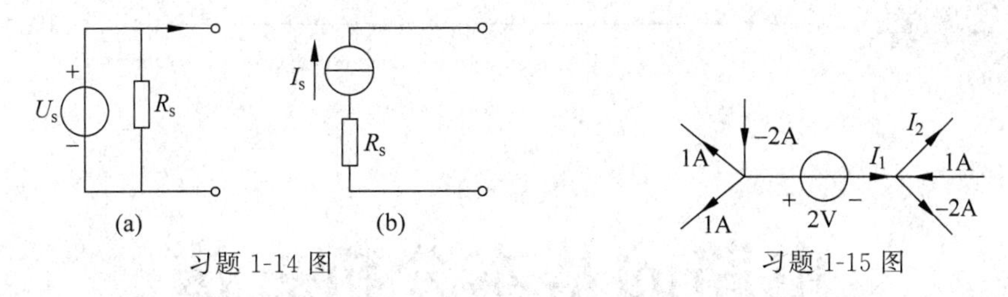

习题1-14图　　　　习题1-15图

1-16　如习题1-16图所示，列出 U、I 关系式。

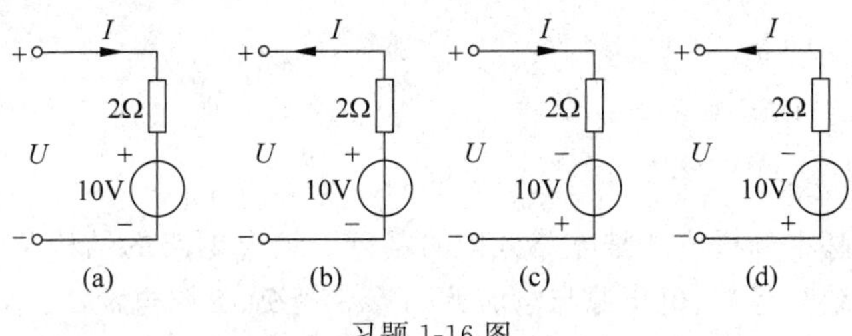

习题1-16图

1-17　习题1-17图所示为某电路的一部分，已知 $U_1=6\text{V}$，$U_2=6\text{V}$，$U_{ab}=3\text{V}$，$R_1=R_2=10\Omega$，试求电路中的电流 I_1 和 I_2。

1-18　如习题1-18图所示电路，已知 $U_{s1}=12\text{V}$，$U_{s2}=3\text{V}$，$R_1=3\Omega$，$R_2=9\Omega$，$R_3=10\Omega$，求 U_{ab} 处的开路电压。

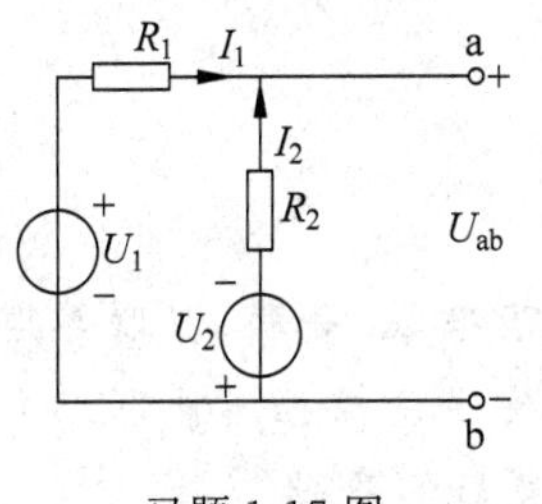

习题1-17图

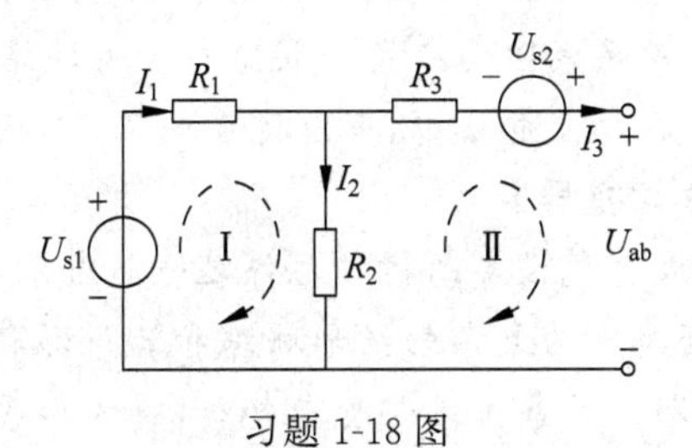

习题1-18图

自测题

自测题答案

第 2 章 Chapter 2

电路的基本分析方法

直流电路的基本分析方法是电路分析的基础。结合电路的结构与特性，本章主要讨论电阻电路的联结与等效、电压源与电流源的等效变换、支路电流法、结点电压法、叠加原理、戴维宁定理等电路分析的基本方法。

2.1 电阻的联结与等效

【学习目标】

- 掌握串联、并联、混联电路中电阻的等效方法。
- 熟悉电阻的三角形联结与星形联结的等效方法。
- 在电阻电路中，可以完成电压、电流和功率的计算。

【学习指导】

构成电气设备的核心元件之一是电阻，电阻之间除了串联、并联、混联等电路联结方式外，还有较为复杂的星形联结和三角形联结。学习中要注意根据不同联结方式的特点化简电路。具备了这些基本知识，将为后面的学习奠定良好的基础。

2.1.1 实际问题

万用表是一种可测量电压、电流、电阻、电容的多功能仪表。MF47 型万用表部分原理图如图 2-1-1 所示，它能测量一定范围内的电流和电压。当表头打到"1"端时，可测量 0～0.5mA 的电流；当表头打到"2"端时，可测量 0～0.25V 的电压。

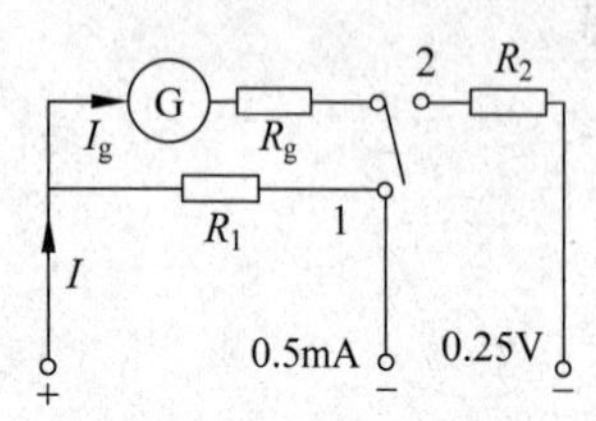

图 2-1-1 万用表部分原理示意图

在图 2-1-1 中，R_1、R_2 都是电阻，却有不同的作用。其中，R_1 与表头 G 并联，起扩大电流表量程的作用；R_2 与表头 G 串联，起扩大电压表量程的作用。下面从电阻的联结形式出发，探讨电阻的联结与等效，以及电阻元件中电压、电流和功率的相关计算问题。

2.1.2 电阻的串联

电路中若干个电阻元件依次顺序连接，各个电阻流过同一电流，这种连接形式称为电阻的串联，如图 2-1-2(a)所示。串联电阻也可以用一个等效电阻 R 来代替，如图 2-1-2(b)所示。

电阻的串联

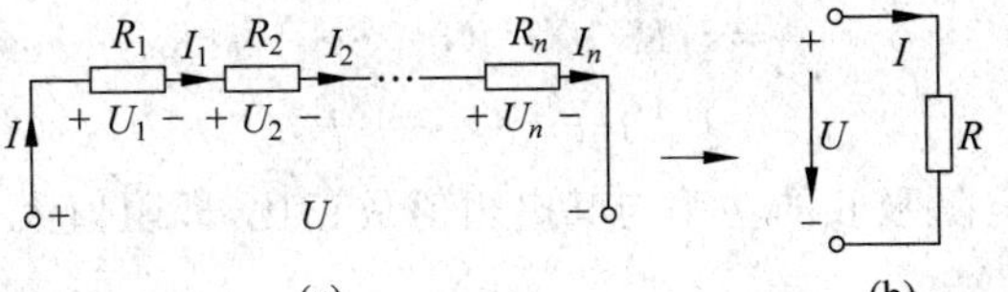

(a)　　(b)

图 2-1-2　电阻串联电路

1. 电阻特性

若干个电阻串联可以等效为一个电阻，该电阻的阻值等于若干个电阻阻值之和，表示为

$$R=R_1+R_2+\cdots+R_n \tag{2-1-1}$$

2. 电流特性

由于电路中只有一个电流，显而易见，在一个串联电路中，通过每个元件的电流都相等，即

$$I=I_1=I_2=\cdots=I_n \tag{2-1-2}$$

3. 电压特性

电阻串联时，总电压 U 等于各串联电阻电压之和，表示为

$$U=U_1+U_2+\cdots+U_n \tag{2-1-3}$$

$$\begin{cases} U_1=IR_1=\dfrac{R_1}{R}U \\ U_2=IR_2=\dfrac{R_2}{R}U \\ \vdots \\ U_n=IR_n=\dfrac{R_n}{R}U \end{cases}$$

式(2-1-3)称为分压公式，它表示在串联电路中，当外加电压一定时，各电阻端电压的大小与它的电阻值成正比，即电阻值大者分得的电压大，电阻值小者分得的电压小。其关系式表示为

$$U_1:U_2:\cdots:U_n=R_1:R_2:\cdots:R_n \tag{2-1-4}$$

4. 功率特性

将式(2-1-3)两边同乘以电路中流过的电流 I，则有

$$\begin{aligned} P &= UI \\ &= U_1 I + U_2 I + \cdots + U_n I \\ &= P_1 + P_2 + \cdots + P_n \end{aligned} \tag{2-1-5}$$

上式说明,n 个电阻串联吸收的总功率等于各串联电阻吸收的功率之和。

应用欧姆定律,将式(2-1-5)稍做变形,可得

$$\begin{aligned} P &= I^2 R \\ &= I^2 R_1 + I^2 R_2 + \cdots + I^2 R_n \\ &= P_1 + P_2 + \cdots + P_n \end{aligned}$$

上式说明,每个电阻吸收的功率与其电阻值成正比,即阻值大,吸收的功率大,其关系式表示为

$$P_1 : P_2 : \cdots : P_n = R_1 : R_2 : \cdots : R_n \tag{2-1-6}$$

在实际中,电阻串联的应用很多。例如,利用串联分压原理,可以扩大电压表的量程;为了限制电路中的电流,可以在电路中串联一个变阻器。

【例 2-1-1】 某设备的电源指示灯电路如图 2-1-3 所示。电源电压 $U_S = 24V$,指示灯的额定电压 $U_N = 6V$,额定功率 $P_N = 0.3W$。为使指示灯正常工作,请选择合适的分压电阻。

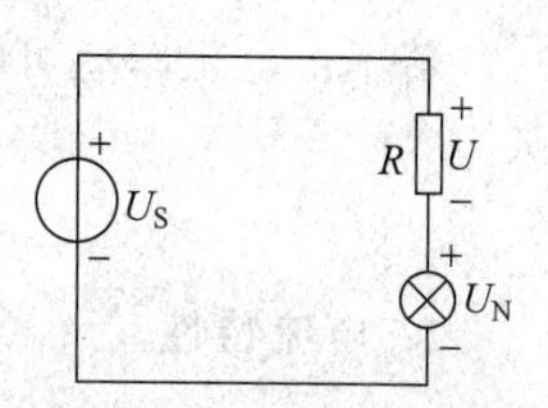

图 2-1-3 例 2-1-1 电路图

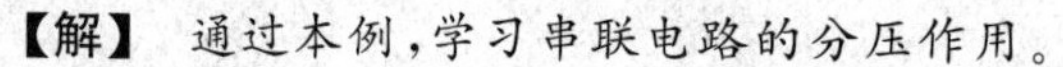

【解】 通过本例,学习串联电路的分压作用。

指示灯的额定电压是 6V,不能直接接在 24V 电源上(否则会烧坏指示灯)。为保证指示灯正常工作,要串联一个电阻 R 承担多余的电压,其电路如图 2-1-3 所示。

指示灯上的额定电流为

$$I_N = \frac{P_N}{U_N} = \frac{0.3}{6} = 0.05(A)$$

串联电阻上的电压为

$$U = 24 - 6 = 18(V)$$

串联电阻的阻值为

$$R = \frac{U}{I_N} = \frac{18}{0.05} = 360(\Omega)$$

分压电阻消耗的功率为

$$P = I_N^2 \cdot R = 0.05^2 \times 360 = 0.9(W)$$

因此,该电源指示灯电路中的分压电阻可选取 360Ω、1W 的降压电阻。

【例 2-1-2】 有一个测量表头,其量程 $I_g = 50\mu A$,内阻 $R_g = 1.8k\Omega$。现通过串联电阻的方式将其改进成可测量 0.25V、1V 的电压表,如何实施?

【解】 通过本例,学习扩大电压表量程的方法。

利用串联分压的原理,可以扩大电压表的量程。电阻串联后的电路如图 2-1-4 所示。

表头和 R_1 串联后,其两端电压为 0.25V,则

$$R_1=\frac{U_{R1}}{I_g}=\frac{U_1-I_g\cdot R_g}{I_g}$$

$$=\frac{0.25-50\times10^{-6}\times1800}{50\times10^{-6}}=3.2(\text{k}\Omega)$$

表头和 R_1、R_2 串联后，其两端电压为 1V，则

$$R_2=\frac{U_{R2}}{I_g}=\frac{1-0.25}{50\times10^{-6}}=15(\text{k}\Omega)$$

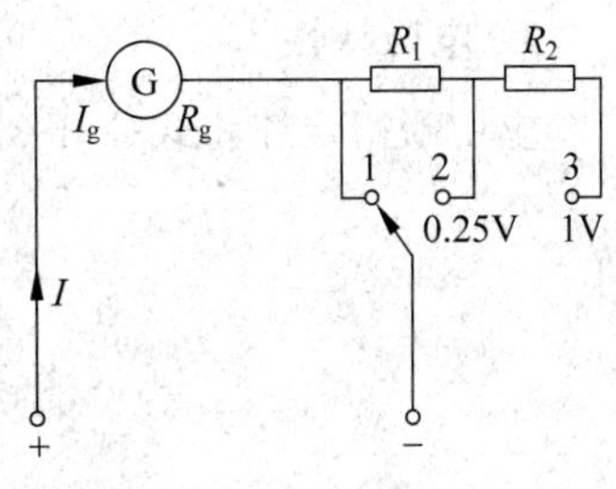

图 2-1-4　例 2-1-2 电路图

2.1.3　电阻的并联

电路中若干个电阻连接在两个公共点之间，每个电阻承受同一个电压，这种连接形式称为电阻的并联，如图 2-1-5(a)所示。并联电阻也可以用一个等效电阻 R 代替，如图 2-1-5(b)所示。

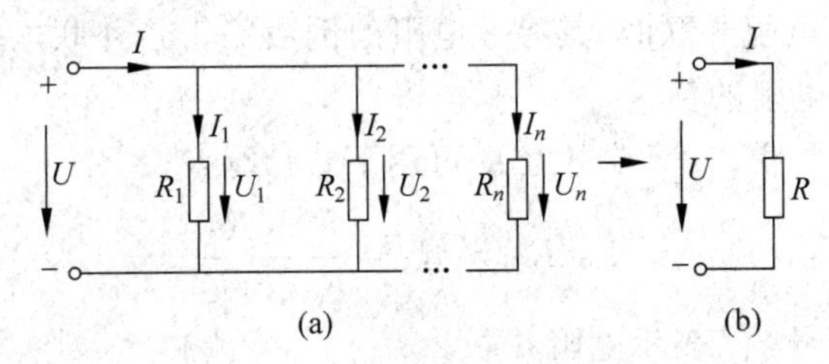

图 2-1-5　电阻并联电路及等效电阻

电阻的并联

1. 电压特性

在并联电路中，任意电阻两端的电压相等，即

$$U=U_1=U_2=\cdots=U_n \tag{2-1-7}$$

2. 电流特性

电阻并联时，总电流 I 等于各并联电阻上电流之和，表示为

$$I=I_1+I_2+\cdots+I_n \tag{2-1-8}$$

每个电阻上的电流分别为(R 为并联电路等效电阻)

$$\begin{cases}I_1=\dfrac{U}{R_1}=\dfrac{R}{R_1}I\\ I_2=\dfrac{U}{R_2}=\dfrac{R}{R_2}I\\ \vdots\\ I_n=\dfrac{U}{R_n}=\dfrac{R}{R_n}I\end{cases}$$

上式称为分流公式，它说明在并联电路中，当总电流一定时，各电阻上的电流大小与它的电阻值成反比，即电阻值大者分得的电流小，电阻值小者分得的电流大，其关系式表示为

$$I_1:I_2:\cdots:I_n=\frac{1}{R_1}:\frac{1}{R_2}:\cdots:\frac{1}{R_n} \tag{2-1-9}$$

3. 电阻特性

应用欧姆定律将式(2-1-8)稍做变形,可得

$$\begin{aligned} I &= I_1 + I_2 + \cdots + I_n \\ &= \frac{U_1}{R_1} + \frac{U_2}{R_2} + \cdots + \frac{U_n}{R_n} \\ &= U\left(\frac{1}{R_1} + \frac{1}{R_2} + \cdots + \frac{1}{R_n}\right) \\ &= \frac{U}{R} \end{aligned} \tag{2-1-10}$$

等效电阻与每个电阻之间的等效关系为

$$\frac{1}{R} = \frac{1}{R_1} + \frac{1}{R_2} + \cdots + \frac{1}{R_n} \tag{2-1-11}$$

式(2-1-11)说明,电阻并联时,其等效电阻的倒数等于各并联电阻倒数之和。等效电阻小于任意一个并联电阻的值。

若只有两个电阻并联,其等效电阻 R 可用下式计算:

$$R = R_1 /\!/ R_2 = \frac{R_1 \cdot R_2}{R_1 + R_2} \tag{2-1-12}$$

式(2-1-12)中,符号“//”表示电阻并联。

4. 功率特性

将式(2-1-10)两边同乘以电流 U,有

$$\begin{aligned} P &= UI \\ &= \frac{U^2}{R_1} + \frac{U^2}{R_2} + \cdots + \frac{U^2}{R_n} \\ &= P_1 + P_2 + \cdots + P_n \end{aligned}$$

上式说明,n 个电阻并联吸收的总功率等于各并联电阻吸收的功率之和。同时,说明每个电阻吸收的功率与其电阻值成反比,即电阻大的吸收的功率小,其关系式表示为

$$P_1 : P_2 : \cdots : P_n = \frac{1}{R_1} : \frac{1}{R_2} : \cdots : \frac{1}{R_n} \tag{2-1-13}$$

在实际中,电阻并联的应用很多。例如,利用并联分流的原理,可以扩大电流表的量程。

【例 2-1-3】 有三盏电灯并联在 110V 电源上,如图 2-1-6 所示,其额定值分别为 110V/100W、110V/60W、110V/40W。求电路的总功率 P、总电流 I,以及通过各灯泡的电流及电路的等效电阻。

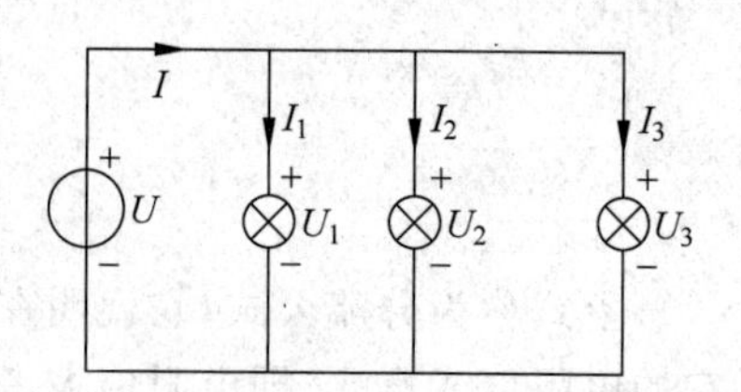

图 2-1-6 例 2-1-3 电路图

【解】 通过本例,学习并联电路的基本计算。

(1) 因外接电源的电压值与灯泡额定电压相等,各灯泡可正常发光,故电路的总功率为

$$P = P_1 + P_2 + P_3 = 100 + 60 + 40 = 200(\text{W})$$

(2) 总电流与各灯泡的电流分别为

$$I=\frac{P}{U}=\frac{200}{110}\approx 1.82(\mathrm{A})$$

$$I_1=\frac{P_1}{U_1}=\frac{100}{110}\approx 0.909(\mathrm{A})$$

$$I_2=\frac{P_2}{U_2}=\frac{60}{110}\approx 0.545(\mathrm{A})$$

$$I_3=\frac{P_3}{U_3}=\frac{40}{110}\approx 0.364(\mathrm{A})$$

(3) 等效电阻为

$$R=\frac{U}{I}=\frac{110}{1.82}\approx 60.4(\Omega)$$

【例 2-1-4】 有一个测量表头，其量程 $I_g=50\mu\mathrm{A}$，内阻 $R_g=1.8\mathrm{k}\Omega$。现通过并联电阻的方式，将其改进成可测量 0.5mA、5mA 的电流表，如何实施？

【解】 通过本例，学习扩大电流表量程的方法。

利用并联分流的原理，可以扩大电流表的量程。电阻并联后的电路如图 2-1-7(a)所示；也可以采用抽头连接方式，如图 2-1-7(b)所示。

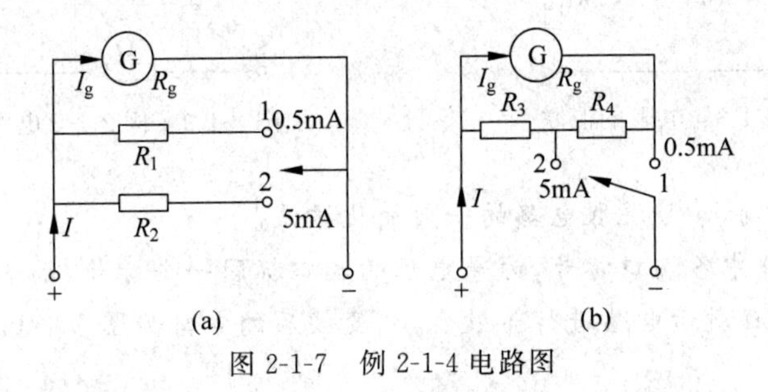

图 2-1-7　例 2-1-4 电路图

(1) 对于图 2-1-7(a)

$$(0.5-I_g)\cdot R_1=I_gR_g$$
$$\Rightarrow(0.5-0.05)\cdot R_1=0.05\times 1800\Omega$$
$$\Rightarrow R_1=200(\Omega)$$
$$(5-I_g)\cdot R_2=I_gR_g$$
$$\Rightarrow(5-0.05)\cdot R_2=0.05\times 1800\Omega$$
$$\Rightarrow R_2=18(\Omega)$$

(2) 对于图 2-1-7(b)

1 端口为 0.5mA 电流挡：

$$(0.5-I_g)\cdot(R_3+R_4)=I_gR_g$$
$$\Rightarrow(0.5-0.05)\cdot(R_3+R_4)=0.05\times 1800\Omega$$
$$\Rightarrow R_3+R_4=200(\Omega)$$

2 端口为 5mA 电流挡：

$$(5-I_g)\cdot R_3=I_g(R_g+R_4)$$

$$\Rightarrow (5-0.05)\cdot R_3 = 0.05\times(1800+R_4)$$

$$\Rightarrow 99R_3 = 1800\Omega + R_4$$

将以上两式联立，解得 $R_3=20\Omega, R_4=180\Omega$。

2.1.4 电阻的混联

既含有串联，又含有并联的电路称为混联电路。计算混联电路等效电阻的关键在于识别各电阻的串、并联关系。

电阻的混联

有些混联电路的串、并联关系很容易分辨，如图 2-1-8 所示。经化简，可得其等效电阻为

$$R_{ab}=R_1+\frac{R_2R_3}{R_2+R_3}$$

有些混联电路的串、并联关系很难分辨，需要采用等电位分析法进行分析。

【例 2-1-5】 图 2-1-9 所示是一个电阻混联电路，各参数如图中所示。试求 a、b 两端的等效电阻 R_{ab}。

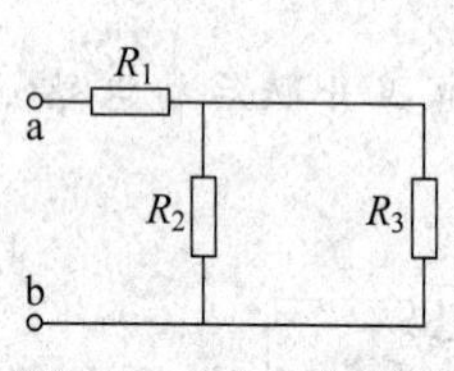

图 2-1-8 电阻的混联

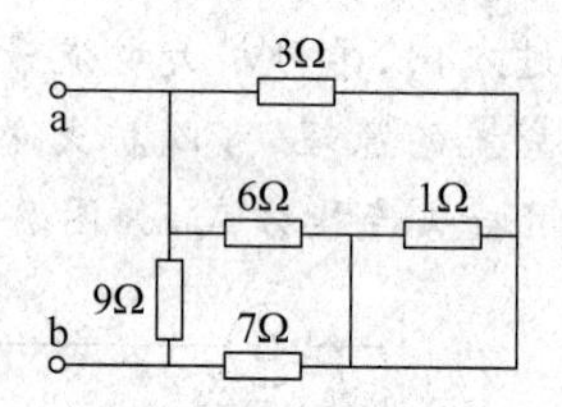

图 2-1-9 例 2-1-5 电路图

【解】 通过本例，学习混联电路的一般简化方法。

(1) 对图 2-1-9 中各端口标号，为等电位的端口标同一个标号，如图 2-1-10 所示。

(2) 对图 2-1-10 所示电路进行等效变换，变换后的电路如图 2-1-11 所示。

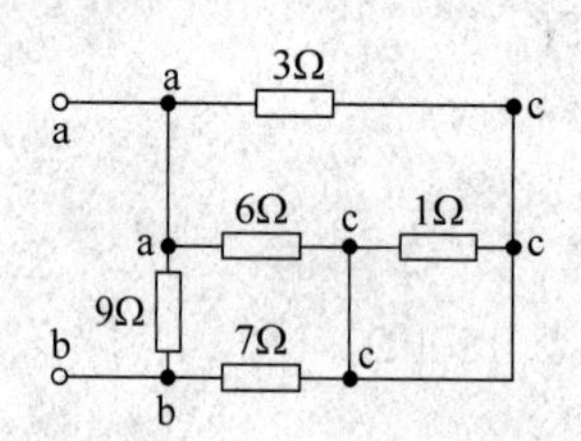

图 2-1-10 等电位端口标同一标号

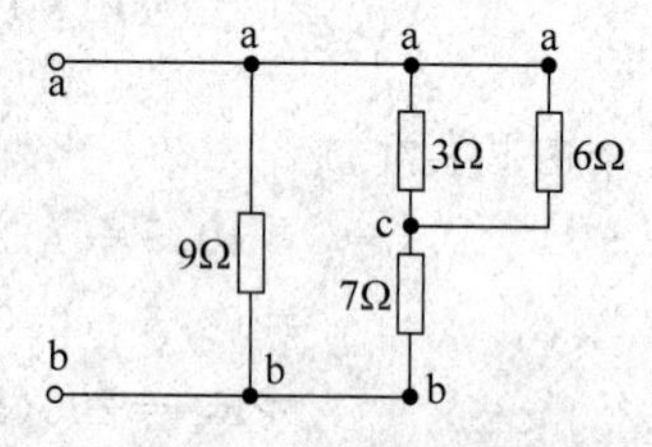

图 2-1-11 变换后的电路图

(3) 根据图 2-1-11，可得

$$R_{ab}=\frac{\left(\frac{3\times6}{3+6}+7\right)\times9}{\left(\frac{3\times6}{3+6}+7\right)+9}=4.5(\Omega)$$

由此可见，混联电路的等效大致分成以下几个步骤。

(1) 确定元件之间的串、并联关系：若两个电阻首尾相连，为串联关系；首首或尾尾相连，为并联关系。

(2) 确定等电位点(无阻导线两端的点是等电位点)，并标以相同的字母符号。

(3) 根据标出的字母符号，画出符合串、并联关系的等效电路图。

(4) 根据电阻的串、并联关系计算电路的等效电阻。

2.1.5　电阻星形联结与三角形联结的等效变换

在图 2-1-12 所示电路中，如果仅求取电阻 R_0 上的电压或电流，需要把电路中的其他部分等效为一个电阻。电阻 $R_1 \sim R_5$ 既非串联，也非并联，不能用前面学过的方法化简电路。

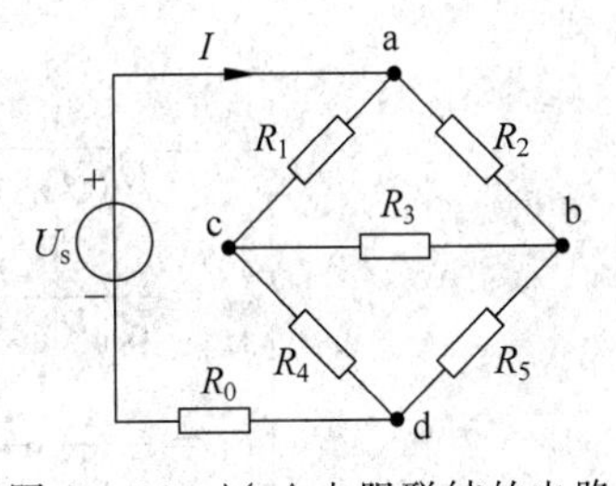

图 2-1-12　Y-△电阻联结的电路

仔细观察就会发现，电阻 R_1、R_2、R_3 分别接在三个端钮 a、b、c 的每两个之间，这种接法在电路中是△(三角形)联结，电阻 R_3、R_4、R_5 构成另一组△(三角形)联结。电阻 R_1、R_3、R_4 的一端接在同一点 c 上，另一端分别接在三个不同的端钮 a、b、d 上，这种接法在电路中是Y(星形)联结，电阻 R_2、R_3、R_5 构成另一组Y(星形)联结。要进行这类电路的化简，需要用到电路的Y-△等效变换。

1. Y联结等效为△联结

(1) 变换原则

在图 2-1-13 中，如果图 2-1-13(a)中的 I_1、I_2、I_3 分别与图 2-1-13(b)中的 I'_1、I'_2、I'_3 对应相等，各对应端子之间具有相同的电压 U_{ab}、U_{bc} 和 U_{ca}，则对外电路而言，图 2-1-13(a)中的Y电路等效于图 2-1-13(b)中的△电路。

Y联结与△联结的等效变换

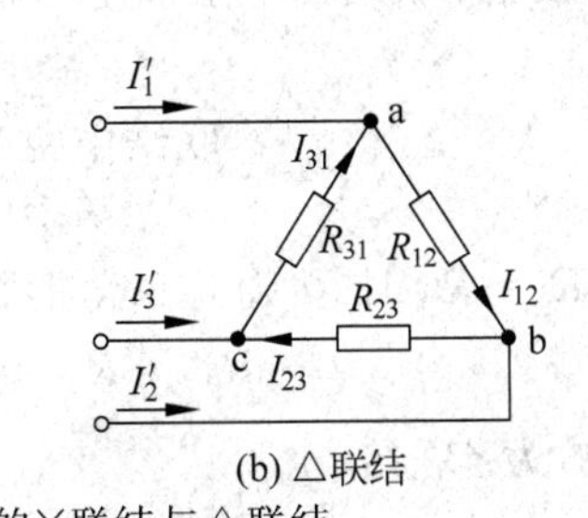

(a) Y联结　　(b) △联结

图 2-1-13　电阻的Y联结与△联结

(2) 变换方法

按照电压、电流对应相等的原则，推导出Y-△联结的等效变换公式。

对于△联结电路，各电阻中的电流为

$$I_{12}=\frac{U_{ab}}{R_{12}},\quad I_{23}=\frac{U_{bc}}{R_{23}},\quad I_{31}=\frac{U_{ca}}{R_{31}}$$

根据 KCL，三个端子的电流分别为

$$\begin{cases} I'_1=\dfrac{U_{ab}}{R_{12}}-\dfrac{U_{ca}}{R_{31}} \\ I'_2=\dfrac{U_{bc}}{R_{23}}-\dfrac{U_{ab}}{R_{12}} \\ I'_3=\dfrac{U_{ca}}{R_{31}}-\dfrac{U_{bc}}{R_{23}} \end{cases}$$

对于Y联结电路，根据KCL和KVL，求出端子电压与电流之间的关系为

$$I_1+I_2+I_3=0$$
$$I_1R_1-I_2R_2=U_{ab}$$
$$I_2R_2-I_3R_3=U_{bc}$$

得到

$$\begin{cases}I_1=\dfrac{R_3U_{ab}}{R_1R_2+R_2R_3+R_3R_1}-\dfrac{R_2U_{ca}}{R_1R_2+R_2R_3+R_3R_1}\\I_2=\dfrac{R_1U_{bc}}{R_1R_2+R_2R_3+R_3R_1}-\dfrac{R_3U_{ab}}{R_1R_2+R_2R_3+R_3R_1}\\I_3=\dfrac{R_2U_{ca}}{R_1R_2+R_2R_3+R_3R_1}-\dfrac{R_1U_{bc}}{R_1R_2+R_2R_3+R_3R_1}\end{cases}$$

由于不论U_{ab}、U_{bc}、U_{ca}为何值，两个等效电路对应的端子电流均相等，各对应端子之间的电压U_{ab}、U_{bc}和U_{ca}也相等，于是得到

$$\begin{cases}R_{12}=\dfrac{R_1R_2+R_2R_3+R_3R_1}{R_3}\\R_{23}=\dfrac{R_1R_2+R_2R_3+R_3R_1}{R_1}\\R_{31}=\dfrac{R_1R_2+R_2R_3+R_3R_1}{R_2}\end{cases}\tag{2-1-14}$$

式(2-1-14)是根据Y联结的电阻确定△联结的电阻的公式。为方便记忆，可用下面的文字表达式表述

$$R_{\triangle}=\frac{\text{Y联结中两两电阻的乘积之和}}{\text{Y联结中对面的电阻}}\tag{2-1-15}$$

当$R_1=R_2=R_3=R_Y$时，为对称三角形联结电阻，其等效星形联结的电阻也对称，有

$$R_{12}=R_{23}=R_{31}=3R_Y\tag{2-1-16}$$

2. △联结等效为Y联结

对式(2-1-14)进行推导，可求得

$$\begin{cases}R_1=\dfrac{R_{12}R_{31}}{R_{12}+R_{23}+R_{31}}\\R_2=\dfrac{R_{23}R_{12}}{R_{12}+R_{23}+R_{31}}\\R_3=\dfrac{R_{31}R_{23}}{R_{12}+R_{23}+R_{31}}\end{cases}\tag{2-1-17}$$

式(2-1-17)是根据△联结的电阻确定Y联结的电阻的公式。为方便记忆，可用下面的文字表达式表述

$$R_Y=\frac{\text{△ 联结中相邻两电阻的乘积}}{\text{△ 联结中电阻之和}}\tag{2-1-18}$$

当$R_{12}=R_{23}=R_{31}=R_{\triangle}$时，为对称星形联结电阻，其等效三角形联结的电阻也对称，有

$$R_1=R_2=R_3=R_{\mathrm{Y}}=\frac{1}{3}R_{\triangle} \tag{2-1-19}$$

【例 2-1-6】 在图 2-1-12 中，已知 $U_s=100\mathrm{V}$，$R_0=10\Omega$，$R_1=100\Omega$，$R_2=20\Omega$，$R_3=80\Omega$，$R_4=R_5=40\Omega$，求电流 I。

【解】 本例学习通过Y-△变换方法进行电路的化简。

方法1：将三角形联结电阻 R_1、R_2、R_3 等效变换成星形联结电阻 R_a、R_b、R_c，原电路变换成如图 2-1-14 所示。根据式(2-1-17)，求得

$$R_a=\frac{R_1R_2}{R_1+R_2+R_3}=\frac{100\times 20}{100+20+80}=10(\Omega)$$

$$R_b=\frac{R_2R_3}{R_1+R_2+R_3}=\frac{20\times 80}{100+20+80}=8(\Omega)$$

$$R_c=\frac{R_3R_1}{R_1+R_2+R_3}=\frac{80\times 100}{100+20+80}=40(\Omega)$$

由图 2-1-14 所示电路，可得

$$R_{ad}=R_a+(R_c+R_4)\ /\!/\ (R_b+R_5)=10+\frac{(40+40)(8+40)}{40+40+8+40}=40(\Omega)$$

$$I=\frac{U_s}{R_{ad}+R_0}=\frac{100}{50}=2(\mathrm{A})$$

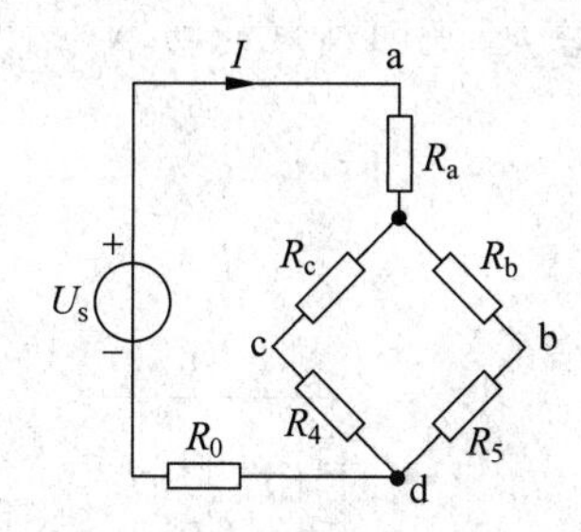

图 2-1-14 例 2-1-6 变换图 1

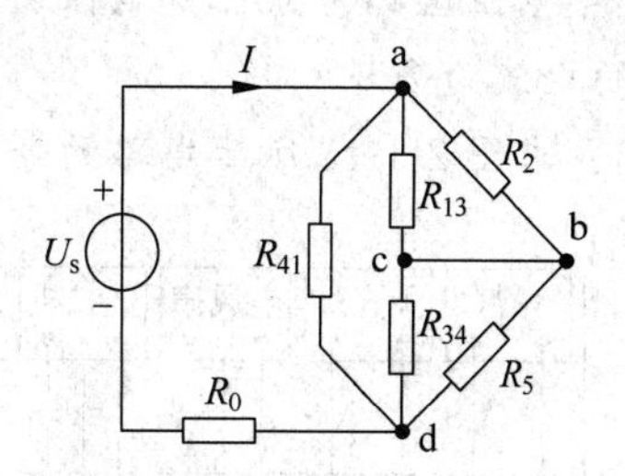

图 2-1-15 例 2-1-6 变换图 2

方法2：将星形联结电阻 R_1、R_3、R_4 等效变换成三角形联结电阻 R_{13}、R_{34}、R_{41}，原电路变换成如图 2-1-15 所示。根据式(2-1-14)，求得

$$R_{13}=\frac{R_1R_3+R_3R_4+R_1R_4}{R_4}=\frac{100\times 80+80\times 40+100\times 40}{40}=380(\Omega)$$

$$R_{34}=\frac{R_1R_3+R_3R_4+R_1R_4}{R_1}=\frac{100\times 80+80\times 40+100\times 40}{100}=152(\Omega)$$

$$R_{41}=\frac{R_1R_3+R_3R_4+R_1R_4}{R_3}=\frac{100\times 80+80\times 40+100\times 40}{80}=190(\Omega)$$

由图 2-1-15 所示电路，可得

$$R_{ad}=(R_{13}\ /\!/\ R_2+R_{34}\ /\!/\ R_5)\ /\!/\ R_{41}=\frac{\left(\frac{380\times 20}{380+20}+\frac{152\times 40}{152+40}\right)\times 190}{\frac{380\times 20}{380+20}+\frac{152\times 40}{152+40}+190}=40(\Omega)$$

$$I=\frac{U_s}{R_{ad}+R_0}=\frac{100}{50}=2(\mathrm{A})$$

思考与练习

2-1-1 串、并联电路的电压、电流、电阻和功率各有什么特性?

2-1-2 电阻Y-△等效变换对电路内部和外部是否都等效?

2-1-3 图 2-1-16 是汽车照明电路图,请分析这些照明灯的串、并联关系及其工作特点。

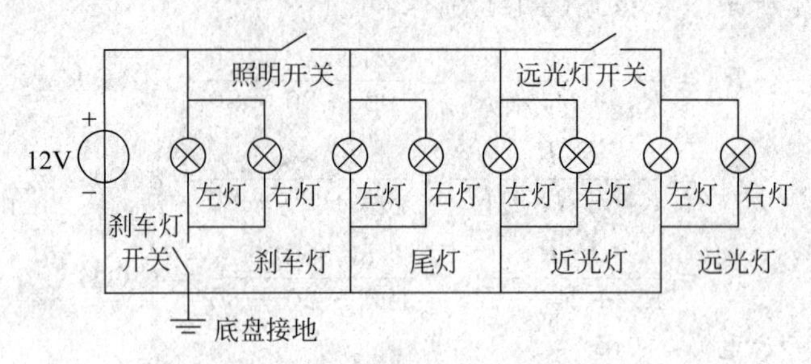

图 2-1-16 汽车外部照明系统图

2-1-4 如图 2-1-17 所示是家庭用电系统。试分析家庭用电系统的灯和家用电器的分布特点。

2-1-5 电阻值都为 10Ω 的电阻 R_1 与 R_2 串联。若 R_1 电阻消耗的功率为 1000W,则通过 R_2 的电流为多少?

2-1-6 求图 2-1-18 所示电路的等效电阻 R_{ab}。

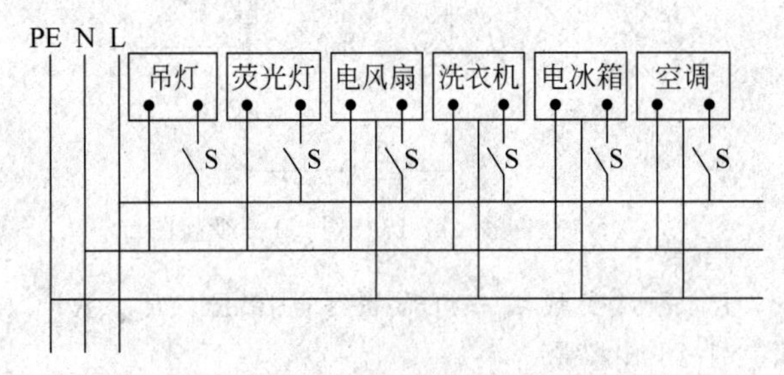

图 2-1-17 住宅电路布线图

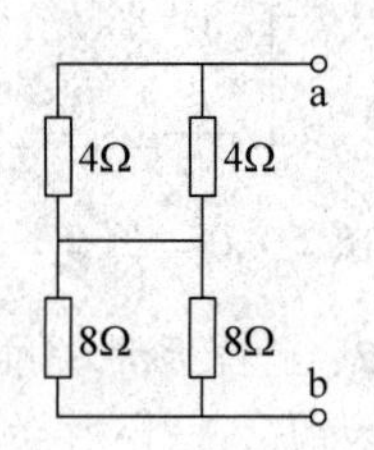

图 2-1-18 题 2-1-6 图

2.2 电源等效变换

【学习目标】

- 掌握电源等效变换的方法。
- 能用电源等效变换的方法计算电路中的电压、电流、电阻、功率等参数。

【学习指导】

在分析电路时,经常会遇到含有多个不同电源(包括电压源与电流源)的复杂电路,若不经过简化,求解电路的过程就会很复杂。在解决此类复杂电路问题时,掌握电压源与电流源的等效变换十分重要,也非常有效。

2.2.1　方法探索

在图 2-2-1 所示电路中有三个电压源，现在要求 6V 电压源上流过的电流。

根据前面所学知识，如果用 KVL 和 KCL 求解电路，需列出多个电路方程，比较烦琐。仔细分析图 2-2-1 所示电路的特点发现，12V 和 9V 电压源是并联的，不能直接合并。若把电压源等效成电流源，就能解决问题。下面学习两种电源的等效变换。

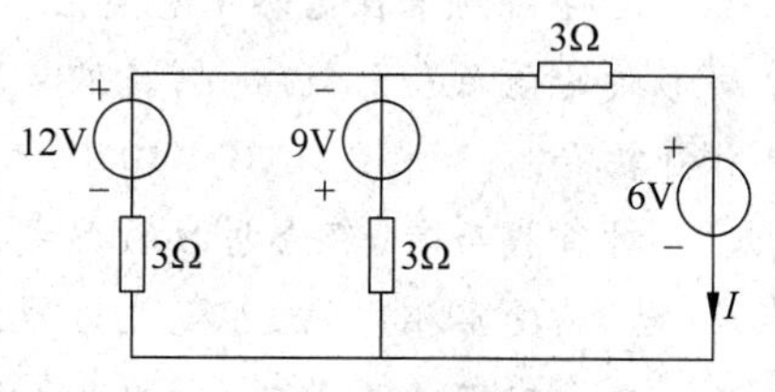

图 2-2-1　多电源电路

2.2.2　电源等效变换及应用

1. 预备知识

前面章节已学习了什么是电压源和电流源及其特性，除此之外，还应掌握理想电源在电路中的特点。

(1) 理想电压源两端的电压恒定，任何与理想电压源并联的元件都不影响理想电压源的对外输出。因此对外电路而言，在分析电路时，可将与理想电压源并联的任何元件看作开路，如图 2-2-2(a)所示。但在计算电压源提供的总电流或总功率时，电阻元件和电流源不能忽略。

电源等效变换

(2) 理想电流源输出的电流恒定，任何与理想电流源串联的元件都不影响理想电流源的对外输出。因此对外电路而言，在分析电路时，可将与理想电流源串联的任何元件看作短路，如图 2-2-2(b)所示。但在计算支路两端的总电压或总功率时，电阻元件和电压源不能舍去。

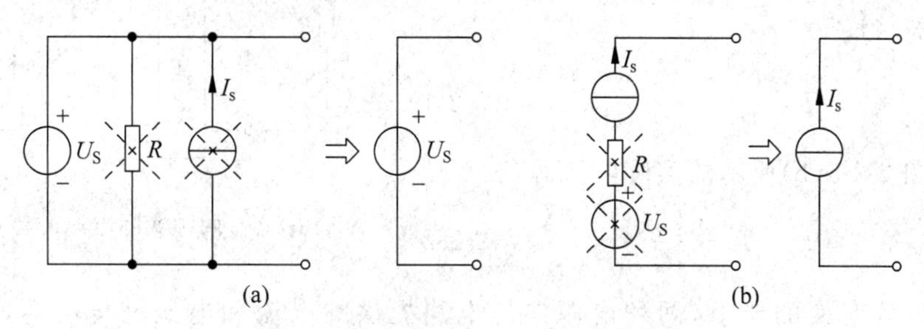

图 2-2-2　几个说明

(3) 理想电压源与理想电流源之间不能等效变换。

电工故事：等效变换的含义

当我们计划投资一个项目却没有足够的资金时，就会向银行贷款。如果两个银行的贷款金额、贷款期限、贷款利率、服务态度等都相同，对贷款者而言，它们的作用相同，可视为等效，如图 2-2-3 所示。

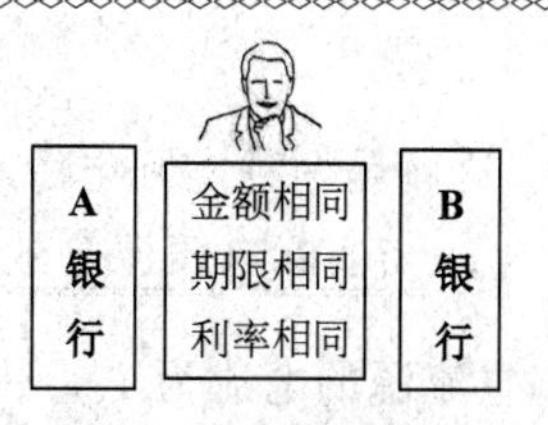

图 2-2-3　银行与贷款者

我们都知道，每个银行内部的管理制度、绩效考核方式并不相同，但这些因素并不会影响贷款者。可以看出，这里的等效,指的是对客户等效(即对外等效),各个银行内部并不等效。

同样的例子在电路中也存在。如果一个电路由多个不同形式的电源和负载组成,我们可把电源看作银行,负载看作贷款者。

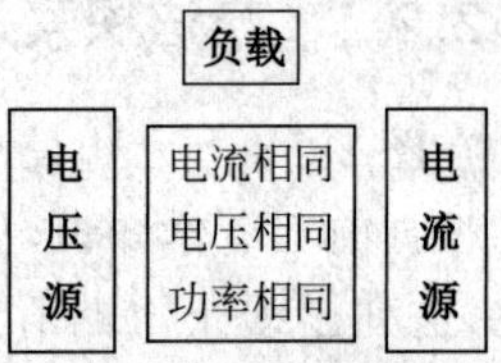

对负载而言,不论电源的形式如何,只要电源输出的电压、电流、功率相同,就可视之为等效。同理,这里的等效也是对负载等效(即对外等效),电源内部并不等效,如图 2-2-4 所示。

图 2-2-4　电源与负载

2. 电源等效变换

(1) 等效变换规律

实际电源可以用电压源模型表示,也可以用电流源模型表示。使用电压源模型或电流源模型描述不同的电源,是为了更符合这些电源的外部特性,便于对其进行分析。如果实际电源可以由不同的模型来表示,二者之间就存在对应的转换关系。

图 2-2-5 所示是一个两种实际电源向同一个外电路供电的例子。这个外电路上的电压、电流完全一致。下面分析这两种实际电源的等效变换关系。

对于图 2-2-5(a)所示的实际电压源,有

$$U = U_s - IR_s$$

移项变换后,得

$$I = \frac{U_s}{R_s} - \frac{U}{R_s} \qquad (2\text{-}2\text{-}1)$$

对于图 2-2-5(b)所示的实际电流源,有

$$I' = I_s - \frac{U'}{R_s'} \qquad (2\text{-}2\text{-}2)$$

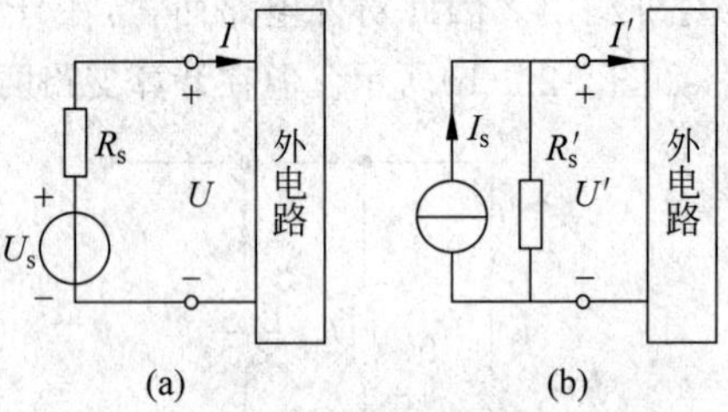

图 2-2-5　两种实际电源的等效变换

根据等效变换的要求,两种电源向外电路提供的电流和电压完全相等,这就要求图 2-2-5(a)中的电压 U 和电流 I 分别与图 2-2-5(b)中的电压 U' 和电流 I' 对应相等,即

$$I = I', \quad U = U'$$

$$\frac{U_s}{R_s} - \frac{U}{R_s} = I_s - \frac{U'}{R_s'}$$

令 $R_s = R_s'$,则有

$$\frac{U_s}{R_s} = I_s \quad 或 \quad U_s = I_s R_s \qquad (2\text{-}2\text{-}3)$$

这就是两种实际电源等效变换的关系式。因此,实际电源的等效变换规律如下所述。

① 当实际电压源等效变换为实际电流源时,电流源的并联内阻等于电压源的串联内阻,电流源的电流为 $I_s = \frac{U_s}{R_s}$。

② 当实际电流源等效变换为实际电压源时,电压源的串联内阻等于电流源的并联内

阻,电压源的电压为 $U_s=I_sR_s$。

(2) 等效变换注意事项

两种实际电源等效变换时,应注意以下两个问题。

① 电压源和电流源的等效关系只对外电路而言,对电源内部则不等效。

② 两种实际电源等效变换时,电压源和电流源的参考方向要一一对应,即电压源的正极对应于电流源的电流输出端,如图 2-2-6 所示。

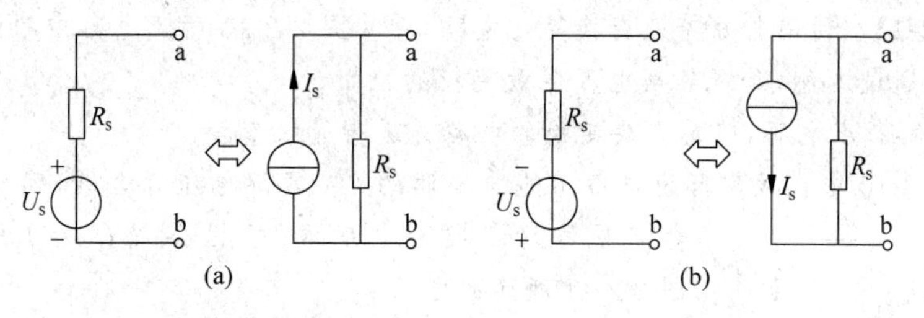

图 2-2-6 电压源和电流源参考方向的对应关系

3. 电源等效变换解题步骤

电源等效变换的解题步骤如例 2-2-1 所示。

【例 2-2-1】 如图 2-2-7 所示电路,已知 $R_1=R_2=3\Omega$,$R_3=6\Omega$,$U_{s1}=30\text{V}$,$U_{s2}=15\text{V}$。试用电源等效变换求解电阻 R_3 中流过的电流 I。

【解】 通过本例,学习电源等效变换的基本应用。

(1) 观察所求电路,确定需要变换的电源并进行等效变换。

在图 2-2-7 中,实际电压源 U_{s1} 与 U_{s2} 并联,不能直接合并,因此需将 2 个电压源等效变换为电流源。

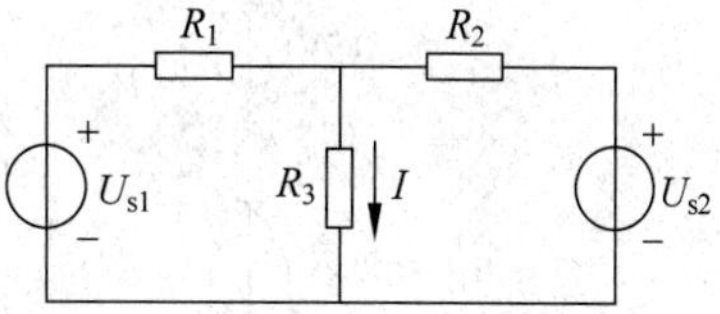

图 2-2-7 例 2-2-1 电路图

根据公式 $I_s=\dfrac{U_s}{R_s}$,可得

$$I_{s1}=\frac{U_{s1}}{R_1}=\frac{30}{3}=10(\text{A})$$

$$I_{s2}=\frac{U_{s2}}{R_2}=\frac{15}{3}=5(\text{A})$$

等效变换后的电路如图 2-2-8 所示。

(2) 简化电路。

简化图 2-2-8 所示电路,合并电流源和电阻 R_1、R_2,简化后的电路如图 2-2-9 所示。

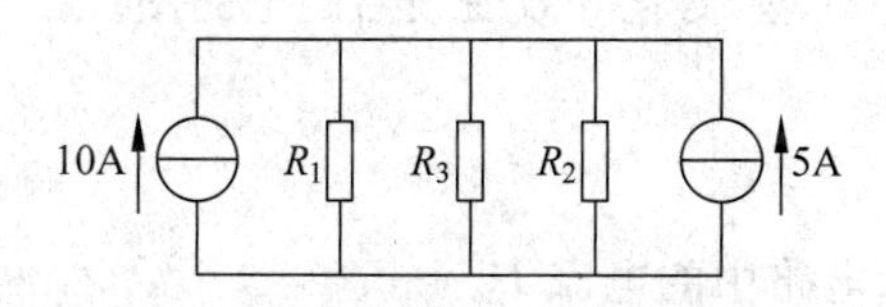

图 2-2-8 等效变换后的电路

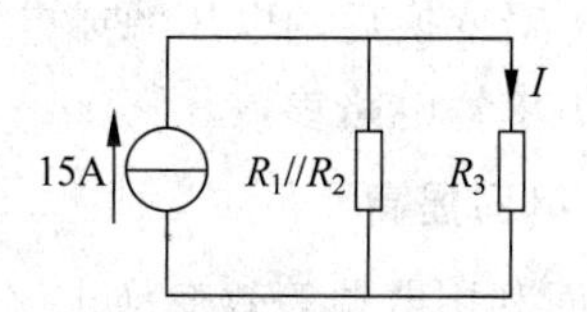

图 2-2-9 图 2-2-8 简化后的电路

(3) 求解电路参数 I。

$$R_1 \mathbin{/\mkern-6mu/} R_2 = \frac{R_1 \cdot R_2}{R_1 + R_2} = \frac{3\times 3}{3+3} = 1.5(\Omega)$$

$$I = 15 \times \frac{1.5}{1.5+6} = 3(\text{A})$$

4. 边学边练

【例 2-2-2】 利用电源等效变换简化电路,计算图 2-2-10 所示电路中的电流 I。

【解】 通过本例,加深理解电源等效变换的应用。

(1) 观察所求电路,确定需要变换的电源并进行等效变换。

在图 2-2-10 中,5A 实际电流源不能与串联的 2A 实际电流源合并,因此需将这两个电流源等效变换为电压源,根据公式 $U_s = I_s R_s$,可得到如图 2-2-11 所示的电路。

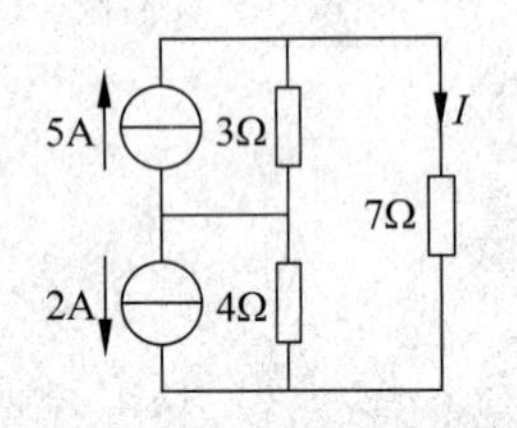

图 2-2-10 例 2-2-2 电路图

(2) 简化电路。

简化图 2-2-11,合并电压源和电阻,简化后的电路如图 2-2-12 所示。

(3) 求解电路参数 I。

$$I = \frac{7}{7+7} = 0.5(\text{A})$$

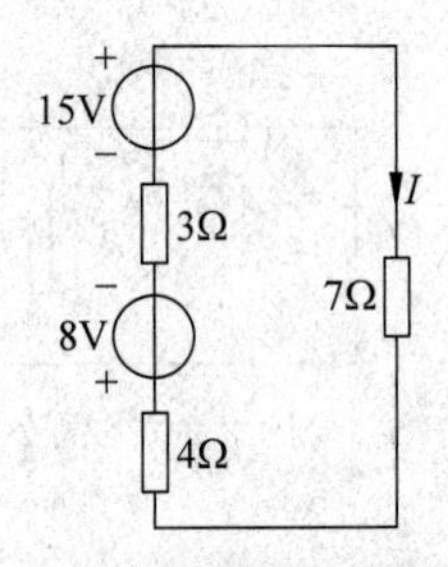

图 2-2-11 变换为电压源的电路图

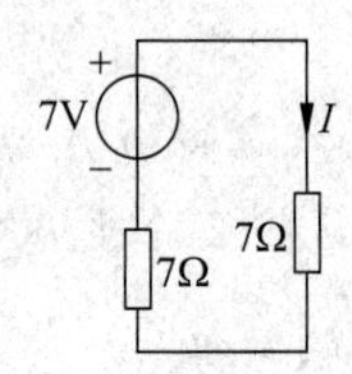

图 2-2-12 图 2-2-11 简化后的电路

5. 方法总结与归纳

通过以上两例,总结与归纳电源等效变换的解题过程如下。

(1) 观察所求电路,确定需要变换的电源,再根据 $I_s = \frac{U_s}{R_s}$ 或 $U_s = I_s R_s$ 进行等效变换。

(2) 对变换后的电压源或电流源进行合并处理,简化等效变换后的电路图。

(3) 求解电路参数。

6. 巩固提高

下面利用电源等效变换求解图 2-2-1 所示电路中的电流 I。

【例 2-2-3】 如图 2-2-1 所示电路,试用电源等效变换法求电流 I。

【解】 通过本例巩固电源等效变换的应用。

(1) 在图 2-2-1 中,12V 实际电压源不能与并联的 9V 实际电压源合并,因此需将这两个电压源等效变换为电流源。根据公式 $I_s=\frac{U_s}{R_s}$,得到如图 2-2-13 所示电路。

(2) 图 2-2-13 简化后如图 2-2-14 所示。

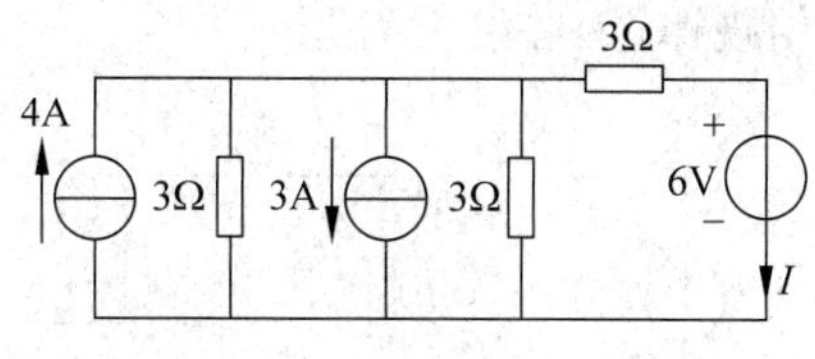

图 2-2-13　例 2-2-3 电路图

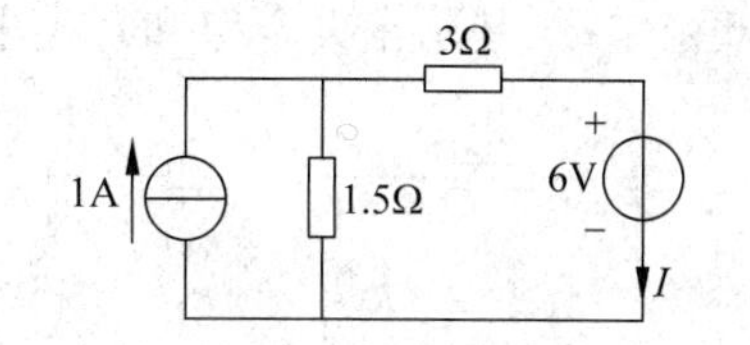

图 2-2-14　图 2-2-13 简化后的电路图

(3) 6V 实际电压源不能与串联的 1A 实际电流源合并,因此需将电流源等效变换为电压源。根据公式 $U_s=I_sR_s$,得到如图 2-2-15 所示电路。

(4) 求解电流 I。

$$I=\frac{-6+1.5}{3+1.5}=-1(\mathrm{A})$$

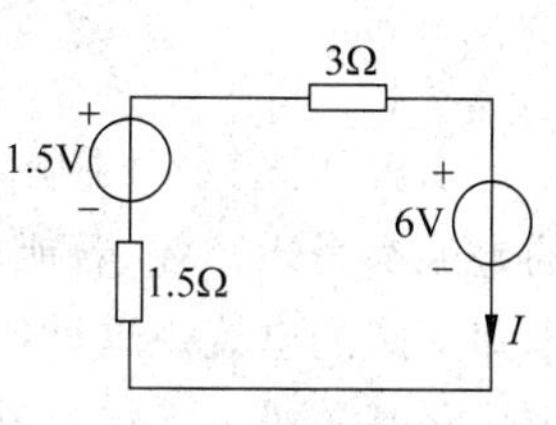

图 2-2-15　变换后的电路图

2-2-1　理想电压源和理想电流源各有什么特点?

2-2-2　判断以下说法是否正确。

(1) 理想电流源的输出电流是不固定的,随负载变化。

(2) 理想电流源的输出电流是固定的,不随负载变化。

(3) 理想电压源的输出电压是不固定的,随负载变化。

(4) 理想电压源的输出电压是固定的,不随负载变化。

2-2-3　两种实际电源等效变换的条件是什么?是不是任何电流源都可以转换成电压源?

2-2-4　求图 2-2-16 所示电路的最简等效电路。

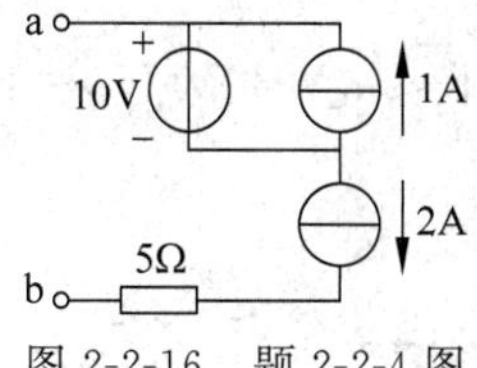

图 2-2-16　题 2-2-4 图

2.3　支路电流法

【学习目标】

- 熟悉支路电流法的解题步骤,掌握支路电流法的解题方法。
- 能用支路电流法确定电路中的电量参数(电压、电流、功率等)。

【学习指导】

在电路学习中,会碰到含有多个电源和多条支路的复杂电路。对于此类电路,应用前面学过的电阻等效变换和电源等效变换等方法,分析过程非常复杂。以支路电流为未知量,以基尔霍夫定律为基础,通过列写电路方程求解的支路电流法可提供解决一般电路问题的基本方法。

2.3.1 方法探索

通过前面的学习,我们已经可以分析含有一个电源的简单电路,如图 2-3-1 所示。但很多电路含有多个电源,如图 2-3-2 所示。若要求解电阻 R_1、R_2、R_3 中流过的电流,简单地应用欧姆定律、基尔霍夫定律和各类电阻联结规律,无法解决问题。

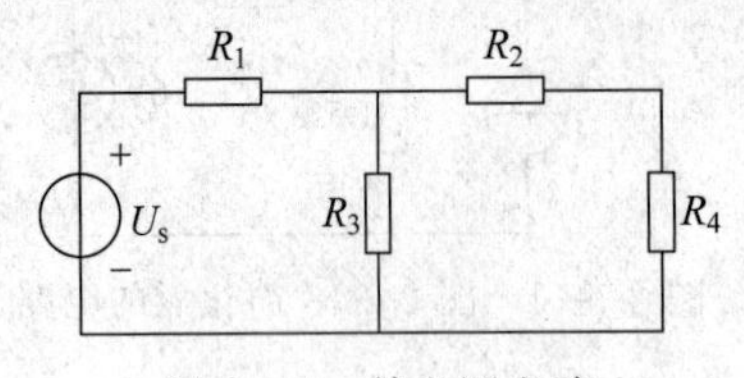

图 2-3-1 单电源电路

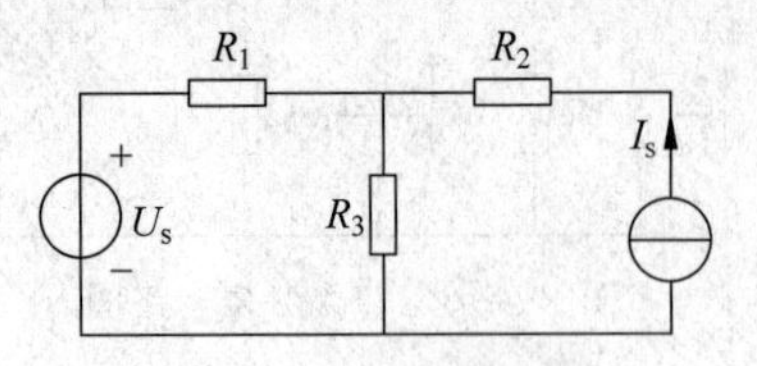

图 2-3-2 双电源电路

求解如图 2-3-2 所示电路前,先观察电路的特点。此电路有多条支路,且每条支路上的电流都是未知数,若能根据未知电流的个数 n 列写 n 个方程,通过联立方程,即可求解未知支路的电流。这种电路分析方法就是将要讨论的支路电流法,它是一种建立在欧姆定律和基尔霍夫定律基础之上的电路分析方法。

2.3.2 支路电流法及应用

1. 支路电流法

支路电流法及应用

支路电流法是指选取各支路电流为未知量,直接应用 KCL 和 KVL,分别对结点和独立回路列写结点电流方程及独立回路电压方程,然后联立求解,得出各支路的电流值。

2. 支路电流法解题步骤

采用支路电流法求解各支路电流的解题步骤如例 2-3-1 所示。

【例 2-3-1】 如图 2-3-3 所示电路,已知 $R_1=R_2=3\Omega$,$R_3=6\Omega$,$U_{s1}=30V$,$U_{s2}=15V$。试用支路电流法求解电阻 R_1、R_2、R_3 中流过的电流。

【解】 通过本例,学习支路电流法的基本应用。

(1) 观察未知支路电流个数。选择各支路电流参考方向和回路绕行方向,标注各结点。

① 在图 2-3-3 中,有 3 个未知支路电流。选取 3 个未知支路电流 I_1、I_2 和 I_3 的参考方向如图 2-3-4 所示。电流的实际方向由计算结果决定。计算结果为正,说明选取的参考方向与实际方向一致,反之则为负。

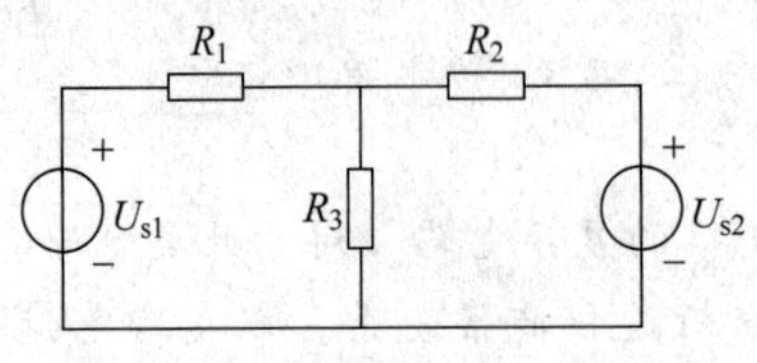

图 2-3-3 例 2-3-1 电路图

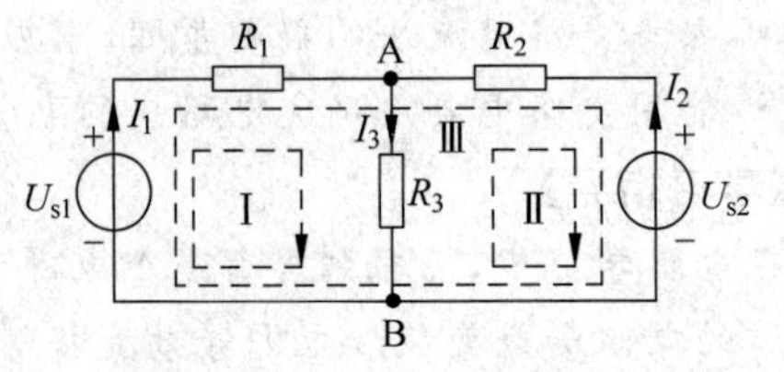

图 2-3-4 选定电流参考方向

② 此电路有 3 个回路,绕行方向均设为顺时针方向(绕行方向可自行选定)。

③ 此电路有 2 个结点,分别标注为 A、B。

(2) 根据结点数列写结点电流方程式。在图 2-3-4 所示的电路中,有 A 和 B 两个结点,利用 KCL,列出结点电流方程如下:

对于结点 A　　$I_1+I_2=I_3$

对于结点 B　　$I_3=I_1+I_2$

显然,这是两个相同的方程,说明只有一个方程是独立的。

当电路中有 n 个结点时,根据基尔霍夫电流定律只能列出$(n-1)$个独立的结点电流方程。在求解电路问题时,可以在 n 个结点中任选其中$(n-1)$个结点列写电流方程。

本例中选取结点 A 的电流方程:

$$I_1+I_2=I_3$$

(3) 利用 KVL 列写回路电压方程。

本例中有 3 个回路,利用 KVL 对 3 个回路列写回路电压方程。

对于回路 Ⅰ　　$I_1R_1+I_3R_3-U_{s1}=0$

对于回路 Ⅱ　　$-I_2R_2+U_{s2}-I_3R_3=0$

对于回路 Ⅲ　　$I_1R_1-I_2R_2+U_{s2}-U_{s1}=0$

从上述三个方程可以看出,任何一个方程都可以从其他两个方程中导出,所以只有两个方程是独立的。

综合独立结点电流方程与独立回路方程,正好构成求解 3 个未知电流所需的方程。

事实上,对于含有 b 条支路、n 个结点、m 个网孔的平面电路,在使用支路法求解问题时,可以证明,仅能列出$(n-1)$个独立的结点电流方程,m 个独立的回路电压方程,并且 $b=(n-1)+m$。

因此,本例利用 KVL,对网孔Ⅰ和网孔Ⅱ列写出电压方程如下:

对于网孔Ⅰ　　$I_1R_1+I_3R_3-U_{s1}=0$

对于网孔Ⅱ　　$-I_2R_2+U_{s2}-I_3R_3=0$

(4) 联立求解方程组,求出各支路电流值。

$$\begin{cases}I_1+I_2=I_3\\ I_1R_1+I_3R_3-U_{s1}=0\\ -I_2R_2+U_{s2}-I_3R_3=0\end{cases}$$

代入已知数值 R_1、R_2、R_3、U_{s1}、U_{s2},得

$$\begin{cases}I_1+I_2=I_3\\ 3I_1+6I_3-30\text{A}=0\\ -3I_2+15\text{A}-6I_3=0\end{cases}$$

求解联立方程组,可得 $I_1=4\text{A}$,$I_2=-1\text{A}$,$I_3=3\text{A}$。

结果中的 I_1 和 I_3 为正值,说明电流的实际方向与参考方向一致;I_2 为负值,说明电流的实际方向与参考方向相反,即电流 I_2 是流入电动势 U_{s2} 的,此时 U_{s2} 作为负载,也称为反电动势。蓄电池充电就是这种情况。

3. 边学边练

【例 2-3-2】 在图 2-3-5 所示的电路中,各参数如图中所示。试用支路电流法求解电阻 R_1、R_2、R_3 中流过的电流。

【解】 通过本例,加深理解支路电流法的应用。

(1) 原图中已标注支路电流参考方向,因此只需选择网孔绕行方向,标注结点 A、B,如图 2-3-6 所示。

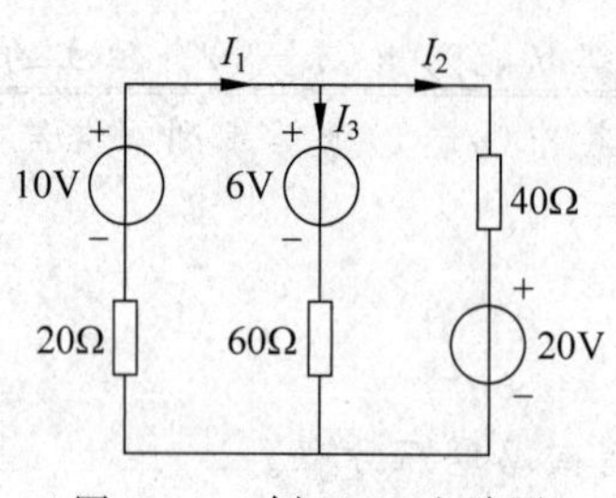

图 2-3-5 例 2-3-2 电路图

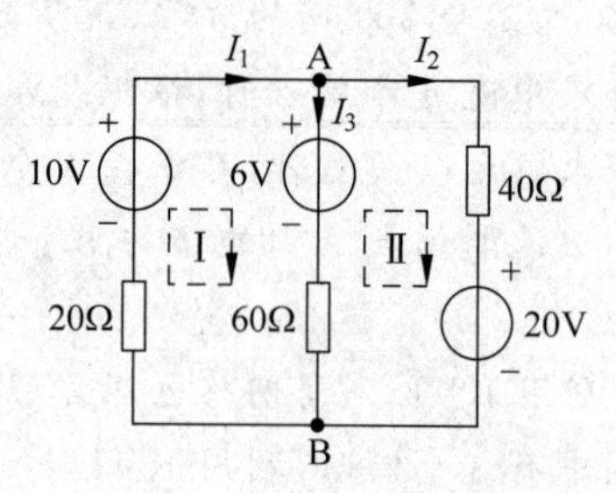

图 2-3-6 已标注的电路图

(2) 根据两个结点数列写一个独立结点电流方程。图 2-3-6 中有 A 和 B 两个结点,对 A 结点列写电流方程:

$$I_2+I_3=I_1$$

(3) 利用 KVL 对两个自然网孔(独立回路)列写回路电压方程。

对于网孔Ⅰ $\qquad 20I_1-10+6+60I_3=0$

对于网孔Ⅱ $\qquad 40I_2+20-60I_3-6=0$

(4) 联立求解方程组,求出各支路电流值。

$$\begin{cases}I_2+I_3=I_1\\20I_1-10+6+60I_3=0\\40I_2+20-60I_3-6=0\end{cases}$$

求解联立方程组,可得 $I_1=-0.1\text{A}$,$I_2=-0.2\text{A}$,$I_3=0.1\text{A}$。

4. 方法总结与归纳

通过以上两例,总结与归纳支路电流法解题过程如下。

(1) 观察未知支路电流个数。选择各支路电流参考方向和回路绕行方向,标注各结点。

(2) 根据结点数 n 列写($n-1$)个结点电流方程。

(3) 利用 KVL,列写 m 个网孔(独立回路)的电压方程。

(4) 联立($n-1+m$)个方程并求解方程组,求出各支路电流值。

5. 巩固提高

下面用支路电流法求解图 2-3-2 所示电路的支路电流。求解之前先简化电路。R_2 与理想电流源 I_s 串联,可舍去,简化后的电路如图 2-3-7 所示。此电路含有一个电流源,但电流源两端的电压未知。若将电流源的端电压列入回路电压方程,电路就增加了一个变量,在列写方程时必须补充一个辅助方程。下面对此电路进行详细分析。

【例 2-3-3】 在如图 2-3-7 所示电路中，若已知 $U_s=42V$，$I_s=7A$，$R_1=12\Omega$，$R_3=2\Omega$。试用支路电流法求各支路电流。

【解】 通过本例，巩固电源等效变换的应用。

方法 1：由于列写 KVL 方程时，需标注每个元件两端的电压。设电流源两端的电压为 U。

(1) 选取支路电流 I_1 和 I_2 的参考方向，并标明结点 A、B，如图 2-3-8 所示。

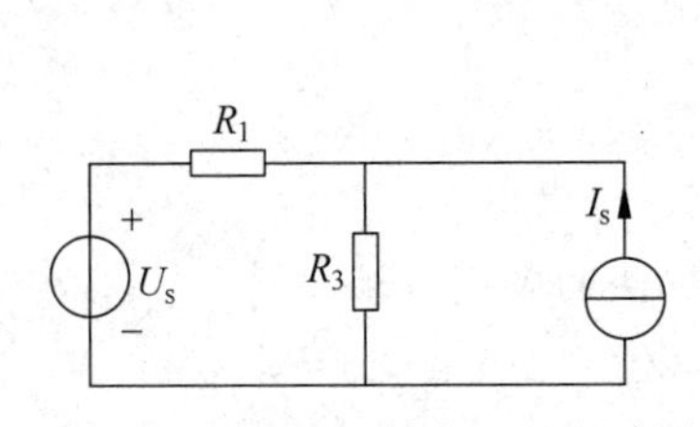

图 2-3-7　图 2-3-2 简化后的电路图

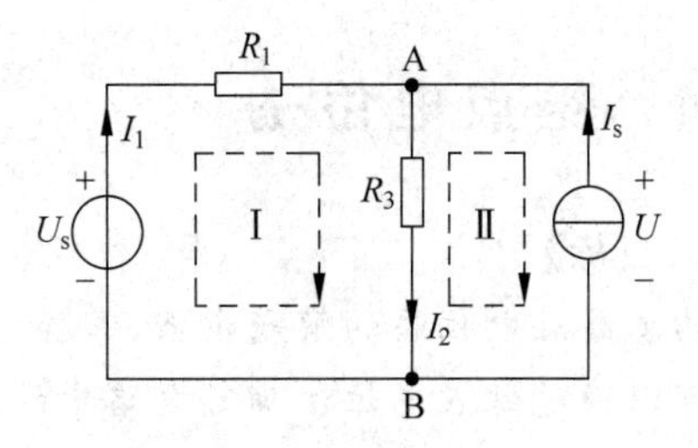

图 2-3-8　已标注的电路图

(2) 根据结点数列写独立的结点电流方程。对结点 A 列写方程：

$$I_1+I_s=I_2$$

(3) 利用 KVL，对网孔Ⅰ、Ⅱ列写回路电压方程。

对于网孔Ⅰ　　$I_1R_1+I_2R_3-U_s=0$

对于网孔Ⅱ　　$U-I_2R_3=0$

(4) 联立求解方程组，求出各支路电流值。

$$\begin{cases}I_1+I_s=I_2\\I_1R_1+I_2R_3-U_s=0\\U-I_2R_3=0\end{cases}$$

但方程中多了一个未知数 U，因此要补充一个方程 $I_s=7A$。代入参数，解得

$$I_1=2A,\quad I_2=9A,\quad U=18V$$

方法 2：在图 2-3-8 中，由于 $I_1=7A$ 已知，仅对结点 A 和网孔Ⅰ列写如下方程。

结点 A　　$I_1+I_s=I_2$

网孔Ⅰ　　$I_1R_1+I_2R_3-U_s=0$

代入参数，解得

$$I_1=2A,\quad I_2=9A$$

比较以上两种处理方法可以看到，第一种方法比第二种方法所列方程多，且求解结果中的 U 并不是所要求解的结果，只有 I_1 和 I_2 是最终要获得的结果。因此，对于此类含有电流源的电路，由于理想电流源所在支路的电流已知，在选择回路时避开理想电流源支路更为方便。

思考与练习

2-3-1　支路电流法的依据是什么？如何列出足够的独立方程？

2-3-2　在列写支路法的电流方程时，若电路中有 n 个结点，根据 KCL 能列出的独立

方程数为：

(1) n　(2) $n-1$　(3) $n+1$　(4) $n-2$

2-3-3　判断以下说法是否正确。

(1) 在平面电路中，网孔都是独立回路。

(2) 当电路中有 n 个结点时，只能列出$(n-1)$个独立结点电流方程。

2-3-4　支路电流法适合求解哪类电路？

2.4　结点电位法

【学习目标】

- 熟悉结点电位法的解题步骤，掌握结点电位法的解题方法。
- 可以通过结点电位法确定电路中的电量参数(电压、电流、功率等)。

【学习指导】

当支路数较多时，支路电流法所需方程数较多，求解极不方便。对于支路数较多而结点较少的电路，采用结点电位法求解会带来事半功倍的效果。

2.4.1　方法探索

在图 2-4-1 所示电路中，电路由 2 个电压源和 5 个电阻组成，电路中有 5 条支路，现要求各支路电流。

根据前面所学知识，如果以支路法求解，需要列出 5 个方程，求解方程会花费很多时间。仔细分析图 2-4-1 所示电路的特点发现，此电路支路虽多，但只有 3 个结点。如果知道 3 个结点的电位，此时每个支路的电压都能通过结点电位之差求得，如 $U_{AB}=V_A-V_B$，这样就可根据欧姆定律轻而易举地求出各支路的电流。图 2-4-1 中，可选 C 结点作为参考点，把 A、B 结点的电位设为未知量，列写出 5 个支路电流方程，然后利用 KCL 列写 2 个结点电流方程。这种求解电路参数的方法称为结点电位法。

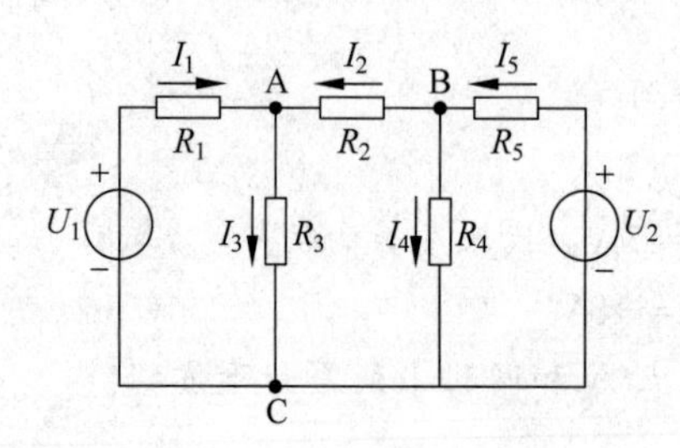

图 2-4-1　多支路少结点电路

2.4.2　结点电位法及应用

结点电位法及应用

1. 结点电位法

在电路中任意选择某一结点作为参考结点，其他结点与此参考结点之间的电压称为结点电位。结点电位的参考极性是以参考结点为“0”，其余结点为“+”。结点电位法以结点电位为求解变量，将各支路电流用结点电位表示，应用 KCL 列出独立结点的电流方程，然后联立方程求得各结点电位，再根据结点电位与各支路电流的关系式，求得各支路电流。

2. 结点电位法解题步骤

结点电位法的解题步骤如例 2-4-1 所示。

【例 2-4-1】 在图 2-4-2 所示电路中，已知 $R_1=R_2=3\Omega$，$R_3=6\Omega$，$U_{s1}=30\text{V}$，$U_{s2}=15\text{V}$。试用结点电位法求解各支路电流。

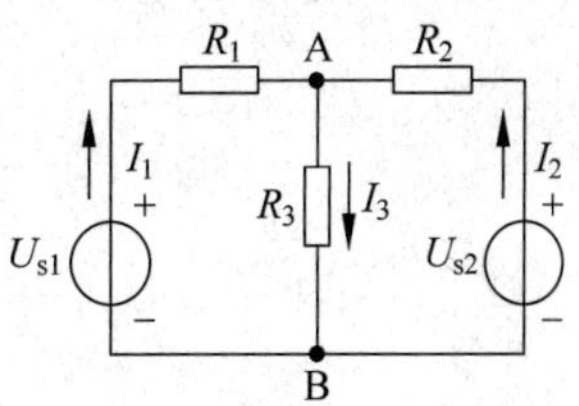

图 2-4-2　例 2-4-1 电路图

【解】 通过本例，学习结点电位法的基本应用。

(1) 在电路图上标注结点。此电路有 A、B 两个结点。

(2) 选定参考结点，对其余结点设结点电位。一般情况下，把通过大多数支路的结点当成参考结点。此电路取 B 为参考结点，即 $V_B=0\text{V}$，设结点 A 的电位为 V_A。

(3) 根据结点电位，写出任意两个结点之间的电压方程。

$$
\begin{aligned}
U_{AB}&=V_A-V_B=V_A\\
&=-I_1R_1+U_{s1}\\
&=-I_2R_2+U_{s2}\\
&=I_3R_3
\end{aligned}
$$

(4) 用结点电位表示各支路电流。此电路有 3 条支路，需列出 3 条支路电流方程。

$$
\begin{cases}
I_1=-\dfrac{V_A-U_{s1}}{R_1}\\[2ex]
I_2=-\dfrac{V_A-U_{s2}}{R_2}\\[2ex]
I_3=\dfrac{V_A}{R_3}
\end{cases}
$$

(5) 根据基尔霍夫电流定律，列写出独立结点的 KCL 方程。

对结点 A，列出 KCL 方程为

$$I_1+I_2=I_3$$

所以

$$-\frac{V_A-U_{s1}}{R_1}-\frac{V_A-U_{s2}}{R_2}=\frac{V_A}{R_3}$$

将各参数代入上式，可求得 $V_A=18\text{V}$。

(6) 根据求得的结点电位，计算出各支路电流：$I_1=4\text{A}$，$I_2=-1\text{A}$，$I_3=3\text{A}$。

3. 边学边练

【例 2-4-2】 如图 2-4-3 所示电路，用结点电位法求各支路电流。

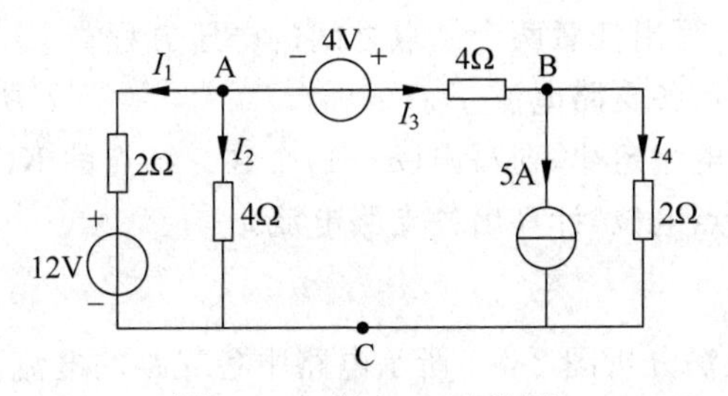

图 2-4-3　例 2-4-2 电路图

【解】 通过本例,加深理解结点电位法的应用。

(1) 在电路图上标注结点A、B、C,如图2-4-3所示。

(2) 选结点C为参考结点。设结点A的电位为V_A,结点B的电位为V_B。

(3) 根据结点电位V_A、V_B,列出任意两个结点之间的电压方程。

$$\begin{aligned}U_{AC}&=V_A-V_C=V_A\\&=2I_1+12V\\&=4I_2\\U_{AB}&=V_A-V_B\\&=-4V+4I_3\\U_{BC}&=V_B-V_C=V_B\\&=2I_4\end{aligned}$$

(4) 用结点电位表示各支路电流。此电路有4个未知电流,因此需要列写4个支路电流方程。

$$\begin{cases}I_1=\dfrac{V_A-12}{2}\\I_2=\dfrac{V_A}{4}\\I_3=\dfrac{V_A-V_B-(-4)}{4}\\I_4=\dfrac{V_B}{2}\end{cases}$$

(5) 根据基尔霍夫电流定律,对独立结点A、B列写KCL方程。

对于结点A: $I_1+I_2+I_3=0\Rightarrow\dfrac{V_A-12}{2}+\dfrac{V_A}{4}+\dfrac{V_A-V_B-(-4)}{4}=0$

对于结点B: $I_4+5=I_3\Rightarrow\dfrac{V_B}{2}+5=\dfrac{V_A-V_B-(-4)}{4}$

求得$V_A=4V$,$V_B=-4V$。

(6) 根据求得的结点电位,计算出各支路电流。

$$I_1=-4A,\quad I_2=1A,\quad I_3=3A,\quad I_4=-2A$$

4. 方法总结与归纳

通过以上两例,总结与归纳结点电位法解题过程如下。

(1) 在电路图上标注n个结点。

(2) 选定参考结点,对其余$(n-1)$个结点设结点电位。

(3) 根据结点电位,写出任意两个结点之间的电压方程。

(4) 用结点电位表示各支路电流。

(5) 根据基尔霍夫电流定律,列写出$(n-1)$个独立结点的KCL方程。

(6) 根据求得的结点电位,计算出各支路电流。

5. 巩固提高

下面利用结点电位法分析图2-4-1所示电路中各支路的电流。

【例 2-4-3】 电路如图 2-4-1 所示，已知 $R_1=R_3=5\Omega$，$R_2=R_4=10\Omega$，$R_5=15\Omega$，$U_1=15V$，$U_2=65V$。试用结点电位法求解各支路电流。

【解】 通过本例，巩固结点电位法的应用。

(1) 在电路图上标注结点 A、B、C，如图 2-4-1 所示。

(2) 选结点 C 为参考结点。设结点 A 的电位为 V_A，结点 B 的电位为 V_B。

(3) 根据结点电位 V_A、V_B，列出任意两个结点之间的电压方程。

$$
\begin{aligned}
U_{AC} &= V_A - V_C = V_A \\
&= -I_1R_1 + U_1 \\
&= I_3R_3 \\
U_{AB} &= V_A - V_B \\
&= -I_2R_2 \\
U_{BC} &= V_B - V_C = V_B \\
&= I_4R_4 \\
&= -I_5R_5 + U_2
\end{aligned}
$$

(4) 用结点电位表示各支路电流。此电路有 5 条支路和 5 个未知电流，因此需要列写 5 个支路电流方程。

$$
\begin{cases}
I_1 = \dfrac{15-V_A}{5} \\[2ex]
I_2 = \dfrac{V_B-V_A}{10} \\[2ex]
I_3 = \dfrac{V_A}{5} \\[2ex]
I_4 = \dfrac{V_B}{10} \\[2ex]
I_5 = \dfrac{65-V_B}{15}
\end{cases}
$$

(5) 根据基尔霍夫电流定律，对独立结点 A、B 列写 KCL 方程。

对于结点 A：　$I_1 + I_2 = I_3 \Rightarrow \dfrac{15-V_A}{5} + \dfrac{V_B-V_A}{10} = \dfrac{V_A}{5}$

对于结点 B：　$I_2 + I_4 = I_5 \Rightarrow \dfrac{V_B-V_A}{10} + \dfrac{V_B}{10} = \dfrac{65-V_B}{15}$

求得 $V_A=10V$，$V_B=20V$。

(6) 根据求得的结点电压，计算出各支路电流。

$$I_1=1A,\quad I_2=1A,\quad I_3=2A,\quad I_4=2A,\quad I_5=3A$$

思考与练习

2-4-1　结点电位法适合求解哪类电路？

2-4-2　结点电位法把什么作为求解变量？

2.5 叠加定理

【学习目标】

- 熟悉叠加定理的解题步骤，掌握叠加定理的解题方法。
- 能用叠加定理求解复杂直流电路中的电压、电流、功率等参数。

【学习指导】

对于支路和结点数量都较多的电路，使用支路电流法或结点电压法列写电路方程和解方程的计算量呈几何倍数增长。如果线性电路中的电源数较少，采用叠加定理求解电路问题是一种较为简便且有效的方法。

2.5.1 方法探索

在如图 2-5-1 所示的电路中，电路由电压源 U_s、电流源 I_s 和 4 个电阻组成，电路中有 6 条支路，求 R_2 和 R_4 两个电阻元件上的电压。

根据前面所学知识，如果以支路电流法求解电路，需列出 6 个电路方程，求解方程会花费很多时间。如果采用结点电位法，有 3 个未知结点需求解，比较烦琐。仔细分析图 2-5-1 所示电路的特点发现，此电路虽然支路、结点较多，但只含有 1 个电压源和 1 个电流源。如果计算出每个电源对负载提供的电压或电流再求和，就可以得到各支路电阻上的电压或电流了。这种把一个电路按照每个电源单独作用分别求解，再对结果求和的方法就是将要讨论的叠加定理。

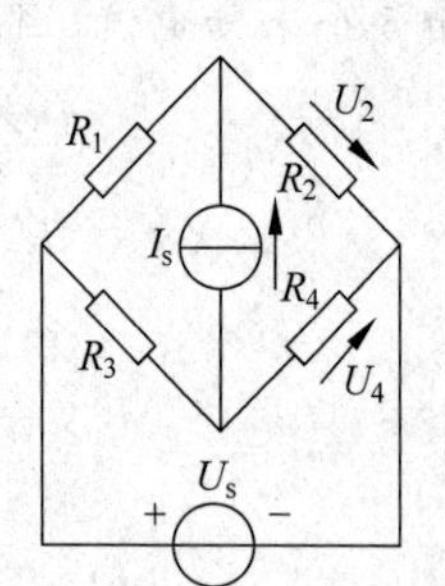

图 2-5-1 多支路、多结点、少电源电路

电工故事：银行贷款与叠加定理

生活中会遇到这样的问题：投资一个项目需要一大笔资金，但是每个银行的贷款额都有限制，这时我们就会向多个银行分开贷款，如图 2-5-2 所示。

如果需要贷款的客户不止一个，就会出现多个贷款者向多个银行贷款的情况。而贷款者所得到的贷款额，就是各个银行分别贷给贷款者的款项之和。

同样的例子在线性电路中也存在。如果一个电路由多个不同的电源和负载组成，则每个负载的总电压（或总电流），就是各个电源单独作用时，分配给这个负载的电压（或电流）的代数和，如图 2-5-3 所示。

如此一来，就可以把多个电源和负载组成的复杂电路，简化为一个电源单独作用的简单电路，使用中学学过的解题方法就可轻松进行计算了。

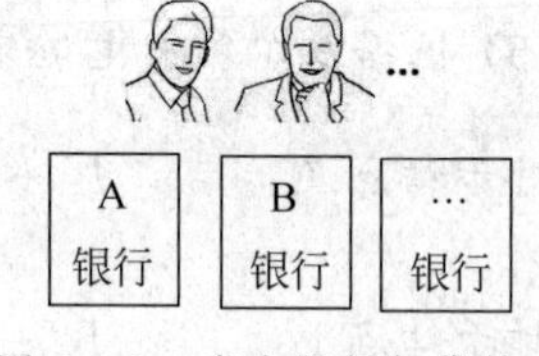

图 2-5-2 多银行与贷款者

负载 1 | 负载 2 | ……

1# 电源 | 2# 电源 | … 电源

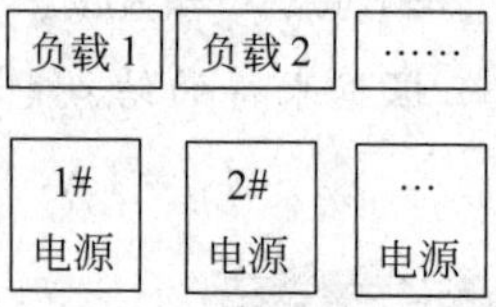

图 2-5-3 多个电源与负载

2.5.2　叠加定理及应用

1. 叠加定理

在线性电路中，如果有多个电源共同作用于同一电路，求解任一支路的电流或电压时，可分别计算出每个电源单独作用于电路时在该支路产生的电流或电压，再把每个电源单独作用的结果进行叠加(代数求和)，即可得到原电路中各支路的电流或电压。

"每个电源单独作用"是指每次仅保留一个独立电源，其他电源置零。具体方法为把理想电压源短路，理想电流源开路。

2. 叠加定理解题步骤

叠加定理的解题步骤如例 2-5-1 所示。

【例 2-5-1】 在如图 2-5-4 所示的电路中，已知 $R_1=R_2=3\Omega, R_3=6\Omega, U_{s1}=30\text{V}, U_{s2}=15\text{V}$。试用叠加定理求解电阻 R_1 中的电流和电阻 R_3 两端的电压 U_3。

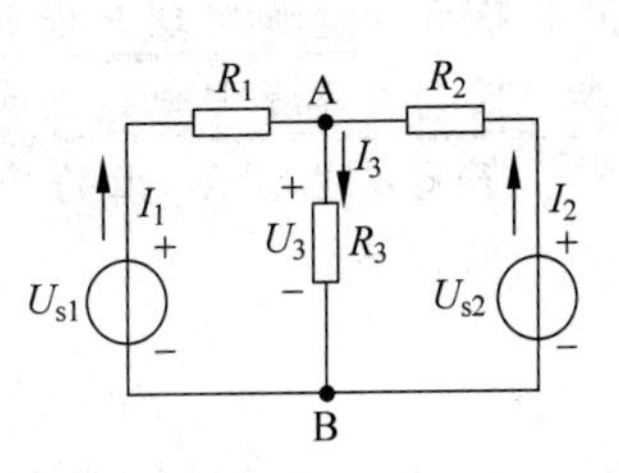

图 2-5-4　例 2-5-1 电路图

【解】 通过本例，学习叠加定理的基本应用。

(1) 把原电路按每次仅有一个电源单独作用的方式分别画出，并在图上标出待求量及参考方向。

图 2-5-4 中共有 2 个电压源，所以把电路分解成如图 2-5-5 和图 2-5-6 所示的两个电路，每个电路仅保留一个电压源，另一个电压源以短路线替代。

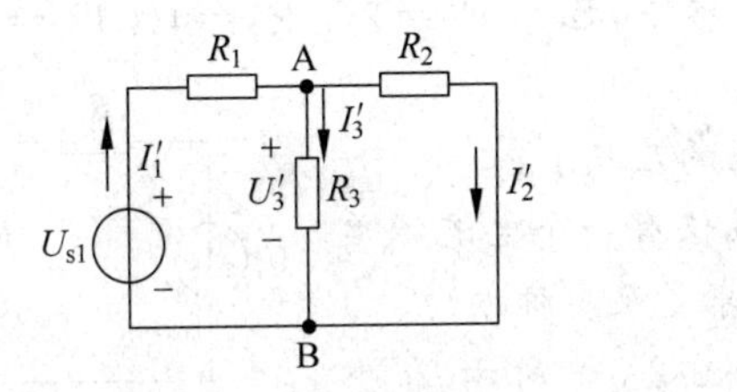

图 2-5-5　分解电路 1

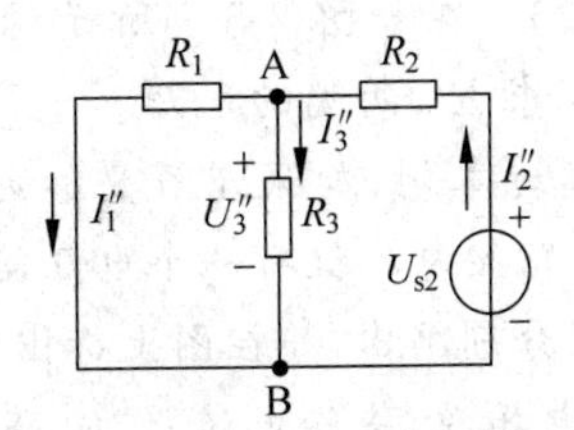

图 2-5-6　分解电路 2

(2) 分别求解每个电源单独作用时待求量的值。

U_{s1} 单独作用时，电路如图 2-5-5 所示，有

$$I'_1=\frac{U_{s1}}{R_1+\dfrac{R_2R_3}{R_2+R_3}}=\frac{30}{3+\dfrac{3\times 6}{3+6}}=6(\text{A})$$

$$I'_3=\frac{R_2}{R_2+R_3}I'_1=\frac{3}{3+6}\times 6=2(\text{A})$$

$$U'_3=I'_3R_3=2\times 6=12(\text{V})$$

U_{s2} 单独作用时，电路如图 2-5-6 所示，有

$$I''_2=\frac{U_{s2}}{R_2+\dfrac{R_1R_3}{R_1+R_3}}=\frac{15}{3+\dfrac{3\times 6}{3+6}}=3(\text{A})$$

$$I_1''=\frac{R_3}{R_1+R_3}I_2''=\frac{6}{3+6}\times3=2(\mathrm{A})$$

$$I_3''=\frac{R_1}{R_1+R_3}I_2''=\frac{3}{3+6}\times3=1(\mathrm{A})$$

$$U_3''=I_3''R_3=1\times6=6(\mathrm{V})$$

(3) 把每个电源单独作用时求出的待求量的值进行叠加。

将 U_{s1} 和 U_{s2} 分别作用产生的计算结果叠加,即求其代数和。在叠加时需要特别注意,各电源单独作用时的电流或电压方向与原电路方向一致时取“+”,反之取“—”。

$$I_1=I_1'-I_1''=6-2=4(\mathrm{A})$$

$$U_3=U_3'+U_3''=12+6=18(\mathrm{V})$$

提示:叠加定理只能用来分析计算电路中的电压和电流,不能用来计算电路中的功率。因为功率是与电流或电压的平方成正比,不存在线性关系。

下面以电阻 R_1 上的功率计算为例,说明上述问题。

$$P_1=R_1I_1^2=3\times4^2=48(\mathrm{W})$$

$$P_1'=R_1I_1'^2=3\times6^2=108(\mathrm{W})$$

$$P_1''=R_1I_1''^2=3\times2^2=12(\mathrm{W})$$

很显然

$$P_1\neq P_1'+P_1''$$

3. 边学边练

【例 2-5-2】 在如图 2-5-7 所示的电路中,已知 $R_1=2\Omega$,$R_2=4\Omega$,$U_s=6\mathrm{V}$,$I_s=6\mathrm{A}$。试用叠加定理求 R_2 两端的电压。

【解】 通过本例,加深理解叠加定理的应用。

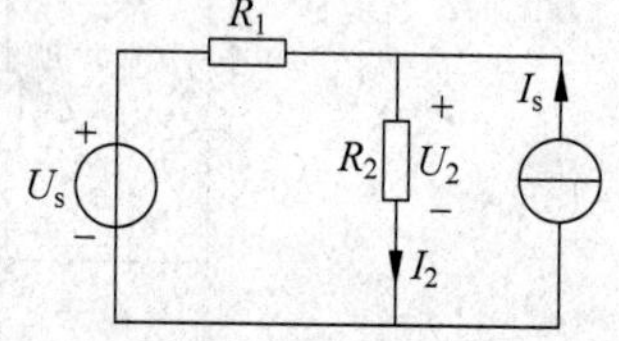

图 2-5-7 例 2-5-2 电路图

(1) 把电路按每次仅有一个电压源或仅有一个电流源单独作用的方式分别画出,并在图上标出待求量及参考方向。

① 保留电压源,去除电流源,电路如图 2-5-8 所示。

② 保留电流源,去除电压源,电路如图 2-5-9 所示。

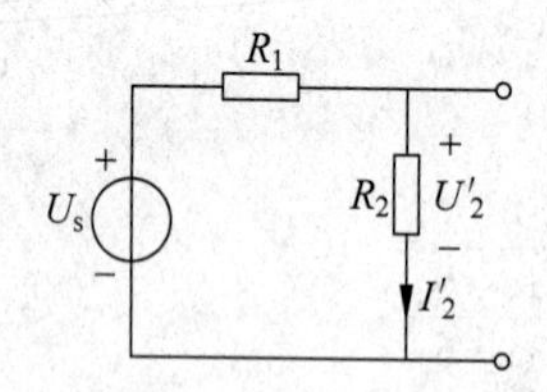

图 2-5-8 仅有一个电压源

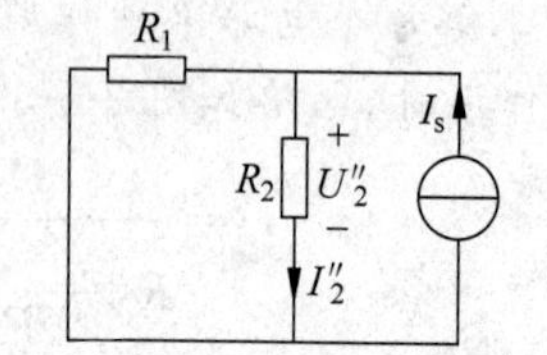

图 2-5-9 仅有一个电流源

(2) 分别求解电压源和电流源单独作用时的电压值。

① 电压源单独作用时,电路如图 2-5-8 所示。

$$I_2'=\frac{U_s}{R_1+R_2}=\frac{6}{2+4}=1(\mathrm{A})$$

求得

$$U_2'=I_2'R_2=1\times4=4(\text{V})$$

② 电流源单独作用时，电路如图 2-5-9 所示。

$$I_2''=\frac{R_1}{R_1+R_2}I_s=\frac{2}{2+4}\times6=2(\text{A})$$

求得

$$U_2''=I_2''R_2=2\times4=8(\text{V})$$

(3) 把电压源和电流源单独作用时求出的电压值进行叠加。

$$U_2=U_2'+U_2''=4+8=12(\text{V})$$

4. 方法总结与归纳

通过以上两例，总结与归纳叠加定理解题过程如下。

(1) 把原电路按每次仅有一个电源单独作用的方式分别画出，并在图上标出待求量及参考方向。当其中一个电源单独作用时，应将其他电源置零。电源置零的原则是：电压源短路，电流源开路，其他元件的连接方式保持不变。

(2) 分别求解每个电源单独作用时待求量的值。

(3) 把每个电源单独作用时求出的待求量的值进行叠加。叠加时，必须认清各个电源单独作用时，在各条支路上所产生的电流、电压的分量是否与各支路上原电流、电压的参考方向一致。一致时，各分量取"+"，反之取"−"。叠加值应为代数和。

说明：此处给出了叠加定理在直流电路中的应用。实际上，叠加定理同样适用于线性元件构成的交流电路。

5. 巩固提高

下面利用叠加定理分析图 2-5-1 所示电路中 R_2 和 R_4 两个电阻元件上的电压。

【例 2-5-3】 电路如图 2-5-1 所示，已知 $R_1=R_2=R_4=4\Omega, R_3=2\Omega, I_s=1\text{A}, U_s=10\text{V}$。求 R_2 和 R_4 两个电阻元件上的电压。

【解】 通过本例，巩固叠加定理的应用。

(1) 把电路按每次仅有一个电压源和仅有一个电流源单独作用的方式分别画出，并在图上标出待求量及参考方向。

① 保留 10V 电压源，去除电流源(把理想电流源 I_s 开路)，得到如图 2-5-10 所示的电路。

② 保留 1A 电流源，去除电压源(把理想电压源 U_s 短路)，得到如图 2-5-11 所示的电路。

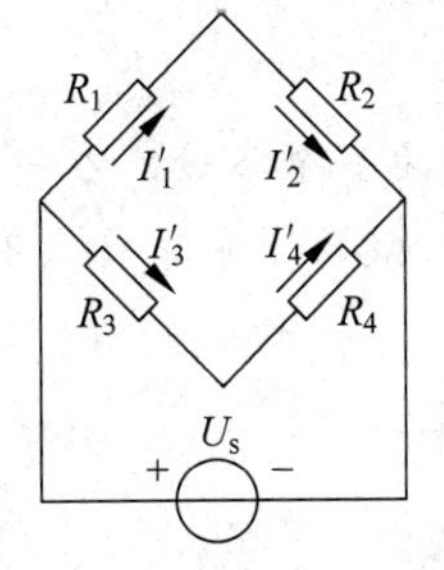

图 2-5-10　仅有一个电压源

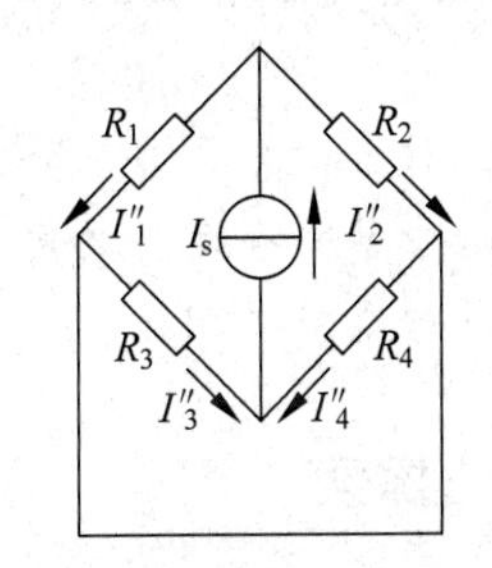

图 2-5-11　仅有一个电流源

(2) 分别求解电压源和电流源单独作用时的电压值。

① 10V 电压源单独作用时(见图 2-5-10),有

$$I'_2=\frac{10}{4+4}=\frac{5}{4}(\text{A}),\quad U'_2=I'_2R_2=\frac{5}{4}\times 4=5(\text{V})$$

$$I'_4=\frac{10}{2+4}=\frac{5}{3}(\text{A}),\quad U'_4=I'_4R_4=\frac{5}{3}\times 4=6.67(\text{V})$$

② 1A 电流源单独作用时(如图 2-5-11 所示),有

$$I''_2=1\times\frac{4}{4+4}=0.5(\text{A}),\quad U''_2=I''_2R_2=0.5\times 4=2(\text{V})$$

$$I''_4=1\times\frac{2}{2+4}=\frac{1}{3}(\text{A}),\quad U''_4=I''_4R_4=\frac{1}{3}\times 4=1.33(\text{V})$$

(3) 把电压源和电流源单独作用时求出的电压值进行叠加。

$$U_2=U'_2+U''_2=5+2=7(\text{V})$$

$$U_4=U'_4-U''_4=6.67-1.33=5.34(\text{V})$$

思考与练习

2-5-1 叠加定理的解题步骤是怎样的?叠加适用于哪种电路、哪些参数的计算?

2-5-2 判断以下说法是否正确。

(1) 叠加定理适用于任何电阻组成的电路中。

(2) 叠加定理适用于线性元件组成的电路中电压和电流的计算。

(3) 叠加定理只适用于线性电路中电压、电流的计算。

(4) 叠加定理可用于线性电路中电压、电流、功率等参数的计算。

2-5-3 应用叠加定理去源时,理想电压源和理想电流源应怎样分别处理?

2.6 戴维宁定理

【学习目标】

- 熟悉戴维宁定理的解题步骤,掌握戴维宁定理的解题方法。
- 可以使用戴维宁定理确定电路中某一支路的电量参数(电压、电流、功率等)。
- 可以通过测量或计算的方式,把未知的含源二端网络等效为一个实际的电压源。

【学习指导】

前面学习的几种电路分析方法,都是求解电路中的多个参数。在一个复杂电路中,如果仅需要知道电路中某一个元件的电压、电流或功率,戴维宁定理是最有效的分析计算方法。戴维宁定理学起来有点困难,但学会了十分好用。

2.6.1 方法探索

若电话机的声音异常,表明电话电路出现了故障。这时,作为维修人员,需要判断是蜂鸣器故障,还是电路的其他部分出现异常。在电路学习中,我们也会碰到求取一个复杂

电路中某一电路元件参数(电压、电流、功率)的问题,例如求取图 2-6-1 所示电路中通过电阻 R_5 的支路的电流 I,这时采用前面学习过的支路法、叠加定理法、结点电压法都会比较烦琐。

对此,法国电报工程师戴维宁 1883 年提出了以下解决思路:电阻 R_5 与电路其他部分由两根导线连接;对 R_5 而言,电路的其余部分是一个含有电源的二端网络,这个含源二端网络通过电源等效变换,等效为一个理想电压源与内阻的串联。只要电路的其余部分可以等效成为一个理想电压源与内阻串联的形式,图 2-6-1 所示电路就可变为如图 2-6-2 所示电路,再求解 R_5 支路的电路参数就会非常容易。

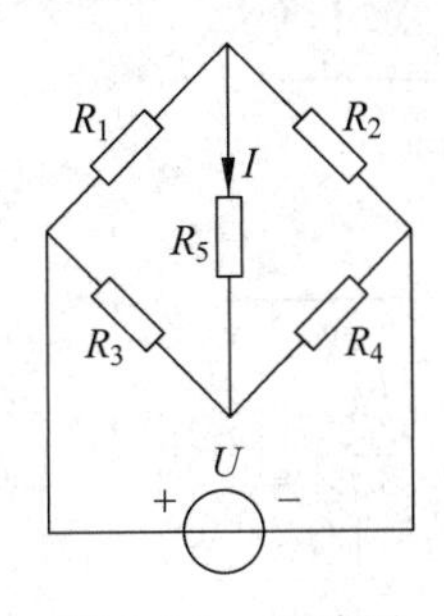

图 2-6-1　电路图

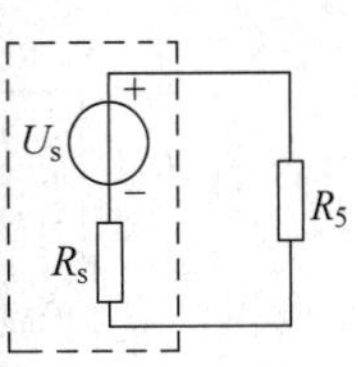

图 2-6-2　戴维宁与戴维宁等效电路

电工故事:戴维宁的思索

人生病就会去看医生。大多数情况下,病人只是身体某一部分不适。作为医生,应该使用相关设备检查确定病因,如图 2-6-3 所示,然后对症下药,而不应漫无目的地全面检查,过度医疗。

电气设备也一样,用久了就会出故障。大多数情况下,设备故障仅是某一部分出现问题,甚至是电路接触不良造成设备不能正常工作。作为维修人员,需要通过一系列的检查手段确定故障点,解决问题,如图 2-6-4 所示。

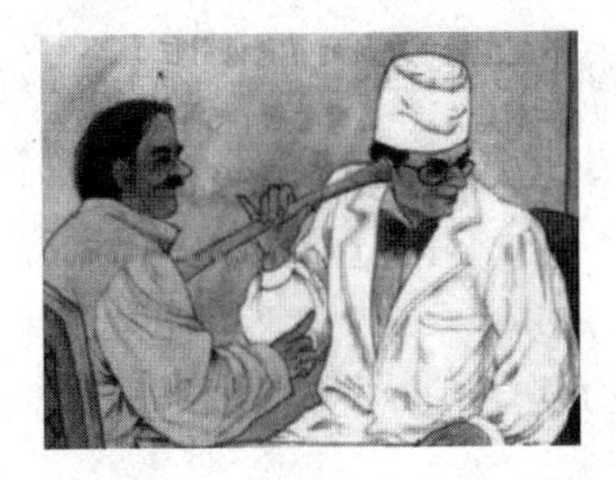

图 2-6-3　医生听诊判断病情

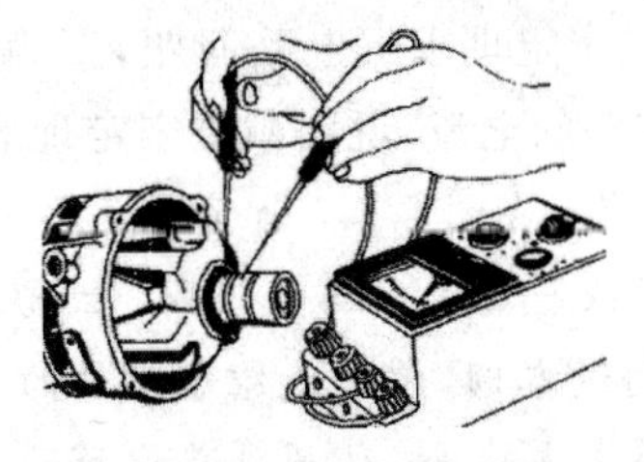

图 2-6-4　检查设备故障

在进行电路分析时,戴维宁定理与其他方法不同,不是关注电路的所有参数,而是仅关注电路中某一元件上的电压、电流、功率是否正常。当我们需要判断电路中某一部分的状态时,戴维宁定理就是解决问题的最好方法。

2.6.2 戴维宁定理及应用

1. 预备知识

(1)二端网络:对于一个任意复杂的电路,当与外电路连接处有且仅有两个接线端,称为二端网络。图 2-6-5 和图 2-6-6 所示是一些典型的二端网络。

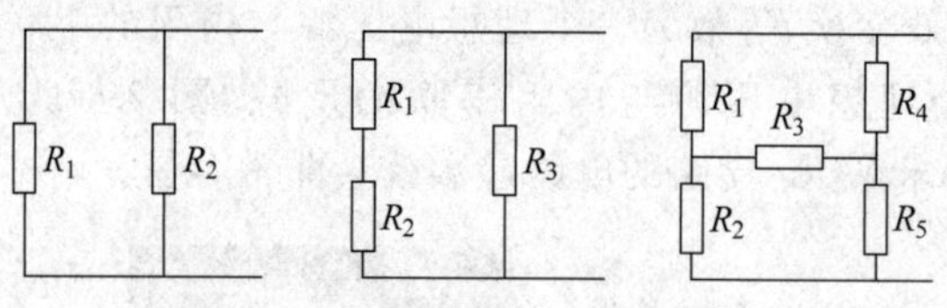

图 2-6-5 无源二端网络

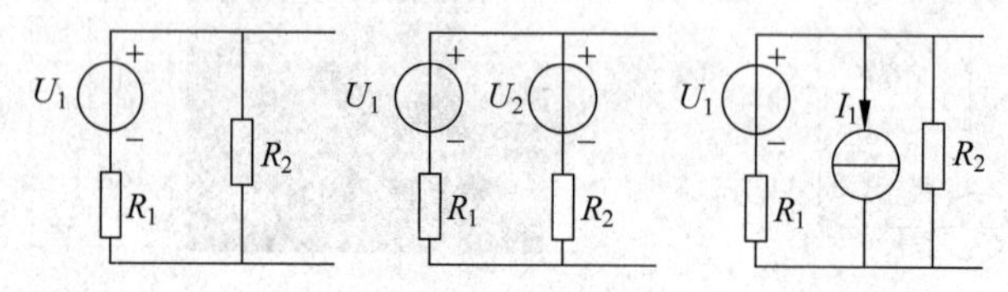

图 2-6-6 含源二端网络

(2)无源二端网络:指不含任何电源的二端网络。图 2-6-5 所示是一些无源二端网络。

(3)含源二端网络:指至少含有一个电源的二端网络。图 2-6-6 所示是一些含源二端网络。

2. 戴维宁定理

任何含有电源的二端线性电阻网络,都可以用一个理想电压源 U_s 与一个等效电阻 R_s 串联组成。其中,电压源的等效电压 U_s 等于原二端网络的开路电压,等效内阻 R_s 等于原二端网络电源移去后的等效电阻。

3. 戴维宁定理解题步骤

使用戴维宁定理求解电路问题,正确的步骤十分重要。下面通过求解图 2-6-7 所示电路中 R_3 支路的电流,说明戴维宁定理的解题步骤和解题方法。

【例 2-6-1】 在图 2-6-7 所示的电路中,已知 $R_1=R_2=3\Omega$,$R_3=6\Omega$,$U_{s1}=30\text{V}$,$U_{s2}=15\text{V}$。试用戴维宁定理求解电阻 R_3 上流过的电流。

【解】 通过本例,学习戴维宁定理的基本应用。

(1)把待求支路 R_3 从原电路中移开。

这时,原电路如图 2-6-8(a)所示,在电路的开端处标记 a 和 b。从 a、b 两端看进去,电路的其余部分就是一个含源二端网络。

根据戴维宁定理,这个含源二端网络可以等效为如图 2-6-8(b)所示的电路。

在图 2-6-8(b)中,a、b 两端的电压 U_{ab} 就是含源二端网络的开路电压 U_s,从 a、b 两端看进去的等效电阻 R_{ab} 就是去源二端网络的等效电阻 R_s。

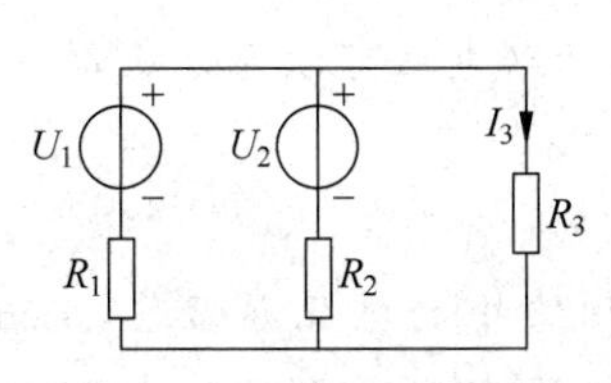

图 2-6-7　例 2-6-1 电路图

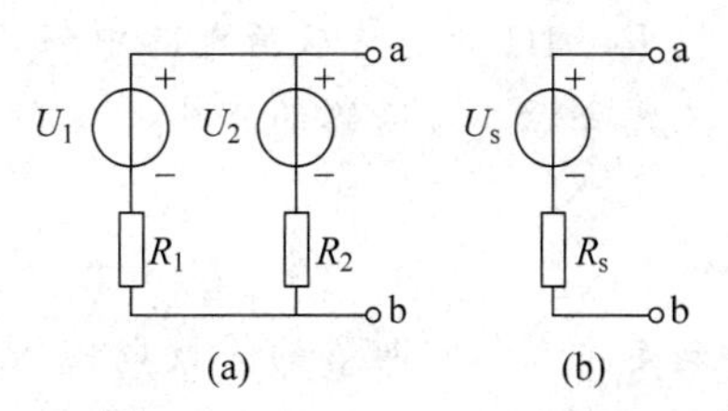

图 2-6-8　图 2-6-7 的等效电路图

(2) 确定含源二端网络的开路电压 U_s。

计算或测量含源二端网络的开路电压 U_s 是戴维宁定理使用中的一个难点。计算时，可以采用支路电流法、电源等效变换、叠加定理等方法。本例中，开路电压的计算结果是 $U_s=22.5\text{V}$。如果计算结果大于零，则电源电压的方向与参考方向一致。

(3) 确定去源二端网络的等效电阻 R_s。

计算或测量电源等效内阻 R_s 是戴维宁定理应用中的又一个难点，具体做法如下。

把图 2-6-8(a)所示电路中的电源去掉，再进行等效计算。去电源的方法是：电压源短路，电流源开路。去掉电源后，电路中只剩电阻，这个时候再进行电路的简化和等效就变成电阻串、并联的计算，十分简单。简化过程如图 2-6-9 所示。等效内阻的计算结果是 $R_s=1.5\Omega$。

(4) 把待求支路放回戴维宁等效电源电路中，求解所需参数。

电路如图 2-6-10 所示，这时发现，电路是如此简单。本例中，

$$U_s=22.5\text{V}$$

$$R_s=1.5\Omega,\quad R_3=6\Omega$$

$$I_3=\frac{22.5}{1.5+6}=3(\text{A})$$

从本例可以看出，应用戴维宁定理求解复杂电路中某一支路电流的方法并不难。关键是按照一定的步骤，仔细完成每一部分内容，最后的结果就水到渠成了。

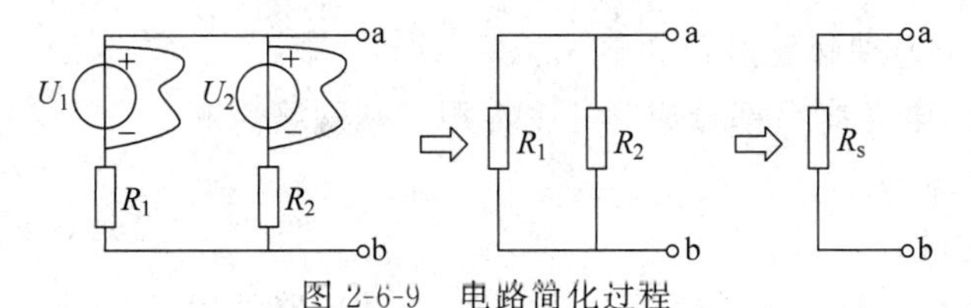

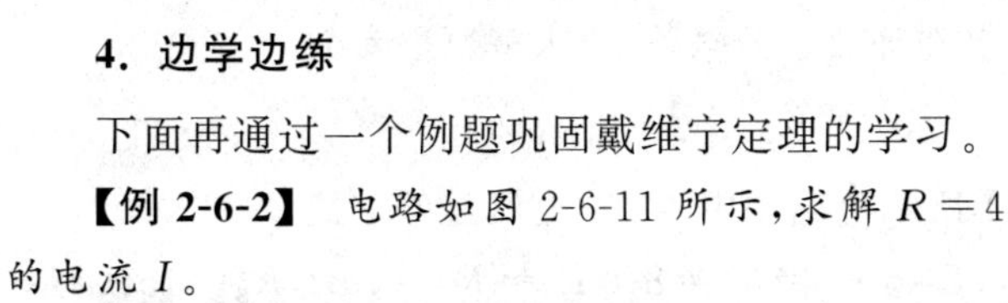

图 2-6-9　电路简化过程

图 2-6-10　戴维宁定理等效电路图

4. 边学边练

下面再通过一个例题巩固戴维宁定理的学习。

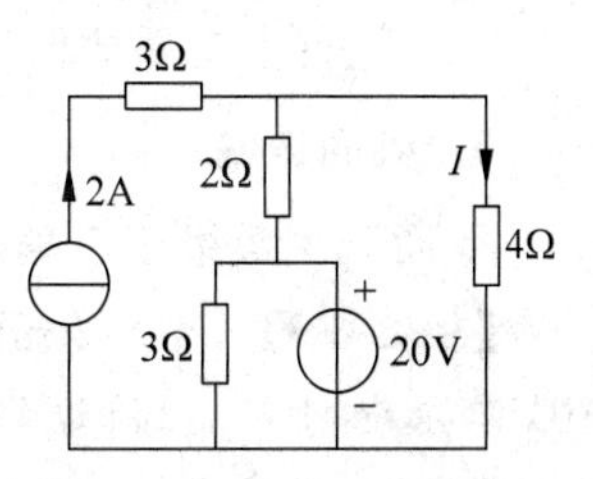

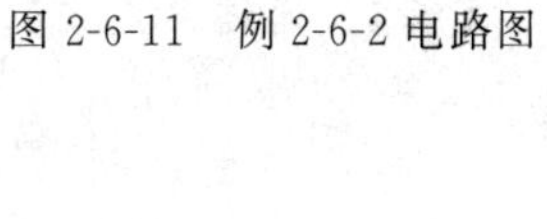

图 2-6-11　例 2-6-2 电路图

【例 2-6-2】 电路如图 2-6-11 所示，求解 $R=4\Omega$ 电阻中的电流 I。

【解】 通过本例，加深理解戴维宁定理的应用。

按照刚才的步骤，解题过程如下。

(1) 把 $R=4\Omega$ 的支路从原电路中移开,电路变为如图 2-6-12(a)所示。

(2) 确定含源二端网络的开路电压 U_s。a、b 端的开路电压可以通过基尔霍夫电压定律求得

$$U_s=2\times2+20=24(\mathrm{V})$$

(3) 确定去源二端网络的等效电阻 R_s。把二端网络中的电压源短路,电流源开路,电路变为如图 2-6-12(b)所示。对剩余电阻进行等效化简,计算结果 $R_s=2\Omega$。

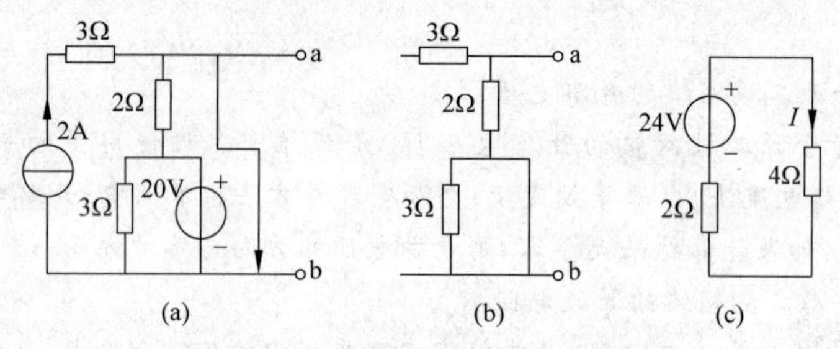

图 2-6-12　利用戴维宁定理等效化简电路

本例中,在求取等效内阻时有两个特殊现象需要注意。

① 电流源开路后,与电流源串联的 3Ω 电阻不再对电路产生影响。

② 电压源短路后,与电压源并联的 3Ω 电阻不再对电路产生影响。

(4) 把 4Ω 电阻放回等效后的电路中,求解电流。电路如图 2-6-12(c)所示,这时的电路非常简单。本例中,

$$U_s=24\mathrm{V}$$

$$R_s=2\Omega,\quad R=4\Omega$$

$$I=\frac{24}{2+4}=4(\mathrm{A})$$

只要理解了戴维宁定理的解题思路,掌握其解题步骤,应用起来就会非常方便。

5. 方法总结与归纳

通过以上两例,总结与归纳戴维宁定理解题过程如下。

(1) 把待求支路从原电路中移开,电路剩余部分成为一个含源二端网络。

(2) 确定含源二端网络的开路电压 U_s。

(3) 确定去源二端网络的等效电阻 R_s。

① 把电路中的电压源短路,如遇有与电压源并联的其他元件,一并短路处理。

② 把电路中的电流源开路,如遇有与电流源串联的其他元件,一并开路处理。

(4) 把待求支路放回采用戴维宁定理等效后的电路中,求解所需参数。

6. 巩固提高

下面利用戴维宁定理分析图 2-6-1 所示电路中电阻 R_5 上流过的电流。

【例 2-6-3】 电路如图 2-6-1 所示,已知 $R_1=R_2=8\Omega$,$R_4=R_5=10\Omega$,$R_3=15\Omega$,$U=10\mathrm{V}$。求电阻 R_5 上流过的电流。

【解】 通过本例,巩固戴维宁定理的应用。

(1) 把 $R_5=10\Omega$ 的支路从原电路中移开，电路变为如图 2-6-13(a)所示。

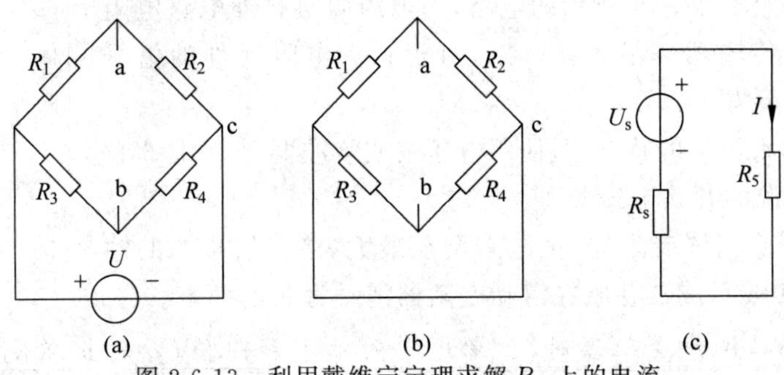

图 2-6-13　利用戴维宁定理求解 R_5 上的电流

(2) 确定含源二端网络的开路电压 U_{ab}。a、b 端的开路电压可以通过分压法和电位法求得。

设 c 点为零电位，则

$$\begin{aligned}
U_{R2} &= V_a - V_c \\
\Rightarrow V_a &= U\times\frac{R_2}{R_1+R_2}+V_c \\
&= 10\times\frac{8}{8+8}+0 \\
&= 5(\text{V}) \\
U_{R4} &= V_b - V_c \\
\Rightarrow V_b &= U\times\frac{R_4}{R_3+R_4}+V_c \\
&= 10\times\frac{10}{10+15}+0 \\
&= 4(\text{V}) \\
U_{ab} &= V_a - V_b = 5-4 = 1(\text{V})
\end{aligned}$$

(3) 确定去源二端网络的等效电阻 R_s。把二端网络中的电压源短路，电路变为如图 2-6-13(b)所示。在此电路中，R_1 与 R_2 并联，R_3 与 R_4 并联，其结果再串联。

$$R_s = R_1 /\!/ R_2 + R_3 /\!/ R_4 = \frac{8\times 8}{8+8}+\frac{15\times 10}{15+10} = 10(\Omega)$$

(4) 把 R_5 电阻放回等效后的电路中，求解电流。电路如图 2-6-11(c)所示，这时的电路非常简单。

$$\begin{aligned}
U_s &= 1\text{V} \\
R_s &= 10\Omega \\
I &= \frac{1}{10+10} = 0.05(\text{A})
\end{aligned}$$

7. 应用案例

在实际工作中，经常会碰到需要确定一个信号源的带负载能力，或者传输功率最大的问题。其实质是确定信号源的开路电压和等效内阻。根据高中物理的知识,对于如图 2-6-14 所示的电路,当电源内阻与外电路电阻相等时,电源的传输功率最大。所以,对于只有电阻元件的信号源,可以采用以下方法。

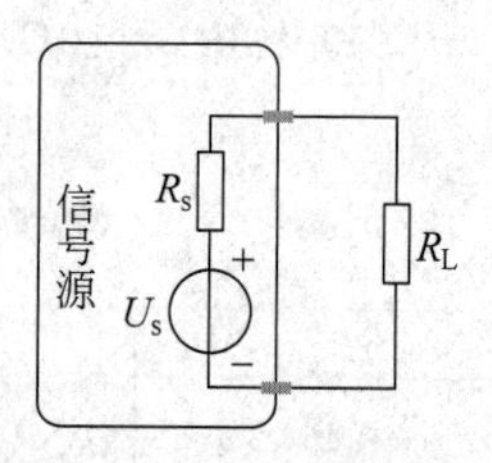

图 2-6-14 实际电路

(1) 在信号源开路的状态下,使用电压表或示波器,如图 2-6-15 所示,测量信号源的开路电压 U_s。

(2) 使用一个滑线变阻器,把电阻调至最大,接在信号源的输出端。把电压表或示波器并联在滑动变阻器滑动触头的两端。

注意:在选择滑线变阻器时,要考虑它的功率和阻值,以防止在使用过程中发热损坏。

(3) 调节滑线变阻器的阻值,使其逐渐减小,如图 2-6-16 所示,观测电压表的电压。当实测电压为 $0.5U_s$ 时,滑线变阻器所对应的阻值就是信号源的内阻。

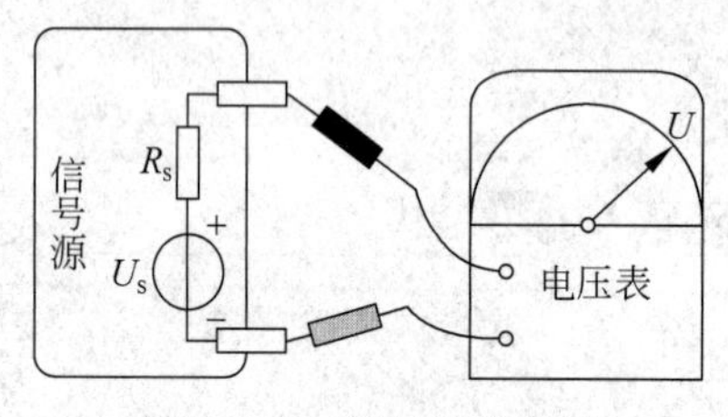

图 2-6-15 测量开路电压

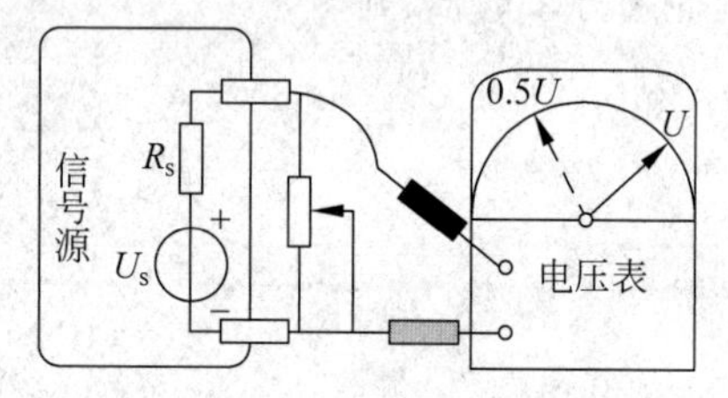

图 2-6-16 测量信号源内阻

说明:尽管戴维宁定理是在直流电源和电阻的条件下提出的,实际上,只要是线性元件构成的交流电路,戴维宁定理同样适用。

思考与练习

2-6-1 戴维宁定理最适用于求解何种电路的参数?

2-6-2 判断以下说法是否正确。

(1) 任何一个线性有源二端网络,都可以用一个实际电压源来代替。

(2) 戴维宁等效电路的电源电压在数值上等于线性有源二端网络的开路电压。

(3) 求解戴维宁等效电路的内阻时,需要把原电路中的电流源和电压源都开路。

(4) 求解戴维宁等效电路的内阻时,需要把原电路中的电流源和电压源都短路。

(5) 求解戴维宁等效电路的内阻时,需要把原电路中的电流源短路、电压源开路。

(6) 求解戴维宁等效电路的内阻时,需要把原电路中的电压源短路、电流源开路。

2-6-3 戴维宁定理的解题步骤是怎样的?

细雨润心田:尊重科学,有效学习

组成一个电路的元件无外乎电压源、电流源、电阻、电容和电感,每个元件各有其特定的功能和作用。

在电路课程的学习中，电源等效变换、支路电流法、叠加定理和戴维宁定理等都可以解决电路中的实际问题，但又各有所长，各有适用场合。

电源等效变换：适合电源较少，电路结构简单，仅需求解某一支路参数。

支路电流法：适合任何电流参数的求解，但当电路复杂时求解烦琐。

叠加定理：适合电源较少，求解电路参数较少的电路。

戴维宁定理：适合电路复杂，仅需求解某一支路参数的电路。

实际上，各行各业都有其发展规律，各种技术都有其运作方法。

在知识学习中，只有尊重科学、学会方法，才能有效学习，为未来的职业生涯奠定良好的基础；在实际工作中，只有掌握方法，才能在面对各种问题时选择合适的方案高效地解决问题，做到一通百达，适应未来的岗位迁移与个人的可持续发展。

本章小结

1. 电阻的联结与等效

（1）电阻的串联和并联

项目	串　联	并　联
电路图	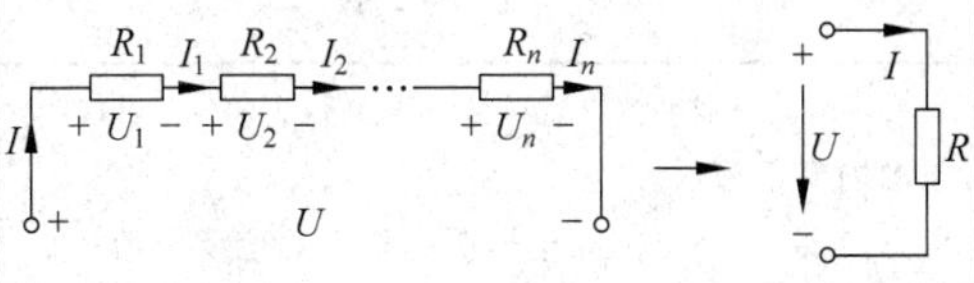	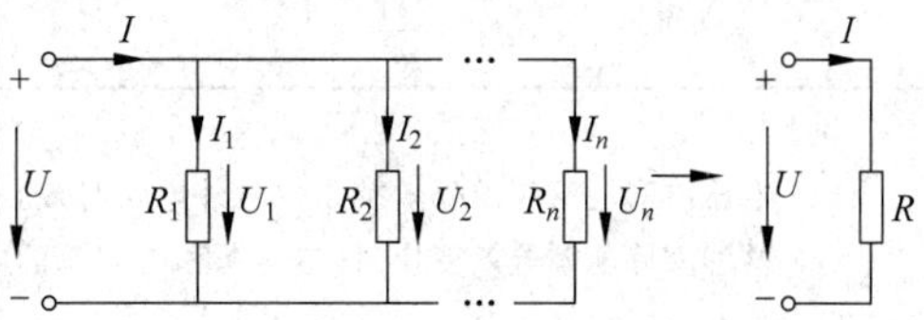
电阻	$R=R_1+R_2+\cdots+R_n$	$\frac{1}{R}=\frac{1}{R_1}+\frac{1}{R_2}+\cdots+\frac{1}{R_n}$
电流	$I=I_1=I_2=\cdots=I_n$	$I=I_1+I_2+\cdots+I_n$
电压	$U=U_1+U_2+\cdots+U_n$	$U=U_1=U_2=\cdots=U_n$
功率	$P=P_1+P_2+\cdots+P_n$	$P=P_1+P_2+\cdots+P_n$

（2）电阻星形联结与三角形联结的等效变换

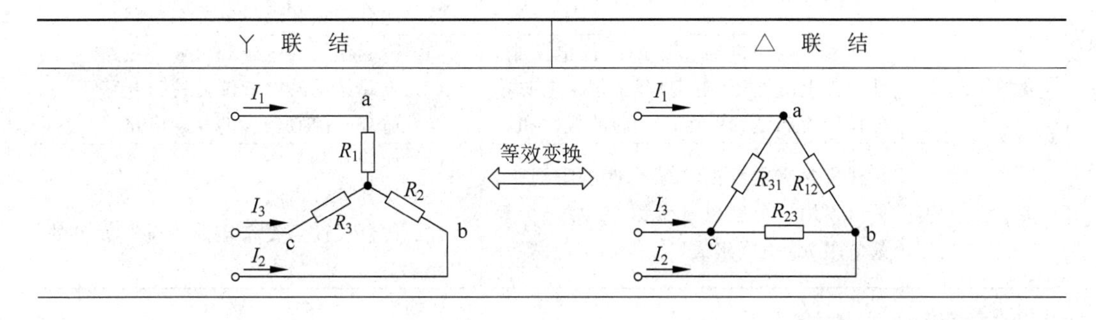

续表

Y 联 结		△ 联 结	
Y→△	$R_{12}=\dfrac{R_1R_2+R_2R_3+R_3R_1}{R_3}$ $R_{23}=\dfrac{R_1R_2+R_2R_3+R_3R_1}{R_1}$ $R_{31}=\dfrac{R_1R_2+R_2R_3+R_3R_1}{R_2}$	△→Y	$R_1=\dfrac{R_{12}R_{31}}{R_{12}+R_{23}+R_{31}}$ $R_2=\dfrac{R_{23}R_{12}}{R_{12}+R_{23}+R_{31}}$ $R_3=\dfrac{R_{31}R_{23}}{R_{12}+R_{23}+R_{31}}$
	$R_{\triangle}=\dfrac{\text{Y联结中两两电阻的乘积之和}}{\text{Y联结中对面的电阻}}$		$R_{Y}=\dfrac{\text{△联结中相邻两个电阻的乘积}}{\text{△联结中电阻之和}}$

2. 电源的等效变换

电压源等效为电流源	电流源等效为电压源
+ U_s − R_s a b ⇨ I_s R_s a b	I_s R_s a b ⇨ + U_s − R_s a b
$I_s=\dfrac{U_s}{R_s}$	$U_s=I_sR_s$

说明：

(1) 电压源和电流源的等效关系仅对外电路有效，对电源内部不等效。

(2) 两种实际电源等效变换时，电压源和电流源的参考方向要一一对应，即电压源的正极对应于电流源的电流输出端。

3. 各种电路的分析方法

分析方法	核心思想	解题要点
支路电流法	以支路电流为未知量，根据基尔霍夫定律列写电路方程的一种电路求解方法	(1) 列写独立的结点电流方程 (2) 列写独立的回路电压方程 注：适合支路数较少的复杂电路
结点电位法	以结点电位为未知量，用结点电位表示各支路电流，应用 KCL 列出独立结点电流方程的一种电路求解方法	(1) 列出结点电压方程 (2) 用结点电位表示各支路电流 (3) 列写独立结点的 KCL 方程 注：适合结点数较少的复杂电路
叠加定理	在多个电源同时作用的线性电路中，某元件上的电压(电流)等于每个电源单独作用所产生的电压(电流)的代数和	(1) 不起作用的电压源可视为短路 (2) 不起作用的电流源可视为开路 注：适合电源数较少的复杂电路
戴维宁定理	任何含有电源的二端线性电阻网络，都可以用一个理想电压源 U_s 与一个等效电阻 R_s 串联组成	(1) 计算开路电压 (2) 计算等效内阻 注：适合仅计算复杂电路中某一元件的电路参数

习题 2

2-1　在习题 2-1 图所示电路中，电流 I 为 1mA。求电压源 U_s 的值，并计算 1.5kΩ 电阻上消耗的功率。

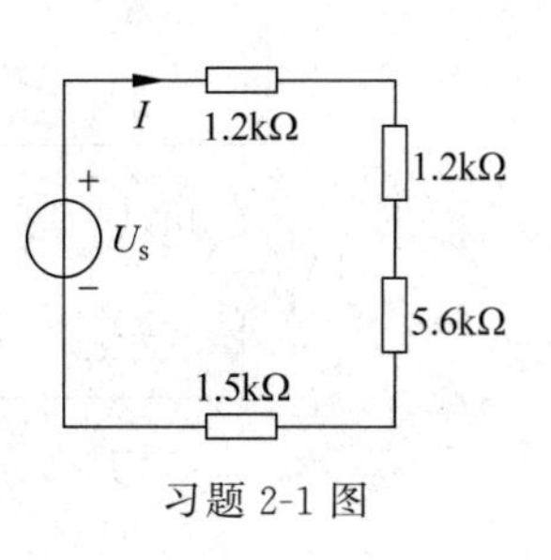

习题 2-1 图

2-2　在习题 2-2 图所示电路中，电源电压为 24V，电阻 $R_1=210\Omega$，相对于公共参考点的 3 个电位分别是 $V_1=12$V、$V_2=5$V、$V_3=-12$V。试确定 R_2 和 R_3 的阻值。

2-3　在习题 2-3 图所示电路中，用 MF-47 型指针万用表测量电压，已知该万用表直流电压挡的内阻为 20kΩ/V。若用直流 10V 挡测量电阻 R_2 两端的电压，读数是多少？电阻 R_2 两端的理论电压为多少？测量电压的误差百分数是多少？误差＝(测量值－理论值)/理论值×100%。

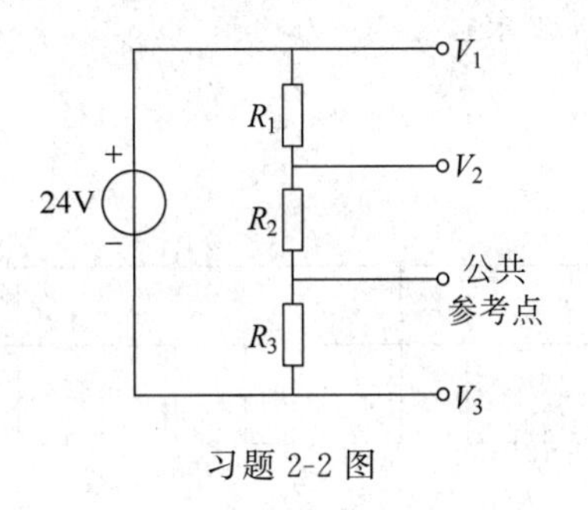

习题 2-2 图

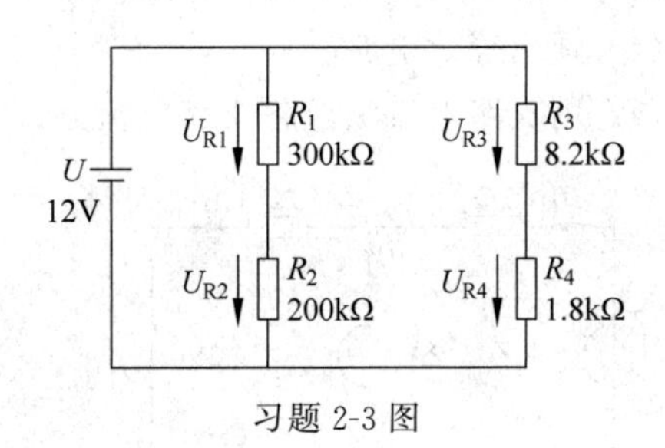

习题 2-3 图

2-4　将习题 2-4 图(a)所示的电路等效变换为习题 2-4 图(b)，已知 $R_1=4\Omega$，$R_2=8\Omega$，$R_3=12\Omega$，$R_4=2\Omega$。试求 R_a、R_b 和 R_c。

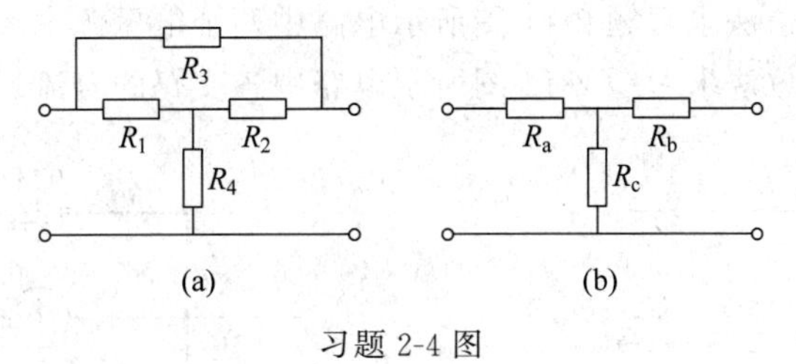

习题 2-4 图

2-5　将习题 2-5 图所示电路化简为等值电流源电路。

2-6　在习题 2-6 图所示电路中，已知 $I_{s1}=3$A，$R_1=R_2=5\Omega$，$U_{s2}=10$V。求电流 I。

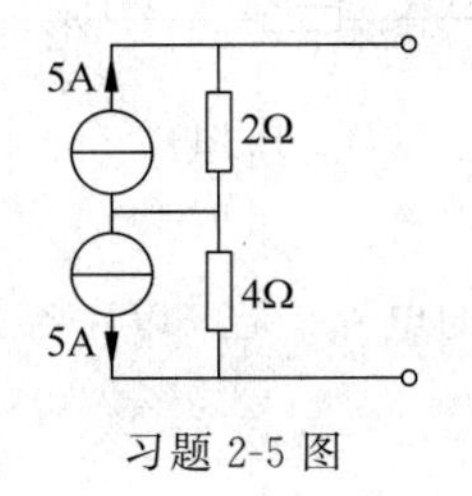

习题 2-5 图

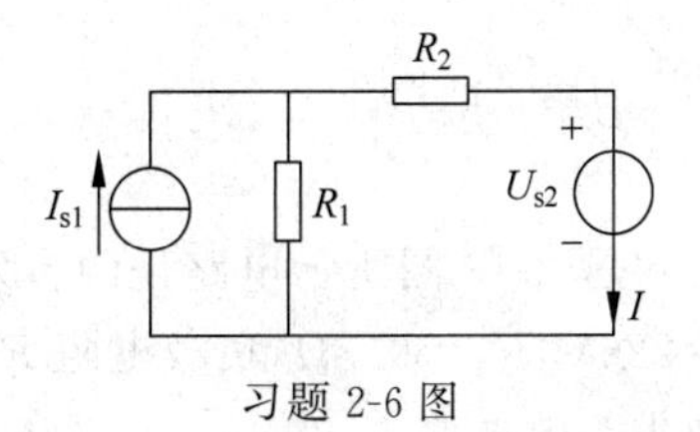

习题 2-6 图

2-7　将习题 2-7 图所示电路化简为一个实际电流源模型。

2-8　用支路电流法求习题 2-8 图所示电路中各支路的电流。

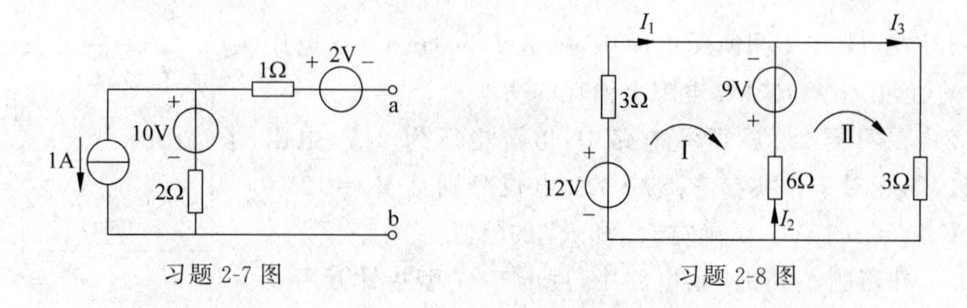

习题 2-7 图　　习题 2-8 图

2-9　用支路电流法求习题 2-9 图所示电路中各支路的电流。

2-10　习题 2-10 图所示电路是两台发电机并联运行的电路。已知 $U_1=230\text{V}$，$R_1=0.5\Omega$，$U_2=226\text{V}$，$R_2=0.3\Omega$，负载电阻 $R_L=5.5\Omega$。要求：

(1) 画出等效电路。

(2) 用支路电流法求各支路电流。

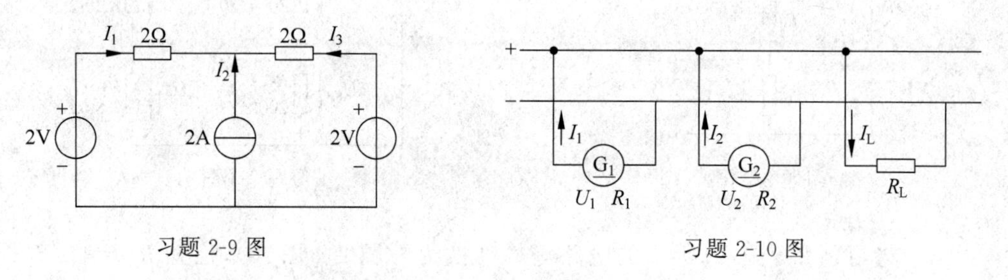

习题 2-9 图　　习题 2-10 图

2-11　用结点电位法求习题 2-11 图所示电路中两个电压源中的电流 I_1 和 I_2。

2-12　用结点电位法求习题 2-12 图所示电路中各支路的电流。

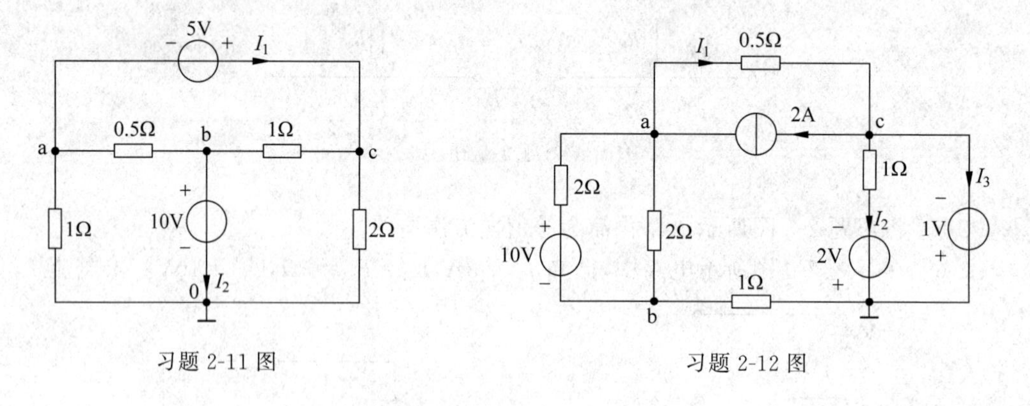

习题 2-11 图　　习题 2-12 图

2-13　习题 2-13 图所示电路是两台发电机并联运行的电路。已知 $U_1=230\text{V}$，$R_1=0.5\Omega$，$U_2=226\text{V}$，$R_2=0.3\Omega$，负载电阻 $R_L=5.5\Omega$。要求：

(1) 画出等效电路。

(2) 用结点电位法求各支路电流。

2-14　用叠加定理求习题 2-14 图所示电路中的电流 I_1、I_2，电流源两端的电压 U，以及 6Ω 电阻消耗的功率 P。

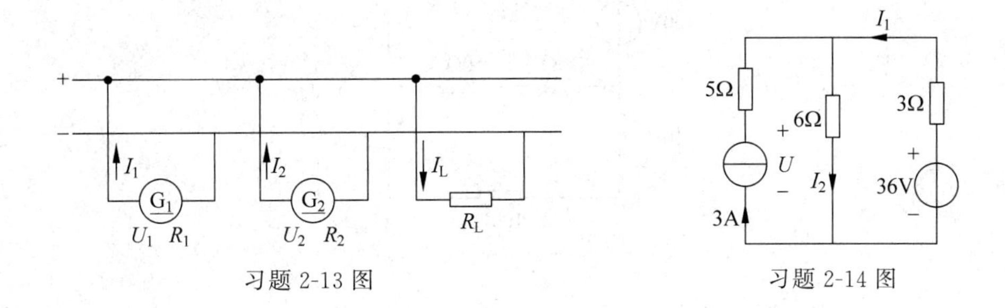

习题 2-13 图　　习题 2-14 图

2-15　请用叠加原理求解习题 2-15 图所示电路中 4Ω 电阻中的电流 I。

2-16　电路如习题 2-16 图(a)所示，$U=12\text{V}$，$R_1=R_2=R_3=R_4$，$U_{ab}=10\text{V}$。若将理想电压源除去（如习题 2-16 图(b)所示），试问这时 U_{ab} 等于多少？

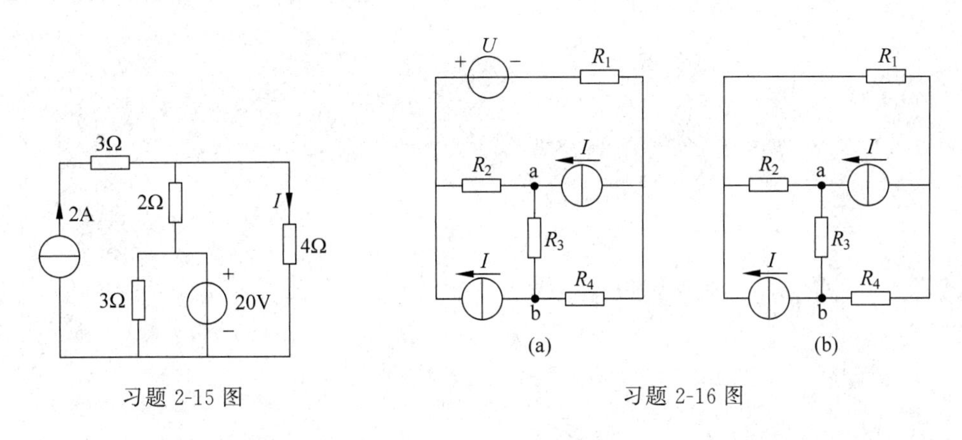

习题 2-15 图　　习题 2-16 图

2-17　应用戴维宁定理将习题 2-17 图所示的电路分别等效为等效电压源。

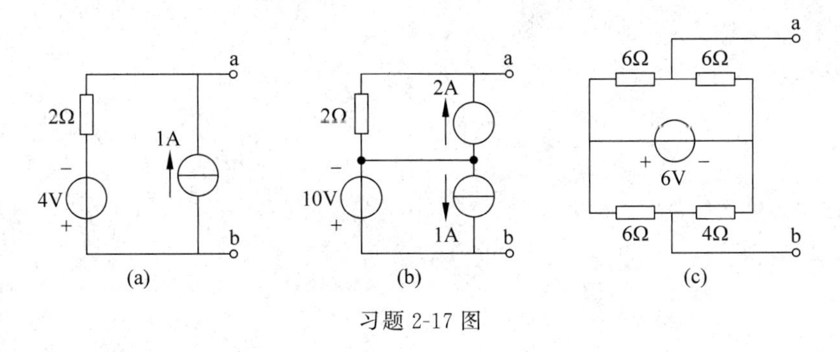

习题 2-17 图

2-18　有一个汽车电池，当与汽车收音机连接时，提供给收音机 12.5V 电压；当与一组前灯连接时，提供给前灯 11.7V 电压。假定收音机的模拟电阻值为 6.25Ω，前灯的模拟电阻值为 0.65Ω,求电池的戴维宁等效电路。

2-19 应用戴维宁定理求习题 2-19 图所示电路中的电流 I。

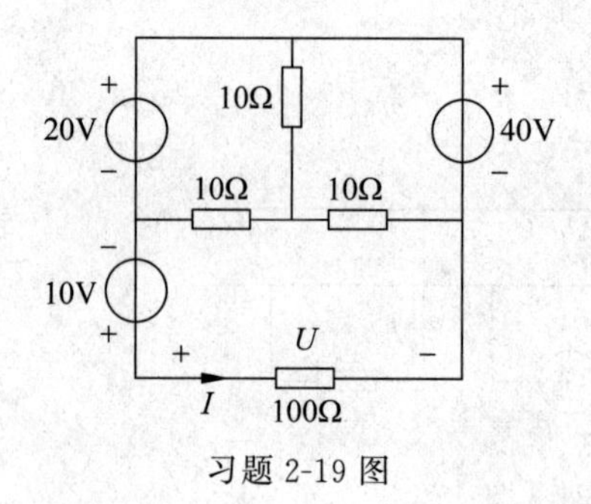

习题 2-19 图

自测题答案

Chapter 3 第 3 章

单相正弦交流电路

在实际工作和生活中，我们遇到的电气设备绝大多数使用的是正弦交流电，如各类家用电器和工业场合的机床、水泵等。本章主要讨论正弦交流电的产生和表示方法、交流电路中电路元件的电压—电流关系、阻抗的联结、电路的功率和功率因数等。

预备知识

3.1 正弦交流电的表示方法

【学习目标】

- 熟悉正弦交流电的三要素：幅值、角频率、初相位。
- 熟悉正弦交流电的波形图，能在波形图上定性标出正弦交流电的三要素。
- 掌握正弦交流电的相量表示法，能用相量法进行正弦交流电的基本运算。

【学习指导】

交流电比直流电复杂，其用途也远比直流电广泛。从事与电气相关的工作，应该具备交流电的基本知识。正弦交流电的基本特征是其幅值、角频率和初相位。

交流电有多种表示方法，每种表示方法有其特殊的用途。三角函数表示法在高中阶段已经熟悉，它能直观地体现正弦量的三要素。相量表示法是本节的主要内容，相量的表现形式分为复数、相量图和极坐标表示法。复数形式适合正弦量的和差运算；相量图形式便于观察多个正弦量的相对关系、进行正弦量的和差估算；极坐标形式适合正弦量的积商运算。

为了学好并应用交流电，我们从学习正弦量的相量表示法开始。

3.1.1 正弦交流电的三要素

正弦交流电三要素

按正弦规律变化的电压或电流称为正弦交流电，典型的正弦交流电表示为

$$\left.\begin{aligned} i &= I_{\mathrm{m}}\sin(\omega t+\varphi_{\mathrm{i}})(\mathrm{A}) \\ u &= U_{\mathrm{m}}\sin(\omega t+\varphi_{\mathrm{u}})(\mathrm{V}) \end{aligned}\right\} \tag{3-1-1}$$

式(3-1-1)中,前者表示正弦交流电流的瞬时值,后者表示正弦交流电压的瞬时值。

从以上两个表达式可以看到,正弦量的特征表现在变化幅度的大小、快慢及初始值三个方面,如图 3-1-1 所示,这些特征量是正弦交流电的三要素,即幅值、角频率和初相位。下面将分别讨论三要素的物理意义和表示方法。

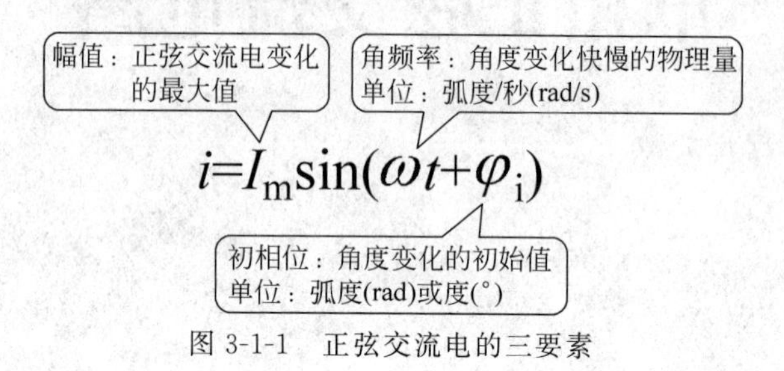

图 3-1-1 正弦交流电的三要素

1. 幅值(有效值)

幅值是正弦交流电变化的最大值,也是瞬时值中的最大值,常用带下标 m 的大写字母来表示,如 I_{m}、U_{m}、E_{m} 等。

正弦交流电用瞬时值和幅值表示在计算的时候都不是很方便。为了计算方便,通常用有效值来表示。

有效值和幅值之间是按照在一个周期内产生的热量相等来等效的。在图 3-1-2 中,如果正弦交流电流 i 通过电阻 R 在一个周期内产生的热量,与相同时间内直流电流 I 通过电阻 R 产生的热量相等,那么这个周期性变化的电流 i 的有效值在数值上就等于直流 I。

在一个周期的时间内,交流电流产生的热量与直流电流产生的热量相对应的表达式为

$$\int_0^T Ri^2\mathrm{d}t = RI^2T$$

即

$$I=\sqrt{\frac{1}{T}\int_0^T i^2\mathrm{d}t}$$

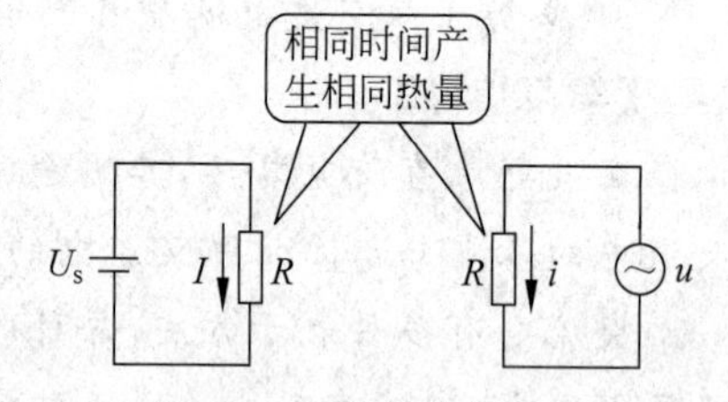

图 3-1-2 有效值的含义

上式适用于任何周期性的变化量,但不能用于非周期量。对于正弦量,其计算结果为

$$\begin{aligned} I &= \sqrt{\frac{1}{T}\int_0^T [I_{\mathrm{m}}\sin(\omega t+\varphi)]^2\mathrm{d}t} = \sqrt{\frac{1}{T}\int_0^T \frac{1}{2}I_{\mathrm{m}}^2[1-\cos 2(\omega t+\varphi)]\mathrm{d}t} \\ &= \frac{\sqrt{2}}{2}I_{\mathrm{m}} \end{aligned} \tag{3-1-2}$$

同理,正弦交流电压的幅值与有效值之间的关系也是如此。表 3-1-1 列出了电流、电压的幅值和有效值之间的关系。

表 3-1-1　正弦交流电量的瞬时值、幅值、有效值之间的关系

瞬时值	幅值	有效值
$i=I_m\sin(\omega t+\varphi_i)$	I_m	$I=\frac{\sqrt{2}}{2}I_m=0.707I_m$
$u=U_m\sin(\omega t+\varphi_u)$	U_m	$U=\frac{\sqrt{2}}{2}U_m=0.707U_m$

注：交流电的大小通常都是指有效值，如家用空调电压 220V、工厂的电动机电压 380V、电流 5A 等指的都是有效值。

交流电压表和电流表的读数一般也是有效值，但是一些电器元件的耐压值指的是该元件能够承受的最大值。这一点在实际工作中要特别注意，使用不当会造成元件损坏。

【例 3-1-1】 有一个耐压值为 250V 的电容器，能否在交流电压为 220V 的电路中正常使用？

【解】 交流电压的有效值是 220V，其最大值为

$$U_m=1.414\times 220=311(\text{V})$$

这个电压超过了电容器 250V 的耐压值，所以该电容用于 220V 的交流电路中会由于过电压而损坏。

2. 角频率(周期、频率)

角频率、周期和频率都是表征正弦量变化快慢的量，它们之间的关系如表 3-1-2 所示。

表 3-1-2　正弦交流电量的角频率、周期、频率之间的关系

角频率(ω)	周期(T)	频率(f)
定义：角频率 ω 是指正弦量每秒钟变化的角度 单位：弧度/秒(rad/s)	定义：周期 T 是指正弦量每变化一周所需的时间 单位：秒(s)	定义：频率 f 是指正弦量每秒钟变化的次数 单位：赫兹(Hz)
频率与周期之间的关系为 $T=1/f$ 正弦交流电每秒变化 f 次，每变化一周是 2π 弧度，所以每秒旋转的角度为 $\omega=2\pi f$ 角频率、周期、频率三者之间的关系为 $\omega=2\pi f=\frac{2\pi}{T}$		

我国工业用电的频率是 50Hz，即每秒变化 50 次，它的周期是 0.02s，每秒变化的角速度是

$$\omega=2\pi f=2\times 3.14\times 50=314(\text{rad/s})$$

3. 初相位

在图 3-1-3 中有两个相量，同时开始沿圆点逆时针方向以相同的角速度 ω 旋转，一个大小为 U_m，起始角度为 φ_u，在纵坐标上的投影为

$$u=U_m\sin(\omega t+\varphi_u)$$

另一个大小为 I_m，起始角度为 φ_i，在纵坐标上的投影为

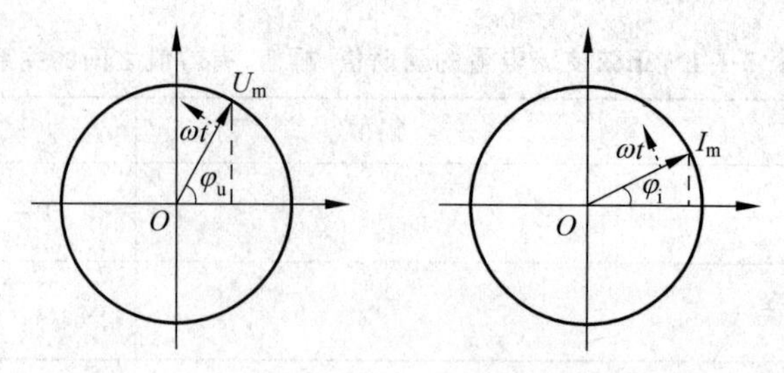

图 3-1-3 初相位示意图

$$i=I_m\sin(\omega t+\varphi_i)$$

仔细观察会发现,这两个正弦量的旋转起点不同,它们与横坐标的夹角就不同,这个夹角就是正弦量的初相位。此外,只要这两个正弦量的旋转速度和转向相同,它们之间的角度差就会一直保持不变。为计算和测量方便,初相位的取值范围规定为$[-\pi,\pi]$。两个正弦交流电之间的角度差称为相位差,表 3-1-3 列出了相位差之间的关系。

表 3-1-3 正弦交流电量的相位关系

初相位	相位差	相位关系
φ_u φ_i	$\varphi=\varphi_u-\varphi_i$	$\varphi>0$,φ_u超前φ_i $\varphi<0$,φ_u滞后φ_i $\varphi=0$,φ_u与φ_i同相位 $\varphi=\pi$,φ_u与φ_i反相位

上面较为详细地介绍了正弦交流电的三要素,可以说,只要能够体现其三要素,就可以表示正弦交流电。正是基于这一点,出现了正弦交流电的各种表示方法,每种表示方法都是为了观察或计算的方便而设,每种表示方法都有其特定的优势。

电工故事:驴拉磨与交流电

驴拉磨大家都知道。为了防止驴拉磨转圈产生头晕,在拉磨之前给驴蒙上眼睛,如图 3-1-4 所示。

我们以磨盘中心为基点、X 轴向东、Y 轴向北建立坐标系。设拉杆的长度为 L_m,拉杆的起始位置和 X 轴的夹角为 φ,如图 3-1-5 所示,此时,拉杆的顶点在 Y 轴的投影为

$$l=L_m\sin\varphi$$

图 3-1-4 驴拉磨

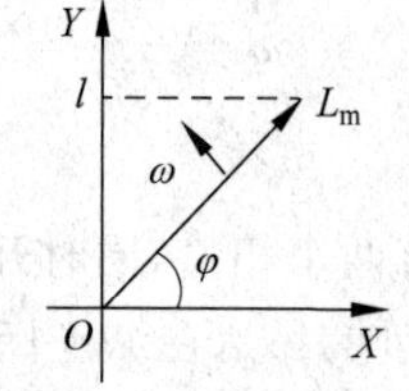

图 3-1-5 L_m 在 X 轴的投影

如果拉杆以 ω 为角速度作逆时针旋转，则任意时刻拉杆与 X 轴的动态夹角为 $(\omega t+\varphi)$，任意时刻拉杆的顶点在 Y 轴上的动态投影为

$$l=L_{\mathrm{m}}\sin(\omega t+\varphi)$$

交流发电机的工作原理和驴拉磨有类似之处。如果以电压 U_{m} 代替拉杆的长度，以 φ 作为电机运行的起始角（初相位），以 ω 作为电机旋转的角速度，就可得到交流电压的瞬时值表达式如下：

$$u=U_{\mathrm{m}}\sin(\omega t+\varphi)$$

上式中，正弦量的幅值 U_{m}、角速度 ω、初相位 φ 是描述正弦量必不可少的三要素。

3.1.2　正弦交流电的表示方法

1. 波形图表示法

图 3-1-6 所示是正弦交流电流 $i=I_{\mathrm{m}}\sin(\omega t+\varphi)$ 的波形图，体现正弦量特征的是幅值、周期和初相位三个要素。图 3-1-7 所示是两个正弦交流电流的波形图。图中的两个正弦量周期（频率）相同，幅值和初相位不同。i_1 与 i_2 的相位差为 $\varphi=\varphi_1-(-\varphi_2)=\varphi_1+\varphi_2$。

正弦交流电的表示方法

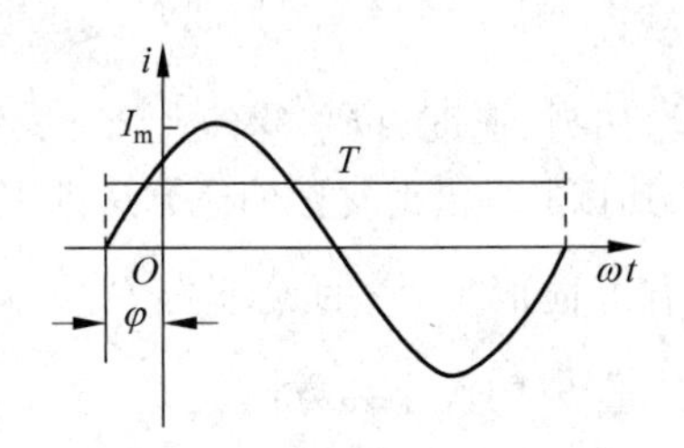

图 3-1-6　正弦量的三要素

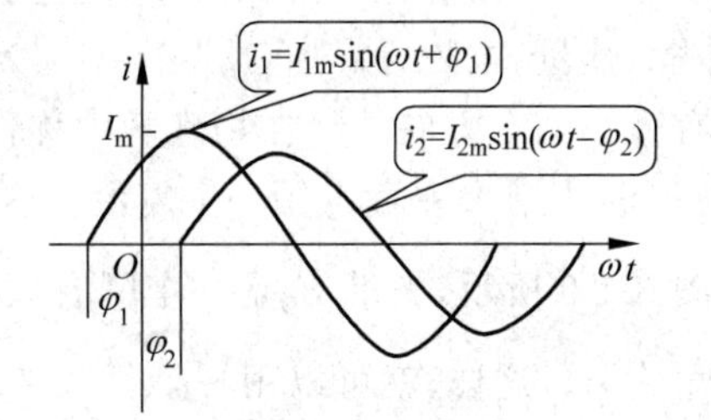

图 3-1-7　两个正弦量的运算

正弦交流电的三角函数表示法和波形图表示法的共同特点是可以很方便地体现出正弦量的三要素，同时非常方便地看到正弦量在一个周期的变化过程。

【例 3-1-2】　有两个正弦交流电流，$i_1=I_{1\mathrm{m}}\sin(\omega t+\varphi_1)$，$i_2=I_{2\mathrm{m}}\sin(\omega t-\varphi_2)$。试求两个电流之和 i 为多少？

【解】　本例尝试用三角函数和波形图叠加的方式求解两个电流之和。

方法 1：三角函数表示。

要计算交流电流 i 的值，实际上需要确定的是 i 的三要素，即幅值、角速度和初相位。根据和差化积的三角函数计算方法，确定 i 的三要素分别如下。

（1）幅值：$I_{\mathrm{m}}=\sqrt{(I_{1\mathrm{m}}\cos\varphi_1+I_{2\mathrm{m}}\cos\varphi_2)^2+(I_{1\mathrm{m}}\sin\varphi_1-I_{2\mathrm{m}}\sin\varphi_2)^2}$。

（2）角速度：同频率（周期/角速度）的两个正弦量作和差运算时，其频率不变，仍为 ω。

（3）初相位：$\varphi=\tan^{-1}\left(\dfrac{I_{1\mathrm{m}}\sin\varphi_1-I_{2\mathrm{m}}\sin\varphi_2}{I_{1\mathrm{m}}\cos\varphi_1+I_{2\mathrm{m}}\cos\varphi_2}\right)$。

把以上三要素代入可得

$$i=I_{\mathrm{m}}\sin(\omega t+\varphi)$$

方法 2：波形图表示。

采用波形图表示的两个正弦量求和时，需要把同一时刻对应的两个点逐一求和，其结果如图 3-1-8 所示，结论与方法 1 相同。

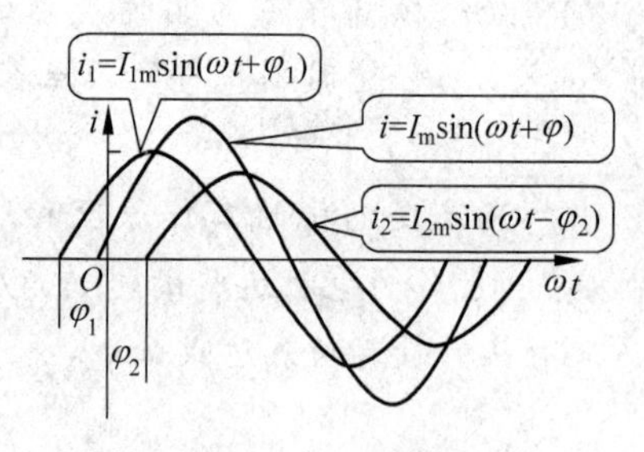

图 3-1-8　两个正弦量的运算

从例 3-1-2 可以看出，在进行两个正弦交流电量的运算时，这两种表示方法都显得比较烦琐。如果不借助其他工具，有时甚至无法完成计算。为方便运算，需要寻求其他更为简便的表示方法。

上面的计算结果显示，两个正弦交流电量进行和差运算时，频率(周期/角速度)不发生变化。为了计算和比较方便，在表示几个同频率正弦交流电量时，往往只表达出它的大小和方向，即幅值和初相位。

下面介绍的正弦交流电的复数、相量和极坐标表示法就是抽取了幅值和初相位来表示一个正弦交流电量，这些表示方法为后续的计算带来极大的方便。

2. 相量(复数)表示法

在物理学中，只有大小、没有方向的量称作标量，如质量、密度、温度、功、能量、路程、速率、体积、热量、电阻等。

既有大小又有方向的量在物理学中称作矢量，如力、速度、位移等。

把一个矢量在复平面上用一个复数表达出来，其目的是借助复数的运算法则进行计算。

如图 3-1-9 所示，矢量 $\dot{F}$ 是一个既有大小又有方向的量，它的大小为 F，方向与正实轴的夹角为 φ。这样，就可以用一个复数来表示矢量 $\dot{F}$ 的大小和方向。

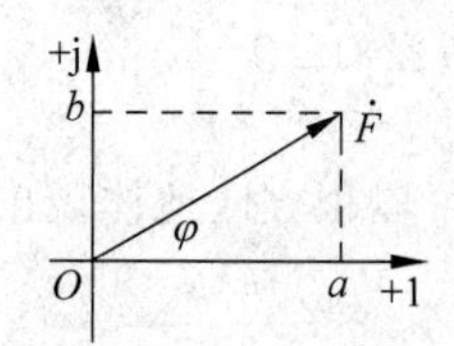

图 3-1-9　力的矢量表示

用复数表示矢量的方法有两种，即

(1) 在复平面上以一个有向线段来表示，如图 3-1-9 所示。

(2) 用复数的代数式来表示，如

$$\dot{F}=a+\mathrm{j}b=F\cos\varphi+\mathrm{j}F\sin\varphi$$

在高中数学中，已经接触过复数、复平面以及复数的运算。复数的和差运算非常方便。使用复数来表示矢量后，可以借助复数的运算法则进行两个矢量的计算。

【例 3-1-3】 有两个矢量，$\dot{F}_1=a_1+\mathrm{j}b_1$，$\dot{F}_2=a_2+\mathrm{j}b_2$。试求这两个矢量的和与差。

【解】 通过本例，复习矢量加减计算的基本方法。

$$\dot{F}=\dot{F}_1\pm\dot{F}_2=(a_1\pm a_2)+\mathrm{j}(b_1\pm b_2)$$

$$F=\sqrt{(a_1\pm a_2)^2+(b_1\pm b_2)^2}$$

$$\varphi=\tan^{-1}\left(\frac{b_1\pm b_2}{a_1\pm a_2}\right)$$

正弦交流电路中的电压电流是既有大小、又有方向的物理量。在电路中，专门用相量表示这类物理量。

正弦交流电流是一个相量，也可以用复数来表示。它的大小就是其幅值，它的方向就是初相位。例如，$i=I_m\sin(\omega t+\varphi)$的复数形式如图 3-1-10 中的有向线段 $\dot{I}_m$所示。

在实际运算中，由于电流和电压以有效值表示比较方便，所以在一般的资料中，$i=I_m\sin(\omega t+\varphi)$的相量形式常用其有效值的相量 $\dot{I}=a+\mathrm{j}b=I(\cos\varphi+\mathrm{j}\sin\varphi)$来表示。这样表示之后，我们再来看看如何进行两个正弦交流电量的和差运算。

【例 3-1-4】 已知 $i_1=I_{1m}\sin(\omega t+\varphi_1)$(A)，$i_2=I_{2m}\sin(\omega t+\varphi_2)$(A)，试求两个电流之和。

【解】 本例通过两个正弦量的定性运算，给出具有普适性的计算公式。

(1) 把两个正弦交流电量用复数的形式表示，如图 3-1-11 所示。

i_1 的复数形式为

$$\dot{I}_1=I_1(\cos\varphi_1+\mathrm{j}\sin\varphi_1)(\mathrm{A})$$

i_2 的复数形式为

$$\dot{I}_2=I_2(\cos\varphi_2+\mathrm{j}\sin\varphi_2)(\mathrm{A})$$

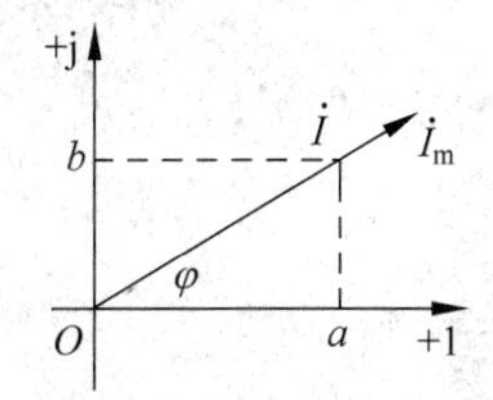

图 3-1-10　电流矢量表示

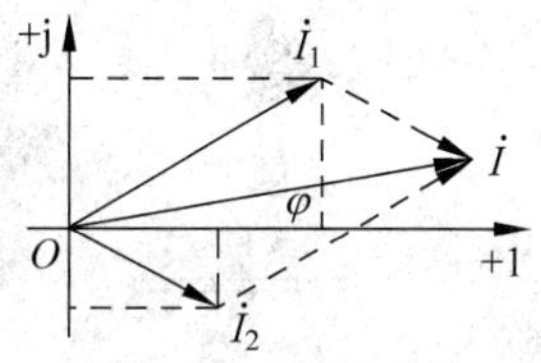

图 3-1-11　用复数表示的两个正弦交流电量

(2) 求两个复数之和。

$$\begin{aligned}\dot{I}&=\dot{I}_1+\dot{I}_2\\&=(I_1\cos\varphi_1+\mathrm{j}I_1\sin\varphi_1)+(I_2\cos\varphi_2+\mathrm{j}I_2\sin\varphi_2)\\&=(I_1\cos\varphi_1+I_2\cos\varphi_2)+\mathrm{j}(I_1\sin\varphi_1+I_2\sin\varphi_2)\end{aligned}$$

电流之和的幅值为

$$I=\sqrt{(I_1\cos\varphi_1+I_2\cos\varphi_2)^2+(I_1\sin\varphi_1+I_2\sin\varphi_2)^2}(\mathrm{A})$$

电流之和的初相位为

$$\varphi=\tan^{-1}\left(\frac{I_1\sin\varphi_1+I_2\sin\varphi_2}{I_1\cos\varphi_1+I_2\cos\varphi_2}\right)$$

(3) 计算出幅值与初相位后，还原为三角函数表示的正弦交流电量

$$i=I_m\sin(\omega t+\varphi)(\mathrm{A})$$

这个例题说明，相量(复数)的运算符合平行四边形法则。尤其是当有多个正弦交流电量进行和差运算时，其优点尤其突出。

对于 n 个频率相同的正弦交流电流的求和运算，其电流之和的有效值为

$$I=\sqrt{(I_1\cos\varphi_1+I_2\cos\varphi_2+\cdots+I_n\cos\varphi_n)^2+(I_1\sin\varphi_1+I_2\sin\varphi_2+\cdots+I_n\sin\varphi_n)^2}(\mathrm{A})$$

电流之和的初相位为

$$\varphi=\tan^{-1}\left(\frac{I_1\sin\varphi_1+I_2\sin\varphi_2+\cdots+I_n\sin\varphi_n}{I_1\cos\varphi_1+I_2\cos\varphi_2+\cdots+I_n\cos\varphi_n}\right)$$

电流之和的瞬时值为

$$i=\sqrt{2}I\sin(\omega t+\varphi)\text{(A)}$$

有兴趣的读者可尝试列出 n 个同频正弦交流电流的求差运算的计算公式。

提示：为了运算方便，正弦交流电量可以借助复数的形式来表示，但需要强调的是，正弦交流电量不是复数。

电工故事：换个思路解决问题

一个人从A地到B地要路过一条河。于是我们看到的景象是：此人从A地走到河边，渡船，下船后继续走到B地。

在这个过程中，此人的本质并没有发生变化，但是看起来形式变了。第一种方式是人在地上行走，第二种方式是人在水中划船走，第三种方式又是人在地上行走(图3-1-12)。

图3-1-12　不同的交通方式

当一种交通方式不能完成一个行程时，就需要借助别的方式。

同样，在正弦交流电量的分析中，也需要借助便捷的工具进行计算。

正弦交流电压(电流)的原始表达式为 $u=U_{\text{m}}\sin\omega t$，但这种表达式在进行正弦交流电量的四则运算时非常麻烦，麻烦到普通人很难掌握、几乎无法使用的程度。

相量法是借助复数的计算方法，可以较方便地进行正弦电量的四则运算。相量法的应用过程和上边的行路过程类似，如图3-1-13所示。

把正弦电量用相量的形式表达 ⇨ 采用相量计算的方法进行求和运算 ⇨ 把计算结果还原为正弦电量的表达式

图3-1-13　相量法的应用过程

下面以 $u_1=80\sqrt{2}\sin\omega t\text{(V)}$，$u_2=60\sqrt{2}\sin(\omega t+90^\circ)\text{(V)}$ 为例，通过计算 $u=u_1+u_2$ 说明相量法的使用过程。

(1) 把正弦电压用相量的形式表达(单位：V)

$$\dot{U}_1=80\angle 0^\circ,\quad \dot{U}_2=60\angle 90^\circ$$

(2) 采用复数计算的方法进行求和运算(单位：V)

$$\dot{U}=\dot{U}_1+\dot{U}_2=(80+\text{j}0)+(0+60\text{j})=80+60\text{j}$$
$$=100\angle 36.9^\circ$$

(3) 把计算结果还原为正弦电压的表达式

$$u=100\sqrt{2}\sin(\omega t+36.9^\circ)\text{(V)}$$

尽管计算过程还是有点复杂，但是至少能够计算了。

3. 极坐标表示法

正弦交流电量是相量，相量可以采用复数形式来表示，而一个复数又可以用极坐标的形式来表示。一个正弦交流电流 $i=\sqrt{2}I\sin(\omega t+\varphi)$，如采用极坐标表示，写为

$$\dot{I}=I\angle\varphi$$

式中：I 是交流电流的有效值；φ 是其初相位。极坐标表示法非常适合两个复数的积商运算。

两个复数求积运算的方法为：幅值相乘，幅角相加。

两个复数求商运算的方法为：幅值相除，幅角相减。

【例 3-1-5】 有一个电流 $i=10\sqrt{2}\sin(314t+30)$(A)，通过 $Z=(4+\mathrm{j}4)\Omega$ 的复阻抗。试求该阻抗元件两端的电压为多少？

【解】 通过本例，学习两个复数相乘的计算方法。

根据欧姆定律，一个元件两端的电压为电流与阻抗的乘积。按照以下步骤进行计算。

(1) 把正弦交流电流 $i=10\sqrt{2}\sin(314t+30°)$(A)用极坐标式表示为

$$\dot{I}=10\angle 30°$$

(2) 把复阻抗 $Z=(4+\mathrm{j}4)\Omega$ 用极坐标式表示为

$$Z=4\sqrt{2}\angle 45°$$

(3) 求阻抗两端的电压。

$$\begin{aligned}\dot{U}&=\dot{I}\cdot Z\\&=10\angle 30°\times 4\sqrt{2}\angle 45°=40\sqrt{2}\angle(30°+45°)\\&=40\sqrt{2}\angle 75°\end{aligned}$$

(4) 把电压的极坐标式还原为瞬时值表达式。上式中，电压的幅值为$\sqrt{2}\times 40\sqrt{2}=80$(V)，初相位为 75°，角速度与电流一致，为 314rad/s，则电压瞬时值的表达式为

$$u=80\sin(314t+75°)(\mathrm{V})$$

从上例可以看出，相量的极坐标式表示法在进行积商运算时非常方便。

4. 相量图表示法

相量除了可以用复数、极坐标的形式表示外，还可以用相量图的形式表示。相量图实际上是复数表示法的简化。

在复平面中，去掉复坐标，设置一个初相位为 0 的参考相量（见图 3-1-14(b)中虚线所示）。在相量图表示法中，需要按比例画出相量的大小和相对于参考相量的初相位。

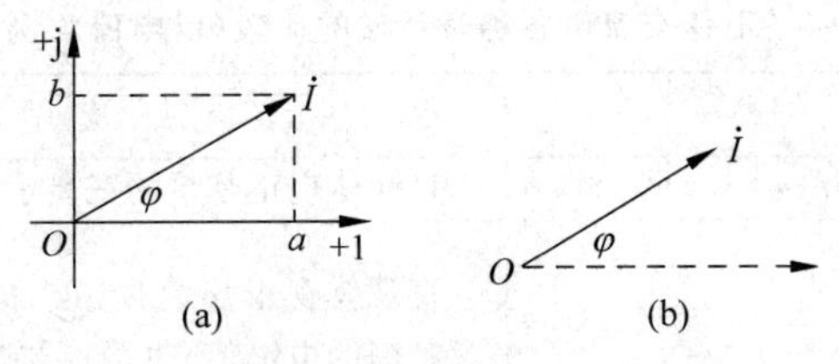

图 3-1-14　复数与相量图

相量图表示法主要用于观察多个相量的相对关系，进行相量的和差估算。

【例 3-1-6】 某电风扇电路的工作电压 $u=311\sin(\omega t)$(V)，工作线圈电流 $i_1=0.57\sin(\omega t+30°)$(A)，启动线圈电流 $i_2=0.42\sin(\omega t-60°)$(A)。试用相量图标出各量之间的相对关系。

【解】 通过本例，学习用相量图表达正弦交流电量。

(1) 把三个正弦交流电量用极坐标式表示为

$$\dot{U}=220\angle 0°\text{V},\quad \dot{I}_1=0.4\angle 30°\text{A},\quad \dot{I}_2=0.3\angle(-60°)\text{A}$$

(2) 在相量图上按长度比例和角度大小画出三个正弦交流电量，同一种物理量需要按统一比例画出，如图 3-1-15 所示。

【例 3-1-7】 两个电流分别为 $i_1=0.57\sin(\omega t+30°)$(A)，$i_2=0.42\sin(\omega t-60°)$(A)。试用相量图画出 i_1-i_2。

【解】 通过本例，熟悉用相量图进行两个相量的和差运算。

(1) 把两个正弦交流电量分别用极坐标式表示为

$$\dot{I}_1=0.4\angle 30°\text{A},\quad \dot{I}_2=0.3\angle(-60°)\text{A}$$

(2) 在相量图上按比例画出两个电流相量。$\dot{I}_1-\dot{I}_2$ 也可表示为 $\dot{I}_1+(-\dot{I}_2)$，即把 $\dot{I}_2$ 反向画出，如图 3-1-16 所示。

(3) 按平行四边形法则画出两个电流相量之和。

从上面两例可以看出，通过相量图能非常方便地观察两个相量之间的相对关系，并可定性地进行两个相量的和差估算。

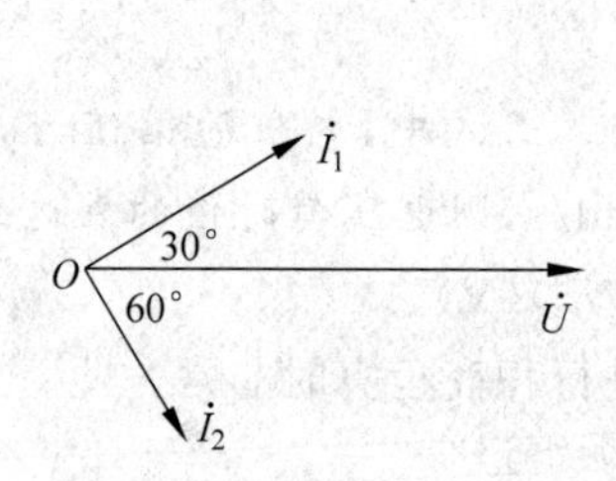

图 3-1-15 电压电流相量图

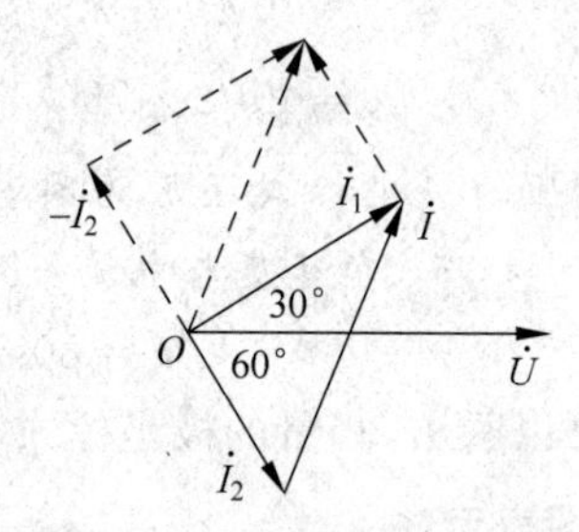

图 3-1-16 相量的和差运算

3.1.3 正弦交流电各种表示法的比较

正弦交流电各种表示法的比较如表 3-1-4 所示。

表 3-1-4 正弦交流电各种表示法的比较(以电流为例说明)

表示方法	形　式	应 用 场 合
三角函数	$i=I_m\sin(\omega t+\varphi)$	直观体现正弦量的三要素，可求取任意时刻的电流值
波形图		直观体现正弦量的三要素。通过示波器可以观察任意时刻的电流值，也可以初步估算正弦量的幅值、频率和初相位

续表

表示方法	形　式	应 用 场 合
复数		$\dot{I}=a+\mathrm{j}b=I\cos\varphi+\mathrm{j}I\sin\varphi$ 适合正弦量的和差运算
相量图		观察多个正弦量的相对关系，进行正弦量的和差估算
极坐标	$\dot{I}=I\angle\varphi$	适合进行正弦量的积商运算

说明：

(1) 同样一个正弦交流电量可以有多种表示方法，每种方法各有所长。

(2) 复数、相量和极坐标表示方法可以互相转化，可根据运算的需要进行选择。

思考与练习

3-1-1　什么是正弦量的三要素？正弦量的幅值和有效值之间是什么关系？

3-1-2　什么是正弦量的角速度、频率和周期？三者之间是什么关系？

3-1-3　什么是正弦量的相位、初相位、相位差？

3-1-4　两个同频率正弦量之间相位的超前、滞后、同相、反相表示什么含义？

3-1-5　说明下列表达式的含义：

(1) $i=3\mathrm{A}$　(2) $I=3\mathrm{A}$　(3) $I_{\mathrm{m}}=3\mathrm{A}$　(4) $\dot{I}=3\mathrm{A}$

3.2　单一参数电路的分析与计算

【学习目标】

- 掌握纯电阻、纯电感、纯电容电路中电压与电流的大小和相位关系。
- 掌握纯电阻、纯电感、纯电容电路中元件功率的性质和计算方法。

【学习指导】

实际中的电路多数由复合元件组成，如电风扇中的电机是由电阻和电感元件组成，到处可见的输电线路由分布式电阻、电感和电容元件组成。

复合元件电路的分析和计算建立在单一参数元件的基础之上，只要理解了各种单一参数元件的电压—电流—功率关系，复合元件的分析和计算就会迎刃而解。

3.2.1　纯电阻电路

纯电阻电路

纯电阻电路是指组成电路的元件只含有电阻元件，可以是一个，也可以由多个电阻元件组合而成。纯电阻电路通过等效变换，总可以用一个等效电阻替代。焊接用的电烙铁、烘干用的电阻炉、洗澡用的电热水器等都可看作是电阻性负载。

1. 电压与电流的关系

电阻元件的电压—电流关系可以用瞬时值、波形图、相量的形式表示。在图 3-2-1 中,电压和电流标注为关联方向。

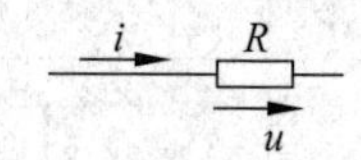

图 3-2-1 电压与电流的方向

(1) 瞬时值表示

设通过电阻 R 的电流为 $i=\sqrt{2}I\sin\omega t$,则其两端的电压为

$$u=Ri=\sqrt{2}RI\sin\omega t=\sqrt{2}U\sin\omega t \tag{3-2-1}$$

(2) 波形图表示

以波形图表示的电压—电流关系如图 3-2-2(a)所示。

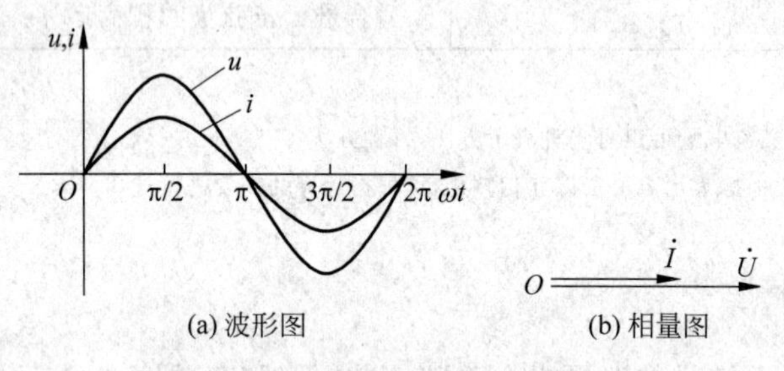

图 3-2-2 电阻元件上的电流与电压

(3) 相量表示

以相量表示的电压—电流关系如图 3-2-2(b)所示。在图中,

$$\left.\begin{aligned}\dot{I}&=I\angle 0^\circ\\ \dot{U}&=RI\angle 0^\circ=U\angle 0^\circ\end{aligned}\right\} \tag{3-2-2}$$

从式(3-2-1)和式(3-2-2)可以看出:

① 在纯电阻电路中,电压和电流的关系是同频率、同相位。

② 电阻元件上电压和电流的关系仍遵循欧姆定律,即

$$\left.\begin{aligned}U&=RI\\ \dot{U}&=R\dot{I}\end{aligned}\right\} \tag{3-2-3}$$

2. 电阻元件上的功率

交流电路的功率有瞬时功率和平均功率两种表示方法。通常,电路元件在交流电路中的功率是指平均功率。

(1) 瞬时功率

纯电阻元件的瞬时功率是电阻上瞬时电流和瞬时电压的乘积,它表示电阻元件的功率随时间变化的规律。

$$p=ui=\sqrt{2}I\sin\omega t\cdot\sqrt{2}U\sin\omega t=2UI\sin^2\omega t=UI-UI\cos(2\omega t) \tag{3-2-4}$$

电阻元件上功率的波形如图 3-2-3 所示。从图中可以得出以下结论。

① 瞬时功率的变化频率是电压、电流变化频率的 2 倍。

② 由于电压、电流同相位,瞬时功率的值总是大于零。

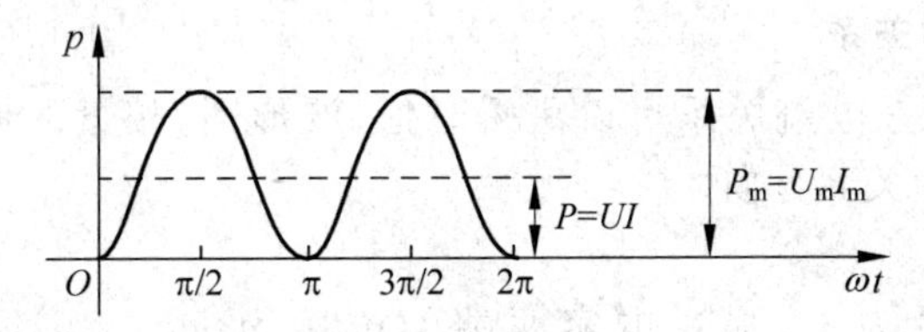

图 3-2-3 电阻元件的功率

(2) 平均功率

纯电阻元件的平均功率是电阻元件瞬时功率在一个周期内的平均值，即

$$P=\frac{1}{2\pi}\int_0^{2\pi}p\,\mathrm{d}t=\frac{1}{2\pi}\int_0^{2\pi}[UI-UI\cos(2\omega t)]\mathrm{d}t$$

$$=UI=I^2R=\frac{U^2}{R} \tag{3-2-5}$$

从式(3-2-5)可以看出，在交流电路中，纯电阻元件的平均功率是电压、电流有效值的乘积，与直流电路中功率的计算方法相同。电阻元件上吸收的功率最终通过做功变为热量。在交流电路中，实际做功的功率定义为有功功率，与直流电路一样，仍用 P 表示，单位为 W。

(3) 消耗电能

一个纯电阻元件在电路中一直处于消耗电能的状态。消耗的电能除了与电压、电流相关外，还与运行时间有关，即

$$W=Pt=I^2Rt=\frac{U^2}{R}t \tag{3-2-6}$$

【例 3-2-1】 将一个阻值为 48.4Ω 的电阻丝接到电压为 $u=220\sqrt{2}\sin\omega t$ 的交流电路中。试求其工作电流、有功功率各为多少？它运行 1h 消耗的电能为多少？

【解】 通过本例，学习纯电阻电路电压—电流—功率之间的关系。

在纯电阻电路中，电阻丝的工作电流可用式(3-2-1)来计算，具体为

$$i=\frac{u}{R}=\frac{220\sqrt{2}\sin\omega t}{48.4}=4.545\sqrt{2}\sin\omega t\,(\mathrm{A})$$

电流的有效值为 $I=4.545\mathrm{A}$。有功功率可用式(3-2-5)来计算，具体为

$$P=UI=220\times4.545=1000(\mathrm{W})$$

运行 1h 消耗的电能可用式(3-2-6)来计算，具体为

$$W=Pt=1000\mathrm{W}\cdot1\mathrm{h}=1\mathrm{kW}\cdot\mathrm{h}$$

即消耗了 1 度电。

3.2.2 纯电容电路

纯电容电路

纯电容电路是指组成电路的元件只含有电容，如果电路由多个电容元件组成，可以通过等效变换用一个电容替代。电容器在电子电路和供配电系统中随处可见。

1. 电压与电流的关系

电容元件的电压—电流关系可以用瞬时值、波形图、相量的形式表示。在图 3-2-4 中，电压和电流标注为关联方向。

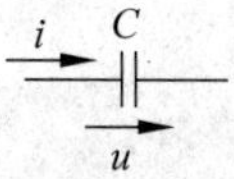

(1) 瞬时值表示

设电路的电容量为 C，加在电容两端的电压为 $u=\sqrt{2}U\sin\omega t$，电容电路中的电流为

图 3-2-4 电压与电流方向

$$
\begin{aligned}
i &= C\frac{\mathrm{d}u}{\mathrm{d}t} = C\frac{\mathrm{d}(\sqrt{2}U\sin\omega t)}{\mathrm{d}t} \\
&= \omega CU\sqrt{2}\cos\omega t \\
&= \omega CU\sqrt{2}\sin(\omega t+90^\circ) \\
&= \sqrt{2}I\sin(\omega t+90^\circ)
\end{aligned}
\tag{3-2-7}
$$

在交流电压的作用下，电容元件中的电流并未穿过电容器从一极到达另一极，而是通过连接电路在两个电容极板间来回进行充放电，形成电荷在极板间的积累与释放。

(2) 波形图表示

以波形图表示的电压—电流关系如图 3-2-5(a)所示。

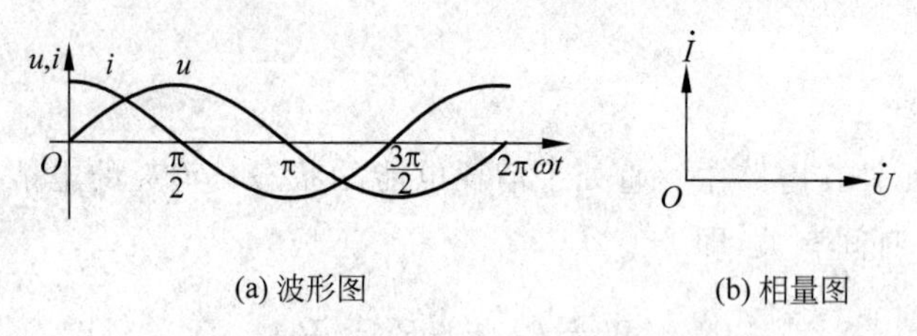

(a) 波形图　(b) 相量图

图 3-2-5 电容元件上的电流与电压

(3) 相量表示

以相量表示的电压—电流关系如图 3-2-5(b)所示。在图中，

$$
\left.
\begin{aligned}
\dot{U} &= U\angle 0^\circ \\
\dot{I} &= I\angle 90^\circ = \omega CU\angle 90^\circ = \frac{U\angle 90^\circ}{\dfrac{1}{\omega C}} = \frac{\dot{U}}{\dfrac{1}{\omega C}\angle(-90^\circ)}
\end{aligned}
\right\}
\tag{3-2-8}
$$

以 $X_{\mathrm{C}}=\dfrac{1}{\omega C}$表示电容对电流的阻碍作用，记为电容器的电抗值，也称容抗。在式(3-2-8)中引入旋转因子$-\mathrm{j}=1\angle(-90^\circ)$，记 $U=X_{\mathrm{C}}I$。这样，电压和电流的关系可表示为

$$
\left.
\begin{aligned}
\dot{I} &= \frac{\dot{U}}{-\mathrm{j}X_{\mathrm{C}}} = \mathrm{j}\frac{\dot{U}}{X_{\mathrm{C}}} \\
\dot{U} &= -\mathrm{j}X_{\mathrm{C}}\cdot\dot{I}
\end{aligned}
\right\}
\tag{3-2-9}
$$

从式(3-2-8)和式(3-2-9)可得出以下结论。

① 电容器的容抗 $X_{\mathrm{C}}=\dfrac{1}{\omega C}=\dfrac{1}{2\pi fC}$，单位为 Ω。

② 由于 $X_C \propto \frac{1}{f}$，电容元件在交流电路中具有通高频、阻低频的作用。

③ 在纯电容电路中，电压与电流的频率相同；在相位上，电压滞后电流 90°。

④ 电容元件上电压和电流的关系遵循相量形式的欧姆定律。

电工故事：电容器中的变量

图 3-2-6(a)中，圆柱形水箱的液位会随着水的流入而上升、流出而下降。水流会引起液位的变化，液位的变化率反映了水流量的大小。

水流速度是水箱中水体积对时间的导数。设水箱的底面积为 S，液位高度为 h，则水体积的表达式为 $V=Sh$，水流速度为

$$f=\frac{\mathrm{d}V}{\mathrm{d}t}=\frac{\mathrm{d}Sh}{\mathrm{d}t}=S\frac{\mathrm{d}h}{\mathrm{d}t}$$

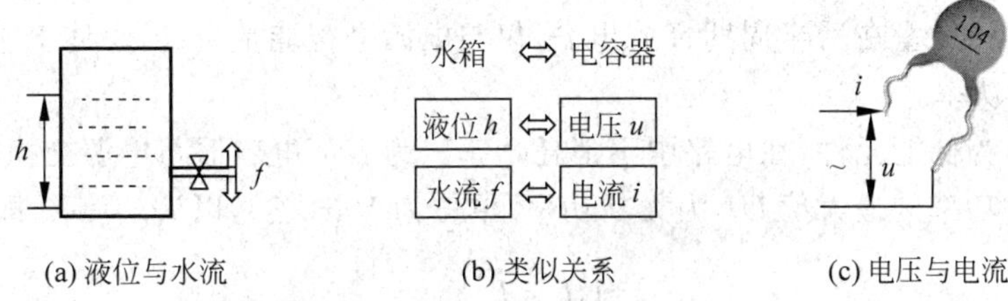

(a) 液位与水流　(b) 类似关系　(c) 电压与电流

图 3-2-6　电容电压与电流的关系

水箱中的液位和水流与电容中的电压和电流关系类似，如图 3-2-6(b)所示。

图 3-2-6(c)中，当有电容电流流过时，能引起电容电压的变化，电容电流与电压的变化率成正比，二者关系如下：

$$i_c=C\frac{\mathrm{d}u}{\mathrm{d}t}$$

根据电容元件中电流电压的数学关系可知，电流的相位超前电压 90°。

在交流电路中，电容、电感元件中的电压和电流相位相差 90°容易记住，但是具体谁超前、谁滞后，则较难记忆。

为了方便记忆，可做如下联想：电容器与水箱相似，水流之后才能看到液位的变化，所以电容电流超前电压 90°；前已述及，电感与电容是对偶元件，由此可以推出，电感电流滞后电压 90°。

2. 电容元件上的功率

电容器在交流电路中的功率有瞬时功率和平均功率两种表示方法。

(1) 瞬时功率

纯电容元件的瞬时功率表示电容元件的功率随时间变化的规律。设电容的电压 $u=\sqrt{2}U\sin\omega t$，电流 $i=\sqrt{2}I\sin(\omega t+90°)$，则

$$\begin{aligned}p=ui&=\sqrt{2}U\sin\omega t\cdot\sqrt{2}I\sin(\omega t+90°)\\&=UI\sin(2\omega t)\end{aligned}\tag{3-2-10}$$

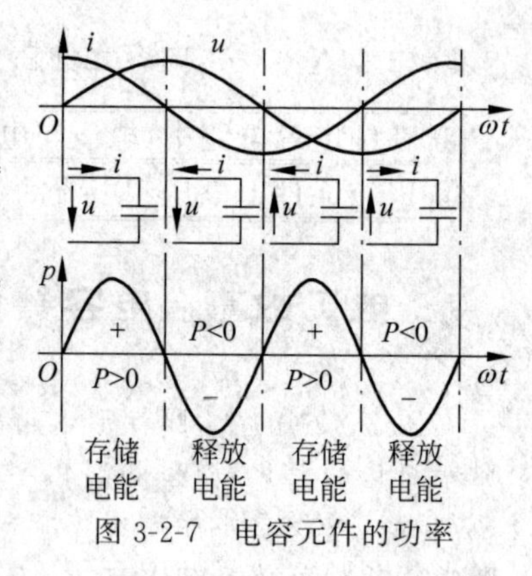

图 3-2-7 电容元件的功率

电容元件上功率的波形如图 3-2-7 所示。从图中得出以下结论。

① 瞬时功率是一个按 2 倍电压或电流的频率、呈正弦规律变化的量。

② 在相位上,电压滞后电流 90°;瞬时功率的值在一个周期内,每 $T/4$ 正、负交替一次,进行电能的存储和释放。

(2) 平均功率

纯电容元件的平均功率是电容元件瞬时功率在一个周期内的平均值,即

$$P=\frac{1}{2\pi}\int_0^{2\pi}p\,\mathrm{d}t=\frac{1}{2\pi}\int_0^{2\pi}[UI\sin(2\omega t)]\mathrm{d}t=0 \tag{3-2-11}$$

从式(3-2-11)可以看出,在交流电路中,纯电容元件的平均功率为 0。在每个周期中,前半周期吸收的能量在后半周期释放出去,仅与电源进行能量交换,总体上不消耗功率。

(3) 无功功率

电容器作为储能元件,在电路中不消耗功率。为表征电容器与电源交换功率的大小,记电容器瞬时功率的最大值 UI 为无功功率,单位为 Var(乏),以 Q_C 表示,即

$$Q_C=UI=I^2X_C=\frac{U^2}{X_C} \tag{3-2-12}$$

电容器的无功功率不是无用功率,电容器工作时不消耗功率,但在电路中存储电场能量。

3. 电容元件的储能作用

电容元件中存储的电场能量取决于电容元件极板间电压的大小。在交流电路中,由于电容器极板间的电压按正弦规律变化,在任意时刻,电容器中存储的电场能量取决于该时刻极板间的电压值,即

$$W_C=\frac{1}{2}Cu^2 \tag{3-2-13}$$

由于电容器有存储电能的作用,当电容器断电后,电容器中依然存储有电能。再次使用时,应该做安全放电处理;否则会造成设备损坏,甚至危及人身安全。

【例 3-2-2】 将一个电容量为 100μF、额定电压为 220V 的电容器分别接到电压 $u_1=100\sqrt{2}\sin(100t)$(V),$u_2=100\sqrt{2}\sin(1000t)$(V)的交流电路中。试分别求其工作电流、无功功率的值。

【解】 通过本例,学习纯电容电路中的容抗、电流和功率之间的关系。

电容器工作电流采用相量计算比较方便,具体可用式(3-2-9)进行计算。

(1) $u_1=100\sqrt{2}\sin(100t)$时,电压 u_1 的相量可表示为

$$\dot{U}_1=100\angle 0°\text{V}$$

电容器此时的容抗为

$$X_{C1}=\frac{1}{\omega_1 C}=\frac{1}{100\times 100\times 10^{-6}}=100(\Omega)$$

$$\dot{I}_1=\frac{\dot{U}}{-\mathrm{j}X_{C1}}=\frac{100\angle 0^\circ}{100\angle(-90^\circ)}=1\angle(90^\circ)(\mathrm{A})$$

电路的工作电流为 $i_1=1\sqrt{2}\sin(100t+90^\circ)(\mathrm{A})$，其有效值为 $I_1=1\mathrm{A}$。

无功功率可用式(3-2-12)进行计算，具体为

$$Q_1=UI_1=100\times 1=100(\mathrm{Var})$$

(2) $u_2=100\sqrt{2}\sin(1000t)$ 时，计算方法同上。

$$\dot{U}_2=100\angle 0^\circ\mathrm{V}$$

$$X_{C2}=\frac{1}{\omega_2 C}=\frac{1}{1000\times 100\times 10^{-6}}=10(\Omega)$$

$$\dot{I}_2=\frac{\dot{U}}{-\mathrm{j}X_{C2}}=\frac{100\angle 0^\circ}{10\angle(-90^\circ)}=10\angle 90^\circ(\mathrm{A})$$

$$Q_2=UI_2=100\times 10=1000(\mathrm{Var})$$

结论：同一个电容器在不同频率下的容抗不同。频率越高，电容器对电流的阻碍作用越小，产生的电流和无功功率就越大。

3.2.3　纯电感电路

纯电感电路是指组成电路的元件只含有电感。如果电路由多个电感元件组成，也可以通过等效变换，用一个等效电感替代。实际的电感元件由有一定阻值的导线绕制而成，所以纯电感元件极少单独存在。如果电感元件中的电阻值相对很小，可近似看作纯电感。荧光灯的镇流器、变压器的绕组、继电器的线圈可近似看作是纯电感。

纯电感电路

1. 电压与电流的关系

电感元件的电压—电流关系可以用瞬时值、波形图、相量的形式表示。在图 3-2-8 中，电压和电流标注为关联方向。

(1) 用瞬时值表示

设电路的电感为 L，通过电感的电流为 $i=\sqrt{2}I\sin\omega t$，则其两端的电压为

图 3-2-8　电压与电流方向

$$\begin{aligned}u&=L\frac{\mathrm{d}i}{\mathrm{d}t}=L\frac{\mathrm{d}(\sqrt{2}I\sin\omega t)}{\mathrm{d}t}\\&=\omega LI\sqrt{2}\cos\omega t\\&=\omega LI\sqrt{2}\sin(\omega t+90^\circ)\\&=\sqrt{2}U\sin(\omega t+90^\circ)\end{aligned}\tag{3-2-14}$$

(2) 用波形图表示

以波形图表示的电压电流关系如图 3-2-9(a)所示。

(3) 用相量表示

以相量表示的电压—电流关系如图 3-2-9(b)所示。在图中，

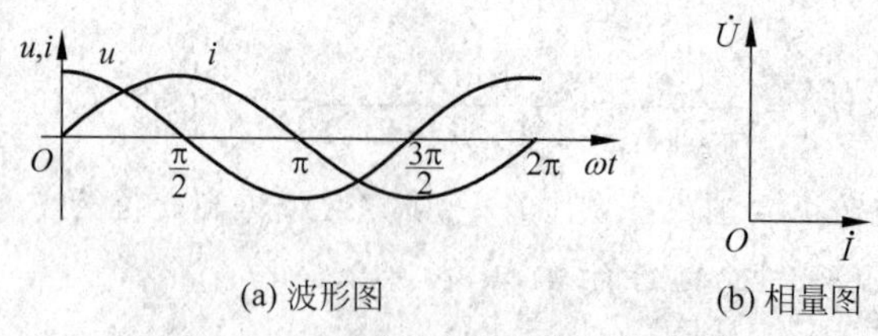

(a) 波形图　　(b) 相量图

图 3-2-9　电感元件上的电流与电压

$$\left.\begin{aligned}\dot{I}&=I\angle 0^\circ\\ \dot{U}&=U\angle 90^\circ=\omega LI\angle 90^\circ=\omega L\angle 90^\circ\cdot\dot{I}\end{aligned}\right\}\qquad(3\text{-}2\text{-}15)$$

以 $X_{\mathrm{L}}=\omega L$ 表示电感线圈对电流的阻碍作用，记为电感线圈的电抗值，也称感抗。在式(3-2-15)中引入旋转因子 $\mathrm{j}=1\angle 90^\circ$，记 $U=X_{\mathrm{L}}I$。这样，电压和电流的关系可表示为

$$\dot{U}=\mathrm{j}\omega L\dot{I}=\mathrm{j}X_{\mathrm{L}}\dot{I}\qquad(3\text{-}2\text{-}16)$$

从式(3-2-15)和式(3-2-16)可得出以下结论。

① 电感元件的感抗 $X_{\mathrm{L}}=\omega L=2\pi fL$，单位为 Ω。

② 由于 $X_{\mathrm{L}}\propto f$，电感元件在交流电路中具有通低频、阻高频的作用。

③ 在纯电感电路中，电压与电流的频率相同；在相位上，电压超前电流 90°。

④ 电感元件上电压和电流的关系遵循相量形式的欧姆定律。

电工故事：无功功率是无用功率吗

图 3-2-10　对牛弹琴

人们经常会做一些过后看来没有意义的事情，这时就会说做了无用功。图 3-2-10 中的对牛弹琴就是个很好的例子。

电路中的电感和电容不做功，只与供电系统交换功率，交换功率的最大值记为无功功率。

既然不做功，电感与电容在电路中有什么意义？无功功率是无用功率吗？

电感与电容普遍存在于我们的生活中，凡是有电器设备的地方，几乎都有它们在发挥作用。图 3-2-11 中列出了生活和工作中能看得到的一些电器设备。

图 3-2-11　看得到的电器设备

感性功率不做功，但不是无用功率。我们在制造发电机和电动机时，需要电感元件建立磁场。只要有电感元件，就会产生感性无功功率。在工矿企业中大量使用电动机、变压器等电磁设备，产生了大量的感性功率。

如果电路中的感性无功功率过大，功率因数就会降低，造成电源容量的浪费，增加输电线路的电能损耗。在同一电路中，容性无功和感性无功相位相反，为提高电源的工作效率，工厂需要通过电容器进行无功补偿，减少电源的负担。

2. 电感元件上的功率

电感线圈在交流电路中的功率有瞬时功率和平均功率两种表示方法。

(1) 瞬时功率

纯电感元件的瞬时功率是其瞬时电流和瞬时电压的乘积，它表示电感元件的功率随时间变化的规律。设电感的电流 $i=\sqrt{2}I\sin\omega t$，电压 $u=\sqrt{2}U\sin(\omega t+90°)$，则

$$p=ui=\sqrt{2}U\sin(\omega t+90°)\cdot\sqrt{2}I\sin\omega t=UI\sin(2\omega t) \tag{3-2-17}$$

电感元件上功率的波形如图 3-2-12 所示。从图中得出以下结论。

① 瞬时功率是一个按 2 倍电压或电流的频率、呈正弦规律变化的量。

② 在相位上，电压超前电流 90°；瞬时功率的值在一个周期内，每 $T/4$ 正、负交替一次，进行磁能的存储和释放。

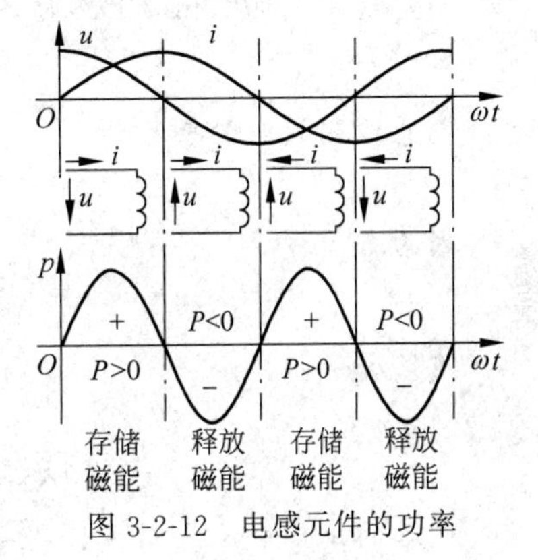

图 3-2-12　电感元件的功率

(2) 平均功率

纯电感元件的平均功率是电感元件瞬时功率在一个周期内的平均值，即

$$P=\frac{1}{2\pi}\int_0^{2\pi}p\,\mathrm{d}t=\frac{1}{2\pi}\int_0^{2\pi}[UI\sin(2\omega t)]\mathrm{d}t=0 \tag{3-2-18}$$

从式(3-2-18)可以看出，在交流电路中，纯电感元件的平均功率为 0。在每个功率周期中，前半周期吸收的能量在后半周期释放出去，仅与电源进行能量交换，总体上不消耗功率。

(3) 无功功率

电感元件作为储能元件，在电路中不消耗功率。但是很多情况下，这个功率必不可少，如变压器、电动机等建立磁场需要电感线圈提供功率。为表征电感线圈与电源交换功率的大小，记电感线圈瞬时功率的最大值 UI 为无功功率，单位为 Var(乏)，以 Q_L 表示，即

$$Q_L=UI=I^2X_L=\frac{U^2}{X_L} \tag{3-2-19}$$

无功功率不是无用功率，由于平均功率为 0，不消耗功率，但在电路中存储磁场能量。

3. 电感元件的储能作用

电感元件中存储的磁能取决于电感元件中电流的大小。在交流电路中，由于电感线圈中的电流按正弦规律变化，在任意时刻，电感线圈中存储的磁场能量仅取决于该时刻的电流值，即

$$W_L = \frac{1}{2}Li^2 \tag{3-2-20}$$

由于电感线圈有存储磁能的作用，当电感线圈突然失电时，根据 $u = L\ \frac{di}{dt}$ 可以判断，如果电路中的电流该时刻不为零，则在电感线圈两端会感应产生极大的端电压，处理不当会造成设备损坏，甚至危及人身安全。

【例 3-2-3】 将一个电感量为 0.1H、额定电压为 220V 的电感线圈分别接到电压 $u_1 = 100\sqrt{2}\sin(100t)$(V)，$u_2 = 100\sqrt{2}\sin(1000t)$(V)的交流电路中。试分别求其工作电流、无功功率的值。

【解】 通过本例，学习纯电感电路中的感抗、电流和功率之间的关系。

电感线圈工作电流采用相量计算比较方便，具体可用式(3-2-16)进行计算。

(1) $u_1 = 100\sqrt{2}\sin(100t)$时，电压 u_1 的相量可表示为

$$\dot{U}_1 = 100\angle 0°$$

电感线圈此时的感抗为

$$X_{L1} = \omega_1 L = 100 \times 0.1 = 10(\Omega)$$

因为

$$\dot{U} = jX_L\dot{I}$$

所以

$$\dot{I}_1 = \frac{\dot{U}}{jX_{L1}} = \frac{100\angle 0°}{10\angle 90°} = 10\angle(-90°)(A)$$

电路的工作电流为 $i_1 = 10\sqrt{2}\sin(100t - 90°)$(A)，其有效值为 $I_1 = 10$A。

无功功率可用式(3-2-19)进行计算，具体为

$$Q_1 = UI_1 = 100 \times 10 = 1000(Var)$$

(2) $u_2 = 100\sqrt{2}\sin(1000t)$时，计算方法同上。

$$\dot{U}_2 = 100\angle 0°$$

$$X_{L2} = \omega_2 L = 1000 \times 0.1 = 100(\Omega)$$

$$\dot{I}_2 = \frac{\dot{U}}{jX_{L2}} = \frac{100\angle 0°}{100\angle 90°} = 1\angle(-90°)(A)$$

$$i_2 = 1\sqrt{2}\sin(1000t - 90°)(A)$$

$$Q_2 = UI_2 = 100 \times 1 = 100(Var)$$

结论：同一个电感线圈在不同频率下的感抗不同。频率越高，电感线圈对电流的阻碍作用越大，产生的电流和无功功率就越小。

思考与练习

3-2-1　在纯电阻电路中，下列表达式是否正确？如不正确，请改正。

(1) $i = \frac{u}{R}$　(2) $I = \frac{\dot{U}}{R}$　(3) $\dot{I} = \frac{\dot{U}}{R}$　(4) $P = I^2R$

3-2-2　在纯电感电路中，下列表达式是否正确？如不正确，请改正。

(1) $i=\frac{u}{X_L}$　(2) $U=L\frac{di}{dt}$　(3) $\dot{I}=\frac{\dot{U}}{X_L}$　(4) $I=\frac{U}{\omega L}$　(5) $P=I^2X_L$

3-2-3　在纯电容电路中，下列表达式是否正确？如不正确，请改正。

(1) $u=iX_C$　(2) $I=C\frac{du}{dt}$　(3) $\dot{U}=\omega C\dot{I}$　(4) $I=\omega CU$　(5) $Q=I^2X_C$

3-2-4　将一个 $L=10\text{mH}$ 的电感线圈接在频率为 100Hz 和 1000Hz 的电路中，其感抗分别为多少？这个结论说明电感的何种性质？

3-2-5　将一个 $C=10\mu\text{F}$ 的电容器接在频率为 1000Hz 和 1MHz 的电路中，其容抗分别为多少？这个结论说明电容的何种性质？

3-2-6　一元件两端的电压 $u=311\sin(\omega t+60°)(\text{V})$，通过的电流 $i=31.1\sin(\omega t-30°)(\text{V})$，试确定该元件的性质，并计算阻抗值为多少。

3.3　复合参数电路的分析与计算

【学习目标】

- 掌握复合参数电路中阻抗性质的判断及阻抗的计算方法。
- 掌握复合参数电路中相位关系的判断及电压与电流的计算方法。
- 能根据复合电路的参数判断元件的性质，计算电路的功率和功率因数。
- 能使用电工测量仪表测量电路参数。

【学习指导】

实际的交流电路总是由多个元件组成，电路元件之间有串联、并联和混联的方式。不论连接方式如何，电路分析始终关注的是电路中各元件上的电流、电压、功率和电能及其关系。复合元件的电压—电流—功率关系取决于电路阻抗的组成和性质。

具备了单一参数元件电压—电流—功率关系的基础知识之后，本节学习复合元件的电压—电流—功率关系。

3.3.1　RLC 串联电路

典型的 RLC 串联电路如图 3-3-1 所示，电路由三个单一参数的电路元件串联而成。由于是串联关系，电路中流过同一个电流 i，电路两端的电压为 u，下面通过对这个电路的分析和计算，学习使用相量法计算复合参数电路的方法。

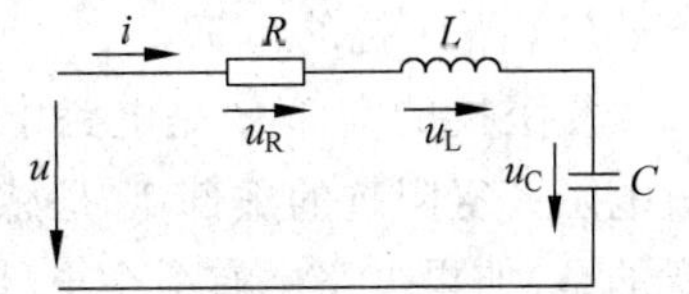

图 3-3-1　RLC 串联电路

RLC 串联电路的分析计算

1. 交流电路的基尔霍夫定律

在分析和计算交流电路时，由于各个元件上的电流和电压之间有相位差，需要设置一个参考相量。参考相量可以是电压，也可以是电流。为方便计算和比较，参考相量的相位角一般设为 0。一旦参考相量设定后，电路中其他元件的电压和电流的相位均以参考相量为基准来定义。

如图 3-3-1 所示，设电路中的电流 $i=\sqrt{2}I\sin\omega t$，即电流为参考相量：

$$\dot{I}=I\angle 0^{\circ}$$

当电流 i 通过该串联电路时，分别在电阻 R、电感 L、电容 C 上产生电压 u_R、u_L、u_C。根据能量守恒定律，交流电路中的基尔霍夫电压定律表述如下：在任一瞬间，任何回路中各段电压瞬时值的代数和等于零，即

$$u-u_R-u_L-u_C=0$$

或

$$\sum u=0$$

在正弦交流电路中，各段电压都是同频率的正弦量，如果各段电压用相量表示，则基尔霍夫电压定律的相量形式表示为

$$\sum \dot{U}=0 \tag{3-3-1}$$

设电感元件的感抗为 $X_L=\omega L$，电容器的容抗为 $X_C=\dfrac{1}{\omega C}$，则各元件上电压的相量分别表示为

$$\dot{U}_R=R\dot{I}$$

$$\dot{U}_L=\mathrm{j}X_L\dot{I}$$

$$\dot{U}_C=-\mathrm{j}X_C\dot{I}$$

根据基尔霍夫电压定律，串联电路中的总电压为各个电压之和，即

$$\begin{aligned}\dot{U}&=\dot{U}_R+\dot{U}_L+\dot{U}_C\\&=R\dot{I}+\mathrm{j}X_L\dot{I}-\mathrm{j}X_C\dot{I}\\&=(R+\mathrm{j}X_L-\mathrm{j}X_C)\dot{I}\end{aligned} \tag{3-3-2}$$

2. 复阻抗

在式(3-3-2)中，根据电路的性质可判断，$R+\mathrm{j}X_L-\mathrm{j}X_C$ 在电路中相当于一个电阻，单位为 Ω。在交流电路中，把电阻、感抗、容抗的复数形式定义为复阻抗，符号记为 Z，则

$$\begin{aligned}Z&=R+\mathrm{j}X_L-\mathrm{j}X_C\\&=R+\mathrm{j}(X_L-X_C)\\&=R+\mathrm{j}X\end{aligned} \tag{3-3-3}$$

(1) 复阻抗的计算

复阻抗的实部 R 是电路中的电阻部分，如果是多个电阻串联，则 R 为串联电路的等效电阻。复阻抗的虚部 X 是感抗和容抗的代数和，运算时，感抗取正，容抗取负。需要注意的是，如果电路中有多个电感和多个电容，需要对电感和电容分别进行等效计算。

复阻抗除了用复数形式表示外，还可以用极坐标的形式表示，即

$$\left.\begin{aligned}&Z=R+\mathrm{j}X=|Z|\angle\varphi\\&|Z|=\sqrt{R^2+X^2}=\sqrt{R^2+(X_L-X_C)^2}\\&\varphi=\mathrm{arc}\left[\cos\left(\frac{R}{\sqrt{R^2+X^2}}\right)\right]\end{aligned}\right\} \tag{3-3-4}$$

式(3-3-4)中,$|Z|$表示复阻抗的复模;φ 表示复阻抗的复角。

(2) 复阻抗特性

电抗 X 由感抗 X_L 和容抗 X_C 综合而成,X 的大小决定了阻抗的性质。

① $X=X_L-X_C>0$,电路中的 $X_L>X_C$,电路总体呈感性。

② $X=X_L-X_C<0$,电路中的 $X_L<X_C$,电路总体呈容性。

③ $X=X_L-X_C=0$,电路中的 $X_L=X_C$,$Z=R$,电路总体呈纯阻性。

3. 电压—电流的计算

在串联电路中,通常已知电路的结构和各元件的参数。如果已知电源电压,需要求取电路中的电流、各元件上的电压,分析功率平衡关系;如果已知电路的电流,需要求取电路中各元件上的电压和电路的总电压,分析功率平衡关系。无论计算何种电量参数,关键是正确求出电路的阻抗参数。

在图 3-3-1 中,假设电路的电流为 $\dot{I}=I\angle 0°$,电路阻抗为 $Z=R+jX=|Z|\angle\varphi$,则电路的总电压和各元件上的电压分别为

$$\dot{U}=\dot{I}\cdot Z=I\angle 0°\cdot|Z|\angle\varphi=I|Z|\angle\varphi$$

$$\dot{U}_R=R\dot{I}=RI\angle 0°$$

$$\dot{U}_L=jX_L\dot{I}=X_LI\angle 90°$$

$$\dot{U}_C=-jX_C\dot{I}=X_CI\angle(-90°)$$

以电流为参考相量,绘制出电路中各元件电压的相量。图 3-3-2(a)所示为串联电路的阻抗图,图 3-3-2(b)所示为电压—电流的相量关系图。图中,$\dot{U}_X=\dot{U}_L+\dot{U}_C$。

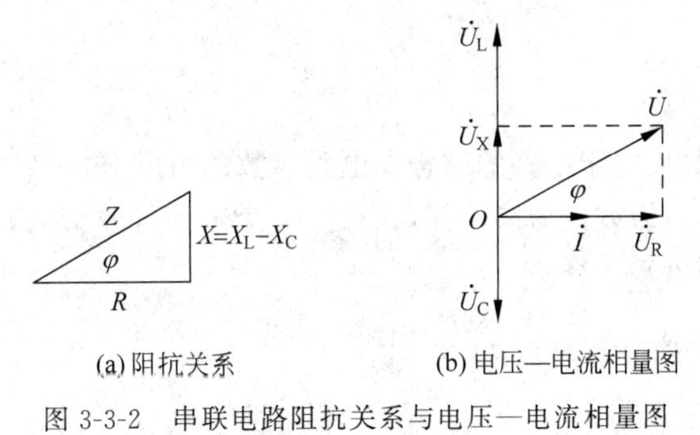

图 3-3-2 串联电路阻抗关系与电压—电流相量图

以瞬时值表示的总电压和各元件上的电压分别为

$$u=\sqrt{2}I|Z|\sin(\omega t+\varphi)$$

$$u_R=\sqrt{2}RI\sin\omega t$$

$$u_L=\sqrt{2}X_LI\sin(\omega t+90°)$$

$$u_C=\sqrt{2}X_CI\sin(\omega t-90°)$$

4. 功率的计算

交流电路中的功率包含有功功率和无功功率。电阻元件上产生的是有功功率,电感和电容元件上产生的是无功功率。

(1) 有功功率

$$P = I^2 \cdot R = I \cdot U_R$$

(2) 无功功率

$$Q_L = I^2 \cdot X_L$$

$$Q_C = I^2 \cdot X_C$$

$$Q = I^2 \cdot X = I^2 \cdot (X_L - X_C) = Q_L - Q_C$$

由于电感上的电压和电容上的电压在相位上相差180°,二者产生的无功功率在实际电路中起着互相抵消的作用。

(3) 视在功率

交流电路工作时,电源提供的工作电压为U,产生的工作电流为I,电源提供的功率为$I \cdot U$。电源提供的功率中只有有功功率P做了功,无功功率Q只与电源进行能量交换。交流电路专门使用视在功率S表示电源提供的功率,记为

$$S = I \cdot U \tag{3-3-5}$$

视在功率的单位定义为伏安(VA)。有功功率P、无功功率Q、视在功率S之间的关系如下:

$$S = \sqrt{P^2 + Q^2} \tag{3-3-6}$$

(4) 功率因数

为体现有功功率在视在功率中的权重,把有功功率与视在功率的比值定义为功率因数,用$\cos\varphi$表示,即

$$\cos\varphi = \frac{P}{S} \tag{3-3-7}$$

实际上,功率因数决定于电路的结构和电路参数的组成,这一结论从图3-3-2(a)所示的阻抗图中可以得出。为方便后续计算,在获知一个电路等效的R、X、Z或P、Q、S后,可采用下面两个常用公式计算:

$$\cos\varphi = \frac{P}{S} = \frac{P}{\sqrt{P^2 + Q^2}}$$

$$\cos\varphi = \frac{R}{|Z|} = \frac{R}{\sqrt{R^2 + X^2}} = \frac{R}{\sqrt{R^2 + (X_L - X_C)^2}}$$

5. 电能的计算

交流电路中仅有电阻元件消耗电能,电能按下式计算:

$$W = Pt = I^2 Rt$$

【例 3-3-1】 电路如图3-3-1所示。已知电阻$R = 8\Omega$,电感线圈的电感量$L = 31.85\text{mH}$,电容器的电容量$C = 800\mu\text{F}$。该电路外加电压为$u = 311\sin(314t)$(V)。试求:电路中的电流;各元件上的电压;各元件的功率;电路的功率因数。

【解】 通过本例,学习串联电路中各参数的计算方法。

(1) 设参考相量

设电路的总电压为参考相量,即

$$\dot{U}=220\angle 0^{\circ}$$

(2) 计算电路阻抗

电路参数是电阻 R、感抗 X_{L} 和容抗 X_{C},即

$$R=8\Omega$$

$$X_{\mathrm{L}}=\omega L=314\times 31.85\times 10^{-3}=10(\Omega)$$

$$X_{\mathrm{C}}=\frac{1}{\omega C}=\frac{1}{314\times 800\times 10^{-6}}=4(\Omega)$$

$$Z=R+\mathrm{j}(X_{\mathrm{L}}-X_{\mathrm{C}})=8+\mathrm{j}(10-4)=10\angle 36.9^{\circ}(\Omega)$$

(3) 计算电路中的电流及各元件上的电压

① 计算电路中的电流

因为

$$\dot{U}=\dot{I}\cdot Z$$

所以

$$\dot{I}=\frac{\dot{U}}{Z}=\frac{220\angle 0^{\circ}}{10\angle 36.9^{\circ}}=22\angle(-36.9^{\circ})(\mathrm{A})$$

电流的瞬时值可表示为

$$i=31.1\sin(314t-36.9)(\mathrm{A})$$

② 根据电路中的电流,计算各元件上的电压

各元件上电压的相量为

$$\dot{U}_{\mathrm{R}}=R\dot{I}=8\times 22\angle(-36.9^{\circ})=176\angle(-36.9^{\circ})(\mathrm{V})$$

$$\dot{U}_{\mathrm{L}}=\mathrm{j}X_{\mathrm{L}}\dot{I}=10\times 22\angle(90^{\circ}-36.9^{\circ})=220\angle 53.1^{\circ}(\mathrm{V})$$

$$\dot{U}_{\mathrm{C}}=-\mathrm{j}X_{\mathrm{C}}\dot{I}=4\times 22\angle(-90^{\circ}-36.9^{\circ})=88\angle(-126.9^{\circ})(\mathrm{V})$$

电压、电流相量图如图 3-3-3 所示,各元件上电压的瞬时值为

$$u_{\mathrm{R}}-176\sqrt{2}\sin(\omega t-36.9^{\circ})(\mathrm{V})$$

$$u_{\mathrm{L}}=220\sqrt{2}\sin(\omega t+53.1^{\circ})(\mathrm{V})$$

$$u_{\mathrm{C}}=88\sqrt{2}\sin(\omega t-126.9^{\circ})(\mathrm{V})$$

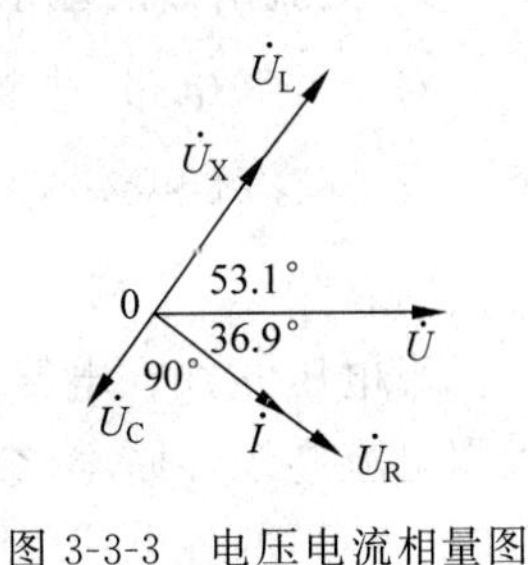

图 3-3-3　电压电流相量图

(4) 计算各元件功率及电路功率因数

① 有功功率

$$P=I^{2}\cdot R=484\times 8=3872(\mathrm{W})$$

② 无功功率

$$Q_{\mathrm{L}}=I^{2}\cdot X_{\mathrm{L}}=484\times 10=4840(\mathrm{Var})$$

$$Q_C = I^2 \cdot X_C = 484 \times 4 = 1936(\text{Var})$$

$$Q = I^2 \cdot X = Q_L - Q_C = 4840 - 1936 = 2904(\text{Var})$$

③ 视在功率

$$S = U \cdot I = 220 \times 22 = 4840(\text{VA})$$

④ 功率因数

功率因数可使用阻抗角直接计算,也可使用功率关系来计算,即

$$\cos\varphi = \cos 36.9° = 0.8$$

$$\cos\varphi = \frac{P}{S} = \frac{3872}{4840} = 0.8$$

提示:

(1) 串联电路中的关键问题是求取电路的阻抗。阻抗关系厘清后,其他问题都会迎刃而解。

(2) 在同一个串联电路中,所取参考相量不同,计算结果仅影响电路中电压和电流的相位,对其大小没有影响。

(3) 电路的阻抗关系、电压相量关系、功率关系源于电路的结构和元件参数,三者可以用图 3-3-4 所示的阻抗三角形、电压三角形、功率三角形描述。

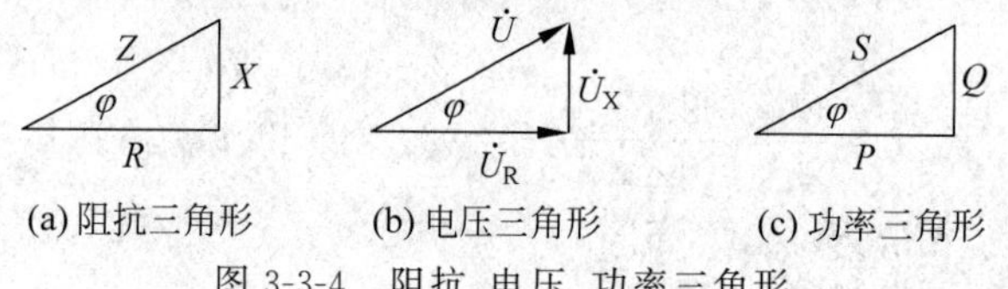

图 3-3-4 阻抗、电压、功率三角形

3.3.2 RLC 并联电路

典型的并联电路如图 3-3-5 所示。由于并联电路具有相同的电压,每个回路单独进行计算是一种简便而又有效的分析计算方法。

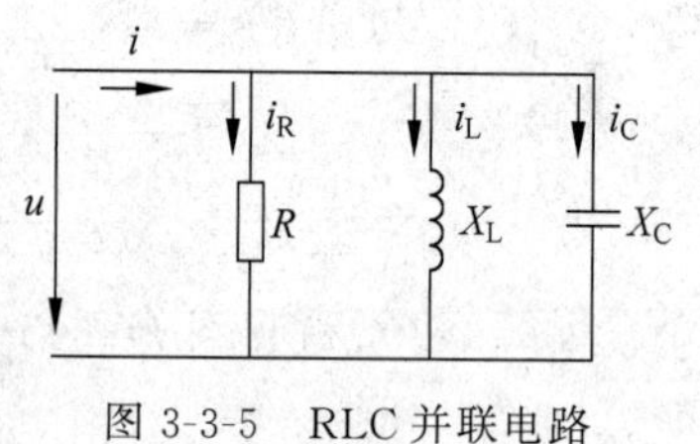

图 3-3-5 RLC 并联电路

RLC 并联电路的分析计算

1. 交流电路的基尔霍夫定律

对于并联电路,选取电路电压作为参考相量比较方便。设 $u = \sqrt{2}U\sin\omega t$,其相量形式为

$$\dot{U} = U\angle 0°$$

当电压 u 加在电路两端时,分别在电阻 R、电感 L、电容 C 支路上产生电流 i_R、i_L、i_C。根据电流连续性原理,交流电路中的基尔霍夫电流定律表述如下:在任一瞬间,任何结点(或闭合面)的各电流瞬时值的代数和等于零,即

$$\sum i = 0$$

或

$$i = i_R + i_L + i_C$$

基尔霍夫电流定律的相量形式表示为

$$\sum \dot{I} = 0$$

或

$$\dot{I} = \dot{I}_{\mathrm{R}} + \dot{I}_{\mathrm{L}} + \dot{I}_{\mathrm{C}} \tag{3-3-8}$$

2. 电流的计算

在已知电路电压和各支路阻抗的情况下，各支路电流相量可根据式(3-3-9)求出。

$$\left.\begin{aligned} \dot{I}_{\mathrm{R}} &= \frac{\dot{U}}{R} \\ \dot{I}_{\mathrm{L}} &= \frac{\dot{U}}{\mathrm{j}X_{\mathrm{L}}} \\ \dot{I}_{\mathrm{C}} &= \frac{\dot{U}}{-\mathrm{j}X_{\mathrm{C}}} \end{aligned}\right\} \tag{3-3-9}$$

电路的总电流可根据式(3-3-10)求出：

$$\dot{I} = \dot{I}_{\mathrm{R}} + \dot{I}_{\mathrm{L}} + \dot{I}_{\mathrm{C}} = \frac{\dot{U}}{R} + \frac{\dot{U}}{\mathrm{j}X_{\mathrm{L}}} + \frac{\dot{U}}{-\mathrm{j}X_{\mathrm{C}}} \tag{3-3-10}$$

各支路电流相量图如图 3-3-6 所示。

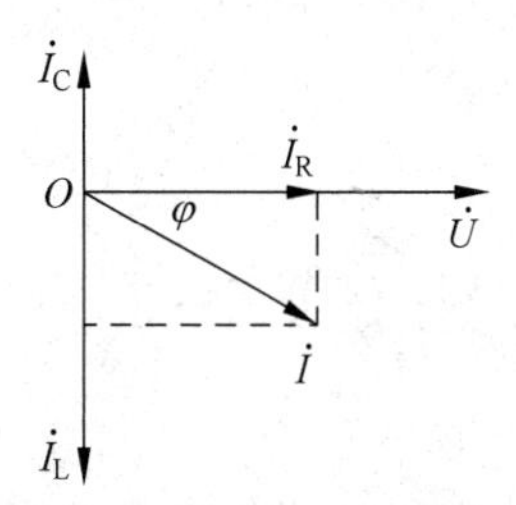

图 3-3-6　各支路电流相量图

3. 复阻抗

并联电路的复阻抗可按照并联电阻的形式进行计算。如果是两个阻抗并联，按照两个电阻并联的形式求总阻抗，即

$$Z = \frac{Z_1 \cdot Z_2}{Z_1 + Z_2} \tag{3-3-11}$$

如果是多个阻抗并联，按下式计算：

$$\frac{1}{Z} = \frac{1}{Z_1} + \frac{1}{Z_2} + \cdots + \frac{1}{Z_n} \tag{3-3-12}$$

在实际计算中，已知电路电压、获得电路总电流后，根据式(3-3-13)计算更为简单。

$$Z = \frac{\dot{U}}{\dot{I}} \tag{3-3-13}$$

复阻抗的性质可根据电路中总电压的相位 φ_{u} 和总电流的相位 φ_{i} 之间的相对关系来判断，即

(1) 电压的相位 φ_{u} 超前电流的相位 φ_{i}，即 $\varphi = \varphi_{\mathrm{u}} - \varphi_{\mathrm{i}} > 0$，电路对外呈感性。

(2) 电压的相位 φ_{u} 滞后电流的相位 φ_{i}，即 $\varphi = \varphi_{\mathrm{u}} - \varphi_{\mathrm{i}} < 0$，电路对外呈容性。

(3) 电压的相位 φ_{u} 等于电流的相位 φ_{i}，即 $\varphi = \varphi_{\mathrm{u}} - \varphi_{\mathrm{i}} = 0$，电路对外呈纯阻性。

复阻抗的性质也可以根据阻抗角进行判断，即

(1) 阻抗角大于 0，即 $\varphi > 0$，电路对外呈感性。

(2) 阻抗角小于 0，即 $\varphi < 0$，电路对外呈容性。

(3) 阻抗角等于 0，即 $\varphi = 0$，电路对外呈纯阻性。

4. 功率的计算

(1) 有功功率

仅产生于电阻元件,即

$$P = I_R^2 \cdot R = I_R \cdot U$$

(2) 无功功率

无功功率产生于电感元件和电容元件。由于电感上的电流和电容上的电流在相位上相差 180°,二者产生的无功功率在实际电路中起着互相抵消的作用,即

$$Q_L = I_L^2 \cdot X_L$$

$$Q_C = I_C^2 \cdot X_C$$

$$Q = Q_L - Q_C$$

(3) 视在功率

以下两式根据情况择一计算,结果相同。

$$S = I \cdot U$$

或

$$S = \sqrt{P^2 + Q^2}$$

(4) 功率因数

$$\cos\varphi = \frac{P}{S}$$

电能计算与串联电路方法相同,此处不再赘述。

【例 3-3-2】 电路如图 3-3-5 所示,$R=27.5\Omega$,$X_L=22\Omega$,$X_C=55\Omega$,$u=311\sin(314t)$(V)。试求:电路中的总电流和各支路的电流;电路的复阻抗;各元件的功率;电路的功率因数。

【解】 通过本例,学习并联电路各种参数的基本计算方法。

(1) 设参考相量

设电路的总电压为参考相量,即

$$\dot{U} = 220\angle 0°$$

(2) 计算电路中的电流

支路电流按式(3-3-9)计算,总电流按式(3-3-10)计算,即

$$\dot{I}_R = \frac{\dot{U}}{R} = \frac{220\angle 0°}{27.5} = 8\angle 0° = 8(\text{A})$$

$$\dot{I}_L = \frac{\dot{U}}{\text{j}X_L} = \frac{220\angle 0°}{22\angle 90°} = 10\angle(-90°) = -\text{j}10(\text{A})$$

$$\dot{I}_C = \frac{\dot{U}}{-\text{j}X_C} = \frac{220\angle 0°}{55\angle(-90°)} = 4\angle 90° = \text{j}4(\text{A})$$

$$\dot{I} = \dot{I}_R + \dot{I}_L + \dot{I}_C = 8 - \text{j}10 + \text{j}4 = 8 - \text{j}6 = 10\angle(-36.9°)(\text{A})$$

电流相量图如图 3-3-7 所示,电流瞬时值为

$$i_R = 8\sqrt{2}\sin\omega t(\text{A})$$

$$i_L = 10\sqrt{2}\sin(\omega t - 90^\circ)(\text{A})$$

$$i_C = 4\sqrt{2}\sin(\omega t + 90^\circ)(\text{A})$$

$$i = 10\sqrt{2}\sin(\omega t - 36.9^\circ)(\text{A})$$

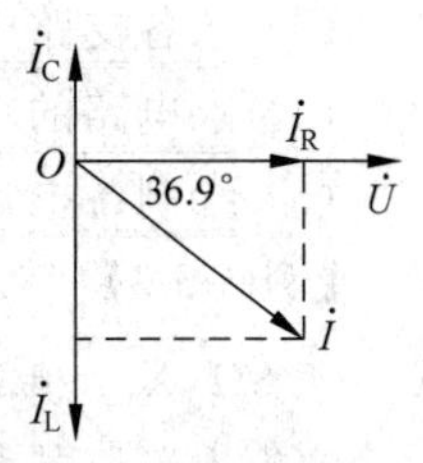

图 3-3-7　电流相量图

(3) 计算电路的复阻抗

在求得电路的总电流后，并联电路的复阻抗可根据式(3-3-11)求出：

$$Z = \frac{\dot{U}}{\dot{I}} = \frac{220\angle 0^\circ}{10\angle(-36.9^\circ)} = 22\angle 36.9^\circ(\Omega)$$

$$|Z| = 22$$

$$\varphi = 36.9^\circ$$

(4) 计算各元件功率、电路功率因数

① 有功功率

$$P = I_R^2 \cdot R = 64 \times 27.5 = 1760(\text{W})$$

② 无功功率

$$Q_L = I_L^2 \cdot X_L = 100 \times 22 = 2200(\text{Var})$$

$$Q_C = I_C^2 \cdot X_C = 16 \times 55 = 880(\text{Var})$$

$$Q = Q_L - Q_C = 2200 - 880 = 1320(\text{Var})$$

③ 视在功率

$$S = U \cdot I = 220 \times 10 = 2200(\text{VA})$$

或

$$S = \sqrt{P^2 + Q^2} = \sqrt{1760^2 + 1320^2} = 2200(\text{VA})$$

④ 功率因数

功率因数可使用阻抗角直接计算，也可使用功率关系进行计算：

$$\cos\varphi = \cos 36.9^\circ = 0.8$$

$$\cos\varphi = \frac{P}{S} = \frac{3782}{4840} = 0.8$$

提示：在电压已知的并联电路中，简单而有效的方法是根据各支路的结构和参数逐一计算各支路的电流。在求得电路总电流的条件下，求取电路的阻抗参数。

3.3.3 RLC 混联电路

实际中更常见的是电路混联。求解前首先要厘清混联电路的结构，再根据电路结构确定合适的计算方法。下面通过一个实例学习混联电路的分析和计算方法。

图 3-3-8 所示是一个典型的混联电路，并联的两条支路接在同一个电源电压中，各支路内部由两个不同性质的电路元件串联而成。在求解电路时，需要用到串、并联电路的综合知识和解题技能，具体步骤如下。

RLC 混联电路的分析计算

(1) 确定电路的参考相量。对于并联电路，一般选择总电压为参考相量。

(2) 求各支路的阻抗以及电路的总阻抗。

(3) 求各支路电流以及电路的总电流。

(4) 求电路的功率、功率因数等其他参数。

(5) 绘制各电量之间的相对关系(相量图)。

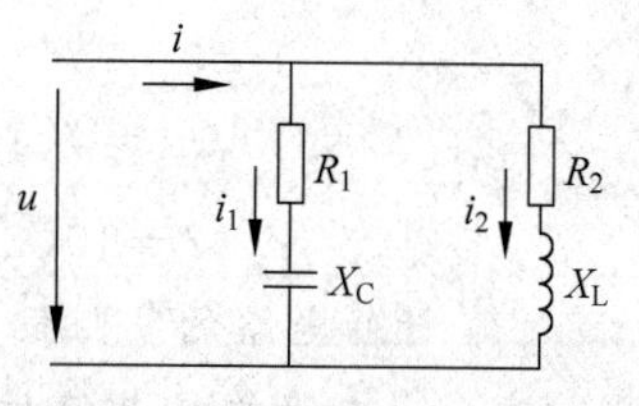

图 3-3-8 RLC 混联电路

【例 3-3-3】 电路如图 3-3-8 所示，电路参数 $R_1=8\Omega$，$R_2=4.8\Omega$，$X_C=6\Omega$，$X_L=6.4\Omega$，$u=100\sqrt{2}\sin(314t)$(V)。试求：各支路阻抗和电路总阻抗；电路中各支路的电流和电路的总电流；各元件的功率和电路的总功率；各支路的功率因数和电路的总功率因数；绘制各支路电压和电流相量图，以及电路总电压和总电流的相量图。

【解】 通过本例，学习混联电路各种参数的计算方法。

按照上述 5 个步骤进行电路的计算。

(1) 设参考相量

由于电路总体上呈并联结构，设电压 u 为参考相量，则

$$\dot{U}=100\angle 0^\circ \text{V}$$

(2) 求各支路阻抗及总阻抗

$$Z_1=R_1-jX_C=8-j6=10\angle(-36.9^\circ)(\Omega)$$
$$Z_2=R_2+jX_L=4.8+j6.4=8\angle 53.1^\circ(\Omega)$$

Z_1 和 Z_2 是并联关系，可按式(3-3-11)求总阻抗：

$$Z=\frac{Z_1\cdot Z_2}{Z_1+Z_2}=\frac{10\angle(-36.9^\circ)\times 8\angle 53.1^\circ}{(8-j6)+(4.8+j6.4)}=\frac{80\angle 16.2^\circ}{12.8+j0.4}=\frac{80\angle 16.2^\circ}{12.8\angle 1.8^\circ}$$
$$=6.25\angle 14.4^\circ(\Omega)$$

(3) 求各支路电流及电路总电流

$$\dot{I}_1=\frac{\dot{U}}{Z_1}=\frac{100\angle 0^\circ}{10\angle(-36.9^\circ)}=10\angle 36.9^\circ(\text{A})$$

$$\dot{I}_2=\frac{\dot{U}}{Z_2}=\frac{100\angle 0^\circ}{8\angle 53.1^\circ}=12.5\angle(-53.1^\circ)(\text{A})$$

$$\begin{aligned}\dot{I}&=\dot{I}_1+\dot{I}_2=10\angle 36.9^\circ+12.5\angle(-53.1^\circ)\\&=8+j6+7.5-j10=15.5-j4\\&=16\angle(-14.4^\circ)(\text{A})\end{aligned}$$

(4) 求电路的功率、功率因数

① 有功功率

$$P_1=I_1^2R_1=10\times 10\times 8=800(\text{W})$$
$$P_2=I_2^2R_2=12.5\times 12.5\times 4.8=750(\text{W})$$
$$P=P_1+P_2=800+750=1550(\text{W})$$

② 无功功率

$$Q_1=Q_C=I_1^2\cdot X_C=10\times 10\times 6=600(\text{Var})$$
$$Q_2=Q_L=I_2^2\cdot X_L=12.5\times 12.5\times 6.4=1000(\text{Var})$$

$$Q = Q_L - Q_C = 400(\text{Var})$$

③ 视在功率

$$S_1 = U \cdot I_1 = 100 \times 10 = 1000(\text{VA})$$

$$S_2 = U \cdot I_2 = 100 \times 12.5 = 1250(\text{VA})$$

$$S = \sqrt{P^2 + Q^2} = \sqrt{1550^2 + 400^2} = 1600(\text{VA})$$

由上式可知，$S \neq S_1 + S_2$。视在功率的计算不能简单相加，要按照电路的结构和参数，分别计算有功功率和无功功率，最后按照功率三角形的关系进行计算。

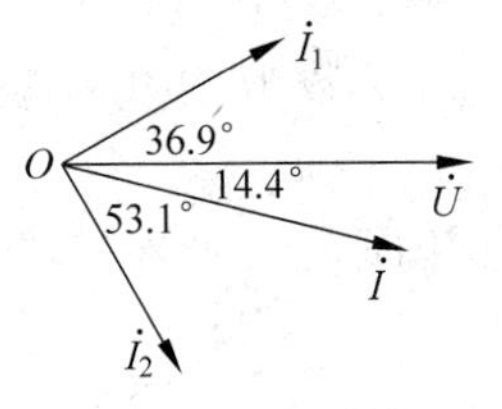

图 3-3-9　电压、电流相量图

④ 功率因数

电路中有三个支路，可分别计算各支路的功率因数：

$$\cos\varphi_1 = \cos(-36.9°) = 0.8$$

$$\cos\varphi_2 = \cos 53.1° = 0.6$$

$$\cos\varphi = \cos 14.4° = 0.97$$

(5) 绘制相量图

绘制电压、电流相量图如图 3-3-9 所示。

3.3.4　电路参数的测量

在实际工作中，电气工程人员常用三表法测量感性元件的电路参数，测量电路如图 3-3-10 所示。图中使用三个测量表分别测量电路电流、电路两端的电压和电路中的有功功率，并根据测量数据计算电路参数。图中的电压表和电流表测量的是有效值，功率表测量的是平均值。

电路参数的测量

【例 3-3-4】 在图 3-3-10 所示的工频交流电路中，阻抗 Z 是由电阻 R 和电感 L 组成的电路元件。已知电压表的读数为 220V，电流表的读数为 10A，功率表的读数为 1000W。试确定电路的参数。

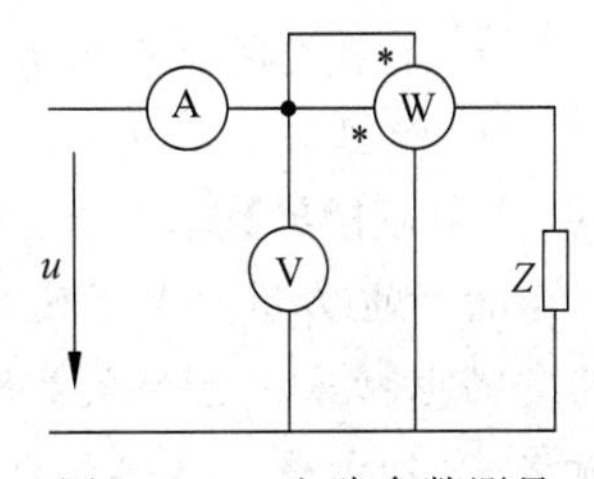

图 3-3-10　电路参数测量

【解】 通过本例，学习一般感性元件参数的测量方法。

已知阻抗 Z 由电阻 R 和电感 L 组成，则电阻与电感的确定方法如下所述。

(1) 电阻的确定

$$R = \frac{P}{I^2} = \frac{1000}{10^2} = 10(\Omega)$$

(2) 电感的确定

电路的阻抗为

$$|Z| = \frac{U}{I} = \frac{220}{10} = 22(\Omega)$$

电路的感抗为

$$X_L = \sqrt{|Z|^2 - R^2} = \sqrt{22^2 - 10^2} = 19.6(\Omega)$$

电感量为

$$L=\frac{X_L}{\omega}=\frac{19.6}{314}=62.4(\text{mH})$$

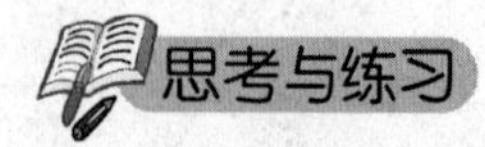

3-3-1　在 RLC 串联电路中，下列电压关系的表达式是否正确？说明理由。

(1) $u=u_R+u_L+u_C$　　(2) $U=U_R+U_L+U_C$　　(3) $\dot{U}=\dot{U}_R+\dot{U}_L+\dot{U}_C$

3-3-2　在 RLC 串联电路中，下列阻抗关系的表达式是否正确？说明理由。

(1) $Z=R+X_L-X_C$　　(2) $Z=R+j(X_L-X_C)$　　(3) $|Z|=\sqrt{R^2+X_L^2+X_C^2}$

3-3-3　在图 3-3-11 中，电压表 V_1 读数为 8V，V_2 读数为 9V，V_3 读数为 3V。试确定 V 的读数。

3-3-4　在图 3-3-12 中，电流表 A_1 读数为 6A，A_2 读数为 3A。试确定电流表 A 的读数。

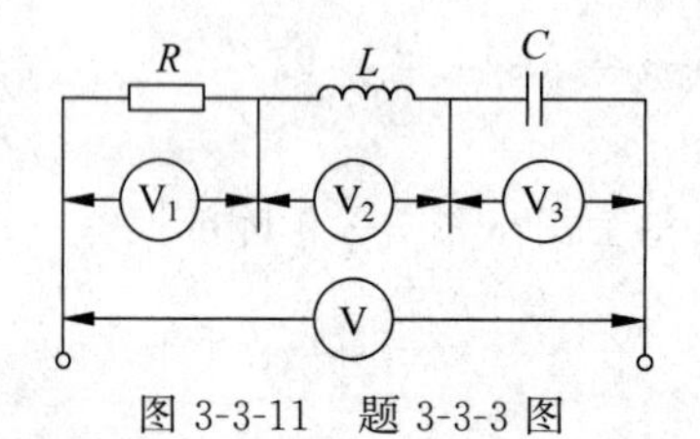

图 3-3-11　题 3-3-3 图

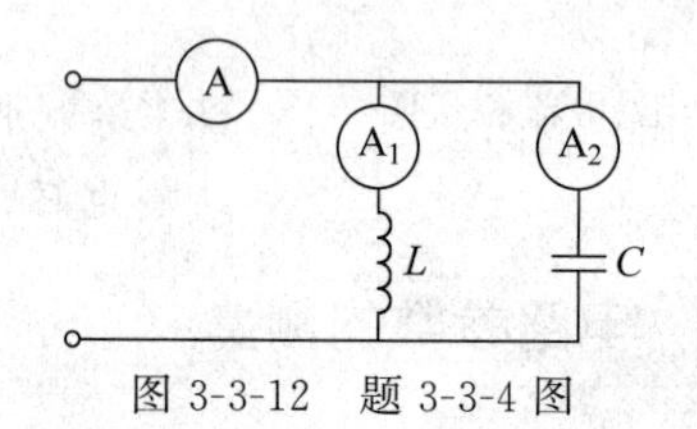

图 3-3-12　题 3-3-4 图

3.4　电路功率因数的提高

【学习目标】

- 了解提高功率因数的意义，熟悉并联电容提高功率因数的原理。
- 能根据负载功率和电力部门的功率要求选择并联电容器的容量和连接方式。

【学习指导】

功率因数的提高

由于电力用户大量使用电动机、变压器以及其他含有储能元件的用电设备，使得电力用户的电功率中包含大量的无功功率，降低了功率因数。过低的功率因数会造成电源容量浪费，增加输电线路的电能损耗。如何有效提高功率因数，是供电部门和电力用户共同关注的问题。

电力系统以电容补偿的方式提高功率因数，所关注的三个问题是：①以何种方式进行电容补偿；②补偿电容量多少合适；③补偿电容如何接入电路。

3.4.1　提高功率因数的意义

电力部门向电力用户提供的电功率中，包含有功功率和无功功率。根据前面的知识可知，只有有功功率消耗电能，无功功率只起与电源交换功率的作用，不消耗电能。尽管无功功率不消耗能量，但在保证一定有功功率的前提下，如果电力用户的无功功率较大，功率因数过低，会产生以下两方面不利的影响。

(1) 电源的容量不能充分发挥，浪费资源。

功率因数的表达式为

$$\cos\varphi=\frac{P}{S}$$

一个交流电源的容量是一定的，如发电机、变压器都有额定容量。如果 $\cos\varphi$ 较低，在提供相同有功功率 P 的情况下，必然要求提高电源容量 S；在电源容量 S 相同的情况下，必然导致输出有功功率 P 的降低。

(2) 加大供配电线路电能的浪费。

所有的电功率都是通过输电线路传输的，输电线路中的电流计算公式为

$$I=\frac{S}{U}$$

在传输相同有功功率 P 的情况下，较低的功率因数势必导致视在功率 S 的提高，从而引起输电电流 I 增大。由于输电线路中存在分布电阻 R，输电电流在输电线路中会产生较大的电能损耗 $W=I^2Rt$。供电线路上的损耗长期存在，产生的各种费用由各级供电部门承担。

鉴于以上两个原因，各级供电部门要求生产性电力用户的功率因数应大于 0.85，并在收取电费时有一定的奖惩措施。对于生产性的电力用户而言，如果功率因数过低，需要采取措施提高功率因数。

3.4.2 提高功率因数的方法

从电气的角度看，一台交流电动机、一个拥有交流电动机的机床、一个有大量感性负荷的工厂，在电路上都可等效为一个电阻 R 与感抗 X_L 的串联，如图 3-4-1 所示。

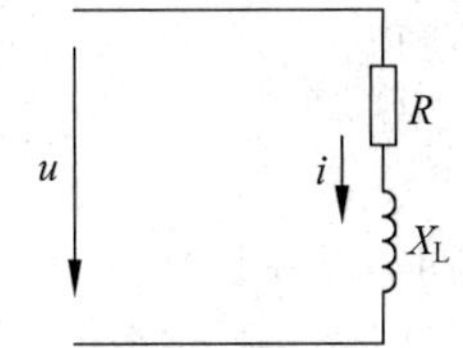

图 3-4-1 感性负荷等效电路

在复合参数组成的电路中，在同一电源供电的情况下，由于电压和电流之间的相位差，电感元件和电容元件上产生的无功功率总是处于互补状态。这说明，感性负荷的电力用户可以使用电容器进行无功补偿来提高功率因数。

1. 方案选择

电容器接入电路的方式有串联和并联两种，如图 3-4-2 所示。串联接入电容尽管能提高功率因数，但改变了原电路的电路结构和电气参数，使得原电路的有功功率和工作电流都发生变化，实际中不采用。并联接入电容后，由于两个支路互相独立，在提高电路功率因数的同时，仅改变了电路的总电流和对外功率因数，没有改变原电路的电路结构，保证了原电路的正常运行。

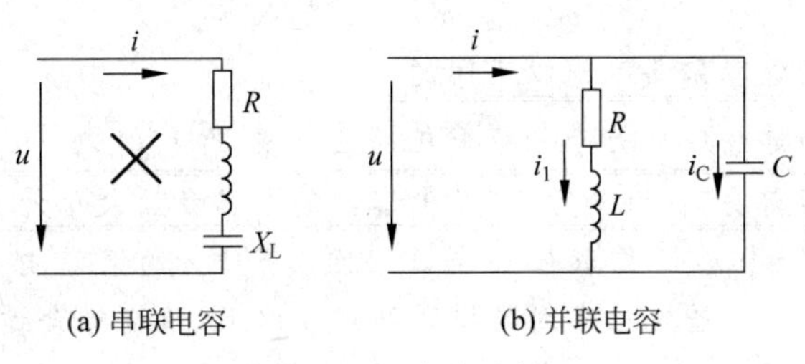

(a) 串联电容 (b) 并联电容

图 3-4-2 方案选择

2. 补偿原理

在图 3-4-2(b)所示的电路中,串联支路表示一个感性负载,C 表示用于提高功率因数的补偿电容。下面通过相量图的形式说明补偿原理。

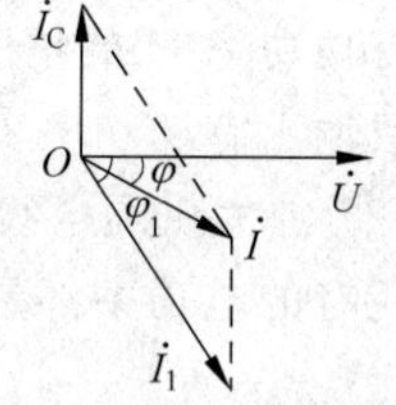

图 3-4-3 并联电容补偿原理

以电源电压 $\dot{U}$ 为参考相量,感性负载 R、L 的电流 $\dot{I}_1$滞后于电源电压 $\dot{U}$ 一个相位角 φ_1。并联电容后,在不改变原有支路电流大小和方向的前提下,由于电容支路的电流 $\dot{I}_C$超前电源电压 90°,电路的总电流 $\dot{I}$ 由原来的 $\dot{I}_1$变为 $\dot{I}=\dot{I}_1+\dot{I}_C$。从图 3-4-3 中可以看出,总电流变小了,总电流与电压的相位差由原来的 φ_1减小为 φ。因为 $\cos\varphi>\cos\varphi_1$,功率因数得到了提高。

从电容补偿提高功率因数的原理可以看出,补偿电容后,只是提高了电源或供电网的功率因数,并未改变原来支路的功率因数。

3. 补偿电容的计算

在实际的补偿电路中,总是根据电源电压 U、有功功率 P、现有功率因数 $\cos\varphi_1$、补偿后期望达到的功率因数 $\cos\varphi$ 确定补偿电容的容量。下面推导补偿电容的计算公式。

原电路在有功功率 P、现有功率因数 $\cos\varphi_1$时对应的无功功率的计算:

因为

$$\cos\varphi_1=\frac{P}{S_1},\quad \sin\varphi_1=\frac{Q_1}{S_1}$$

所以

$$\tan\varphi_1=\frac{Q_1}{P},\quad Q_1=P\tan\varphi_1$$

期望功率因数达到 $\cos\varphi$ 时所对应的无功功率为

$$Q=P\tan\varphi$$

两个无功功率之间的差值通过补偿电容提供,即

$$\Delta Q=Q_C=Q_1-Q=P(\tan\varphi_1-\tan\varphi)$$

补偿电容与补偿无功功率之间的关系为:

因为

$$Q_C=\frac{U^2}{X_C}=\omega CU^2$$

所以

$$C=\frac{Q_C}{\omega U^2}=\frac{P}{\omega U^2}(\tan\varphi_1-\tan\varphi) \tag{3-4-1}$$

提示: 选择补偿电容需要注意以下问题。

(1) 电容器的额定电压应大于电路电压的最大值,即 $U_{CN}>\sqrt{2}U_N$。

(2) 为满足补偿需要,在选择时,实际电容器的电容量应大于计算电容量。

【例 3-4-1】 将一个感性负载接在电压 220V、50Hz 的交流电源中,其额定功率为 5kW,功率因数为 0.75。若把功率因数提高到 0.9 以上,请选择合适的补偿电容,并进行正确的电路连接。

【解】　通过本例，学习补偿电容量的计算方法和电路的连接方式。

提高感性电路的功率因数，可通过并联补偿电容实现。补偿电容可根据式(3-4-1)直接求出。

当 $\cos\varphi_1=0.75$ 时，$\tan\varphi_1=0.882$；当 $\cos\varphi=0.9$ 时，$\tan\varphi=0.484$，所以

$$C=\frac{P}{\omega U^2}(\tan\varphi_1-\tan\varphi)=\frac{5000}{2\times3.14\times50\times220^2}\times(0.882-0.484)$$
$$=130(\mu\text{F})$$

3-4-1　为什么功率因数过低会浪费资源和加大电能的损耗？

3-4-2　可否通过串联电容来提高功率因数？

*3.5　电路的谐振

【学习目标】

- 了解电路谐振产生的原因，了解发生串联谐振和并联谐振时的电路特点。
- 了解电路谐振的危害和利用价值。
- 了解谐振电路品质因数的物理意义，掌握谐振电路品质因数的计算方法。

【学习指导】

在 RLC 电路中，如果电路对外呈纯阻性，电路就处于谐振状态。电子设备利用谐振进行选频，而电力系统为避免损坏设备甚至危及人身安全，需要采取措施防止谐振。

谐振是交流电路的一种特殊形态，我们要从谐振的特征出发，了解谐振的作用与危害。

3.5.1　串联谐振电路

1. 谐振的产生与特性

在图 3-5-1 所示的 RLC 串联电路中，如果电路的阻抗 $Z=R+\text{j}(X_L-X_C)$ 的电抗为 0，电路即处于谐振状态。谐振时：

$$X_L=X_C\Rightarrow\omega L=\frac{1}{\omega C}\Rightarrow2\pi fL=\frac{1}{2\pi fC}$$

谐振频率 ω_0 或 f_0 可表示为

$$\omega_0=\frac{1}{\sqrt{LC}}\quad\text{或}\quad f_0=\frac{1}{2\pi\sqrt{LC}}\qquad(3\text{-}5\text{-}1)$$

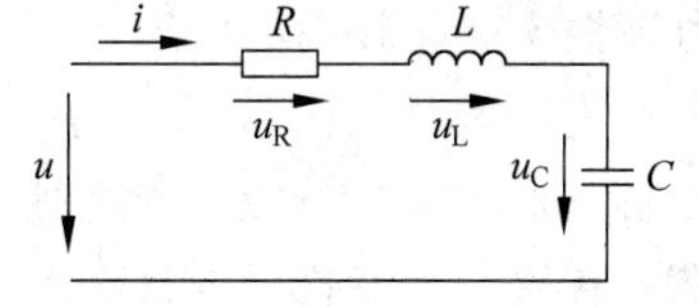

图 3-5-1　RLC 串联谐振电路

串联谐振电路

从式(3-5-1)看出，实现电路的谐振有以下三种方式。

(1) 调频调谐：保持电感 L 和电容 C 不变，调节电源频率 f。

(2) 调感调谐：保持电源频率 f_0 和电容 C 不变，调节电感 L。

(3) 调容调谐：保持电源频率 f_0 和电感 L 不变，调节电容 C。

谐振时的电流

$$\dot{I}_0=\frac{\dot{U}}{Z}=\frac{\dot{U}}{R}$$

谐振时,电感、电容元件上的电压:

因为

$$\dot{U}_L = jX_L\dot{I} = j\frac{X_L}{R}\dot{U},\quad \dot{U}_C = -jX_C\dot{I} = -j\frac{X_C}{R}\dot{U}$$

所以

$$U_L = U_C = U\frac{X_L}{R}$$

谐振时,电路中感抗(容抗)吸收的无功功率与电阻吸收的有功功率之比称为电路的品质因数,记作 Q_0,即

$$Q_0 = \frac{Q_L}{P_R} = \frac{I_0^2 X_L}{I_0^2 R} = \frac{\omega_0 L}{R} = \frac{1}{\omega_0 CR} = \frac{1}{R}\sqrt{\frac{L}{C}} \tag{3-5-2}$$

式(3-5-2)表明,电路的品质因数仅与电路的结构和参数有关。以 U_s 表示谐振电源的电压,在串联谐振电路中,上式还可表示为

$$Q_0 = \frac{I_0^2 X_L}{I_0^2 R} = \frac{I_0 U_L}{I_0 U_s} = \frac{U_L}{U_s} = \frac{U_C}{U_s} \tag{3-5-3}$$

在串联谐振电路中,由于电压更便于测量,Q_0 值的大小常用电感电压 U_L(电容电压 U_C)与电源电压 U_s 的比值来表示。

串联谐振电路有以下特性。

(1) 谐振频率 f_0 仅由电路参数决定,可以通过调节电路参数,使电路达到谐振状态。

(2) 谐振时,电路的阻抗 Z 最小,$Z_0=R$,对外呈纯阻性。

(3) 谐振时,电路中的电流 I_0 最大,且相位与电路外加电压同相位。

(4) 谐振时,电感和电容上的电压大小相等,方向相反,且可能远大于电路的总电压。

(5) 谐振时,$Q_L=Q_C$,电路总的无功功率 $Q=0$。

2. 串联谐振的利用

在无线电技术中,传输和接收到的信号很微弱,需要通过谐振来获得较高的电压。在电子设备中,常常利用电路的谐振进行调频。所谓调频,就是通过调节电路参数,使电子设备工作在某一特定的频率下。最常见的例子是收音机的调台装置。收音机天线是一个电感线圈,调台旋钮是一个可调电容器,选台电路如图 3-5-2 所示。

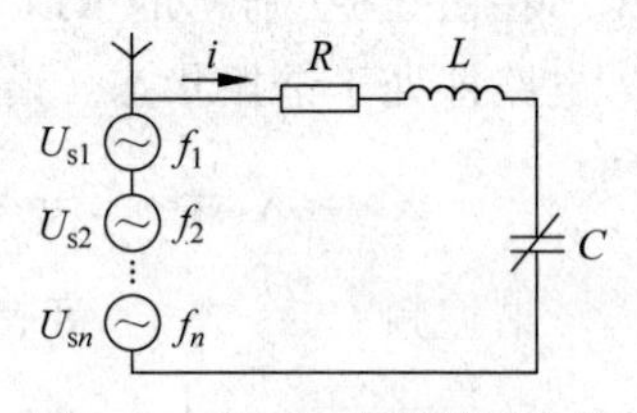

图 3-5-2　RLC 串联谐振电路

每个电台都有其特定的频率 f,调节电容器的电容量,使电路的固有频率 f_0 与所选电台频率重合。只有该频率在电容器上的电压信号最强,这个信号被拾取放大,在收音机的输出端才会得到放大了的电台广播信号。收音机选台回路的等效电路如图 3-5-2 所示。

【例 3-5-1】 在图 3-5-2 所示的 RLC 串联电路中,信号源电压 $U_{s1}=1\text{mV}$,频率 $f_1=2\text{MHz}$,回路电感 $L=30\mu\text{H}$,电路的品质因数 $Q_0=40$。采用调容调谐的方式使电路产生谐振,试求谐振时的电容量 C、回路电流 I_0 和电容电压 U_C。

【解】 通过本例,学习串联谐振电路的基本计算。

谐振时，根据式(3-5-1)可求得电容量 C 为

$$C=\frac{1}{(2\pi f_1)^2 L}=\frac{1}{(2\pi\times 2\times 10^6)^2\times 30\times 10^{-6}}(\mathrm{F})=212(\mathrm{pF})$$

回路中的电阻为

$$R=\frac{X_{\mathrm{L}}}{Q_0}=\frac{2\pi f_1 L}{Q_0}=\frac{2\pi\times 2\times 10^6\times 30\times 10^{-6}}{40}=9.43(\Omega)$$

回路电流为

$$I_0=\frac{U_{\mathrm{s}}}{R}=\frac{1\times 10^{-3}}{9.43}=0.106(\mathrm{mA})$$

电容上的电压为

$$U_{\mathrm{C}}=Q_0\cdot U_{\mathrm{s}}=40\times 1=40(\mathrm{mV})$$

电子电路发生串联谐振时，在电容或电感两端获取的电压信号远高于信号源电压。

3. 串联谐振的危害

从例 3-5-1 可以看出，谐振时，电容两端的电压远高于电源电压。电力系统中如果发生谐振，可能使电容和电感两端的电压高于电源电压。如果这个电压大于元件的额定电压，会造成设备损坏，甚至威胁工作人员的安全。电力系统中的电源频率通常是固定的，为避免谐振的产生，应根据需要对电路参数进行必要的调整。

3.5.2 并联谐振电路

1. 谐振的产生与特性

典型的 RLC 并联谐振电路如图 3-5-3 所示。并联谐振的条件与串联谐振相同，都是其总阻抗 $Z=R+\mathrm{j}X$ 的电抗部分 $X=0$，电路对外呈纯阻性。由于并联电路和串联电路的结构不同，它们的特性表现就不一样。

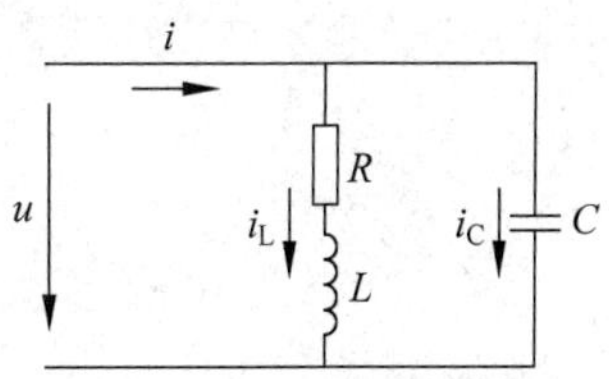

图 3-5-3 并联谐振电路

并联谐振电路

并联电路的总阻抗为

$$Z=\frac{Z_1\cdot Z_2}{Z_1+Z_2}=\frac{(R+\mathrm{j}X_{\mathrm{L}})\cdot \mathrm{j}X_{\mathrm{C}}}{R+\mathrm{j}X_{\mathrm{L}}-\mathrm{j}X_{\mathrm{C}}}=\frac{(R+\mathrm{j}\omega L)\cdot\left(-\mathrm{j}\dfrac{1}{\omega C}\right)}{R+\mathrm{j}\left(\omega L-\dfrac{1}{\omega C}\right)}$$

$$=\frac{\dfrac{R}{\omega^2 C^2}-\mathrm{j}\dfrac{1}{\omega C}\left(R^2+\omega^2 L^2-\dfrac{L}{C}\right)}{R^2+\left(\omega L-\dfrac{1}{\omega C}\right)^2}=\frac{R-\mathrm{j}\omega C\left(R^2+\omega^2 L^2-\dfrac{L}{C}\right)}{(\omega CR)^2+(\omega^2 LC-1)^2}$$

谐振时，电路对外呈纯阻性，要求阻抗的虚部为 0，即

$$R^2+\omega^2 L^2-\frac{L}{C}=0$$

谐振频率

$$\omega_0=\frac{1}{\sqrt{LC}}\sqrt{1-\frac{CR^2}{L}}\quad 或 \quad f_0=\frac{1}{2\pi\sqrt{LC}}\sqrt{1-\frac{CR^2}{L}} \tag{3-5-4}$$

实际电路中能否发生谐振，要根据电路参数而定，具体如下。

(1) 如果 $1-\frac{CR^2}{L}>0$,即 $R<\sqrt{\frac{L}{C}}$,则 ω_0 为实数,电路能够产生谐振。

(2) 如果 $1-\frac{CR^2}{L}<0$,即 $R>\sqrt{\frac{L}{C}}$,则 ω_0 为虚数,电路不能产生谐振。

在实际的高频电路中,由于电感线圈本身的电阻 R 很小,为实现电路的谐振,可通过参数配置,使得 $R\ll\sqrt{\frac{L}{C}}$,即 $\frac{CR^2}{L}\ll 1$,谐振频率为

$$\omega_0\approx\frac{1}{\sqrt{LC}}\quad 或\quad f_0\approx\frac{1}{2\pi\sqrt{LC}} \tag{3-5-5}$$

谐振时,电路的阻抗为

$$Z_0=\frac{R-\mathrm{j}\omega_0C\left(R^2+\omega_0^2L^2-\frac{L}{C}\right)}{(\omega_0CR)^2+(\omega_0^2LC-1)^2}=\frac{1}{(\omega C)^2R}=\frac{1}{\omega C\ \frac{1}{\omega L}\cdot R}=\frac{L}{RC} \tag{3-5-6}$$

谐振时,电路的总电流为

$$\dot{I}_0=\frac{\dot{U}}{Z}=\frac{RC}{L}\dot{U} \tag{3-5-7}$$

谐振时,电感支路、电容支路的电流分别为

$$\dot{I}_{\mathrm{L}}=\frac{\dot{U}}{R+\mathrm{j}\omega L}\approx-\mathrm{j}\frac{\dot{U}}{\omega L}$$

$$\dot{I}_{\mathrm{C}}=\frac{\dot{U}}{-\mathrm{j}\frac{1}{\omega C}}=\mathrm{j}\omega C\dot{U}$$

并联谐振电路的品质因数与串联谐振电路的品质因数物理意义相同,Q_0 表示电路中感抗(或容抗)吸收的无功功率与电阻吸收的有功功率之比,即

$$Q_0=\frac{Q_{\mathrm{L}}}{P_{\mathrm{R}}}=\frac{I_{\mathrm{L}}^2X_{\mathrm{L}}}{I_{\mathrm{L}}^2R}=\frac{\omega_0L}{R}=\frac{1}{\omega_0CR}=\frac{1}{R}\sqrt{\frac{L}{C}} \tag{3-5-8}$$

谐振时,电路呈纯阻性,电路吸收的有功功率 $P=I_0U_{\mathrm{s}}$,所以在并联谐振电路中,式(3-5-8)也可表示为

$$Q_0=\frac{Q_{\mathrm{L}}}{P_{\mathrm{R}}}=\frac{I_{\mathrm{L}}U}{I_0U}=\frac{I_{\mathrm{L}}}{I_0}=\frac{I_{\mathrm{C}}}{I_0} \tag{3-5-9}$$

在并联谐振电路中,由于支路电流更便于测量,故 Q_0 值的大小常用电感支路电流 I_{L}(或电容电流 I_{C})与电路总电流 I_0 的比值来表示。

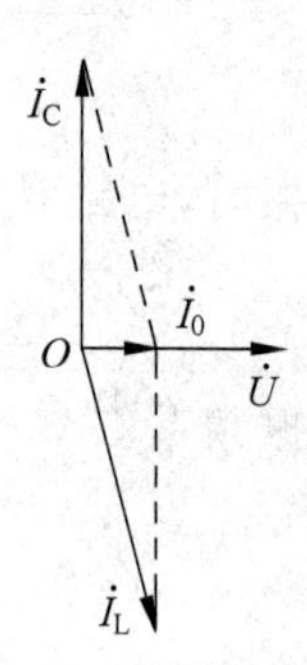

图 3-5-4 并联谐振相量图

结合图 3-5-4 所示的并联谐振相量图,说明并联谐振电路特性如下。

(1) 谐振频率 f_0 由电路参数决定,可以通过调节电路参数使电路达到谐振状态。

(2) 由于谐振时电路的阻抗 Z 最大,对外呈纯阻性。

(3) 谐振时,电路中的总电流 I_0 最小,相位与电路外加电压同相位。

(4) 谐振时,电感或电容支路的电流远大于电路的总电流。

(5) 谐振时,电容和电感之间达到无功功率全补偿,电路的无功功率为 0。

2. 并联谐振的利用

串联谐振电路的选频特性要求电路的内阻($Z_0=R$)相对较小,如果电路的内阻相对较大,要采用并联谐振的方式。下面通过一个例题说明并联谐振的应用。

【例 3-5-2】 在图 3-5-3 所示的 RLC 并联电路中,电感线圈的电阻 $R=10\Omega$,线圈电感 $L=200\mu H$,电容 $C=200pF$,谐振总电流为 0.1mA。试求:谐振回路的品质因数、谐振频率、谐振阻抗、电感支路和电容支路的电流。

【解】 通过本例,学习并联谐振电路的基本计算。

谐振回路的品质因数可根据式(3-5-9)计算,即

$$Q_0=\frac{1}{R}\sqrt{\frac{L}{C}}=\frac{1}{10}\sqrt{\frac{200\times10^{-6}}{200\times10^{-12}}}=100$$

因为 $R=10\ll\sqrt{\frac{C}{L}}=1000$,所以谐振频率为

$$f_0\approx\frac{1}{2\pi\sqrt{200\times10^{-6}\times200\times10^{-12}}}\approx795(\text{kHz})$$

谐振阻抗为

$$Z_0=\frac{L}{RC}=\frac{200\times10^{-6}}{10\times200\times10^{-12}}=100(\text{k}\Omega)$$

电感或电容支路的电流为

$$I_L\approx I_C=Q_0I_0=100\times0.1=10(\text{mA})$$

提示:串联谐振和并联谐振都可用于电子电路的选频。串联谐振适合内阻较小的电压型信号源,并联谐振适合内阻较大的电流型信号源。

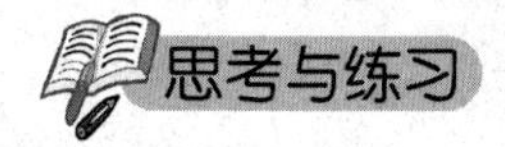

3-5-1　在电子电路中,谐振有什么作用?

3-5-2　电力系统中的谐振有什么危害?

细雨润心田:合理配电,服务民生

随着越来越多的家用电器涌入家庭,我国居民家庭的年用电量节节攀升。国家统计局发布的 2017—2020 年用电量数据如下表所示。

年份	中国全社会用电量/亿千瓦时	同比增长/%	居民用电量/亿千瓦时	同比增长/%
2017	63077	6.6	8695	7.8
2018	68449	8.5	9685	10.4
2019	72255	4.5	10250	5.7
2020	75110	3.1	10949	6.9

从表中数据可以看出，满足居民用电量在今后一个较长的时期都将是国家电网十分重要的工作任务。居民用电量除了逐年增加外，还有一个突出的问题是季节的不平衡性，即每年的寒冬和酷暑需求量剧增。

党的十九大报告中明确指出"中国特色社会主义进入新时代，我国社会主要矛盾已经转化为人民日益增长的美好生活需要和不平衡不充分的发展之间的矛盾。"这个主要矛盾将贯穿我国社会主义初级阶段的整个过程和社会生活的各个方面。只有牢牢抓住这个主要矛盾，才能清醒地观察和把握社会矛盾的全局，有效地促进各种社会矛盾的解决。

人民群众的用电权利和质量受到电力行业和电力企业的高度重视。从国家电网的角度出发，就是如何在电力发展的过程中，尤其是电力供应不足的情况下，如何在"企业与百姓"之间取得平衡，在严冬和酷暑来临、居民家庭急需电力保障的情况下，保障民生，让百姓获得幸福感。

为了确保电力供应平稳有序，国家发改委于 2011 年 4 月 21 日发布《有序用电管理办法》。2011 年 5 月 19 日，国家电监会在《关于加强电力监管切实维护电力安全和有序用电的通知》中明确要求，各派出电力监管机构和有关电力企业加强电力供需预测预警、电力安全管理和电力应急管理、电力调度等工作，维护电力市场秩序，最大限度地满足社会用电需求。

国家电网公司也郑重承诺，将全力保障电力有序供应，确保电网安全稳定地运行，确保为重点城市、重要用户可靠供电，确保城乡居民生活用电，最大限度地满足全社会用电需求。

本章小结

1. 正弦交流电的三要素及其表示(以电流为例说明)

正弦交流电流瞬时值的表达式为

$$i=I_{\mathrm{m}}\sin(\omega t+\varphi_{\mathrm{i}})=I\sqrt{2}\sin(\omega t+\varphi_{\mathrm{i}})$$

(1) 幅值：I_{m}

(2) 相位角：φ_{i}

(3) 角速度：$\omega=2\pi f$

2. 单一参数交流电路中电压、电流及功率的关系对比

电路元件	电阻 R	电感 L	电容 C
参数定义	$R=\frac{U}{I}$	$L=\frac{\varphi}{i}$	$C=\frac{q}{u}$
阻抗值	$R=\rho\frac{l}{s}$	$X_{\mathrm{L}}=\omega L$	$X_{\mathrm{C}}=\frac{1}{\omega C}$
电压—电流瞬时值关系	$u=Ri$	$u=L\frac{\mathrm{d}i}{\mathrm{d}t}$	$u=\frac{1}{C}\int i\mathrm{d}t$ 或 $i=C\frac{\mathrm{d}u}{\mathrm{d}t}$
电压—电流有效值关系	$U=RI$	$U=X_{\mathrm{L}}I$	$U=X_{\mathrm{C}}I$

续表

电路元件	电阻 R	电感 L	电容 C
电压—电流相量关系	$\dot{U}=R\dot{I}$	$\dot{U}=\mathrm{j}X_{\mathrm{L}}\dot{I}$	$\dot{U}=-\mathrm{j}X_{\mathrm{C}}\dot{I}$
电压—电流相位差	$\varphi_{\mathrm{u-i}}=0°$	$\varphi_{\mathrm{u-i}}=90°$	$\varphi_{\mathrm{u-i}}=-90°$
电压—电流波形图	u,i u i O π 2π ωt	u,i u i O π/2 π 2π ωt	u,i i u O π/2 π 2π ωt
电压—电流相量图	O $\dot{I}$ $\dot{U}$	$\dot{U}$ O $\dot{I}$	O $\dot{I}$ $\dot{U}$
功率关系	$P=UI=I^2R=\dfrac{U^2}{R}$	$Q_{\mathrm{L}}=I^2X_{\mathrm{L}}=\dfrac{U^2}{X_{\mathrm{L}}}$	$Q_{\mathrm{C}}=I^2X_{\mathrm{C}}=\dfrac{U^2}{X_{\mathrm{C}}}$

3. 电路的复阻抗

任何一个交流电路，其参数总可以通过等效变换的方式等效为

$$Z=R+\mathrm{j}X=R+\mathrm{j}(X_{\mathrm{L}}-X_{\mathrm{C}})=|Z|\angle\varphi$$

式中：$|Z|$为复阻抗的模，$|Z|=\sqrt{R^2+X^2}=\sqrt{R^2+(X_{\mathrm{L}}-X_{\mathrm{C}})^2}$；$\varphi$为阻抗的复角，$\varphi=\mathrm{arc}\left[\cos\left(\dfrac{R}{\sqrt{R^2+X^2}}\right)\right]$；$\cos\varphi$是电路的功率因数。

4. 相量法在交流电路计算中的应用

相量法是借用复数的形式来表示正弦量的一种数学方法。正弦交流电量采用相量表示后，可借助复数计算的各种方法计算电路参数。相量法入门难，但是掌握后，计算电路参数简单、方便。

(1) 正弦交流电的相量表示法

除了波形图外，为计算方便，用相量表示正弦交流电量是最简洁的一种表示法。在同一个线性电路系统中，各元件的电压、电流均为同一频率的正弦量。所以在以相量表示正弦交流电流时，仅以幅值(有效值)和相位角两个要素来表示。例如：

$$u=\sqrt{2}U\sin(\omega t+\varphi_{\mathrm{u}})$$

$$i=\sqrt{2}I\sin(\omega t+\varphi_{\mathrm{i}})$$

可分别表示为

$$\dot{U}=U\angle\varphi_{\mathrm{u}}$$

$$\dot{I}=I\angle\varphi_{\mathrm{i}}$$

(2) 基尔霍夫定律的相量表示

KCL: $\sum \dot{I} = 0$

KVL: $\sum \dot{U} = 0$

5. 交流电路的功率

交流电路的功率分为有功功率、无功功率和视在功率,其表达式分别为

$$P = UI\cos\varphi$$

$$Q = UI\sin\varphi$$

$$S = UI = \sqrt{P^2 + Q^2}$$

6. 感性电路功率因数的提高

为减小输电线路损耗,提高供电效率,当感性用户的功率因数过低时,通过并联适量的电容可以有效提高电路的功率因数。实际补偿中,根据电源电压 U、有功功率 P、现有功率因数 $\cos\varphi_1$、补偿后期望达到的功率因数 $\cos\varphi$ 确定补偿电容的容量为

$$Q_C = P(\tan\varphi_1 - \tan\varphi)$$

$$C = \frac{Q_C}{\omega U^2} = \frac{P}{\omega U^2}(\tan\varphi_1 - \tan\varphi)$$

7. 电路的谐振

不论是在串联谐振还是并联谐振电路中,电感、电容和频率之间的关系为

$$\omega_0 = \frac{1}{\sqrt{LC}} \quad 或 \quad f_0 = \frac{1}{2\pi\sqrt{LC}}$$

(1) 串联谐振的主要特点与应用

① 谐振时,电路阻抗 Z 最小,$Z_0 = R$,对外呈纯阻性。

② 电路的品质因数 $Q_0 = \frac{Q_L}{P_R} = \frac{U_L}{U_R}$。

③ 串联谐振适合内阻较小的电压型信号源。

④ 电力系统中应尽可能避免发生串联谐振。

(2) 并联谐振的主要特点与应用

① 谐振时,电路阻抗 Z 最大,对外呈纯阻性。

② 电路的品质因数 $Q_0 = \frac{Q_L}{P_R} = \frac{I_L}{I_0}$。

③ 串联谐振适合内阻较大的电流型信号源。

习题 3

3-1 一个正弦交流电压的瞬时值表达式为 $u = 311\sin(628t + 45°)$(V)。试写出该电压的幅值、初相位、频率,并画出波形图。

3-2 一个工频正弦交流电流的幅值为 14.14A,初始值为 7.07A。试确定该电流的

初相位，并写出电流瞬时值的表达式。

3-3 两个同频率正弦交流电的波形如习题 3-3 图所示，试确定 u 和 i 的初相位各为多少？相位差为多少？哪个相位超前？

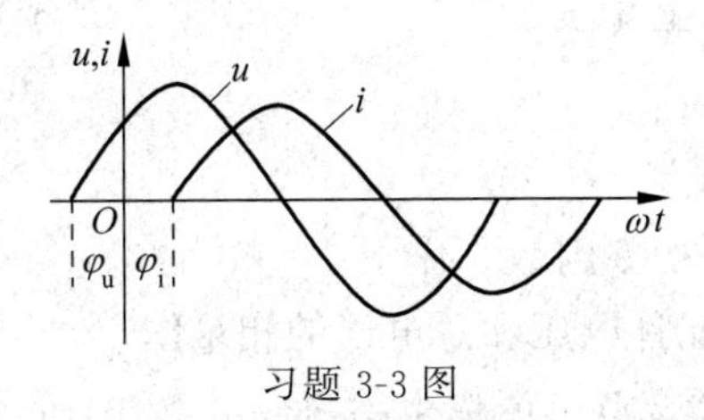

习题 3-3 图

3-4 复阻抗 $Z_1=8+j6$，$Z_2=10\angle 30°$，分别求两个复阻抗的串联值和并联值。

3-5 写出下列各正弦量对应的有效值相量表达式，并在同一复平面画出对应的相量图。

(1) $i=10\sqrt{2}\sin\omega t$(A)　　(2) $i=6\sqrt{2}\sin(\omega t+60°)$(A)

(3) $u=220\sqrt{2}\sin(\omega t-45°)$(V)　　(4) $u=141.4\sin(\omega t+120°)$(V)

3-6 写出下列相量对应的正弦量瞬时值表达式($\omega=314$rad/s)。

(1) $\dot{U}=220\angle 0°$V　　(2) $\dot{U}=110\angle\frac{\pi}{6}$V　　(3) $\dot{I}=(5-j5)$A　　(4) $\dot{I}=-j8$A

3-7 两个同频率正弦交流电流 i_1 和 i_2 的有效值分别为 8A 和 6A，请使用相量图说明：

(1) 在什么情况下，i_1+i_2 的有效值为 10A。

(2) 在什么情况下，i_1+i_2 的有效值为 2A。

(3) 在什么情况下，i_1+i_2 的有效值为 14A。

3-8 电压 $u=220\sqrt{2}\sin(314t+30°)$(V)加在 22Ω 的电阻上，试求：

(1) 电流的瞬时值。

(2) 电流的有效值。

(3) 电阻消耗的功率。

(4) 画出电流与电压的相量图。

3-9 电压 $u=100\sqrt{2}\sin(314t+45°)$(V)加在 10Ω 的电感元件上，试求：

(1) 电流的瞬时值。

(2) 电流的有效值。

(3) 感抗吸收的最大无功功率。

(4) 画出电流与电压的相量图。

3-10 电流 $i=7.07\sin(314t-60°)$(A)通过 5Ω 的电容元件，试求：

(1) 电容两端电压的瞬时值。

(2) 电压的有效值。

(3) 电容吸收的最大无功功率。

(4) 画出电流与电压的相量图。

3-11 U=220V的工频交流电压供电给习题3-11图所示的RLC串联电路。电路参数$R=16\Omega$，$X_L=22\Omega$，$X_C=10\Omega$。试求：

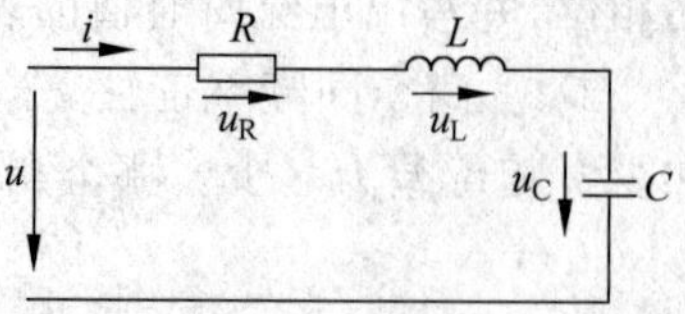

(1) 电路中电流的相量表达式。

(2) R、L、C两端的电压。

(3) 各元件消耗的功率。

(4) 电路的视在功率和功率因数。

(5) 画出电路电流、各元件电压和总电压的相量图。

习题3-11图

3-12 U=220V的工频交流电压供电给习题3-12图所示的R、L与C并联的电路。电路参数$R=8\Omega$，$X_L=6\Omega$，$X_C=10\Omega$。试求：

(1) 各支路电流和电路的总电流，并画出相量图。

(2) 各元件消耗的功率。

(3) 电路的总功率和功率因数。

3-13 220V的工频交流电供电给如习题3-13图所示的串联电路，图中虚线框内是一个电感线圈。已知$R=8\Omega$，电压表读数为220V，电路电流读数为11A，功率表读数为1936W。试确定电感线圈的参数，并画出电路电流、电阻R上的电压u_1、电感线圈上电压u_2的相量关系。

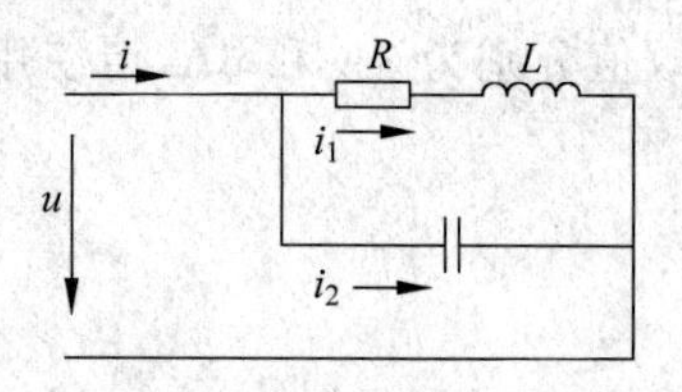

习题3-12图

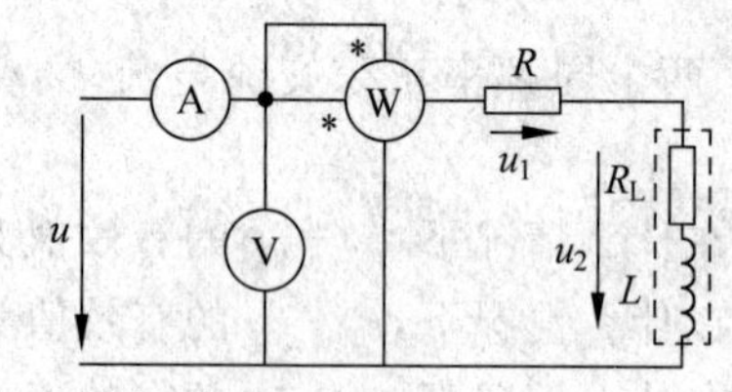

习题3-13图

3-14 为确定一个感性元件的参数，进行如下测试：给元件两端加30V的直流电压，用直流电流表测得电路电流为1A；给元件两端加50V的工频交流电压，用交流电流表测得电路电流仍为1A。根据以上测试数据，确定元件的电阻R和电感量L。

3-15 电路如习题3-15图所示，已知电源电压为$\dot{U}=50\angle 0^\circ$V，$R_1=4\Omega$，$R_2=6\Omega$，$X_L=3\Omega$，$X_C=8\Omega$。试求：

(1) 各支路的电流、电路总电流。

(2) 电路的有功功率、无功功率和功率因数。

(3) 画出各支路电流和电路总电流的相量图。

3-16 将一个感性负载接在220V、50Hz的工频交流电源上，$\cos\varphi=0.7$，P=10kW。现要将功率因数提高到0.9以上，请给出方案并设计元件参数。

3-17 U=100V的工频交流电压供电给一个RLC串联电路。电路参数$R=10\Omega$，$X_L=30\Omega$，$X_C=30\Omega$。试求：电路中的电流为多少？电感两端的电压为多少？根据计算结果，能说明什么问题？

3-18 将电压为10mV的交流信号源接入RLC串联电路，其中，$R=10\Omega$，L=1mH，

$C=1000\text{pF}$。调节频率，使电路发生谐振。试求：

(1) 谐振时，信号源的频率、电路的品质因数。

(2) 谐振时，回路的电流、电感(或电容)上的电压。

3-19　RLC串联电路如习题3-19图所示。已知信号源电压$U=10\text{mV}$，角频率$\omega=10^6\text{rad/s}$。调节电容C，使电路发生谐振。测得谐振时的电流为$I_0=1\text{mA}$，电容两端电压$U_C=1\text{V}$。试求：

(1) 电路的品质因数。

(2) 电路参数R、L、C。

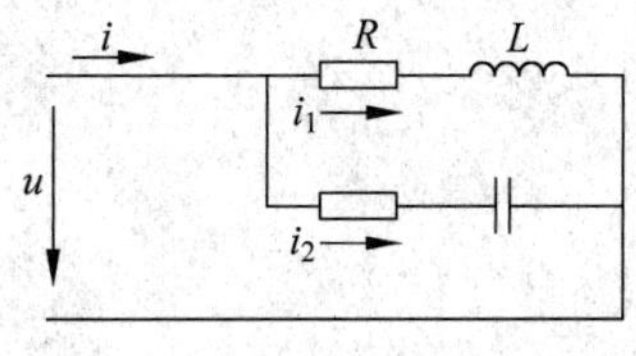

习题3-15图

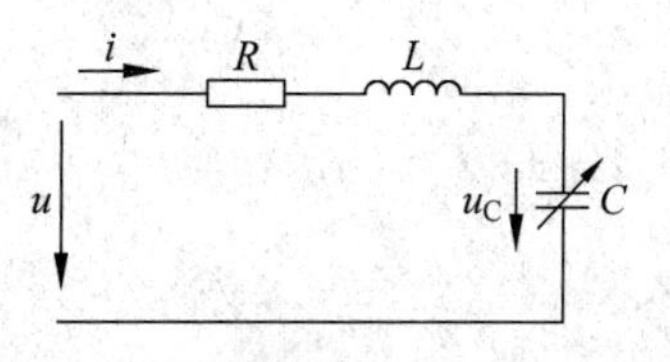

习题3-19图

自测题

自测题答案

第 4 章 Chapter 4

三相正弦交流电路

与单相交流电相比，三相交流电的效率高、成本低、波动性小。工农业生产中使用的大多是三相机电设备，如农用抽水泵、生产加工使用的机床等，都需要三相交流电源供电。家庭使用的单相用电设备，如风扇、冰箱、空调、照明灯等，其供电电源均来自三相供电设备。如何根据三相负载的工作要求选择合适的电源，进行正确接线，保证电器设备正常运行，是电气人员的必备技能。

4.1 三相交流电源的联结

【学习目标】

- 熟悉三相交流电源的组成与接线方式。
- 掌握对称三相交流电源星形接线与三角形接线时线、相电压之间的对应关系。
- 能根据三相负载的工作要求选择合适的电源联结。
- 能借助电工测量仪表排除配电线路的简单故障。

【学习指导】

三相交流电源由三个单相交流电源按照Y形或△形联结而成。要学好三相交流电源，关键是掌握在不同的联结方式下，线电压与相电压之间的大小和相位关系。如果试着用相量和相量图表示三相交流电源，能起到事半功倍的效果。

三相交流电应用广泛，工农业生产用电和居民生活用电几乎都来自当地电力部门提供的三相交流电源。三相交流电源可以直接来自三相交流发电机，但由于电力用户远离发电厂，大多数情况下由三相交流变压器提供。电力部门提供的三相电源通常是三相对称交流电源。

4.1.1　三相对称交流电源

三相对称交流电源是由三个频率相同、振幅相同、相位互差120°的电压源构成的电源组，简称三相交流电源。在供电系统中，以U、V、W表示三相交流电源的三个电源相电压。如果以U相作为参考相，则三相电压可表示为

$$\left.\begin{aligned} u_U &= U\sqrt{2}\sin\omega t \\ u_V &= U\sqrt{2}\sin(\omega t - 120°) \\ u_W &= U\sqrt{2}\sin(\omega t + 120°) \end{aligned}\right\} \tag{4-1-1}$$

三相交流电压的相量形式为

$$\left.\begin{aligned} \dot{U}_U &= U\angle 0° \\ \dot{U}_V &= U\angle(-120°) \\ \dot{U}_W &= U\angle 120° \end{aligned}\right\} \tag{4-1-2}$$

图4-1-1分别给出了组成三相交流电源的单相电源组及其波形图和相量图。

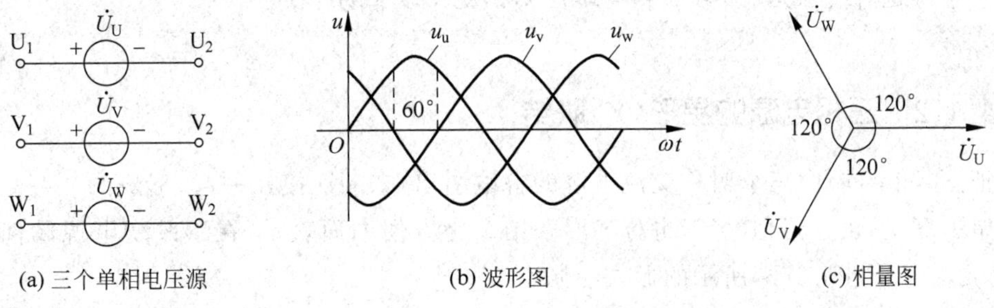

(a) 三个单相电压源　　(b) 波形图　　(c) 相量图

图4-1-1　三相交流电源的波形图和相量图

每相电压源都有首、尾两端，首端依次标记为U_1、V_1、W_1，末端依次标记为U_2、V_2、W_2。本书规定参考正极性标在首端，负极性标在末端，如图4-1-1(a)所示。

三相电压源根据依次出现零值(或最大值)的顺序称为相序。在图4-1-1(b)中，三相交流电的正序是U—V—W，负序(逆序)是U—W—V。在图4-1-1(c)中，三相交流电的正序是顺时针方向，负序是逆时针方向。

我国电力部门提供的三相交流电源的频率为50Hz。三相交流电源有两种联结方式，一种是星形(Y)联结，另一种是三角形(△)联结。不同的联结方式可满足不同的用户需求。

电工故事：三头驴与三相交流电

假设三头驴共同拉动一个大磨盘旋转。三头驴在空间的位置按对称排列：朝同一方向，位置互差120°。由于驴被固定在拉杆上，所以它们之间沿着磨盘的旋转角速度相同，相对位置恒定不变。

设第一头驴的起点在 X 轴上，三头驴拉动大磨盘以 ω 为角速度作逆时针旋转，如图 4-1-2 所示，则任意时刻三个拉杆与 X 轴的动态夹角分别为

$$\omega t、\omega t + 120°、\omega t - 120°$$

设三个拉杆的长度为 U_m，三个拉杆顶点在纵坐标上的投影分别为 u_U、u_V、u_W，则任意时刻三个拉杆的顶点在 Y 轴上的动态投影分别为

$$u_U = U_m \sin\omega t$$

$$u_V = U_m \sin(\omega t + 120°)$$

$$u_W = U_m \sin(\omega t - 120°)$$

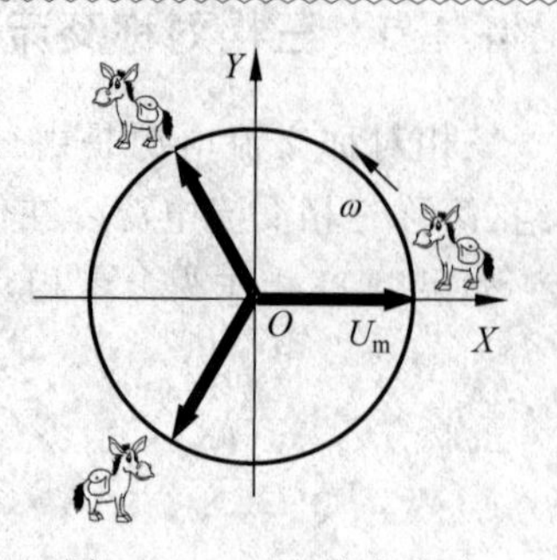

图 4-1-2　三头拉磨的驴

三相电是三相对称交流电源的简称。工厂的动力用电都是三相电，三相电源的产生、相互之间的关系类似于图 4-1-2 中三个拉杆之间的关系，即频率(角速度)相同、振幅(拉杆长度)相同、相位互差 120°。

了解这种关系后，学习三相电路的知识就比较容易了。

4.1.2　三相电源的星形(Y)联结

把图 4-1-1(a)中三个对称交流电源的首端引出，末端连接在一起，形成图 4-1-3(a)所示的星形联结，由于形似"Y"，也称Y形联结。为方便书面表示，在不改变电源属性的情况下，更多用图 4-1-3(b)所示的形式绘制。

三相电源的星形联结

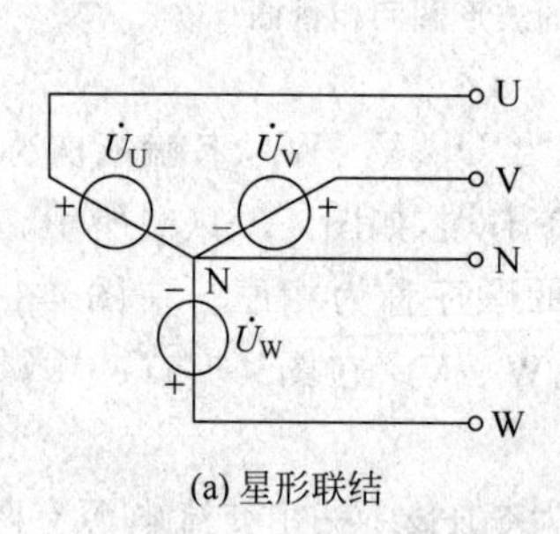

(a) 星形联结　　(b) 星形联结的绘制

图 4-1-3　三相交流电源的星形联结

在图 4-1-3 中，将三相电源首端的引出导线定义为电源的相线或火线(Phase Line)，记为 U、V、W；将三相电源公用末端的引出导线定义为中线或零线(Nature Line)，记为 N。每相电压与中线之间的电压差为相电压(Phase Voltage)，用符号 U_P 表示；任意两相之间的电压差为线电压(Line Voltage)，用符号 U_L，也可用双下标表示，如 U_{UV} 表示 U—V 之间的线电压。下面讨论在星形(Y)联结下，相电压与线电压之间的大小与相位关系。

1. 星形(Y)联结时的相线关系

由于三相电源之间的对称关系,要搞清楚 $\dot{U}_P$ 和 $\dot{U}_L$ 之间的关系,只要分析 $\dot{U}_U$ 和 $\dot{U}_{UV}$ 之间的关系,其他各相线之间的关系便可对应列出。各线电压与各相电压之间的对应关系为

$$\left.\begin{aligned}\dot{U}_{UV}&=\dot{U}_U-\dot{U}_V\\ \dot{U}_{VW}&=\dot{U}_V-\dot{U}_W\\ \dot{U}_{WU}&=\dot{U}_W-\dot{U}_U\end{aligned}\right\}\tag{4-1-3}$$

式中:$\dot{U}_{UV}$ 是 U 相和 V 相之间的电压差。结合式(4-1-2),计算出其相量差为

$$\begin{aligned}\dot{U}_{UV}&=\dot{U}_U-\dot{U}_V=U\angle 0^\circ-U\angle(-120^\circ)\\ &=(U+\mathrm{j}0)-(-0.5U-\mathrm{j}0.866U)\\ &=1.5U+\mathrm{j}0.866U=\sqrt{3}U\angle 30^\circ\\ &=\sqrt{3}\dot{U}_U\angle 30^\circ\end{aligned}$$

根据对称三相电路的特点,列出各相电压与线电压之间的对应关系为

$$\left.\begin{aligned}\dot{U}_{UV}&=\dot{U}_U-\dot{U}_V=\sqrt{3}\dot{U}_U\angle 30^\circ\\ \dot{U}_{VW}&=\dot{U}_V-\dot{U}_W=\sqrt{3}\dot{U}_V\angle 30^\circ\\ \dot{U}_{WU}&=\dot{U}_W-\dot{U}_U=\sqrt{3}\dot{U}_W\angle 30^\circ\end{aligned}\right\}\tag{4-1-4}$$

三相电源星形联结时,有以下对应关系。

(1) 在数值上,线电压 U_L 是相电压 U_P 的 $\sqrt{3}$ 倍。

(2) 在相位上,线电压超前相应的相电压 30°。

式(4-1-4)展示的相、线电压之间的关系还可用相量图表示,如图 4-1-4 所示。尽管以上两式所示的相、线电压关系是根据电源电压之间的关系推导得出的,但同样适应于三相负载星形联结时的相、线电压对应关系。

由于三相电压对称,三相电压之间、三线电压之间还有如下关系:

$$\left.\begin{aligned}\dot{U}_U+\dot{U}_V+\dot{U}_W=0\\ \dot{U}_{UV}+\dot{U}_{VW}+\dot{U}_{WU}=0\end{aligned}\right\}\tag{4-1-5}$$

有兴趣的读者可自行验证。

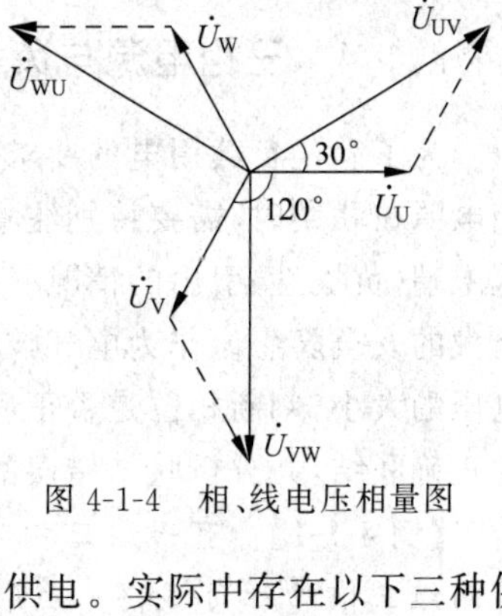

图 4-1-4 相、线电压相量图

2. 星形联结的中线

由于星形联结时引出一根中线,三相交流电变为四线供电。有时为了安全,需要专门增加一根地线,变为五线供电。实际中存在以下三种供电方式。

(1) 三相三线制:适合完全对称的三相负载供电。

(2) 三相四线制:适合不对称的三相负载,或需要单相电源的负载供电。

(3) 三相五线制：适合需要保护接地的单相或三相负载供电。

以上供电方式会在后面逐渐介绍。

4.1.3 三相电源的三角形(△)联结

把图 4-1-1(a)中三个对称交流电源的首、末端依次顺序联结，从首端引出三根导线，形成如图 4-1-5(a)所示的三角形(△)联结。为方便表示，在不改变电源属性的情况下，有时也用图 4-1-5(b)所示的形式绘制。下面讨论在△联结下，相电压与线电压之间的大小与相位关系。

三相电源的三角形联结

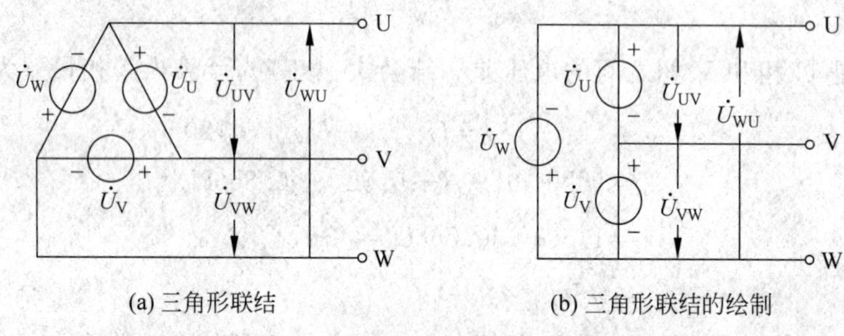

(a) 三角形联结　　(b) 三角形联结的绘制

图 4-1-5　三相交流电源的三角形联结

从图 4-1-5 可以看出，三角形联结时，电源的相电压与电路的线电压对应相等，即

$$\left.\begin{aligned}\dot{U}_{\mathrm{U}}&=\dot{U}_{\mathrm{UV}}\\\dot{U}_{\mathrm{V}}&=\dot{U}_{\mathrm{VW}}\\\dot{U}_{\mathrm{W}}&=\dot{U}_{\mathrm{WU}}\end{aligned}\right\}\tag{4-1-6}$$

三相电压之间仍存在 $\dot{U}_{\mathrm{U}}+\dot{U}_{\mathrm{V}}+\dot{U}_{\mathrm{W}}=0$，有兴趣的读者可自行验证。

提示：在三相交流供电系统中，如无特殊说明，凡提到电源、线路、负载的电压时，一般均指线电压。

4.1.4 三相电源与负载的正确联结

为了满足负载用电的要求，需要根据负载的工作电压进行电源接线方式的调整。三相电源在联结时，需要特别注意电源引线的极性。实际中，可能会发生某一相或两相电源从末端(负极性)引出的情况。此时，尽管三个单相电压的测量值显示正确，但实际上存在极大的安全隐患。作为电气技术人员，在设备运行前，一定要用合适的仪表检查三相电源电压的大小，判断相位是否正确，否则会引起严重的后果。下面通过一个实例来说明电源的正确联结，并分析联结错误的情况。

【例 4-1-1】 有一组三相对称的交流电源，每相电压为 220V，电源频率为 50Hz。现有两组三相对称负载，一组负载的工作线电压为 220V，另一组负载的工作线电压为 380V。问如何联结，可使得该交流电源能分别为两组负载正常供电？

【解】 电源的联结方式要根据负载的工作电压进行适当的调整。

(1) 负载工作电压为 220V。

要保证线电压为220V的负载正常工作，需要提供线电压为220V的交流电。根据式(4-1-6)，三角形接线时，$U_L=U_P$，三相电源接线如图4-1-6(a)所示。

(2) 负载工作电压为380V。

要保证线电压为380V的负载正常工作，需要提供线电压为380V的交流电。根据式(4-1-5)，Y接线时，$U_L=\sqrt{3}U_P$，所以三相电源接线如图4-1-6(b)所示。

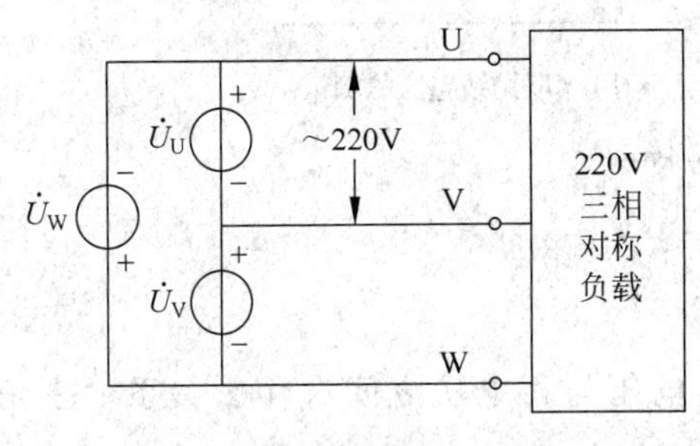

(a) 线电压为220V的△联结

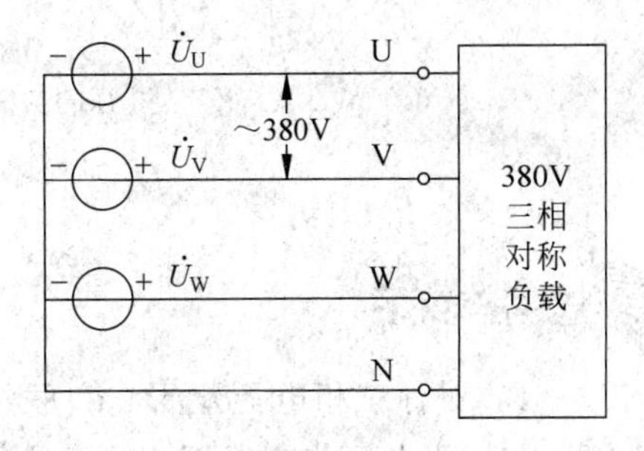

(b) 线电压为380V的Y联结

图 4-1-6　三相交流电源的联结

【例 4-1-2】 在例4-1-1中，如果某一相电源的首、末端标号错误，导致三相电源中一相接反，会产生何种后果？请分别对星形和三角形接法进行分析。

【解】 通过本例，学习判断电源异常的方法。

(1) 三角形接线电源异常的处理。

下面以W相接反为例进行分析。如果W相接反，则三相电压之和为

$$\dot{U}_U+\dot{U}_V+\dot{U}_W=U\angle 0^\circ+U\angle(-120^\circ)-U\angle 120^\circ=2U\angle(-60^\circ)$$

即三相电源电压之和为2倍的相电压。利用这个原理，按以下步骤排除故障。

① 用万用表测量各相电压。万用表测量交流电压时无正、负极之分，表盘显示值为电压的有效值。如果各相电源电压正常，则万用表的测量值应为220V。

② 在电源联结为三角形之前，测量开口处电压，如图4-1-7(a)所示。如果开口处电压测量值接近零，说明联结正确；如果测量值接近440V，可通过逐一反接的方法找出接反相。

(2) 星形接线电源异常的处理。

仍以W相接反为例进行分析。如果W相接反，则与W相有关的两个线电压为

$$\dot{U}_{VW}=\dot{U}_V+\dot{U}_W=U\angle(-120^\circ)+U\angle 120^\circ=U\angle 180^\circ(\mathrm{V})$$

$$\dot{U}_{WU}=-\dot{U}_W-\dot{U}_U=-U\angle 120^\circ-U\angle 0^\circ=U\angle(-120^\circ)(\mathrm{V})$$

上式表明，与接错相有关的两个线电压的大小与相电压相同。利用这个原理，可按以下步骤排除故障。

① 用万用表测量各相电压。各相电源电压正常时，电压测量值应为220V。

② 测量各个线电压，如图4-1-7(b)所示。如果每个线电压值都为380V，说明联结正确；如果有两个线电压值接近220V，说明公共相即为接反相。

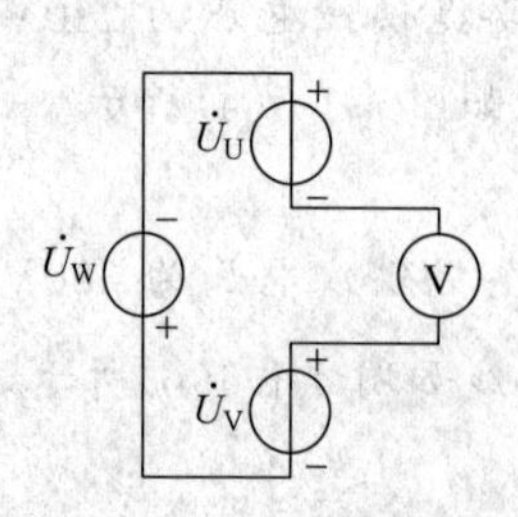

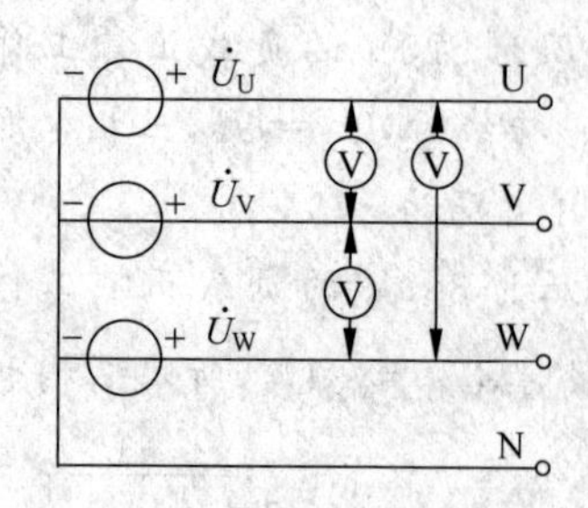

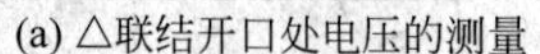
(a) △联结开口处电压的测量　　(b) Y联结线电压的测量

图 4-1-7　电源故障的判断

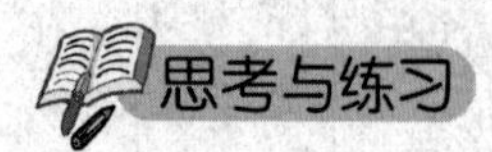
思考与练习

4-1-1　对称三相电源星形(Y)联结时,线电压与相电压之间有什么关系?三角形(△)联结时,线电压与相电压之间又是什么关系?

4-1-2　三相电源星形(Y)联结时,如果有一相电源反向接线,此时测得的3个线电压为何值?如何找出故障相?

4-1-3　三相电源三角形(△)联结时,如果有一相电源反向接线,此时测得的3个线电压为何值?如何找出故障相?

4.2　三相负载的联结

【学习目标】

- 熟悉三相负载的组成与接线方式。
- 掌握对称三相负载星形接线与三角形接线时,线、相电流之间的对应关系。
- 能根据三相电源条件确定三相负载的联结方式。

【学习指导】

三相负载由三个单相负载按照Y或△联结而成。要进行三相电路的计算,首先要判断三相负载是否对称。如果负载不对称,就按照单相电路的方法分别计算每相电路;如果三相负载对称,只需计算一相即可,其余两相参数根据电源对称关系推导得出。

对称负载电路计算的关键是掌握在不同的联结方式下,线电流与相电流之间的大小和相位关系。能够用相量和相量图表示三相负载电流是最有效的学习方法。

与三相交流电源相同,三相负载也有星形、三角形两种联结方式。

4.2.1　三相负载的星形(Y)联结

三相负载的星形联结

三相负载星形联结的电路如图 4-2-1(a)所示。为绘制电路方便,在已知电源电压的情况下,常采用如图 4-2-1(b)所示的简化方式。

电源供电线路上的电流为线电流(Line Current),用符号 I_L 表示,如 I_{LU} 表示U线的线电流;流过每相负载的电流为相电流(Phase Current),用符号 I_P 表示,如 I_{PU} 表示U相的相电流。下面讨论在Y联结下,负载上的线电压与相电压、线电流与相电流之间的大小与相位关系。

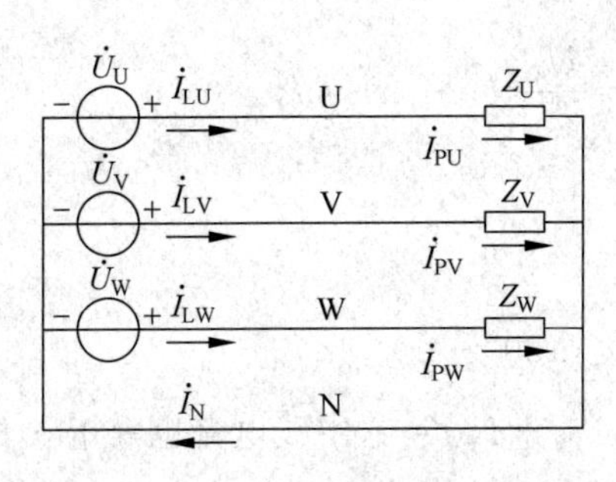

(a) 三相负载星形联结

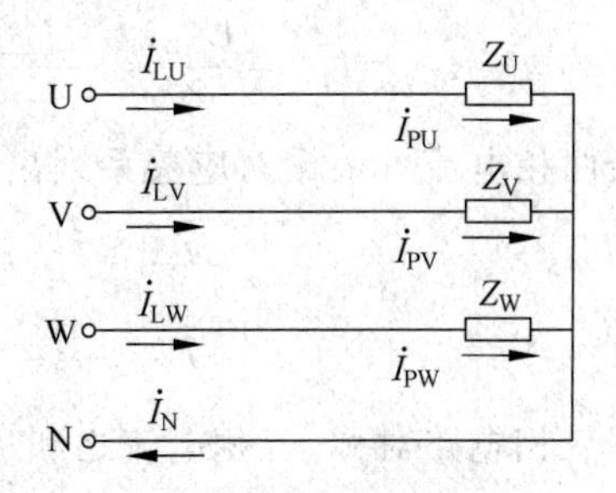

(b) 星形联结简化图

图 4-2-1　三相负载的星形联结

1. 负载相、线电压之间的关系

三相负载 Z_U、Z_V、Z_W 上的电压分别为 U_U、U_V、U_W，与电源的相电压相等；由于负载为星形接法，每两相负载之间的电压等于电源的线电压 U_{UV}、U_{VW}、U_{WU}。电源相、线之间的电压关系完全适用于负载相、线之间的电压关系，此处不再赘述。

2. 负载相、线电流之间的关系

从负载端看，供电线路上的线电流与每相负载的相电流相等，即

$$\left.\begin{aligned}\dot{I}_{LU}&=\dot{I}_{PU}\\\dot{I}_{LV}&=\dot{I}_{PV}\\\dot{I}_{LW}&=\dot{I}_{PW}\end{aligned}\right\}\tag{4-2-1}$$

3. 负载电流计算

由于三相电源对称，电路的相电流(线电流)可分别计算为

$$\left.\begin{aligned}\dot{I}_{LU}&=\dot{I}_{PU}=\frac{\dot{U}_{PU}}{Z_U}\\\dot{I}_{LV}&=\dot{I}_{PV}=\frac{\dot{U}_{PV}}{Z_V}\\\dot{I}_{LW}&=\dot{I}_{PW}=\frac{\dot{U}_{PW}}{Z_W}\end{aligned}\right\}\tag{4-2-2}$$

根据式(4 2 2)，三相负载的电流可由各相电压和各相负载分别计算得出。根据基尔霍夫电流定律，中线电流为

$$\begin{aligned}\dot{I}_N&=\dot{I}_{PU}+\dot{I}_{PV}+\dot{I}_{PW}\\&=\dot{I}_{LU}+\dot{I}_{LV}+\dot{I}_{LW}\end{aligned}\tag{4-2-3}$$

如果三相负载完全相等，也称对称三相负载，即 $Z_U=Z_V=Z_W$。在三相对称电压下的负载电流也具有对称关系。在对称电路中，只需计算任一相的电压、电流和阻抗，其余相的相应参数可根据对称关系对应列出。设

$$Z_U=Z_V=Z_W=|Z|\angle\varphi$$

则

$$\dot{I}_{PU}=\dot{I}_{LU}=\frac{\dot{U}_{PU}}{Z}=\frac{U\angle 0^\circ}{|Z|\angle\varphi}=\frac{U_P}{|Z|}\angle(-\varphi)=I_P\angle(-\varphi)$$

其余两相电流可根据对应关系列出

$$\dot{I}_{PV}=\dot{I}_{LV}=I_P\angle(-120^\circ-\varphi)$$

$$\dot{I}_{PW}=\dot{I}_{LW}=I_P\angle(120^\circ-\varphi)$$

由于三相电路对称,三相电流之和 $\dot{I}_{PU}+\dot{I}_{PV}+\dot{I}_{PW}=0$,中线电流也等于 0,即

$$\dot{I}_N=\dot{I}_{PU}+\dot{I}_{PV}+\dot{I}_{PW}=0 \tag{4-2-4}$$

式(4-2-4)表明,在三相电源对称、三相负载相等的情况下,中线电流为零。在实际的供电系统中,为节省投资,可去掉中线,形成三相三线制电路。工业生产中大量使用的三相电机都采用三相三线制电路。

在 380V/220V 低压供配电系统中,由于大量存在单相负荷,正常情况下中线电流并不为零,所以采用三相四线制系统。在采用三相四线制的供电系统中,中线的作用不可或缺。为确保中线的正常运行,规定中线不允许装设开关和熔断器。

【例 4-2-1】 一组三相对称负载采用星形联结接在线电压 380V、频率 50Hz 的三相四线制交流电源上,其阻值 $Z=20\angle 30^\circ\Omega$。试根据下列情况计算各相负载的相电压、负载的相电流及电路的线电流。要求:①正常运行;②W 相断线,其余正常;③W 相和中线断线,其余正常。通过本例,说明中线的作用。

【解】 通过本例,学习负载在星形接线方式下电路参数的计算。

对于线电压为 380V 的三相四线制交流电源,其联结方式为星形接线,每相电压为 220V。设 $u_{PU}=220\sqrt{2}\sin 314t$(V)。

(1) 正常运行时,电路如图 4-2-2(a)所示。

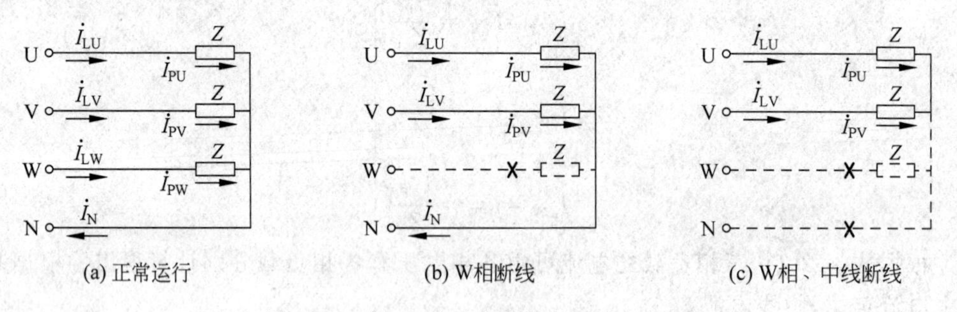

图 4-2-2 例 4-2-1 中各种情况下的电路图

各相负载相电压的相量形式为

$$\dot{U}_{PU}=U\angle 0^\circ\text{V}$$

$$\dot{U}_{PV}=U\angle(-120^\circ)\text{V}$$

$$\dot{U}_{PW}=U\angle 120^\circ\text{V}$$

各相负载的相电流与线电流相等。以U相为例进行计算：

$$\dot{I}_{LU}=\dot{I}_{PU}=\frac{\dot{U}_{PU}}{Z}=\frac{220\angle 0^\circ}{20\angle 30^\circ}=11\angle(-30^\circ)(A)$$

其他两相和中线电流为

$$\dot{I}_{LV}=\dot{I}_{PV}=11\angle(-150^\circ)A$$

$$\dot{I}_{LW}=\dot{I}_{PW}=11\angle 90^\circ A$$

$$\dot{I}_{N}=0A$$

(2) W相断线，其余正常，电路如图4-2-2(b)所示。

由于中线的存在，W相断线后，其余两相仍可正常工作。各相负载相电压的相量形式为

$$\dot{U}_{PU}=U\angle 0^\circ V$$

$$\dot{U}_{PV}=U\angle(-120^\circ)V$$

$$\dot{U}_{PW}=0V$$

各相负载的相电流与线电流相等，相电流、中线电流分别计算如下：

$$\dot{I}_{LU}=\dot{I}_{PU}=\frac{\dot{U}_{PU}}{Z}=\frac{220\angle 0^\circ}{20\angle 30^\circ}=11\angle(-30^\circ)(A)$$

$$\dot{I}_{LV}=\dot{I}_{PV}=\frac{\dot{U}_{PV}}{Z}=\frac{220\angle(-120^\circ)}{20\angle 30^\circ}=11\angle(-150^\circ)(A)$$

$$\dot{I}_{LW}=\dot{I}_{PW}=\frac{\dot{U}_{PW}}{Z}=0(A)$$

$$\dot{I}_{N}=\dot{I}_{LU}+\dot{I}_{LV}=11\angle(-30^\circ)+11\angle(-150^\circ)=11\angle(-90^\circ)(A)$$

(3) W相和中线断线，其余正常，电路如图4-2-2(c)所示。

由于中线断线，电路的中性点已不存在。W相断线后，其余两相变为串联工作。根据式(4-1-5)，U、V相之间的线电压为

$$\dot{U}_{UV}=\sqrt{3}U\angle 30^\circ$$

U、V两个相电流(线电流)大小相等，方向相反，即

$$\dot{I}_{LU}=\dot{I}_{PU}=-\dot{I}_{LV}=-\dot{I}_{PV}=\frac{\dot{U}_{UV}}{2Z}=\frac{380\angle 30^\circ}{40\angle 30^\circ}=9.5\angle 0^\circ(A)$$

$$\dot{I}_{LW}=0A$$

$$\dot{I}_{N}=0A$$

结论：在三相对称电源作用下，如果三相负载对称，可以省去中线；如果负载不对称(如一相断线)，在有中线的情况下，非故障相可以正常工作；如果负载不对称(如一相断线)，且无中线，非故障相也不能正常工作。

4.2.2 三相负载的三角形(△)联结

三相负载三角形(△)联结的电路如图 4-2-3(a)所示。为绘制电路方便,也常采用如图 4-2-3(b)所示的方式。

三相负载的三角形联结

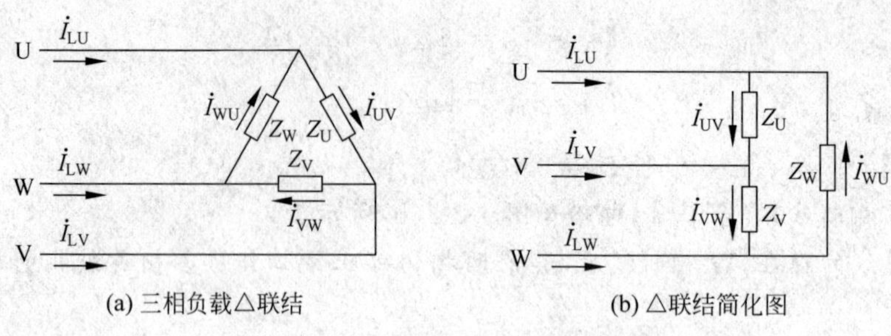

图 4-2-3 三相负载的三角形联结

三角形接线时,线电流和相电流的定义与星形接线相同。下面讨论在△联结下,负载上的线电压与相电压、线电流与相电流之间的大小与相位关系。

1. 负载相、线电压之间的关系

三角形联结时,三相负载 Z_U、Z_V、Z_W 上的电压分别为 U_{UV}、U_{VW}、U_{WU},即三相负载的相电压与电源的线电压相等。相量表示为

$$\left.\begin{aligned}\dot{U}_{PU}&=\dot{U}_{UV}\\ \dot{U}_{PV}&=\dot{U}_{VW}\\ \dot{U}_{PW}&=\dot{U}_{WU}\end{aligned}\right\}\tag{4-2-5}$$

2. 负载相、线电流之间的关系

三角形联结时,三相供电线路上的线电流与通过负载的相电流关系如下:

$$\left.\begin{aligned}\dot{I}_{LU}&=\dot{I}_{UV}-\dot{I}_{WU}\\ \dot{I}_{LV}&=\dot{I}_{VW}-\dot{I}_{UV}\\ \dot{I}_{LW}&=\dot{I}_{WU}-\dot{I}_{VW}\end{aligned}\right\}\tag{4-2-6}$$

各相负载电流取决于电源的线电压和每相负载的阻抗,即

$$\left.\begin{aligned}\dot{I}_{UV}&=\frac{\dot{U}_{UV}}{Z_U}\\ \dot{I}_{VW}&=\frac{\dot{U}_{VW}}{Z_V}\\ \dot{I}_{WU}&=\frac{\dot{U}_{WU}}{Z_W}\end{aligned}\right\}\tag{4-2-7}$$

如果三相负载对称,即 $Z_U=Z_V=Z_W=|Z|\angle\varphi$,在三相对称电压下的负载电流也具有对称关系。下面以 U 线为例进行计算,设 $\dot{U}_{LU}=U\angle 0°$,则 U 相电流为

$$\dot{I}_{UV}=\frac{\dot{U}_{UV}}{Z_U}=\frac{U\angle 0^\circ}{|Z|\angle\varphi}=\frac{U}{|Z|}\angle(-\varphi)=I_P\angle(-\varphi)$$

根据三相电路的对称性,另外两相的电流为

$$\dot{I}_{VW}=I_P\angle(-120^\circ-\varphi)$$

$$\dot{I}_{WU}=I_P\angle(120^\circ-\varphi)$$

可得U线电流为

$$\begin{aligned}\dot{I}_{LU}&=\dot{I}_{UV}-\dot{I}_{WU}=I_P\angle(-\varphi)-I_P\angle(120^\circ-\varphi)\\&=\sqrt{3}I_P\angle(-30^\circ-\varphi)=\sqrt{3}\dot{I}_{UV}\angle(-30^\circ)\end{aligned}$$

根据对称三相电路的特点,列出各线电流与相电流之间的对应关系为

$$\left.\begin{aligned}\dot{I}_{LU}&=\dot{I}_{UV}-\dot{I}_{WU}=\sqrt{3}\dot{I}_{UV}\angle(-30^\circ)\\\dot{I}_{LV}&=\dot{I}_{VW}-\dot{I}_{UV}=\sqrt{3}\dot{I}_{VW}\angle(-30^\circ)\\\dot{I}_{LW}&=\dot{I}_{WU}-\dot{I}_{VW}=\sqrt{3}\dot{I}_{WU}\angle(-30^\circ)\end{aligned}\right\}\tag{4-2-8}$$

三相对称负载三角形联结时,有以下对应关系。

(1) 在数值上,线电流 I_L 是相电流 I_P 的$\sqrt{3}$倍。

(2) 在相位上,线电流滞后相应的相电流30°。

根据基尔霍夫电流定律,三相电流之间、三线电流之间还有如下关系。

$$\left.\begin{aligned}\dot{I}_{UV}+\dot{I}_{VW}+\dot{I}_{WU}=0\\\dot{I}_{LU}+\dot{I}_{LV}+\dot{I}_{LW}=0\end{aligned}\right\}\tag{4-2-9}$$

图4-2-4以U相电流为参考相量,绘制了相、线电流关系图,有兴趣的读者可自行验证。

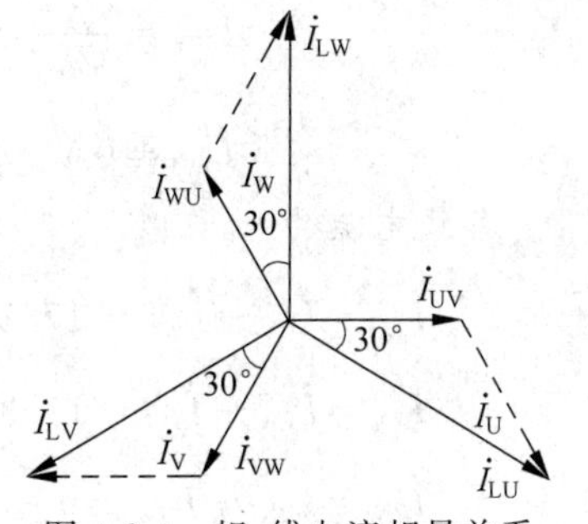

图4-2-4　相、线电流相量关系

【例4-2-2】　将一组三角形联结的对称负载 $Z=22\angle 45^\circ\Omega$ 接在线电压为380V的三相对称工频交流电源上。试根据下列情况计算各相负载的相电流以及电路的线电流:(1)电路正常运行;(2)W相负载断开,其他正常;(3)W相电源线断开,其他正常。

【解】　通过本例,学习负载△接线方式下电路参数的计算。

为计算方便,根据电路条件绘制如图4-2-5所示的各种情况电路图。设U相线电压为电路的参考相量,即 $\dot{U}_{LU}=\dot{U}_{UV}=380\angle 0^\circ$V。

(1) 电路正常运行。

三相负载三角形联结时,电路对称,仅计算U相参数,其余两相的参数根据对应关系求出。各相电流为

$$\dot{I}_{UV}=\frac{\dot{U}_{UV}}{Z_U}=\frac{380\angle 0^\circ}{22\angle 45^\circ}\approx 17.3\angle(-45^\circ)(\text{A})$$

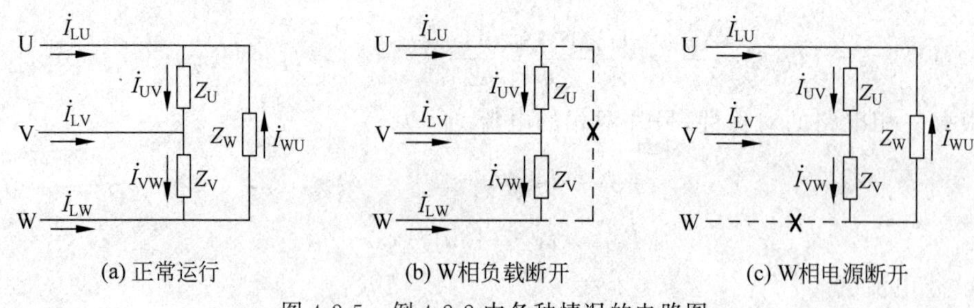

图 4-2-5　例 4-2-2 中各种情况的电路图

$$\dot{I}_{VW} \approx 17.3\angle(-165^\circ)\text{A}$$

$$\dot{I}_{WU} \approx 17.3\angle 75^\circ\text{A}$$

各线电流为

$$\dot{I}_{LU} = \dot{I}_{UV} - \dot{I}_{WU} = \sqrt{3}\dot{I}_{UV}\angle(-30^\circ) = \sqrt{3}\times 17.3\angle(-45^\circ - 30^\circ)$$
$$= 30\angle(-75^\circ)(\text{A})$$

$$\dot{I}_{LV} = \dot{I}_{VW} - \dot{I}_{UV} = 30\angle(-195^\circ)(\text{A})$$

$$\dot{I}_{LW} = \dot{I}_{WU} - \dot{I}_{VW} = 30\angle 45^\circ(\text{A})$$

(2) W 相负载断开,其他正常。

由于负载不对称,需要单独计算各相电流和各线电流。各相电流为

$$\dot{I}_{UV} = \frac{\dot{U}_{UV}}{Z_U} = \frac{380\angle 0^\circ}{22\angle 45^\circ} \approx 17.3\angle(-45^\circ)(\text{A})$$

$$\dot{I}_{VW} = \frac{\dot{U}_{VW}}{Z_V} = \frac{380\angle(-120^\circ)}{22\angle 45^\circ} \approx 17.3\angle(-165^\circ)(\text{A})$$

$$\dot{I}_{WU} = 0\text{A}$$

各线电流为

$$\dot{I}_{LU} = \dot{I}_{UV} - \dot{I}_{WU} = 17.3\angle(-45^\circ) - 0 \approx 17.3\angle(-45^\circ)(\text{A})$$

$$\dot{I}_{LV} = \dot{I}_{VW} - \dot{I}_{UV} = 17.3\angle(-165^\circ) - 17.3\angle(-45^\circ) = 30\angle(-195^\circ)(\text{A})$$

$$\dot{I}_{LW} = \dot{I}_{WU} - \dot{I}_{VW} = 0 - 17.3\angle(-165^\circ) \approx 17.3\angle 15^\circ(\text{A})$$

(3) W 相电源断开,其他正常。

此时,电路仍有两相电源 $\dot{U}_{LU}$ 和 $\dot{U}_{LV}$,但仅有 $\dot{U}_{UV}$ 正常,V、W 两相负载实际变为串联关系。Z_V、Z_W 串联之后再与 Z_U 并联,接在 U—V 线之间。

$$\dot{I}_{UV} = \frac{\dot{U}_{UV}}{Z_U} = \frac{380\angle 0^\circ}{22\angle 45^\circ} \approx 17.32\angle(-45^\circ)(\text{A})$$

$$\dot{I}_{VW} = \dot{I}_{WU} = \frac{-\dot{U}_{UV}}{Z_V + Z_W} = \frac{380\angle 180^\circ}{44\angle 45^\circ} \approx 8.66\angle 135^\circ(\text{A})$$

U、V 线电流大小相等,方向相反,结果为

$$
\begin{aligned}
\dot{I}_{LU} &= \dot{I}_{UV} - \dot{I}_{WU} = 17.32\angle(-45^\circ) - 8.66\angle 135^\circ \\
&= 17.32\angle(-45^\circ) + 8.66\angle(-45^\circ) \\
&= 25.98\angle(-45^\circ)(\mathrm{A})
\end{aligned}
$$

$$\dot{I}_{LV} = -\dot{I}_{LU} = 25.98\angle 135^\circ \mathrm{A}$$

$$\dot{I}_{LW} = 0\mathrm{A}$$

电工故事：电器设备的工作条件

人吃饱饭才能正常工作。吃多了撑得慌，工作起来不舒服；吃少了饿得慌，干活有气无力(图 4-2-6)。

电器设备也一样，满足供电条件才能正常工作。电器设备工作的首要条件是提供额定电压。由于供电电压一直处于动态调节的过程中，一般设备的工作电压在额定电压(100±5)%的范围内浮动，设备可以正常工作(图 4-2-7)。

图 4-2-6　我要吃饱饭

图 4-2-7　我要用好电

中国和大部分欧洲国家家用电器设备的额定电压是 220V，日本和美国等国家家用电器的额定电压是 110V。如果把一个中国的电器设备带到日本使用，只能是出工不出力，打不起精神，甚至导致设备损坏；把一个 110V 的日本电器带到中国使用，直接加到 220V 电源上，就会立即烧毁。

家用电器是单相用电设备，只要设备的工作电压与电源电压相匹配，就可以工作。在使用中，为保证每个设备都能正常工作，需要并联接入电路中。

三相电器设备有三角形(△)和星形(Y)两种接法，负载也有△形和Y形两种接法。不论电源和设备如何连接，只要保证电源的线电压与负载的线电压相等，设备就能正常工作。

【例 4-2-3】 有三组分时段工作的三相对称负载，工作参数分别为：①$Z_1=20\angle 26.9^\circ\Omega$，工作电压 220V；②$Z_2=22\angle 30^\circ\Omega$，工作电压 380V；③$Z_3=33\angle 45^\circ\Omega$，工作电压 660V。目前的工作场所仅能提供一组相电压为 380V 的三相工频电源，电路元件、单相电源组如图 4-2-8 所示。为满足三组负载在不同时段的供电要求，请画出电源和负载的电路联结图，并求出各组负载的相、线电流。

【解】 通过本例，学习电源和负载的正确联结方式。

电源和负载的联结方式要根据负载的工作要求合理调整。

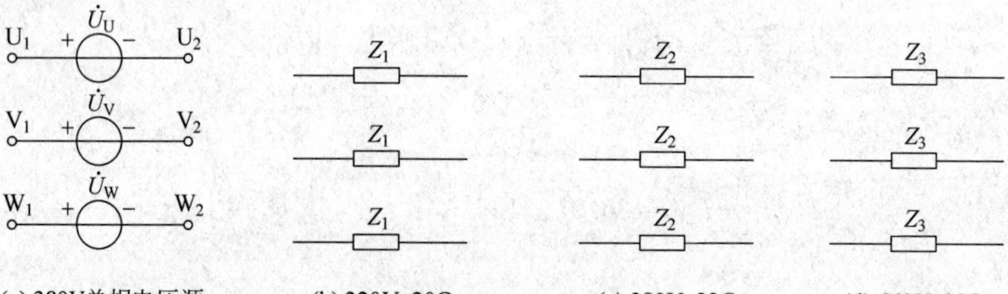

(a) 380V单相电压源　(b) 220V, 20Ω　(c) 380V, 22Ω　(d) 660V, 33Ω

图 4-2-8　负载元件组、单相电源组

(1) 工作电压 220V 负载组的运行。

根据 4.1.2 小节所述有关负载接线方式可知，当负载接成星形时，供电线路的线电压是负载相电压的$\sqrt{3}$倍。电源采用三角形联结，负载采用星形联结，可满足该负载组的供电要求。此时，电源线电压为 380V，负载每相电压为 220V，电路如图 4-2-9(a)所示。

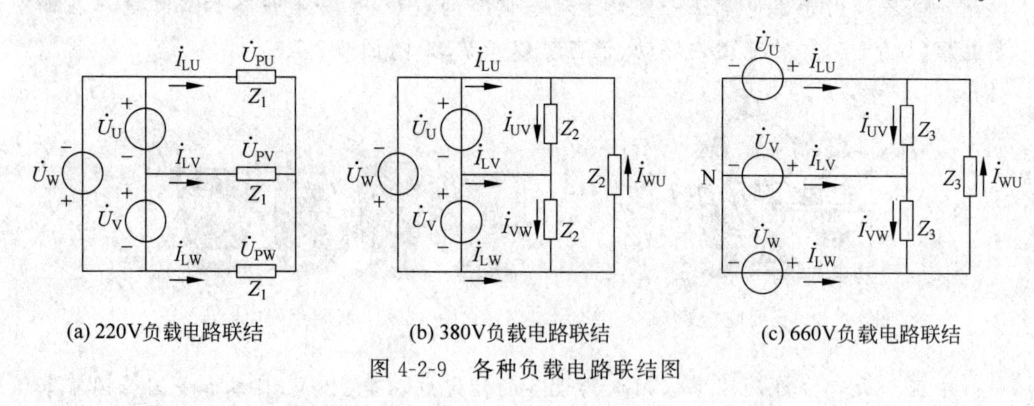

(a) 220V负载电路联结　(b) 380V负载电路联结　(c) 660V负载电路联结

图 4-2-9　各种负载电路联结图

以 U 相负载电压为参考相量，即 $\dot{U}_{PU}=220\angle 0°V$，则各相、线电流为

$$\dot{I}_{LU}=\dot{I}_{PU}=\frac{\dot{U}_{PU}}{Z_1}=\frac{220\angle 0°}{20\angle 26.9°}=11\angle(-26.9°)(A)$$

$$\dot{I}_{LV}=\dot{I}_{PV}=11\angle(-146.9°)A$$

$$\dot{I}_{LW}=\dot{I}_{PW}=11\angle 93.1°A$$

(2) 工作电压 380V 负载组的运行。

由于负载相电压和电源相电压相等，电源的联结方式只要和负载的联结方式一致，即可正常运行。在本例中，采用两种接线方式都可保证负载正常运行，此处以电源三角形、负载三角形联结为例进行计算，电路如图 4-2-9(b)所示。

以 U、V 相负载电压为参考相量，即 $\dot{U}_{UV}=380\angle 0°V$，则各相电流为

$$\dot{I}_{UV}=\frac{\dot{U}_{UV}}{Z_2}=\frac{380\angle 0°}{22\angle 30°}\approx 17.3\angle(-30°)(A)$$

$$\dot{I}_{VW}\approx 17.3\angle(-150°)A$$

$$\dot{I}_{WU}\approx 17.3\angle 90°A$$

根据负载三角形接线方式下相、线电流之间的关系，求出各线电流为

$$\dot{I}_{LU}=\sqrt{3}\dot{I}_{UV}\angle(-30°)\approx 30\angle(-60°)(A)$$

$$\dot{I}_{LV}\approx 30\angle(-180°)A$$

$$\dot{I}_{LW}\approx 30\angle 60°A$$

电源和负载接线均为星形的计算请读者自己完成。有兴趣的读者还可研究电源和负载接线不同时会有什么不同的结果。

(3) 工作电压660V负载组的运行。

电源每相电压为380V，负载工作电压要求660V，根据4.1.1小节所述电源星形接线方式可知，当电源联结成星形时，供电线路的线电压是每相电源电压的$\sqrt{3}$倍。电源采用星形接线方式，负载采用三角形接线方式，可满足该负载组的供电要求。此时，电源线电压为660V，负载每相电压也为660V，电路如图4-2-9(c)所示。

以U、V相负载电压为参考相量，即$\dot{U}_{UV}=660\angle 0°V$，则各相电流为

$$\dot{I}_{UV}=\frac{\dot{U}_{UV}}{Z_3}=\frac{660\angle 0°}{33\angle 45°}=20\angle(-45°)(A)$$

$$\dot{I}_{VW}=20\angle(-165°)A$$

$$\dot{I}_{WU}=20\angle 75°(A)$$

根据负载三角形联结方式下相、线电流之间的关系，求出各线电流为

$$\dot{I}_{LU}=\sqrt{3}\dot{I}_{UV}\angle(-30°)=20\sqrt{3}\angle(-75°)(A)$$

$$\dot{I}_{LV}=20\sqrt{3}\angle 165°A$$

$$\dot{I}_{LW}=20\sqrt{3}\angle 45°A$$

结论：三相交流电路与单相交流电路的计算方法相同。重点是熟悉三相电路的接法，掌握采用不同接法时，相、线电压及相、线电流之间的关系，然后利用对应关系求解。

思考与练习

4-2-1　对称负载星形(Y)联结时，线电流与相电流是什么关系？对称负载三角形(△)联结时，线电流与相电流又是什么关系？

4-2-2　三相不对称负载星形(Y)联结时，中线起何作用？

4-2-3　三相不对称负载三角形(△)联结时，如果一相断线，其他两相是否可以正常工作？

4-2-4　三相电路测量的电流值相等，是否可以说明三相负载对称？

4.3　三相电路功率的计算与测量

【学习目标】

- 掌握不对称三相交流电路、三相对称交流电路功率的计算方法。
- 掌握采用三表法测量三相四线制电路功率的接线方法。

• 掌握采用两表法测量三相三线制电路功率的接线方法。

【学习指导】

三相电路功率的计算分两种情况：负载对称和负载不对称。不对称负载功率的计算仍按照单相电路的方法分别对每相电路进行计算，结果求和即可；如果三相负载对称，只需计算一相功率，总功率是任意一相的3倍。对三相对称负载而言，牢记功率的简便计算公式 $P=3U_\mathrm{P}I_\mathrm{P}\cos\varphi_\mathrm{P}=\sqrt{3}U_\mathrm{L}I_\mathrm{L}\cos\varphi_\mathrm{P}$ 最重要。

对于三相电路功率的测量，需要根据供电方式确定测量方法。三相三线制采取两表法进行测量，三相四线制采取三表法进行测量。实际测量时，需要按照功率表的说明书正确地接线。这部分内容要真正掌握，最好是完成一次三相功率表的实际接线。

三相电路的供电方式有三相三线制和三相四线制之分，三相负载又有对称与不对称的区别，因此三相电路功率的计算和测量有不同的方法。

4.3.1 三相电路功率的计算

三相电路无论其联结方式是星形还是三角形，其三相总有功功率(无功功率)都是各相有功功率(无功功率)之和，即

$$\left.\begin{aligned}P&=P_\mathrm{U}+P_\mathrm{V}+P_\mathrm{W}=U_\mathrm{U}I_\mathrm{U}\cos\varphi_\mathrm{U}+U_\mathrm{V}I_\mathrm{V}\cos\varphi_\mathrm{V}+U_\mathrm{W}I_\mathrm{W}\cos\varphi_\mathrm{W}\\Q&=Q_\mathrm{U}+Q_\mathrm{V}+Q_\mathrm{W}=U_\mathrm{U}I_\mathrm{U}\sin\varphi_\mathrm{U}+U_\mathrm{V}I_\mathrm{V}\sin\varphi_\mathrm{V}+U_\mathrm{W}I_\mathrm{W}\sin\varphi_\mathrm{W}\end{aligned}\right\}\tag{4-3-1}$$

视在功率的计算并非各相视在功率之和，而是电路总有功功率和总无功功率的平方和根值，即

三相电路功率计算

$$S=\sqrt{P^2+Q^2}\tag{4-3-2}$$

在负载相等的三相对称电路中，以 U_P、I_P、φ_P、P_P、Q_P 分别表示每相阻抗元件上的电压、电流、阻抗角、有功功率和无功功率，式(4-3-1)和式(4-3-2)可简化为

$$\left.\begin{aligned}P&=3P_\mathrm{P}=3U_\mathrm{P}I_\mathrm{P}\cos\varphi_\mathrm{P}\\Q&=3Q_\mathrm{P}=3U_\mathrm{P}I_\mathrm{P}\sin\varphi_\mathrm{P}\\S&=3U_\mathrm{P}I_\mathrm{P}\end{aligned}\right\}\tag{4-3-3}$$

当对称负载星形(Y)联结时，有

$$U_\mathrm{L}=\sqrt{3}U_\mathrm{P},\quad I_\mathrm{L}=I_\mathrm{P}$$

当对称负载三角形(△)联结时，有

$$U_\mathrm{L}=U_\mathrm{P},\quad I_\mathrm{L}=\sqrt{3}I_\mathrm{P}$$

不论对称负载如何连接，其功率的计算公式还可以表示为

$$\left.\begin{aligned}P&=\sqrt{3}U_\mathrm{L}I_\mathrm{L}\cos\varphi_\mathrm{P}\\Q&=\sqrt{3}U_\mathrm{L}I_\mathrm{L}\sin\varphi_\mathrm{P}\\S&=\sqrt{3}U_\mathrm{L}I_\mathrm{L}\end{aligned}\right\}\tag{4-3-4}$$

式(4-3-3)和式(4-3-4)仅适合三相对称电路(电源对称、负载相等)的功率计算。特别注意，两式中的 φ_P 均指相电压与相电流的相位差，即负载阻抗角。由于电路的线电压和线电流更易于测量，并且三相电气设备标示的技术参数都是线电压和线电流，在工程上，式(4-3-4)使用更普遍一些。

【例 4-3-1】 有一个对称三相负载，其阻值 $Z=(8+j6)\Omega$，接在线电压为 380V 的三相对称工频电源上。试分别计算负载为星形和三角形联结时电路的功率，并分析计算结果。

【解】 通过本例，了解不同接线方式对负载消耗功率的影响。

三相对称负载阻抗值为

$$Z=8+j6=10\angle 36.9^\circ(\Omega)$$

(1) 负载星形联结。

在线电压为 380V 的三相交流电源上，负载的线电压、相电压、线电流分别为

$$U_L=380V$$

$$U_P=\frac{U_L}{\sqrt{3}}=220(V)$$

$$I_L=I_P=\frac{U_P}{|Z|}=\frac{220}{10}=22(A)$$

负载的功率为

$$P=\sqrt{3}U_L I_L\cos\varphi_P=\sqrt{3}\times 380\times 22\times 0.8=11.552(kW)$$

$$Q=\sqrt{3}U_L I_L\sin\varphi_P=\sqrt{3}\times 380\times 22\times 0.6=8.864(kVar)$$

$$S=\sqrt{3}U_L I_L=\sqrt{3}\times 380\times 22=14.44(kVA)$$

(2) 负载三角形联结。

在线电压为 380V 的三相交流电源上，负载的线电压、相电流、线电流分别为

$$U_L=U_P=380V$$

$$I_P=\frac{U_P}{|Z|}=\frac{380}{10}=38(A)$$

$$I_L=\sqrt{3}I_P=65.8A$$

负载的功率为

$$P=\sqrt{3}U_L I_L\cos\varphi_P=\sqrt{3}\times 380\times 65.8\times 0.8=34.656(kW)$$

$$Q=\sqrt{3}U_L I_L\sin\varphi_P=\sqrt{3}\times 380\times 65.8\times 0.6=26.592(kVar)$$

$$S=\sqrt{3}U_L I_L=\sqrt{3}\times 380\times 65.8=43.32(kVA)$$

(3) 结果分析。

从两种接法的计算结果看，有以下对比关系。

① 三角形联结的线电流是星形联结线电流的 3 倍，即 $I_{L\triangle}=3I_{LY}$。

② 三角形联结的功率是星形联结功率的 3 倍，即 $P_\triangle=3P_Y$。

对于同样的电源，同样的负载，因为联结方式不同，线路的电流和功率相差 2 倍。这就要求电气工作人员在进行三相电路接线时，注意搞清负载的工作电压和接线方式。如果负载正常工作要求△联结而误接为Y联结，会造成输出功率过小，无法正常工作；如果负载正常工作要求Y联结而误接为△联结，会造成负载承受过高电压，引起输出功率过大，烧毁设备。

实际中，为降低一些大型三相交流电机的起动电流，把正常运行△接线的三相交流电

机起动时接为Y,起动完成后再改为△运行,称为电机的Y-△降压起动。

4.3.2 三相电路功率的测量

测量三相交流电路的功率,要根据电路的供电方式选择测量方法。

1. 三相四线制

三相四线制供电线路的负载为星形接法,适用于需要中线的三相负载或单相负载。由于有中性线的存在,可以测量出每相负载的电流和电压,也可测量每相负载的功率。三相四线制供电线路通常采用三表法(三元件)法。三表法是指三相功率表的内部有三套测量功率的元件,测量的功率是三相功率之和,外部的一个装置显示三相电路的总功率。

三表法的接线如图 4-3-1 所示。功率表在接线时需要注意电压线与电流线的同名端,图中以“*”符号做了标注。

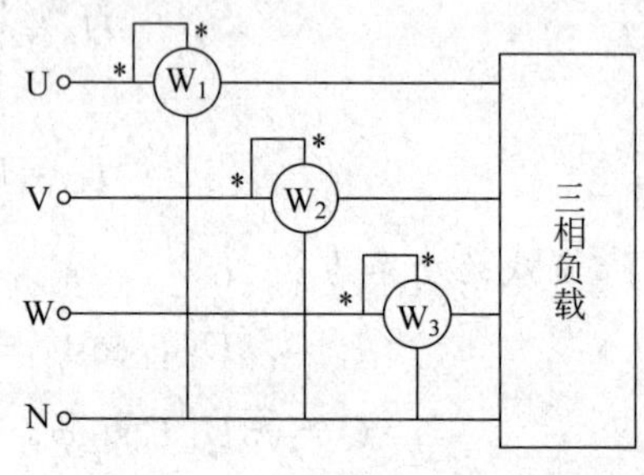

图 4-3-1 测量功率的三表法接线图

对三相四线制线路而言,如果所接负载对称,可以用一个功率表的测量值乘以 3 表示三相电路的总功率,由于只有一个功率测量元件,又称“一表法”。表盘显示数据时,可通过改变比值的方法显示三相电路的总功率。

2. 三相三线制

对于三相三线制供电线路来说,由于没有公共端,无法测量每相电路的功率,因而适合于三相四线制的一表法和三表法都无法正确测量三相三线制电路的总功率。三相电路功率瞬时值的计算公式为

$$p = p_U + p_V + p_W = u_U i_U + u_V i_V + u_W i_W$$

在三相三线制电路中,三相电流满足基尔霍夫电流定律,即 $i_U + i_V + i_W = 0$,因而有

$$i_W = -(i_U + i_V)$$

代入功率瞬时值计算公式,则有

$$p = u_U i_U + u_V i_V - u_W (i_U + i_V) = u_{UW} i_U + u_{VW} i_V \qquad (4\text{-}3\text{-}5)$$

根据式(4-3-5),求出三相电路的平均功率为

$$P = \frac{1}{T}\int_0^T p\,dt = \frac{1}{T}\int_0^T (u_{UW} i_U + u_{VW} i_V)\,dt$$

$$= U_{UW} I_U \cos\varphi_1 + U_{VW} I_V \cos\varphi_2 \qquad (4\text{-}3\text{-}6)$$

式(4-3-6)表明,三相三线制电路的功率可通过线电压和线电流结合的方式进行测量。由于该方法使用了两个测量功率元件,因而又称为二表法。二表法接线时首先需要确定一个公共相,之后选择与公共相有关的两个线电压和对应的非公共相的线电流作为测量参数。下面以 W 相为公共相,说明功率接线组合的选择方法。

(1) 选择“W”相作为公共相。

(2) 选择与公共相有关的两个线电压:U_{UW} 和 U_{VW}。

(3) 选择非公共相的两个线电流:I_U 和 I_V。

（4）分配功率测量组合：(U_{UW}、I_U)和(U_{VW}、I_V)。

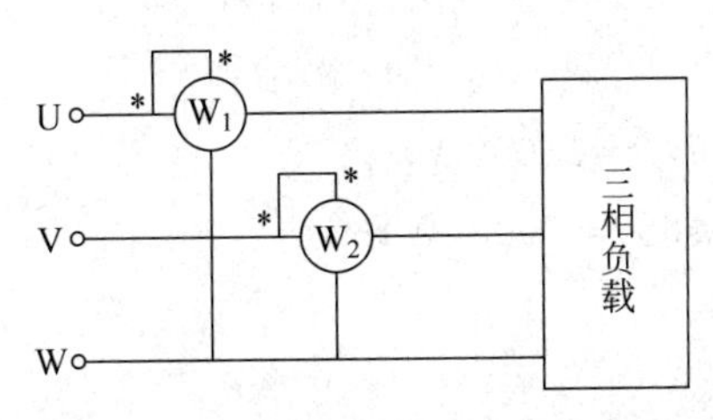

图 4-3-2 测量功率的二表法接线图

特别需要说明的是，二表法中的两个相位角有特别的含义：φ_1表示线电压$\dot{U}_{UW}$与线电流$\dot{I}_U$之间的相位差，φ_2表示线电压$\dot{U}_{VW}$与线电流$\dot{I}_V$之间的相位差。图 4-3-2 给出了二表法测量三相电路功率的电路图。

在实际测量中，可能发生$\varphi_1>90°$或$\varphi_2>90°$的情况，此时相应功率表的读数为负值，求总功率时应以负值代入。另需要说明，二表法中任意一个功率表的读数没有物理意义。

尽管二表法是根据三相三线制电路推导得出的，但也适用于对称的三相四线制电路。对于不对称的三相四线制电路则不适用，因为此时$i_U+i_V+i_W\neq 0$。

二表法还有两种计算公式和接线方式，有兴趣的读者可尝试自行推导并画出接线方式。

【例 4-3-2】 一组三相对称感性负载的阻抗角为 30°；接在线电压为 380V 的三相对称交流电源上，供电线路为三相三线制，负载星形(Y)联结，测得线电流为 10A。请画出二表法测量负载有功功率的接线图，并求两个功率表的读数和负载的总有功功率。

【解】 通过本例的计算，验证二表法测量三相三线制电路功率的正确性。

（1）本例中，电路线电压$U_L=380V$，线电流$I_L=10A$，负载阻抗角$\varphi_P=30°$。根据式(4-3-4)，三相对称电路的有功功率为

$$P=\sqrt{3}U_L I_L\cos\varphi_P=\sqrt{3}\times 380\times 10\times 0.866=5700(W)$$

（2）供电线路为三相三线制星形接法，可采用图 4-3-3 所示的二表法测量功率。设电压U_{UV}为参考相量，则

$$\dot{U}_{UV}=380\angle 0°V$$

$$\dot{U}_{VW}=380\angle(-120°)V$$

$$\dot{U}_{UW}=-\dot{U}_{WU}=380\angle(-60°)(V)$$

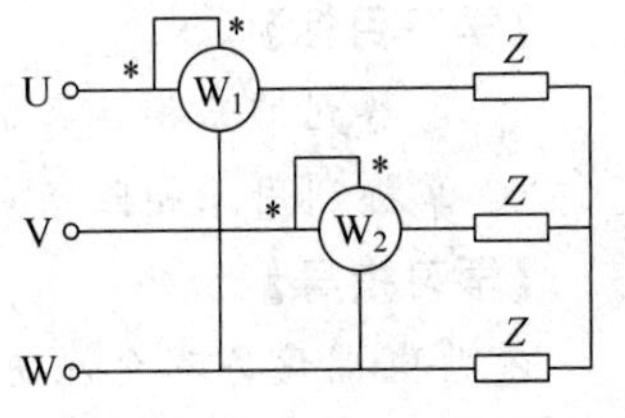

图 4-3-3 例 4-3-2 的二表法接线图

根据式(4-1-4)，U、V 两相电压为

$$\dot{U}_U=220\angle(-30°)V$$

$$\dot{U}_V=220\angle(-150°)V$$

由于阻抗角为 30°，所以 U、V 两相电流相应滞后 U、V 两相电压 30°，具体为

$$\dot{I}_U=10\angle(-30°-30°)=10\angle(-60°)(A)$$

$$\dot{I}_V=10\angle(-150°-30°)=10\angle(-180°)(A)$$

第一、二个功率表中的φ_1和φ_2分别为

$$\varphi_1=\varphi_{\dot{U}_{UW}}-\varphi_{\dot{I}_U}=-60°-(-60°)=0°$$

$$\varphi_2=\varphi_{\dot{U}_{VW}}-\varphi_{\dot{I}_V}=-120°-(-180°)=60°$$

第一、二个功率表的读数分别为

$$P_1=U_{UW}I_U\cos\varphi_1=380\times10\times\cos0°=3800(W)$$

$$P_2=U_{VW}I_V\cos\varphi_2=380\times10\times\cos60°=1900(W)$$

电路的总有功功率为

$$P=P_1+P_2=5700(W)$$

计算结果与理论测量值相同。

结论：本例列举了一个对称的星形联结的三相负载。实际上，无论三相负载是否对称，二表法都可正确测量三相三线制(星形联结或三角形联结)电路的功率。

4-3-1　有人说，在公式 $P=3P_P=3U_PI_P\cos\varphi$ 中，功率因数角是指相电压与相电流之间的夹角；而在公式 $P=\sqrt{3}U_LI_L\cos\varphi$ 中，功率因数角是指线电压与线电流之间的夹角。你的意见如何？理由何在？

4-3-2　对于不对称的三相四线制电路，可否采用二表法测量其有功功率？为什么？

4-3-3　参阅图 4-3-2 和式(4-3-6)，请尝试给出采用二表法测量三相三线制电路的功率的另外两种表示方法，并画出电路联结图。

*4.4　三相电路相序的判断

【学习目标】

- 了解利用三相阻容负载判断电源相序的工作原理。
- 掌握利用三相阻容负载判断电源相序的方法。

【学习指导】

三相电路相序判断

有些电器设备不允许逆向运行，如水泵电动机、空调压缩机、移动供配电装置等。偶尔出现的逆向运行，将导致设备损坏和事故的发生。在这些设备接入电路之前，进行相序的检测十分必要。

相序检测电路的原理和计算比较复杂，但相序检测装置的制作并不复杂。你可以大致浏览一下相序检测的原理与计算，然后亲手制作一个相序检测装置并进行实际的检测。

4.4.1　相序检测原理

相序检测装置电路原理如图 4-4-1 所示。电路中 U 相和 W 相负载采用普通的白炽灯，V 相负载使用市场上常见的电容器。为安全、方便地测量，三个参数的搭配有一定的要求。本例选用两个 220V/40W 的白炽灯和一个 1μF/500V 的电容器组成。

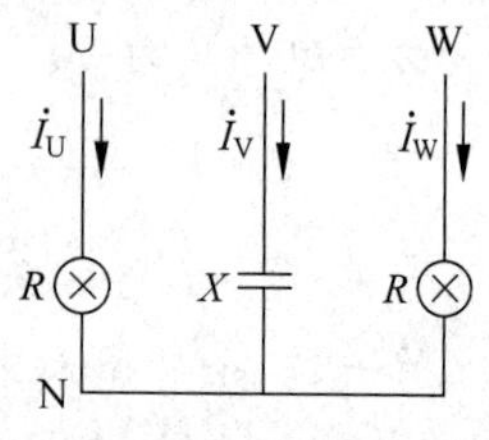

图 4-4-1　相序检测原理

三个负载的参数为

$$R=\frac{U_{\mathrm{P}}^{2}}{P}=\frac{220^{2}}{40}=1210(\Omega)$$

$$X=\frac{1}{314C}=\frac{1}{314\times 10^{-6}}=3184(\Omega)$$

设线电压 $\dot{U}_{\mathrm{UV}}$ 为参考相量，当三相电压为正序排列时，

$$\dot{U}_{\mathrm{UV}}=380\angle 0^{\circ}\mathrm{V}$$

$$\dot{U}_{\mathrm{VW}}=380\angle(-120^{\circ})\mathrm{V}$$

$$\dot{U}_{\mathrm{WU}}=380\angle 120^{\circ}\mathrm{V}$$

设三个支路电流为未知量，根据基尔霍夫电压定律和电流定律，列出电路方程为

$$\dot{U}_{\mathrm{UV}}=R\dot{I}_{\mathrm{U}}-(-\mathrm{j}X_{\mathrm{C}}\dot{I}_{\mathrm{V}})\Rightarrow 380\angle 0^{\circ}=1210\dot{I}_{\mathrm{U}}+\mathrm{j}3184\dot{I}_{\mathrm{V}}$$

$$\dot{U}_{\mathrm{WU}}=R\dot{I}_{\mathrm{W}}-R\dot{I}_{\mathrm{U}}\Rightarrow 380\angle 120^{\circ}=1210\dot{I}_{\mathrm{W}}-1210\dot{I}_{\mathrm{U}}$$

$$\dot{I}_{\mathrm{U}}+\dot{I}_{\mathrm{V}}+\dot{I}_{\mathrm{W}}=0$$

求解以上方程可得

$$\dot{I}_{\mathrm{U}}\approx 0.108\angle(-55^{\circ})\mathrm{A}$$

$$\dot{I}_{\mathrm{V}}\approx 0.102\angle(-71^{\circ})\mathrm{A}$$

$$\dot{I}_{\mathrm{W}}\approx 0.207\angle 117.3^{\circ}\mathrm{A}$$

进而求得三相负载上的电压为

$$U_{\mathrm{UN}}=RI_{\mathrm{U}}\approx 131\mathrm{V}$$

$$U_{\mathrm{VN}}=XI_{\mathrm{V}}\approx 322\mathrm{V}$$

$$U_{\mathrm{WN}}=RI_{\mathrm{W}}\approx 251\mathrm{V}$$

计算结果显示，U 相白炽灯上的电压为 131V，W 相白炽灯上的电压为 251V。如果以电容所接相为 V 相，则白炽灯较暗的一相为 U 相，白炽灯较亮的一相为 W 相。实际中还可使用两个 1200Ω/40W 的电阻代替白炽灯。用万用表测量两个电阻上的电压，其中电压较低的一相为 U 相，电压较高的一相为 W 相。

如果电路的相序接反，则计算结果为

$$\dot{I}_{\mathrm{U}}\approx 0.207\angle 57.4^{\circ}\mathrm{A}$$

$$I_{\mathrm{V}}\approx 0.102\angle(-131^{\circ})\mathrm{A}$$

$$I_{\mathrm{W}}\approx 0.108\angle(-115^{\circ})\mathrm{A}$$

$$U_{\mathrm{UN}}=I_{\mathrm{U}}R\approx 251\mathrm{V}$$

$$U_{\mathrm{VN}}=X_{\mathrm{C}}I_{\mathrm{V}}\approx 322\mathrm{V}$$

$$U_{\mathrm{WN}}=I_{\mathrm{W}}R\approx 131\mathrm{V}$$

有兴趣的读者可自行计算、验证。

如果负载选用两个 220V/20W 的白炽灯和一个 1μF/500V 的电容器组成，则计算结果为

$$I_{\mathrm{U}} \approx 0.0375\mathrm{A}$$

$$I_{\mathrm{V}} \approx 0.104\mathrm{A}$$

$$I_{\mathrm{W}} \approx 0.124\mathrm{A}$$

$$U_{\mathrm{UN}} = I_{\mathrm{U}}R \approx 91\mathrm{V}$$

$$U_{\mathrm{VN}} = X_{\mathrm{C}}I_{\mathrm{V}} \approx 331\mathrm{V}$$

$$U_{\mathrm{WN}} = I_{\mathrm{W}}R \approx 301\mathrm{V}$$

从计算结果可以看出，该电路仍呈现出相同的测量规律，即把电容接入 V 相，灯光较暗的是 U 相，灯光较亮的是 W 相。但是该实验中，W 相负载的电压过高，容易引起事故。

4.4.2 相序检测装置的制作与使用

1. 电路制作

目前成品相序检测装置在市场上已可买到，如果在检修或设备安装过程中，手头没有相关检测设备，可利用常见的电灯泡、电容器和普通导线制作一个简易的相序检测装置，如图 4-4-2 所示。

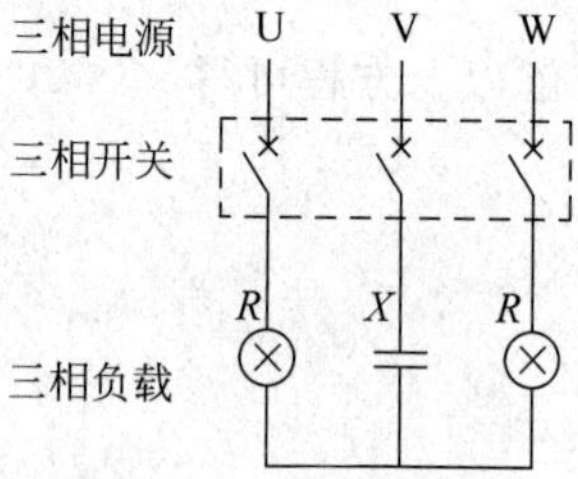

三相电源 U V W
三相开关
三相负载 R X R

图 4-4-2 相序检测装置

相序检测装置需要的材料如下所示。

(1) 三相电源开关：1 组。

(2) 白炽灯：2 只，40W/220V。

(3) 电容器：1 只，1μF/500V。

(4) 导线：若干，BRV-1mm^2。

有兴趣的读者可尝试自己制作。

2. 使用注意事项

(1) 电容器上承载的电压较高，需要选用耐压值在 500V 以上的电容器。

(2) 实验中有一相白炽灯承受的电压高于其额定值。该白炽灯发热较强，发光较亮，实验前应充分准备，操作过程要准确记录，快速完成。

请尝试制作一个相序判断电路，并进行参数的测量和验证。

细雨润心田：电力百年，社会共享

1921 年，中国第一条自建万伏级输电线路——长 35km、电压等级为 23kV 的昆明石龙坝水电站送出线路建成。来自石龙坝水电站的绿色电力点亮了昆明市区的部分建筑，

也加快了中国电力事业的进程。

一百年来，电力行业所处经济和社会环境都发生了巨变，但一直秉持着“安全第一”的原则和“人民至上”的初心。

100年来，中国电力行业的定位多次发生改变。

100年前，电力行业的定位主要是供电。

1949年后，电力行业的定位调整为推动经济发展的基础产业。

1978年，我国人均电力装机容量相当于一个60W的灯泡，发达国家达到1000W。随着现代化、城市化建设速度的提升，电力与人民生活的关联日益密切。电力行业的定位从基础产业逐步过渡到“基础产业＋公用事业”。

1987年，在一系列政策支撑下，我国的电力装机容量开始加速推进。

2000年，中国电力装机总容量3.1932亿千瓦，跃居世界第二位。

进入21世纪，随着电压等级逐步提高，作为“工业血液”的电力在促进工业领域节能减排中发挥着调控性作用。电力行业被赋予“参与社会资源优化配置的功能”。最具有中国特色的“差别电价”机制成为政策工具，发挥了限制高耗能、低效率产业的作用，促进了全社会清洁低碳转型。

面向未来，为落实“双碳”目标，电力行业的定位再次拓展，即通过可再生能源电力化和终端能源消费电力化，助力全社会实现低碳发展。2021年3月15日，中央财经委员会第九次会议提出“构建以新能源为主体的新型电力系统”。这个新定位的内涵是以电气化为中心，实现能源生产绿色化、终端能源消费电力化。

回顾这100年，电力行业一直被赋予重要的使命：从经济社会发展的基础产业、公用事业，到助力社会转型、资源优化配置的行业，再到推动全社会低碳发展的行业。正是在这样的变化中，电力行业成为促进经济社会发展、人类文明演进的根本动力。

本章小结

1. 三相对称交流电源

三相对称交流电源是由三个频率相同、振幅相同、相位互差120°的电压源构成的电源组。三相交流电源的各种表示法如下表所示。

瞬时值	波形图	相量	相量图
$u_U=U\sqrt{2}\sin\omega t$ $u_V=U\sqrt{2}\sin(\omega t-120°)$ $u_W=U\sqrt{2}\sin(\omega t+120°)$	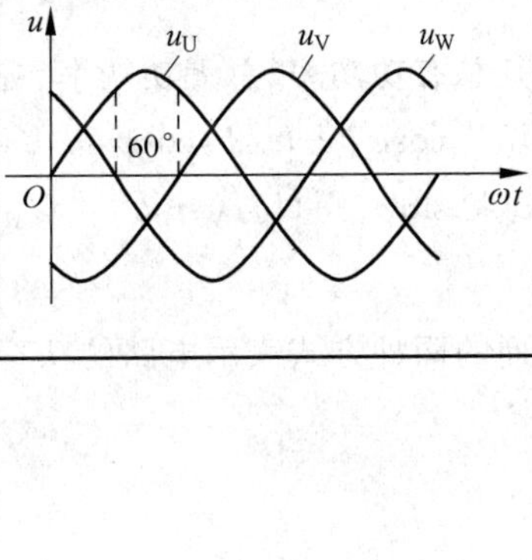 u, u_U, u_V, u_W, 60°, O, ωt	$\dot{U}_U=U\angle 0°$ $\dot{U}_V=U\angle(-120°)$ $\dot{U}_W=U\angle 120°$	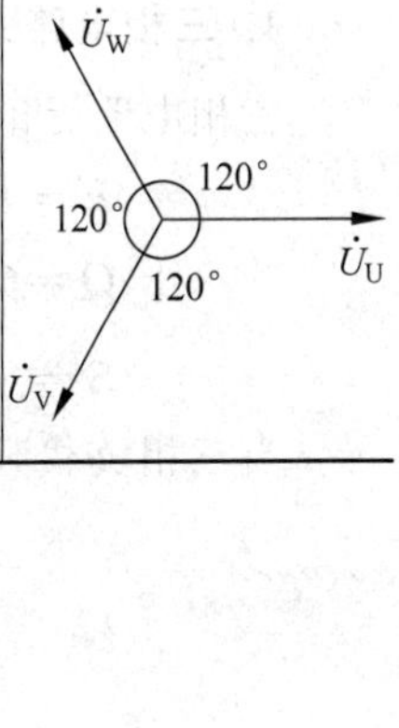 $\dot{U}_W$, 120°, 120°, 120°, $\dot{U}_U$, $\dot{U}_V$

2. 对称三相电源的联结

星形(Y)联结		三角形(△)联结	
联结图	相—线电压关系	联结图	相—线电压关系
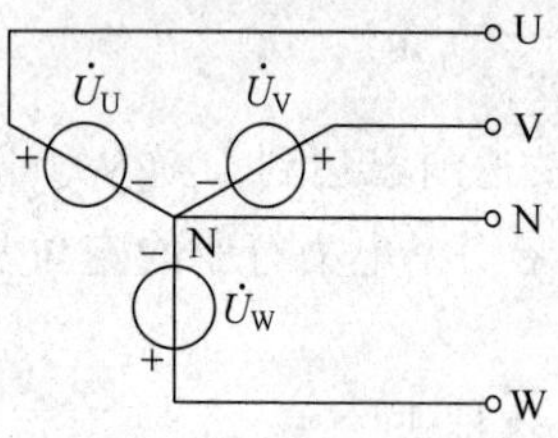	$\dot{U}_{UV}=\sqrt{3}\dot{U}_{U}\angle 30^\circ$ $\dot{U}_{VW}=\sqrt{3}\dot{U}_{V}\angle 30^\circ$ $\dot{U}_{WU}=\sqrt{3}\dot{U}_{W}\angle 30^\circ$	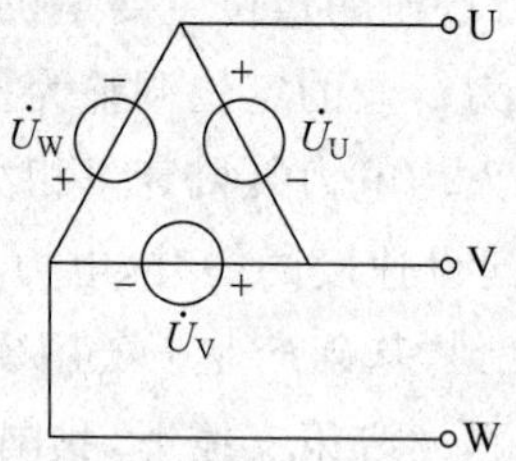	$\dot{U}_{UV}=\dot{U}_{U}$ $\dot{U}_{VW}=\dot{U}_{V}$ $\dot{U}_{WU}=\dot{U}_{W}$
供电方式: (1) 三相三线制 (2) 三相四线制,可提供三相和单相电源		供电方式:三相三线制	

3. 三相负载的联结

星形(Y)联结		三角形(△)联结	
联结图	相—线电流关系	联结图	相—线电流关系
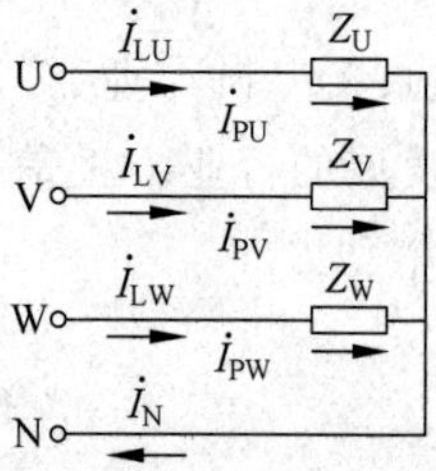	$\dot{I}_{LU}=\dot{I}_{PU}$ $\dot{I}_{LV}=\dot{I}_{PV}$ $\dot{I}_{LW}=\dot{I}_{PW}$	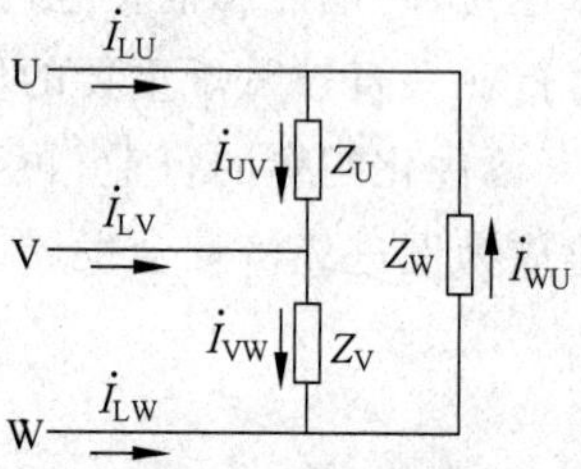	$\dot{I}_{LU}=\sqrt{3}\dot{I}_{UV}\angle(-30^\circ)$ $\dot{I}_{LV}=\sqrt{3}\dot{I}_{VW}\angle(-30^\circ)$ $\dot{I}_{LW}=\sqrt{3}\dot{I}_{WU}\angle(-30^\circ)$
三相负载对称:$\dot{I}_{N}=\dot{I}_{PU}+\dot{I}_{PV}+\dot{I}_{PW}=0$ 三相负载不对称:$\dot{I}_{N}=\dot{I}_{PU}+\dot{I}_{PV}+\dot{I}_{PW}\neq 0$		无论三相负载是否对称,电路中的相、线电流均有如下关系。 $\dot{I}_{LU}+\dot{I}_{LV}+\dot{I}_{LW}=0$ $\dot{I}_{UV}+\dot{I}_{VW}+\dot{I}_{WU}=0$	

4. 三相电路的功率

三相电路无论其联结方式如何,其总有功功率、总无功功率、视在功率的表达式为

$$P=P_U+P_V+P_W=U_U I_U\cos\varphi_U+U_V I_V\cos\varphi_V+U_W I_W\cos\varphi_W$$
$$Q=Q_U+Q_V+Q_W=U_U I_U\sin\varphi_U+U_V I_V\sin\varphi_V+U_W I_W\sin\varphi_W$$
$$S=\sqrt{P^2+Q^2}$$

当三相负载对称时,可用下表所列的两种方式表示电路的功率。

以相电压、相电流表示的功率		以线电压、线电流表示的功率	
相电压：U_{P} 相电流：I_{P} 阻抗角：φ_{P}	$P=3P_{\mathrm{P}}=3U_{\mathrm{P}}I_{\mathrm{P}}\cos\varphi_{\mathrm{P}}$ $Q=3Q_{\mathrm{P}}=3U_{\mathrm{P}}I_{\mathrm{P}}\sin\varphi_{\mathrm{P}}$ $S=3U_{\mathrm{P}}I_{\mathrm{P}}$	线电压：U_{L} 线电流：I_{L} 阻抗角：φ_{P}	$P=\sqrt{3}U_{\mathrm{L}}I_{\mathrm{L}}\cos\varphi_{\mathrm{P}}$ $Q=\sqrt{3}U_{\mathrm{L}}I_{\mathrm{L}}\sin\varphi_{\mathrm{P}}$ $S=\sqrt{3}U_{\mathrm{L}}I_{\mathrm{L}}$

5. 三相电源相序的判断

电路图	参数配置	判断方法
U V W R X R N	方法 1： 白炽灯 220V/40W 电容器 1μF/500V 方法 2： 电阻器 1200Ω/40W 电容器 1μF/500V	方法 1：以电容接 V 相，白炽灯较暗的一相为 U 相，白炽灯较亮的一相为 W 相 方法 2：以电容接 V 相，电压较低的一相为 U 相，电压较高的一相为 W 相

习题 4

4-1 一个线电压为 380V 的三相四线制电路，如习题 4-1 图所示，为一组星形联结的三相负载供电，分别接入纯电阻、纯电感、纯电容三个负载，其阻值均为 22Ω。求三相线路的电流和中线电流。如果去掉中线，三相负载是否可以正常工作？

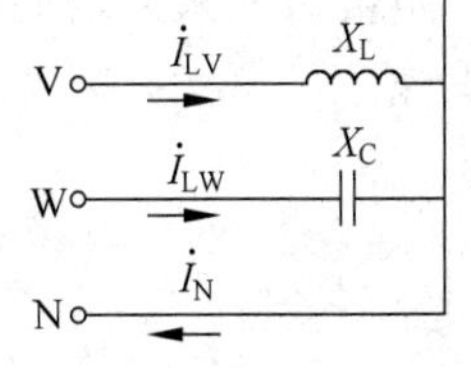

习题 4-1 图

4-2 某三层教学大楼的照明由三相四线制电源供电，每相电源供电一层。电源电压为 380V/220V，每层楼装有 220V、40W、$\cos\varphi=0.5$ 的荧光灯 100 个。

（1）为使荧光灯正常工作，试画出荧光灯接入电路的接线图。

（2）当三个楼层的照明负载全部接入电路时，求电路的线电流和中线电流。

（3）如果一层楼照明负载未接入，二层楼负载接入一半，三层楼负载全部接入，试计算电路的线电流和中线电流。

（4）如果此时中线断开，试计算二、三层楼荧光灯上的电压，预计会有什么后果。

4-3 每相电阻均为 10Ω 的对称三相负载，接在线电压为 380V 的三相电源。试求下列两种接法时的线电流。

（1）负载三角形联结。

（2）负载星形联结。

4-4 大容量的三相异步电动机(可等效为三相对称感性阻抗)为降低起动电流，通常在起动时接成星形，运行时又转接成三角形，这个过程称为电动机的Y-△起动运行，如习题 4-4 图所示。试求：

(1) Y起动和△起动时的相电流之比。

(2) Y起动和△起动时的线电流之比。

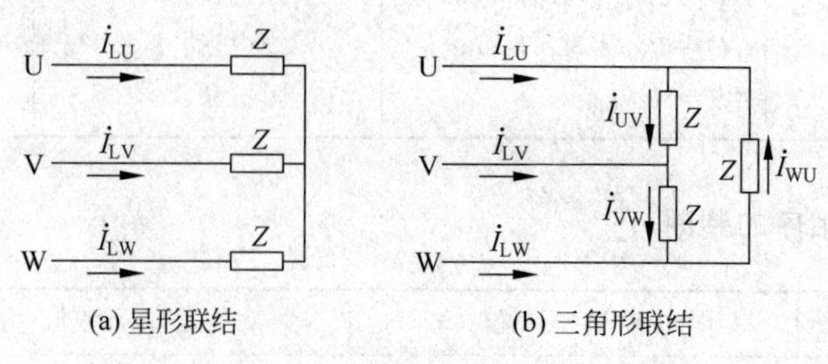

习题 4-4 图

4-5 三相对称感性负载三角形联结,三相对称电源的线电压为 220V,测得电路的线电流为 38A,负载的有功功率为 8.66kW。试求电路的功率因数,并确定电阻和电抗的参数。

4-6 三相对称负载每相阻抗为 $Z=8+j6$,其额定电压为 380V,电源线电压为 380V。请问:

(1) 为保证负载正常工作,负载应如何联结?

(2) 此时电路的线电流、有功功率、功率因数各为多少?

(3) 如果负载接成另一种方式,此时电路的线电流、有功功率、功率因数各为多少?

(4) 比较(2)、(3)的计算结果,可得出什么结论?

4-7 有两组三相对称负载,如习题 4-7 图所示,阻抗均为 $Z=8+j6$。一组接为星形,一组接为三角形,都接到线电压为 380V 的三相对称电源上。试求三相供电线路的线电流。

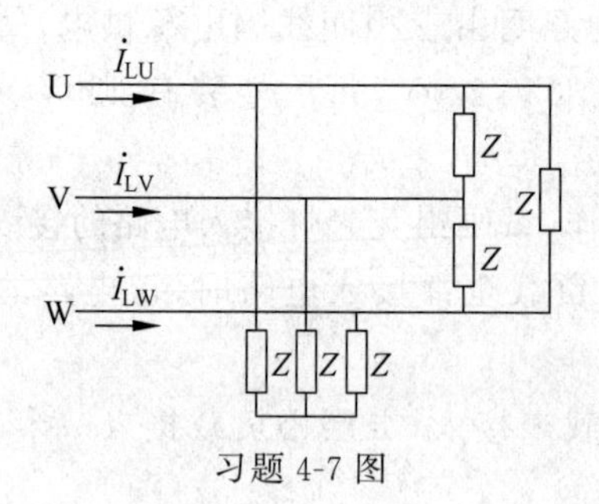

习题 4-7 图

*4-8 一组三相对称感性负载的阻抗角为 75°,接在线电压为 220V 的三相三线制对称交流电源上,负载三角形联结。测得相电流为 20A。请画出二表法测量负载有功功率的接线图,并求两个功率表的读数和负载的总有功功率。

自测题

自测题答案

Chapter 5 —— 第 5 章

磁路与变压器

磁性物质周围分布有磁场，电流的周围也会产生磁场。电磁铁的线圈外加电压后，在设备的铁芯中会产生磁场，形成磁路。在一定条件下，电和磁可以转换，而电与磁的相互作用产生力或转矩，实现能量的传递和转化。在这类设备中，除了要分析电路问题，还要分析磁路问题。

5.1 磁场与磁路定律

【学习目标】

- 了解磁场，熟悉磁场的基本物理量。
- 了解磁路，熟悉磁路的基本物理量。
- 掌握磁路的欧姆定律和全电流定律。

【学习指导】

磁路中的磁场强度和磁感应强度都是非线性的物理量，二者的计算比较复杂，只需了解其计算方法与步骤即可。学习磁路最有效的方法是把磁路与电路进行对比。只有了解了磁路每个物理量的意义和适用场合，才能正确理解磁路的欧姆定律和全电流定律。

5.1.1 磁场

1. 磁性物质的磁场

在中学物理中，我们已经知道磁性物质周围存在磁场，磁场的方向可通过磁感线表示，如图 5-1-1 所示。在任一点，磁场的强度可通过磁感应强度来描述。磁感线具有以下特征。

(1) 磁感线从不互相交叉。

(2) 磁感线总是形成一个闭合的路径。

(3) 磁感线在磁场外部由北极(N)指向南极(S)，在内部由南极指向北极。

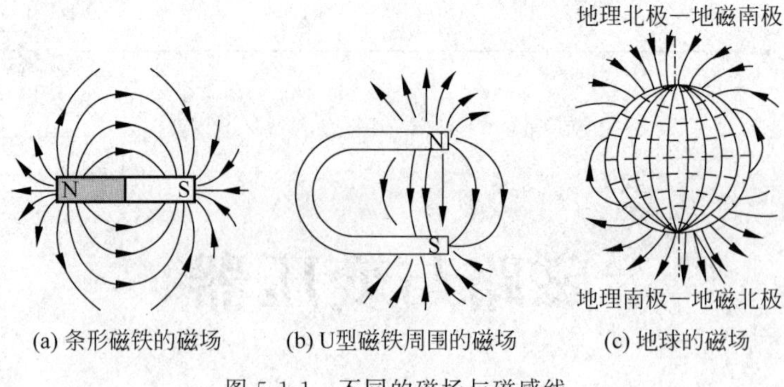

(a) 条形磁铁的磁场　(b) U型磁铁周围的磁场　(c) 地球的磁场

图 5-1-1　不同的磁场与磁感线

（4）磁感线总是按照最简单的路径分布，通过软铁时最容易。

（5）磁性越强，单位面积上的磁感线越多，磁通密度越大。

（6）磁力线之间没有绝缘体。

地球是一个巨大的磁场，我国古代的司南、指南车、指南鱼等都是利用磁感线测试地磁的例子。

2. 电磁场

电磁现象是由丹麦物理学家奥斯特在 1820 年首先发现的。通电导体的周围存在磁场，由电流产生的磁场称作电磁场，电磁场是电流磁效应的体现，如图 5-1-2 所示。电流产生的磁场方向与电流的方向相关，可用安培定则(右手螺旋定则)来判断。

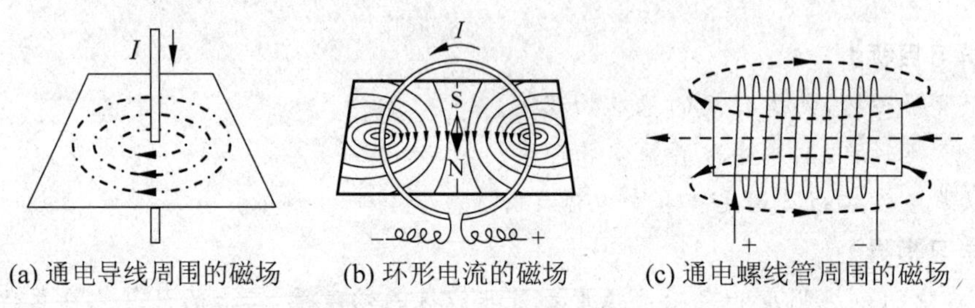

(a) 通电导线周围的磁场　(b) 环形电流的磁场　(c) 通电螺线管周围的磁场

图 5-1-2　各种不同的电磁场

5.1.2　磁场的基本物理量

1. 磁感应强度

磁场的基本物理量

磁感应强度是描述磁场内各点磁场强弱和方向的物理量，用 B 表示。磁场内某点的磁感应强度 B 的方向与该点磁感线切线的方向相同。实验中，可以使用一个相对较小的小磁针来判断该点的磁场方向。把小磁针放在磁场中，磁针静止时北极所指的方向就是该点磁场的方向，也就是磁感应强度的方向，如图 5-1-3 所示。

磁感应强度的大小可通过位于该点且与磁场方向垂直的直导体在单位电流和单位有效长度上所受到的电磁力来表示，即

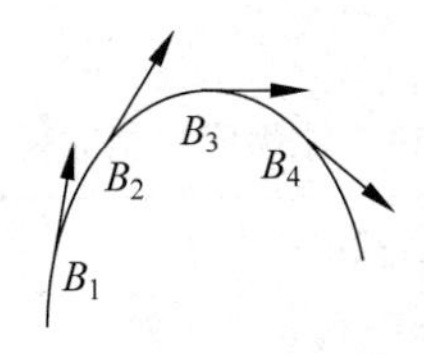

(a) 磁感应强度的方向

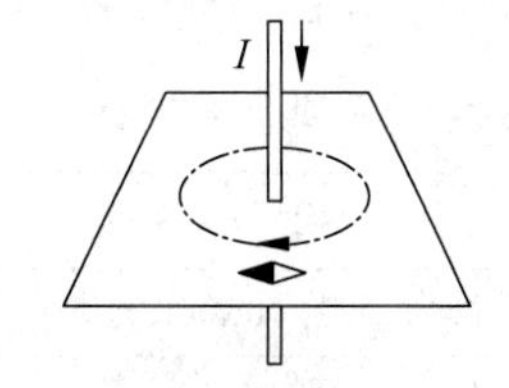

(b) 磁感应强度方向的测量

图 5-1-3　磁感应强度的方向与测量

$$B=\frac{F}{IL} \tag{5-1-1}$$

在国际单位制中，磁感应强度的单位是特斯拉(T)，早期也用高斯(Gs)表示，$1\mathrm{T}=10^4\mathrm{Gs}$。

如果磁场中各点的磁感应强度大小相同，方向一致，则该磁场称为匀强磁场。匀强磁场的磁感线是方向相同、距离相等的平行线。

2. 磁通量

磁通量的物理意义是表示磁场内穿过某个面积 S 的磁感线的总量，用 Φ 表示。在一个匀强磁场中，与磁场方向垂直的面积为 S 的平面上的磁通量为

$$\Phi=BS \tag{5-1-2}$$

如果磁场方向与面积 S 有一定的夹角 θ，则计算公式修正为

$$\Phi=BS\cos\theta \tag{5-1-3}$$

如图 5-1-4 所示。

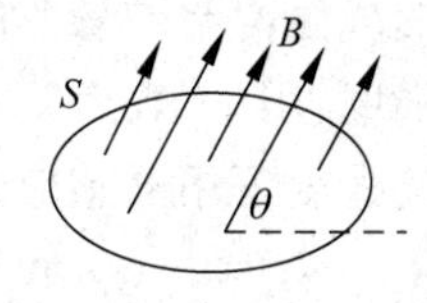

图 5-1-4　磁通量的计算

如果是非匀强磁场，需要通过积分的方法来计算。在国际单位制中，磁通量的单位是韦伯(Wb)。

3. 磁导率

在一个磁场中，放入不同的物质后，磁场的强弱会发生变化。当铁磁性物质放入磁场时，能大大增加磁场的强度。这说明，不同的物质有不同的导磁性能。物理上用磁导率来表示物质的导磁性能。磁导率的单位为亨利/米，记作 H/m。真空中的磁导率为 $\mu_0=4\pi\times10^{-7}\mathrm{H/m}$，其他物质的磁导率与真空磁导率的比值称为该物质的相对磁导率，用 μ_r 表示，表达式为

$$\mu_r=\frac{\mu}{\mu_0} \tag{5-1-4}$$

相对磁导率表明了物质导磁性能的强弱。根据其大小，将自然界的物质分为以下两大类。

(1) 磁性物质：磁性物质又称为铁磁性物质，其磁导率远大于真空磁导率，如铁、钢、铸铁、钴、镍及其合金等。

(2) 非磁性物质：除了铁磁性物质外，其他物质的相对磁导率都近似为 1，差别极小，如空气、铝、铅、铜、汞、石墨等。

表 5-1-1 列出了一些非磁性材料和常用的铁磁性物质的相对磁导率。通常，把处于磁场中的物质或材料称为磁介质。使用铁磁性物质后，可有效增加磁场强度，所以在电工

设备中常用铁磁性物质作为制作电磁铁芯的磁介质。

表 5-1-1 一些非磁性材料和常用的铁磁性物质的相对磁导率

非磁性材料	相对磁导率	铁磁性材料	相对磁导率
空气	1.00000004	钴	174
铂	1.00026	未经退火的铸铁	240
铝	1.000022	已经退火的铸铁	620
钠	1.0000072	镍	1120
氧	1.0000019	软钢	2180
汞	0.999971	已经退火的铁	7000
银	0.999974	硅钢片	7500
铜	0.99990	真空中融化的电解铁	12950
碳(金刚石)	0.999979	镍铁合金	60000
铅	0.999982	“C”型坡莫合金	115000

4. 磁场强度

在同一个磁场中,如果磁介质不同,则磁感应强度不同。换言之,磁感应强度是由磁场的产生源与磁场空间的介质共同决定的。为反映磁场源的基本属性,引入辅助变量磁场强度,用 H 表示。在国际单位制中,磁场强度的单位为安/米(A/m)。磁场中某点的磁场强度可用磁感应强度与磁场介质的磁导率的比值表示,即

$$H=\frac{B}{\mu} \tag{5-1-5}$$

磁场强度的方向和磁感应强度、磁场方向一致,其大小仅与产生磁场的电流和电流的分布有关,而与磁场介质无关。在电磁场和电磁铁的设计计算中,磁感应强度 B 和磁场强度 H 各有其方便之处。

5.1.3 磁路与磁路基本定律

1. 磁路

磁路与磁路的基本定律

磁通的闭合路径称为磁路。根据磁性材料和电磁铁的形状和结构的不同,磁通的闭合有不同的路径。为了使励磁电流产生尽可能大的磁通量,在电机、变压器及各种电工设备中,常用磁性材料做成一定形状的铁芯,铁芯的磁导率比周围空气或其他物质的磁导率高很多,磁通的绝大部分经过铁芯形成闭合通路,如图 5-1-5 所示。常把经过铁芯的磁通称为主磁通,用 Φ 表示;而把经过空气隙的磁通称为漏磁通,用 Φ_σ 表示。

2. 磁通势

电磁线圈中磁通量的多少与线圈中通过的电流 I 和线圈的匝数 N 有关,二者的乘积越大,磁通量越多。把线圈中的电流和线圈匝数的乘积定义为磁通势,用符号 F_m 表示,则

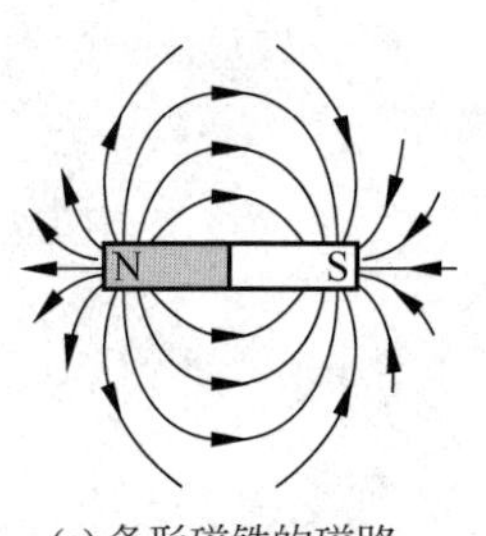

(a) 条形磁铁的磁路

(b) 直流电机铁芯的磁路

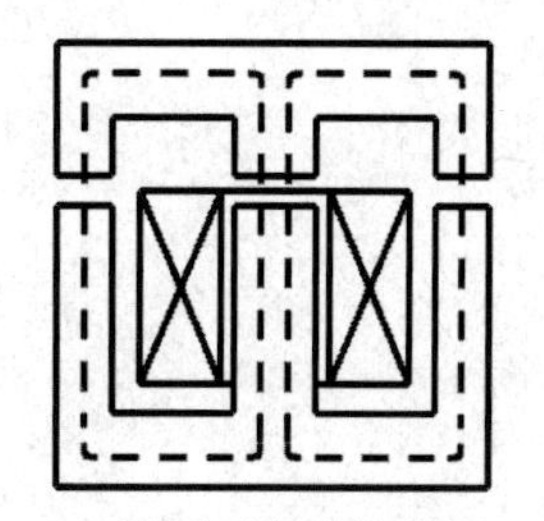
(c) 交流电磁铁芯的磁路

图 5-1-5 不同的磁路示例

$$F_{\mathrm{m}}=IN \tag{5-1-6}$$

式中：I 的单位为安(A)；F_{m} 的单位为安匝(A)。电磁线圈中的磁通量由磁通势产生。

3. 磁阻

各种材料对磁通都有一定的阻碍作用。磁通通过磁路时所受到的阻碍作用称为磁阻，用符号 R_{m} 表示。磁阻的计算公式为

$$R_{\mathrm{m}}=\frac{l}{\mu S} \tag{5-1-7}$$

式中：l 表示磁路长度；μ 表示材料磁导率；S 表示磁路截面积，磁阻的单位为 1/亨利(1/H)。如果磁路由 n 段不同的材料组成(含空气隙)，需要分别计算每一段的磁阻，即

$$\sum R_{\mathrm{m}}=\frac{l_1}{\mu_1 S_1}+\frac{l_2}{\mu_2 S_2}+\cdots+\frac{l_n}{\mu_n S_n} \tag{5-1-8}$$

实际中，大多数有间隙的磁路主要由一种铁磁性物质和空气隙组成。从表 5-1-1 中可知，由于空气的磁导率远小于铁磁物质的磁导率，尽管空气隙很小，但是其磁阻非常大。

4. 磁路的欧姆定律

由于铁磁性物质的磁导率远大于非磁性材料的磁导率，故在电磁铁、电机、变压器等电工设备中常用铁磁性物质做成一定形状的铁芯，保证电磁铁芯线圈产生的磁通量绝大部分经过铁芯而闭合，从而以较小的励磁电流产生足够强的磁场。

根据磁通势、磁阻及磁通量的定义，通过磁路的磁通量与磁通势成正比，与磁阻成反比。这一规律称为磁路的欧姆定律，表示为

$$\Phi=\frac{F_{\mathrm{m}}}{R_{\mathrm{m}}} \tag{5-1-9}$$

5. 磁路的全电流定律

由于磁路中的磁阻 R_{m} 是随磁导率变化的非线性变量，因此磁路的计算和分析相对电路而言复杂很多。前面关于磁场强度的定义中已说明，磁场强度 H 不随磁导率变化，只与磁场的激励源相关。对于一个电磁铁芯的线圈而言，只要线圈的匝数和励磁电流恒定，磁场强度即为常数。为方便分析磁路，这里引入通过磁场强度来描述磁路的另一重要定律，即磁路的全电流定律。

因为

$$\Phi=\frac{F_{\mathrm{m}}}{R_{\mathrm{m}}}$$

而

$$F_{\mathrm{m}}=IN,\quad R_{\mathrm{m}}=\frac{l}{\mu S},\quad \Phi=BS$$

所以

$$\Phi=BS=\frac{IN}{\dfrac{l}{\mu S}}=\frac{\mu IN}{l}S$$

即

$$B=\frac{\mu IN}{l}$$

比较式(5-1-5)中的 $B=\mu H$，有

$$H=\frac{IN}{l}\quad 或\quad Hl=IN \tag{5-1-10}$$

上式中的 Hl 表示一段材料上的磁压降，用符号 H_{m} 表示，单位为安(A)。在一个由 n 段不同材料组成的磁路中，总磁通势是各段磁压降的代数和，即

$$F_{\mathrm{m}}=IN=\sum_{i=1}^{n}H_i l_i=H_1 l_1+H_2 l_2+\cdots+H_n l_n \tag{5-1-11}$$

磁路和电路有很多相似之处，表 5-1-2 列出了二者之间的对应关系，方便读者对比和理解。

表 5-1-2　电路与磁路的对应关系

电　　路	磁　　路
电路图：	磁路图：
电路：电流流经的路径	磁路：磁通经过的路径
电动势 E：电路中的激励源	磁通势 F_{m}：磁路中的激励源
电流 I：电路中流过某导线截面 S 的电子的总量	磁通量 Φ：磁路中穿过某面积 S 的磁感线的总量
电流密度 J：单位面积通过的电流	磁感应强度 B：单位面积上的磁通量
电阻 R：阻碍电流的流动	磁阻 R_{m}：阻碍磁通的通行
电压降 U：电流通过电阻元件时产生的电位差	磁压降 Hl：磁通量在磁阻上产生的磁位差
电路欧姆定律：通过电路的电流与电动势(电压)成正比，与电路的电阻成反比：$I=\frac{U}{R}$	磁路欧姆定律：通过磁路的磁通量与磁通势成正比，与磁路的磁阻成反比：$\Phi=\frac{F_{\mathrm{m}}}{R_{\mathrm{m}}}$

磁路计算经常用于磁路的设计中。磁路设计的主要任务是根据预先选定的磁性材料、磁路各段的尺寸、要达到的磁通量 Φ(或磁感应强度 B)，计算所需要的励磁电流和线

圈匝数。在给定磁通量 Φ 的前提下，确定励磁电流 I 的计算过程如下。

(1) 根据磁通量的要求，确定磁路中各段的磁感应强度 B。由于各段磁路的截面积不同，在通过同一磁通 Φ 的情况下，各段磁路的磁感应强度 B 为

$$B_1=\frac{\Phi}{S_1}\quad B_2=\frac{\Phi}{S_2}\quad \cdots \quad B_n=\frac{\Phi}{S_n}$$

(2) 确定各段磁路磁场强度 H。各段磁路磁场强度 H 需要根据各种材料的磁化曲线，从 $B—H$ 曲线上对应查得 $H_1,H_2,\cdots,H_n$。

(3) 根据各段磁路的长度计算各段磁路的磁压降 H_il_i。

(4) 根据磁路的全电流定律，计算磁路总的磁通势，即

$$F_{\mathrm{m}}=IN=\sum_{i=1}^{n}H_il_i=H_1l_1+H_2l_2+\cdots+H_nl_n$$

(5) 根据磁路磁通势，确定励磁电流 I 和线圈匝数 N。

【例 5-1-1】 有一个方形闭合的均匀铁芯线圈，磁路平均长度为 45cm，励磁线圈匝数为 300，要求铁芯中的磁感应强度为 0.8T。试求：(1)铁芯材料为铸铁时，线圈中的电流；(2)铁芯材料为硅钢片时，线圈中的电流。

【解】 本题要求根据磁感应强度确定采用不同材料时的励磁电流，学会利用磁化曲线是解决这类问题的关键。图 5-1-6 为某型铸铁和硅钢片的磁化曲线。

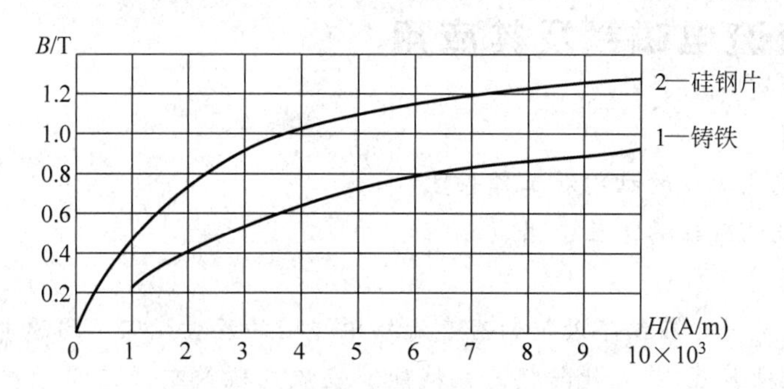

图 5-1-6　某型铸铁和硅钢片的磁化曲线

(1) 对于铸铁材料，当 $B=0.8\mathrm{T}$ 时，通过磁化曲线查得铸铁对应的磁场强度为 $H=6300\mathrm{A/m}$，则

$$I=\frac{Hl}{N}=\frac{6300\times 0.45}{300}=9.45(\mathrm{A})$$

(2) 对于硅钢片材料，当 $B=0.8\mathrm{T}$ 时，通过磁化曲线查得铸铁对应的磁场强度为 $H=2300\mathrm{A/m}$，则

$$I=\frac{Hl}{N}=\frac{2300\times 0.45}{300}=3.45(\mathrm{A})$$

结论：磁感应强度一定时，采用高磁导率材料可降低线圈的励磁电流，减少用铜量。

【例 5-1-2】 上例中，如果励磁线圈中通过同样的电流 3.45A，要得到相同的磁通量 Φ，使用铸铁材料和硅钢片材料，哪一个截面积/体积比较小？

【解】 本题要求根据磁通量和励磁电流确定铁磁性物质的体积大小。

如果励磁线圈中通有同样大小的电流 3.45A,则铁芯中的磁场强度是相等的,都是 2300A/m。

查磁化曲线可得,$B_{铸铁}=0.43\text{T}$,$B_{硅钢}=0.8\text{T}$,即硅钢片的磁感应强度是铸铁的 1.86 倍。

因 $\Phi=BS$,如要得到相同的磁通 Φ,则铸铁铁芯的截面积是硅钢片的 1.86 倍。

结论:在励磁电流和磁通量相同时,采用高磁导率材料可使铁芯截面积/体积有效降低。

思考与练习

5-1-1 什么是磁感应强度?什么是磁场强度?

5-1-2 什么是绝对磁导率?什么是相对磁导率?

5-1-3 磁阻与何种因素相关?写出其数学表达式。

5-1-4 磁通势与何种因素相关?写出其数学表达式。

5-1-5 写出磁路的欧姆定律,并说明每个符号的物理含义。

5-1-6 比较电路和磁路的特点,对应说明不同符号的物理含义。

5-1-7 写出磁路的全电流定律,并说明每个符号的物理含义。

5.2 直流电磁铁及其应用

【学习目标】

- 了解直流电磁铁的结构和工作原理。
- 了解直流电磁铁的工业应用。

【学习指导】

直流电磁铁及应用

直流电磁铁是一个在铁芯外绕制有直流励磁线圈的装置。它利用通电线圈产生的电磁吸力来操纵机械装置,将电能转换为机械能。直流电磁铁广泛应用于机械传动系统和自动控制系统中,它的结构比较简单,工作原理也比较容易理解。

直流电磁铁可以单独作为一类电器,如牵引电磁铁、制动电磁铁、起重电磁铁等,也可作为开关电器的一种部件,如接触器、电磁继电器等。由于电磁铁可通过调节励磁电流控制其磁场强度,进而控制吸力的大小,所以电磁铁比永久磁铁有更广泛的应用。下面通过一些典型的应用说明各种直流电磁铁的结构和工作原理。

5.2.1 起重电磁铁

起重电磁铁又称电磁吸盘或吸盘电磁铁,是利用电磁吸力抓取铁磁性物质的一种起重设备。在对物料起吊搬运时,不需要对零散的物料进行捆扎等其他处理,故又称为散料起重电磁铁。

起重电磁铁结构如图 5-2-1 所示,电磁铁的励磁线圈置于软磁材料做成的铁芯和外壳之中,并以环氧树脂浇封。抓取铁磁性物质时,电磁铁在励磁电流的作用下产生强大的电磁吸力。由于铁芯使用了软磁材料,只要断开电流,吸力即可消失。电磁吸盘通常挂在

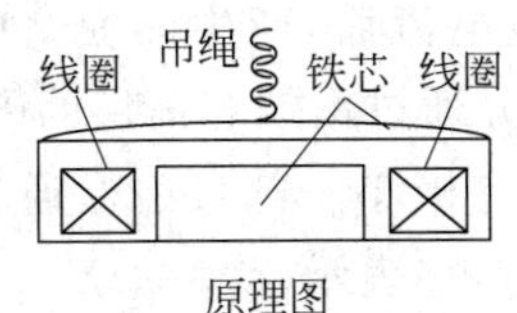

图 5-2-1 起重电磁铁

起重机的吊钩上，与电缆随吊钩一起升降。为防止断电时物料坠落，起重机需要有备用电源。

起重电磁铁可用于吸吊铸铁锭、钢球、生铁块、机加工碎屑，以及铸造厂的各种杂铁、回炉料、切料头、打包废钢等；还可广泛应用在自动化作业线上作为材料或产品的输送控制件。另外，在机械手、食品机械、医疗机械、自动化控制系统中也有应用。

5.2.2 电机的磁极

直流电磁铁的重要应用是在电机领域。这里以直流电动机的主磁极为例来说明。

直流电动机的定子铁芯上装有产生气隙磁场的主磁极，主磁极由主磁极铁芯和励磁绕组两部分组成。铁芯一般用 0.5～1.5mm 厚的硅钢板冲片叠压铆紧而成，分为极身和极靴两部分。上面套励磁绕组的部分称为极身，下面扩宽的部分称为极靴。极靴宽于极身，既可以调整气隙中磁场的分布，又便于固定励磁绕组。励磁绕组用绝缘铜线绕制而成，套在主磁极铁芯上。整个主磁极用螺钉固定在机座上，如图 5-2-2 所示。

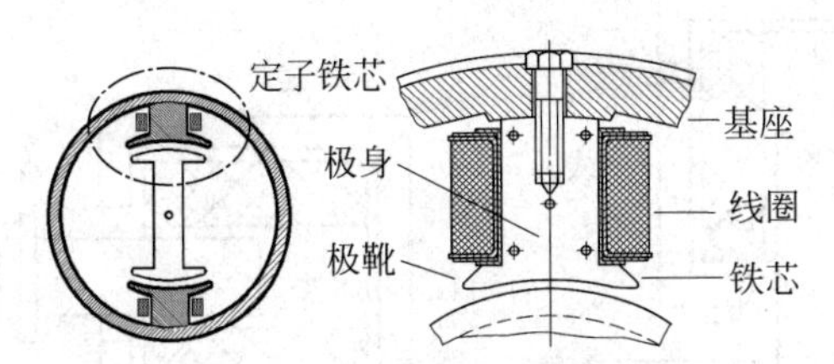

图 5-2-2 直流电动机的主磁极

此外，直流电动机的电枢绕组、交流发电机的转子励磁系统以及交流同步发电机的转子励磁系统都是通过直流电磁铁实现的，有兴趣的同学可查阅电机类的参考书深入了解。

5.2.3 各类电磁继电器

直流电磁铁大量应用于各类电磁继电器。作为开关电器的部件，电磁继电器中的电磁铁一般由铁芯、线圈、衔铁和返回弹簧四部分组成。铁芯和衔铁用软磁材料制成。铁芯一般是静止的，励磁线圈绕制在铁芯上。

直流电磁铁的类型很多，下面结合一些常见电磁铁的应用，简要说明其结构和工作原理。

1. 拍合式电磁继电器

图 5-2-3 所示的拍合式电磁铁由铁芯、励磁线圈、衔铁、返回弹簧四部分构成。其工

作原理如下所述。

(1) 线圈通入励磁电流后，产生磁通。由于铁芯的磁阻较小，磁通量绝大部分通过由铁芯提供的磁路，称为主磁通，图中用 Φ 表示；另有极小一部分磁通通过空气形成闭合路径，称为漏磁通，用 Φ_σ 表示。

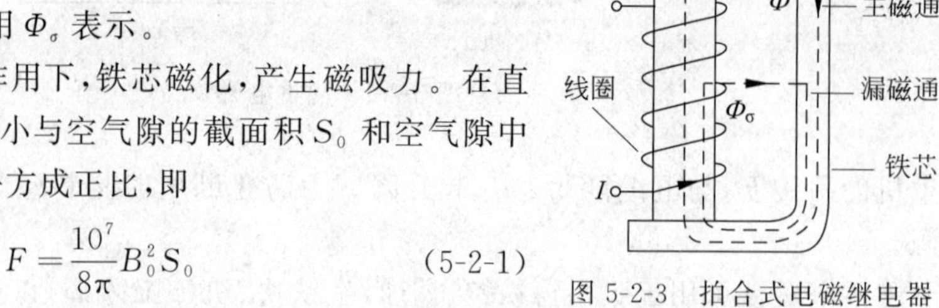

图 5-2-3　拍合式电磁继电器

(2) 在主磁通的作用下，铁芯磁化，产生磁吸力。在直流电磁铁中，吸力的大小与空气隙的截面积 S_0 和空气隙中的磁感应强度 B_0 的平方成正比，即

$$F=\frac{10^7}{8\pi}B_0^2S_0 \tag{5-2-1}$$

(3) 衔铁克服弹簧的作用力被向下吸合。吸合后，由于减少了空气隙，在励磁电流不变的情况下，空气隙中的 B_0 增强，S_0 减小，吸力更大。

(4) 励磁线圈断电后，由于铁芯为软磁材料制成，铁芯中仅有很小的剩磁，产生的吸力远小于弹簧的反作用力，衔铁被释放。

2. 吸入式电磁继电器

垂直安装的吸入式电磁继电器的电磁铁如图 5-2-4(a)所示，由三部分组成，即铁芯、线圈和衔铁。励磁线圈通电后，衔铁被吸引到上方位置；断电后，衔铁靠自重下垂至脱开位置。水平安装的吸入式电磁继电器如图 5-2-4(b)所示，在结构上还需要返回弹簧，其作用是在励磁线圈失电后，把衔铁弹回自然状态。

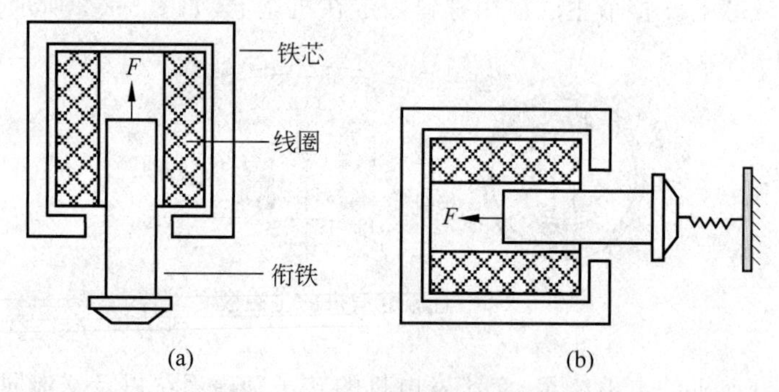

图 5-2-4　吸入式电磁继电器

3. 旋转式电磁继电器

旋转式电磁继电器的结构如图 5-2-5 所示，其铁芯和线圈与其他继电器无异，特别之处是安装在中轴上、可旋转的活动衔铁。当励磁线圈通电后，铁芯中产生主磁通，在活动衔铁被磁化的过程中，会自动旋转到垂直方向。当线圈失电后，活动衔铁根据自身的重心回到自然状态，活动衔铁带动的开关断开需要控制的其他电路。旋转式电磁继电器可用于投币电话和投币游戏机中。

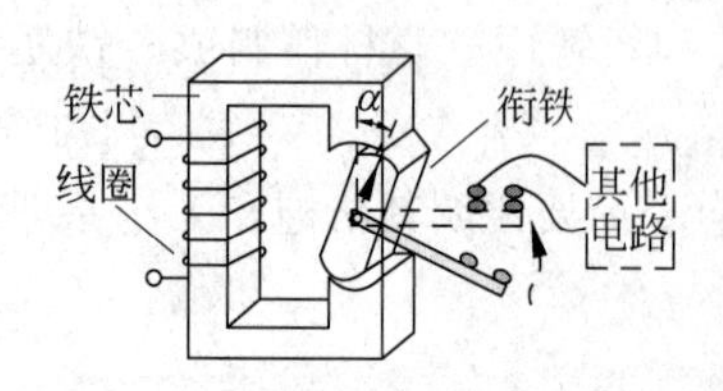

图 5-2-5　旋转式电磁继电器

4. 极化电磁继电器

在图 5-2-6 中,在空气隙中除有励磁线圈产生的磁通量 Φ_f 以外,还有永久磁铁产生的磁通量 Φ_{m1} 和 Φ_{m2}。这样,在一个空气隙中的 Φ_f 与 Φ_{m1} 同向相加,而另一个空气隙中的 Φ_f 与 Φ_{m2} 反向相减,衔铁将向合成磁通量大的一方偏转。励磁线圈的电流方向不同,衔铁的运动方向也不同,因而可以接通不同的电路。由于这类电磁铁是有极性的,称为极化电磁铁。

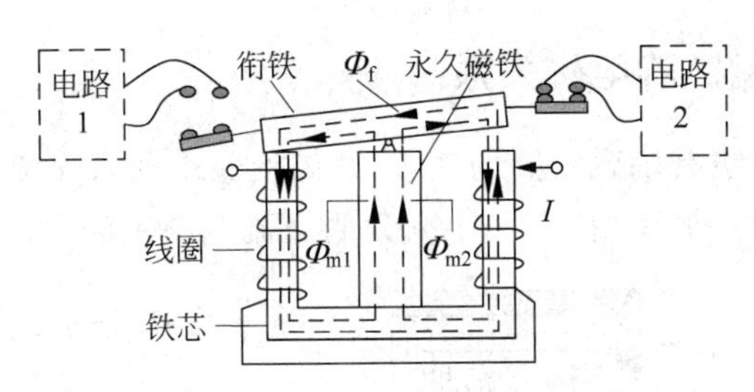

图 5-2-6 极化电磁继电器

极化电磁铁主要有以下特点。

(1) 能反映线圈信号的极性。在有些变换器中,还能做到使衔铁的位移(或转角)与信号的大小成正比。

(2) 灵敏度高。目前,一般高灵敏度的电磁式电磁铁的吸合磁通势为 2.5～3 安匝,吸合功率为 10mW。但是极化电磁铁的吸合磁通势只需 0.5～1 安匝,吸合功率只需 $(5\sim10)\times10^{-6}$W。

(3) 动作速度快。由于极化电磁铁的线圈尺寸小,吸片可以做得很轻,行程小,因此线圈的机电时间常数很小,灵敏度很高。目前,电磁式电磁铁最快的吸合时间也要 5～10ms,而某些极化电磁铁的动作时间只有 1～2ms。

上面列举了一些直流电磁铁的典型应用案例,有兴趣的读者还可以参看其他电磁铁方面的参考书扩展知识。

思考与练习

5-2-1 请列举 5 个直流电磁铁应用的例子。

5-2-2 说明图 5-2-6 中所示极化电磁继电器的工作原理。

*5.3 交流电磁铁

【学习目标】

- 了解交流电磁铁中电、磁、力之间的关系。
- 了解交流电磁铁中的线圈损耗(铜损)和铁芯损耗(铁损)。

【学习指导】

交流电磁铁的结构和工作原理都比直流电磁铁复杂,要理解交流电磁铁的工作原理需要较好的数学基础。

交流
电磁铁

励磁电压与铁芯磁通量的关系是学习交流电磁铁工作原理的基础，过程尽量能够理解，结论需要记忆。建议对铁芯磁通量、空气隙磁感应强度、电磁力三者之间的关系做定性的了解。

交流电磁铁是一个在铁芯外绕制有交流励磁线圈的装置，由于交流电成本低，使用方便，所以交流电磁铁比直流电磁铁有更加广泛的应用。交流电磁铁广泛应用于交流接触器、交流电磁继电器、变压器和交流电动机等设备中。

5.3.1 交流电磁铁的电磁关系

交流电磁铁是一个绕有励磁线圈的铁芯，励磁线圈中通入交流电流，交流电磁铁的电磁关系是其应用的基础。下面用图 5-3-1 来说明交流电磁铁的电磁关系。

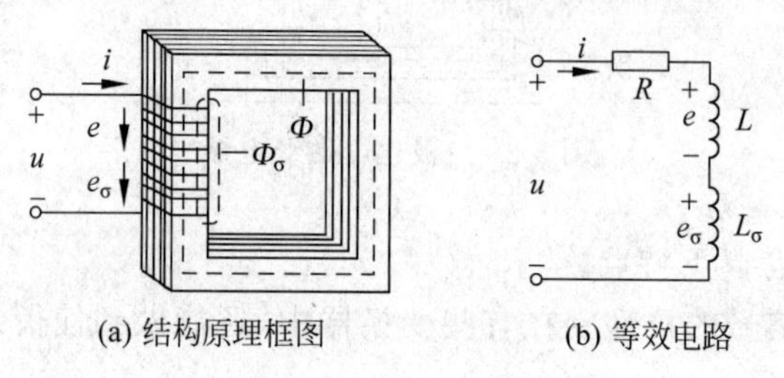

(a) 结构原理框图　　(b) 等效电路

图 5-3-1　交流电磁铁

1. 电压与电流的关系

在励磁线圈中加上交流电压 u 之后，产生励磁电流 i，此时铁芯磁路中的磁通势为 $f_\Phi=iN$。交变的磁通势 f_Φ 在铁芯中产生交变的主磁通 Φ 和漏磁通 Φ_σ，而交变的主磁通 Φ 和漏磁通 Φ_σ 在励磁绕组中分别产生感应电动势 e 和 e_σ，其电磁关系表达式为

$$u \rightarrow i(f_\Phi=iN)\begin{cases}\Phi \rightarrow e=-N\dfrac{\mathrm{d}\Phi}{\mathrm{d}t}\\ \Phi_\sigma \rightarrow e_\sigma=-N\dfrac{\mathrm{d}\Phi_\sigma}{\mathrm{d}t}=-L_\sigma\dfrac{\mathrm{d}i}{\mathrm{d}t}\end{cases}$$

上式中，L_σ 是铁芯线圈的漏磁电感，对于给定的铁芯线圈，L_σ 为常数。根据基尔霍夫电压定律，励磁电流和线圈电压之间的关系为

$$u=iR+(-e-e_\sigma)=iR+(-e)+L_\sigma\frac{\mathrm{d}i}{\mathrm{d}t} \tag{5-3-1}$$

2. 电压与磁通的关系

由式(5-3-1)可见，电源电压由三部分组成，iR 是励磁线圈上的电压降，e 是主磁通在线圈中的感应电动势，e_σ 是漏磁通在励磁线圈中的漏感电动势。一般线圈的电阻 R 很小，漏磁通也很小，略去电阻上的压降 iR 和漏感电动势 e_σ，则有

$$u\approx -e=N\frac{\mathrm{d}\Phi}{\mathrm{d}t}$$

上式表明，如果励磁电压是正弦交流电时，线圈中的主磁电动势 e 和铁芯中的主磁通 Φ 都按正弦规律变化。设主磁通为 $\Phi=\Phi_\mathrm{m}\sin\omega t$，则

$$u \approx -e = N\frac{d\Phi}{dt} = N\frac{d(\Phi_m \sin\omega t)}{dt}$$
$$= \omega N\Phi_m \sin(\omega t + 90°)$$
$$= U_m \sin(\omega t + 90°)$$

上式中，电压和主磁电动势的幅值为 $U_m \approx E_m = \omega N\Phi_m$，其有效值可表示为

$$U \approx E = \frac{\omega N\Phi_m}{\sqrt{2}} = \frac{2\pi f N\Phi_m}{\sqrt{2}} \approx 4.44 f N\Phi_m \tag{5-3-2}$$

式(5-3-2)表明了交流铁芯线圈中的电磁关系。

说明：当励磁电源的频率、线圈匝数一定时，忽略绕组的电阻和铁芯漏磁通，铁芯磁路中的磁通量幅值 Φ_m 和线圈外加电压 U 成正比，而与铁芯的材料和尺寸无关。

式(5-3-2)还可理解为，励磁线圈外加正弦电压一定时，磁路中的正弦磁通量也一定；如果磁路的磁阻发生变化，根据磁阻、磁通和磁动势的关系（$\Phi = F_m / R_m$），则磁动势（$F_m = IN$）会相应地变化，即磁路可反过来影响电路。

5.3.2　交流电磁铁的磁力关系

交流电磁铁的磁力关系主要体现在一些交流电磁机构中，如交流接触器、磁力起动器、交流电磁式继电器等。下面以交流接触器的电磁机构为例做一说明。

1. 交流接触器的电磁机构

交流接触器是一种控制电器，主要用于各种控制电路和控制系统中。其结构主要由电磁机构和触点系统组成。电磁机构由铁芯、励磁线圈和衔铁组成。电磁机构的主要作用是通过电磁感应原理将电能转换成机械能，带动触点动作，完成接通或分断电路的功能。图 5-3-2 是一些用在交流接触器中的直动式电磁机构。

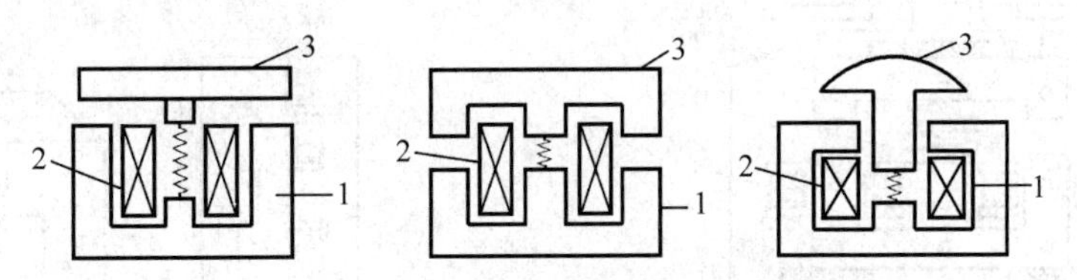

图 5-3-2　直动式交流电磁机构

1—铁芯；2—励磁线圈；3—衔铁

2. 交流电磁铁的磁力关系

当外加电压 U、频率 f 和线圈匝数 N 为常数时，铁芯和空气隙中的磁通量最大值也为常数：

$$\Phi_m = \frac{U}{4.44 f N}$$

当空气隙的截面积为 S_0 时，空气隙中的磁感应强度为

$$B_m = \frac{\Phi_m}{S_0}$$

铁芯吸力的最大值为

$$F_{\max}=\frac{10^7}{8\pi}B_m^2S_0 \tag{5-3-3}$$

平均吸力为

$$F_{\mathrm{av}}=\frac{10^7}{16\pi}B_m^2S_0 \tag{5-3-4}$$

图5-3-3是一个交流接触器的结构和原理示意图。当励磁线圈5得电后,铁芯6中产生主磁通,活动衔铁3受到电磁吸力后克服弹簧4的反作用力被吸向铁芯,同时带动动触点1合向静触点2,控制其他电路运行。当励磁线圈失电或线圈两端电压显著降低时,电磁吸力小于弹簧的反作用力,衔铁释放,触点机构复位,解除对其他电路的控制。

对于交流电磁机构而言,交变电流产生脉动的吸力。即当电流为0时,吸力也为0。当50Hz的交流电源加在励磁线圈上时,产生吸力为100Hz的脉动吸力。如此周而复始,使衔铁产生振动,发出噪声,不能正常工作。

为解决此问题,在铁芯端部开一个槽,槽内嵌入短路铜环(或称分磁环),如图5-3-4所示。当励磁线圈通入交流电后,在短路环中会产生感应电流,该感应电流又会产生一个磁通。短路环把铁芯中的磁通分为两部分,即穿过短路环的Φ_1和不穿过短路环的Φ_2。由于短路的作用,使Φ_1与Φ_2产生相移。由于两个磁通量不同时为零,使合成磁通量始终不为零,产生的吸力始终大于反作用力,消除振动和噪声。

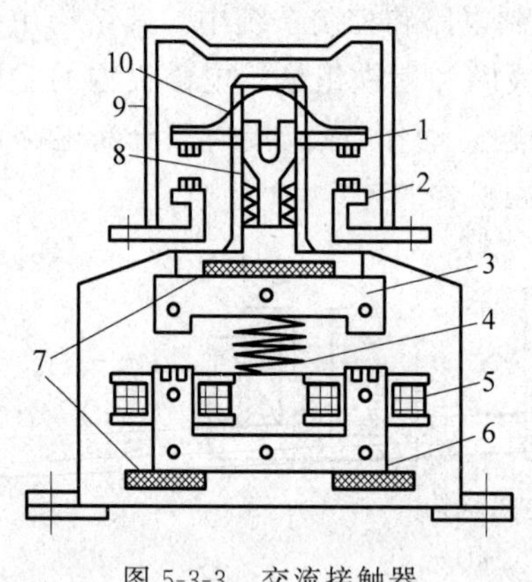

图5-3-3 交流接触器

1—动触点;2—静触点;3—活动衔铁;4—弹簧;5—线圈;6—铁芯;7—垫毡;8—触点弹簧;9—灭弧罩;10—触点压力弹簧

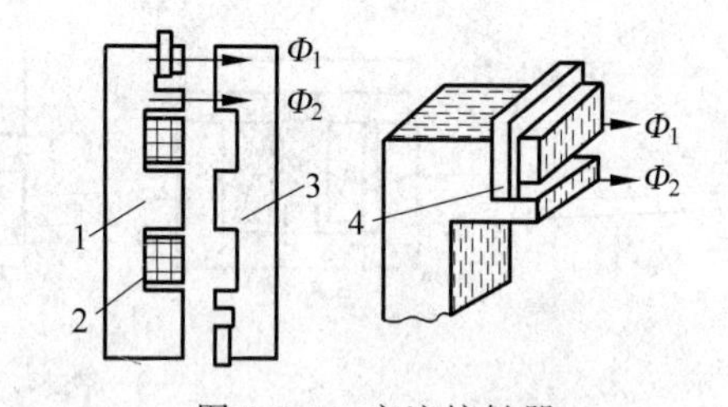

图5-3-4 交流接触器

1—铁芯;2—励磁线圈;3—活动衔铁;4—短路环

在直流电磁铁中,励磁电流仅与线圈电阻有关,不受空气隙的影响。但在交流电磁铁的吸合过程中,随着空隙器的变小,磁路的磁阻急剧下降,线圈的电感量变大。综合结果为励磁电流减小,磁通量增大。所以交流电磁铁在励磁线圈通电后,衔铁应瞬间吸合。如果因机械原因被卡住,或因工作场所电压较低不能产生足够的吸力,导致衔铁不能立即吸合,则线圈中会长时间流过较大电流,线圈将会因温升过高而烧毁。凡是利用交流电磁铁作为动力的电工设备都存在此类问题,使用时需要特别注意。

交流接触器线圈的工作电压应为其额定电压的85%～105%,这样才能保证接触器可靠吸合。如电压过高,交流接触器磁路趋于饱和,线圈电流将显著增大,有烧毁线圈的危险。反之,电压过低,电磁吸力不足,动铁芯吸合不上,线圈电流达到额定电流的十几倍,线圈也会过热烧毁。

*5.3.3 交流电磁铁的损耗

1. 线圈损耗：铜损

当励磁电流通过交流电磁铁的线圈时,会产生功率损耗。由于线圈导线多用铜线,故称铜损,记为 P_{Cu}。设线圈的电阻为 R,则铜损的计算公式为

$$P_{Cu}=I^2R \tag{5-3-5}$$

2. 铁芯损耗：铁损

交变磁通在铁芯中会产生磁滞损耗和涡流损耗,二者统称铁损。

(1) 磁滞损耗

磁滞损耗是由于铁磁性物质在交变磁化的过程中,其内部的磁畴在反复改变其排列方式时产生的能量损耗,记为 P_h。磁滞损耗与磁感应强度的最大值 B_m、电源频率 f、铁芯体积 V 的乘积成正比,其表达式为

$$P_h=k_h fB_m^n V \tag{5-3-6}$$

式(5-3-6)中的 k_h 是与铁磁材料有关的系数,由实验确定；n 为与 B_m 有关的指数,当 $0.1T<B_m<1T$ 时,n 约为1.6,当 $B_m\geqslant 1T$ 时,n 约为2.0。

(2) 涡流损耗

交流电磁铁的铁芯可以等效成一圈圈的闭合导线,如图5-3-5所示。穿过闭合导线的磁通量按正弦规律交替变化,这样就在闭合导线上产生感应电动势和感应电流。电流沿导体的圆周方向流动,就像一圈圈的旋涡,这种在导体内部由于电磁感应而产生的电流称为涡流。涡流在铁芯中环流的过程中,会促使铁芯中的电阻发热,引起能量损耗,降低效率。

涡流损耗的表达式为

$$P_e=k_e fB_m^n V \tag{5-3-7}$$

式中,k_e 是与铁磁材料的电阻率及几何尺寸有关的系数,需由实验确定,其他变量含义与式(5-3-6)相同。

为减少涡流损耗,交流电磁铁广泛采用表面涂有薄层绝缘漆或绝缘氧化物的薄硅钢片(0.35～0.5mm)叠压制成的铁芯,这样涡流被限制在狭窄的薄片之内,磁通穿过薄片的狭窄截面时,回路中的感应电动势较小,回路的长度较大,回路的电阻很大,涡流大为减弱。图5-3-6是硅钢片叠成的电磁铁,其涡流损耗仅为普通钢涡流损耗的20%～25%。

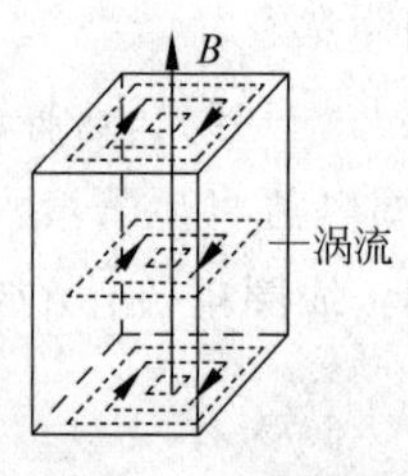

图 5-3-5 涡流损耗

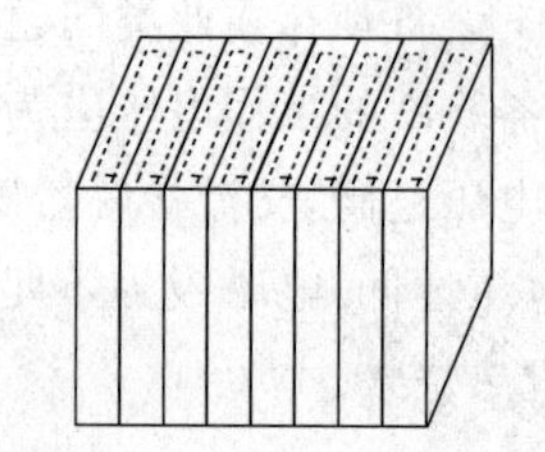

图 5-3-6 硅钢片叠成的电磁铁

思考与练习

5-3-1 比较交流电磁铁与直流电磁铁的异同。

5-3-2 解释励磁电压与铁芯磁通量表达式 $U=4.44fN\Phi_{m}$ 的物理含义。

5-3-3 在交流接触器的铁芯中,短路环起何作用?

5-3-4 说明交流电磁铁中铜损和铁损产生的原因。

5.4 变压器

【学习目标】

- 熟悉变压器的结构。
- 掌握变压器变电压、变电流、变阻抗的工作原理。
- 能进行变压器基本参数(电压、电流、功率)的计算。
- 能根据负载的性质和大小选择变压器的容量,能根据阻抗匹配要求选择变压器的变比。

【学习指导】

变压器的三个主要功能是:变电压、变电流、变阻抗,记住这个结论非常重要,如果能进一步掌握一、二次侧电压关系和电流关系产生的内在机理,就能更好地理解变压器的工作原理。

变压器与其他电磁铁的最大区别在于它不是用于产生电磁力,而是利用交变的电磁场把供电电压变为用户所需要的同频率的交流电压。变压器的种类很多,结构和功能也不尽相同,但无论何种类型的变压器,都是利用交流电磁铁中的电磁关系,在变压器的二次侧获得所需要的电压或电流信号。

此处以结构简单的控制变压器为例,说明变压器的结构、工作原理和选择方法,并简要介绍其他变压器的用途。

5.4.1 控制变压器

1. 变压器的结构

控制变压器的典型实物如图 5-4-1(a)所示;主要结构如图 5-4-1(b)所示,由铁芯和绕组两部分组成,绕组套在铁芯上;典型符号如图 5-4-1(c)所示。

变压器的铁芯是一个闭合的整体,为主磁通提供路径。为减小涡流损耗,一般由厚度

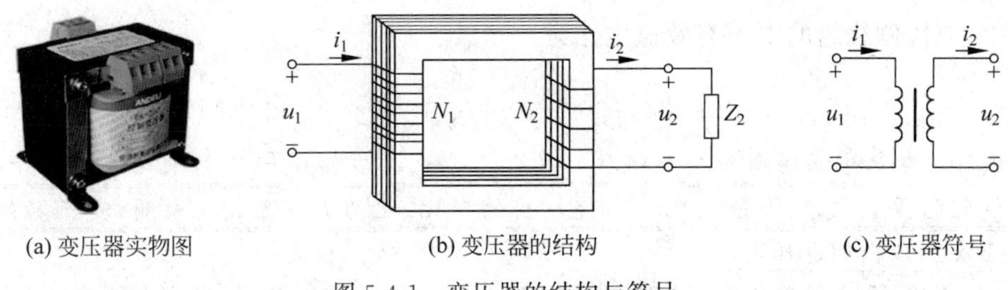

(a) 变压器实物图　(b) 变压器的结构　(c) 变压器符号

图 5-4-1　变压器的结构与符号

为 0.35～0.5mm 的矽钢片叠合而成。

变压器的绕组由两部分组成，分别为一次侧绕组（原边绕组）和二次侧绕组（副边绕组）。一次侧绕组匝数为 N_1，用于产生主磁通；二次侧绕组匝数为 N_2，通过电磁感应产生同频率的正弦交流电压。

2. 变压器的工作原理

下面通过对变压器空载状态和负载状态的分析，学习变压器的工作原理。

(1) 变压器的空载状态：电压变换作用

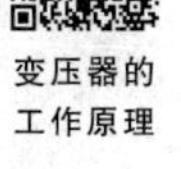

变压器空载状态如图 5-4-2 所示，在变压器的一次侧绕组中加上交流电压 u_1 之后，在一次侧绕组中产生电流 i_1。由于二次侧绕组开路，二次侧电流 i_2 为零。此时的一次侧电流称为空载电流或励磁电流，用 i_0 表示，而铁芯磁路中的磁通势为

$$f_m = i_0 N_1$$

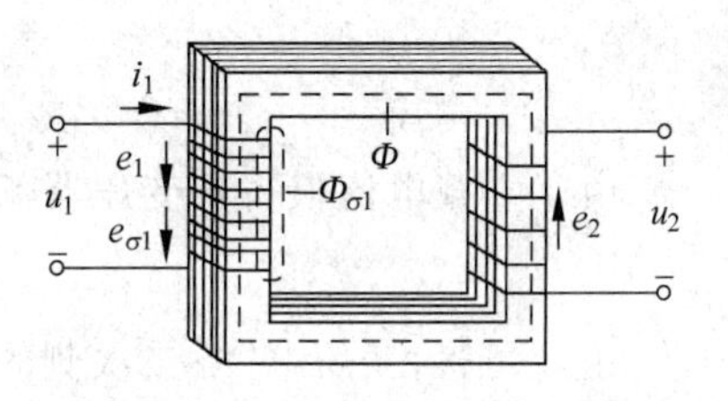

图 5-4-2　变压器的空载状态

在空载电流的作用下，变压器铁芯中产生主磁通 Φ 和漏磁通 $\Phi_{\sigma1}$。主磁通同时穿过一、二次侧绕组，在两个绕组中分别产生感应电动势 e_1 和 e_2；漏磁通仅在一次侧绕组中穿过，产生漏感电动势 $e_{\sigma1}$，表达式为

$$e_1 = -N_1 \frac{\mathrm{d}\Phi}{\mathrm{d}t}$$

$$e_{\sigma1} = -N_1 \frac{\mathrm{d}\Phi_{\sigma1}}{\mathrm{d}t}$$

$$e_2 = -N_2 \frac{\mathrm{d}\Phi}{\mathrm{d}t}$$

以一次侧绕组的电流 i_1 作为参考方向，设一次侧绕组的电阻为 R_1，感抗为 X_1，则用相量法表示的一次侧绕组电压方程为

$$\dot{U}_1 = -\dot{E}_1 - \dot{E}_{\sigma1} + \dot{I}_1(R_1 + \mathrm{j}X_1) \tag{5-4-1}$$

由于一次侧绕组中的漏感电动势、空载电流、绕组阻抗都很小，忽略这些因素，则有

$$\dot{U}_1 \approx -\dot{E}_1 \tag{5-4-2}$$

设二次侧绕组的电阻为 R_2，感抗为 X_2，此时 $\dot{I}_2$ 为 0，用相量法表示的二次侧绕组电压方程为

$$\dot{U}_2 = \dot{E}_2 - \dot{I}_2(R_2 + \mathrm{j}X_2) \approx \dot{E}_2 \tag{5-4-3}$$

一、二次侧绕组的电压有效值之比为

$$\frac{U_1}{U_2} \approx \frac{E_1}{E_2} = \frac{N_1}{N_2} = k \tag{5-4-4}$$

说明：在忽略漏磁通和绕组阻抗的情况下，一、二次侧绕组的电压比近似等于一、二次侧绕组的匝数比，这个匝数比称为变压器的变比，记为 k。上式也表明，变压器的一次侧电压决定二次侧电压。

(2) 变压器的负载状态：电流变换作用

变压器的负载状态如图 5-4-3 所示。设变压器二次侧的负载阻抗为 Z_2，二次侧的负载电流为 i_2。由于负载电流 i_2 的作用，在铁芯中会产生一个附加的磁动势 i_2N_2。附加的 i_2N_2 在铁芯中可产生附加的主磁通和漏磁通 $\Phi_{\sigma 2}$（漏磁通 $\Phi_{\sigma 2}$ 通常比较小，在分析变压器原理时可以忽略）。

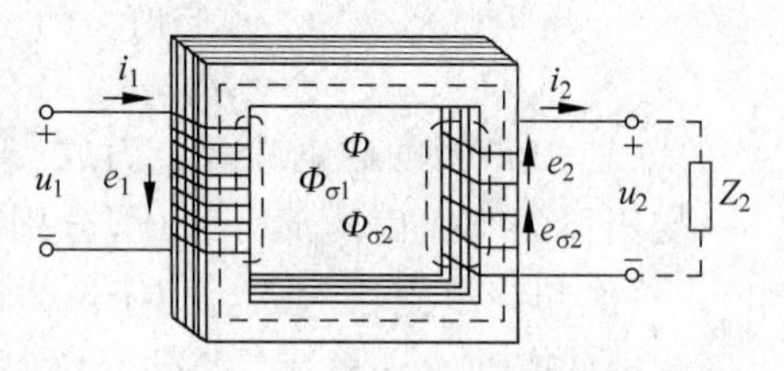

图 5-4-3　变压器的负载状态

根据楞次定律，此时一次侧绕组中电流 i_1 产生的磁势 i_1N_1 会阻碍铁芯中磁势的变化，并达到最初的磁势平衡状态。磁势平衡方程的瞬时值和相量形式分别为

$$f_m = i_0 N_1 = i_1 N_1 + i_2 N_2$$

$$\dot{F}_m = \dot{I}_0 N_1 = \dot{I}_1 N_1 + \dot{I}_2 N_2 \tag{5-4-5}$$

由于空载电流仅占到变压器额定电流的 1%～5%，所以有

$$\dot{I}_1 N_1 + \dot{I}_2 N_2 \approx 0$$

由此可得，变压器一、二次侧的电流有效值之比为

$$\frac{I_1}{I_2} \approx \frac{N_2}{N_1} = \frac{1}{k} \tag{5-4-6}$$

说明：变压器一、二次侧的电流之比为一、二次侧匝数比的倒数，同时也说明，变压器的一次侧电流是由二次侧电流决定的。

变压器的特殊之处还在于，对于一次侧的电源来说，它是一个负载；而对于二次侧的负载来说，它又起到了电源的作用。实际上变压器在变电压、变电流的同时，起到了能量传输的作用。

【例 5-4-1】 某变压器 $U_1 = 380\text{V}$，$U_2 = 48\text{V}$，$N_1 = 1520$ 匝，求变压器的变比 k、二次侧绕组的匝数 N_2。若二次侧负载电阻为 10Ω，试求一、二次侧的工作电流。

【解】 通过本例学习变压器参数的基本计算。

依据题意，应用式(5-4-4)和式(5-4-6)可得

① 变压器变比：　$k \approx \frac{U_1}{U_2} = \frac{380}{48} \approx 7.91$

② 二次侧绕组匝数：　$N_2 = \frac{N_1}{k} = \frac{1520}{7.91} \approx 192$

③ 二次侧电流：　$I_2 = \frac{U_2}{R} = \frac{48}{10} = 4.8(\text{A})$

④ 一次侧电流：　$I_1 = \frac{I_2}{k} = \frac{4.8}{7.91} \approx 0.6(\text{A})$

电工故事：变压器中的磁势平衡

王李两家比邻而居。一开始家境富裕的王家请了一个保安站岗，顺便两家院落都照看了。

后来两家有了矛盾，隔壁李家担心自家安全，也请了一个保安站岗，如图 5-4-4 所示。

本来也能相安无事，但是王家为了保持自家的优势，又增加了一个保安。李家不想被比下去，也增加了一个保安。于是双方就这样轮番地增加保安。

最后的结果是，李家已无力增加，而王家始终比李家多一个保安。

在变压器中，也有类似的现象。变压器原副两边的电流就扮演着保安的角色。

在图 5-4-5 中，设变压器原边匝数为 N_1，副边匝数为 N_2。

图 5-4-4 缺乏信任的邻居

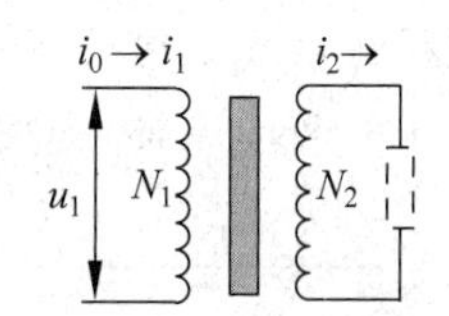

图 5-4-5 磁通势平衡的变压器

一开始，变压器副边空载，在变压器原边加上工作电压 u_1，会在原边产生空载电流 i_0（励磁电流）；此电流会形成磁原边磁通势 $f_m = i_0 \times N_1$，f_m 能在变压器铁芯中产生原副两边共享的主磁通 Φ。

当副边加上负载后，有了负载电流 i_2，进而形成副边磁通势 $i_2 \times N_2$，它会削弱原来的磁通势 f_m；为保持变压器铁芯中的磁通势平衡，原边线圈中的电流 i_0 会增加到 i_1，以抵消副边磁通势产生的影响。

两边电流增加的结果是，原副两边的磁通势之和总是维持在最初的平衡状态，即

$$i_1 N_1 + i_2 N_2 = i_0 N_1$$

由于 i_0 仅占到变压器原边额定电流的 5%以内，计算时常常忽略不计，所以就有

$$i_1 N_1 + i_2 N_2 = i_0 N_1 \approx 0 \quad 或 \quad \frac{i_1}{i_2} \approx -\frac{N_2}{N_1}$$

如果用有效值表达上式，即为

$$\frac{I_1}{I_2} \approx \frac{N_2}{N_1}$$

变压器的变流比实质是变压器中磁通势平衡的体现。

（3）阻抗变换作用

除了变电压和变电流外，变压器在电子电路中经常起阻抗匹配的作用。一个负载在二次侧的实际大小为 Z_2，变压器在中间起能量传输的作用，从能量等效的观点看，这个负载也可看作是由电源直接供电的。而对于一次侧的电源来说，这个负载又是多少呢？下

面根据电压与电流的变换作用推导阻抗的变换作用。

设负载 Z_2 变换到一次侧为 Z_1,则有

$$|Z_1|=\frac{U_1}{I_1},\quad |Z_2|=\frac{U_2}{I_2}$$

把式(5-4-4)和式(5-4-6)分别代入上式可得

$$|Z_1|=\frac{U_1}{I_1}=\frac{kU_2}{\frac{I_2}{k}}=k^2|Z_2| \tag{5-4-7}$$

说明:一个负载经过变压器后其阻抗值发生了变化。在电子线路中,常根据需要,通过选择变比把阻抗变为所需要的值,实现阻抗匹配。

【例 5-4-2】 一交流信号源的电动势 $e=20\sqrt{2}\sin\omega t$(V),内阻 $R_0=400\Omega$,现有一个 $R_L=4\Omega$ 的负载,试做如下计算:①如果将 R_L 直接与信号源连接,试求负载获得的功率;②如果通过变压器实现阻抗匹配,试求负载获得的功率及变压器的变比。

【解】 通过本例学习如何使用变压器进行阻抗匹配,实现功率传输最大化。

依据题意可画出电路连接,如图 5-4-6 所示。

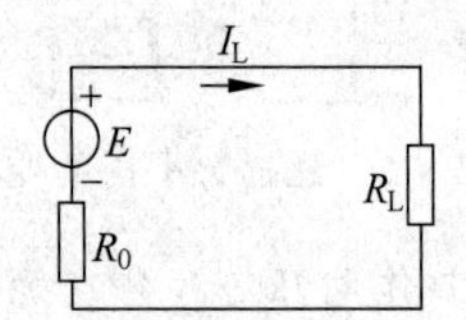

(a) 负载与信号源直接相连

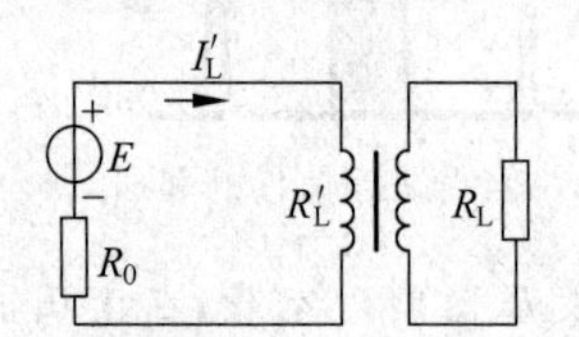

(b) 负载经变压器与信号源相连

图 5-4-6 负载与电源的连接

① 如果把负载直接接在信号源上,如图 5-4-6(a)所示,负载电流为

$$I_L=\frac{E}{R_0+R_L}=\frac{20}{400+4}\approx 0.0495(\text{A})$$

负载获得的功率为

$$P_L=I_L^2R_L=0.0495^2\times 4=9.8(\text{mW})$$

② 如果通过变压器实现负载的阻抗匹配,则需在负载和电源之间接入一个变压器,电路如图 5-4-6(b)所示,此时的匹配阻抗为

$$R'_L=R_0=400\Omega$$

此时电路的电流为

$$I'_L=\frac{E}{R_0+R'_L}=\frac{20}{400+400}=0.025(\text{A})$$

负载所获得的功率为

$$P'_L=I'^2_LR'_L=0.025^2\times 400=250(\text{mW})$$

根据式(5-4-7)可知,变压器的变比为

$$k=\sqrt{\frac{R'_L}{R_L}}=\sqrt{\frac{400}{4}}=10$$

结论:通过阻抗匹配可极大地提高负载获取的功率,实现功率传输最大化。这种技

术主要应用于电子线路中，如收音机、电视机和音响设备的功率放大电路中。

(4) 变压器的功率

变压器能够改变电压、电流和阻抗的大小，但是不能实现功率大小的变换，只能进行功率的传递。忽略变压器的自身损耗，根据式(5-4-4)和式(5-4-6)，变压器一、二次侧的功率相等，即

$$U_1 I_1 = U_2 I_2 \tag{5-4-8}$$

3. 变压器的选择条件

变压器的选择

由于变压器有一次绕组和二次绕组，变压器的额定参数有额定一次电压 U_{1N}、额定一次电流 I_{1N}，额定二次电压 U_{2N}、额定二次电流 I_{2N}，以及额定视在功率 S_N。以上各量之间的关系如下：

$$S_N = U_{1N} I_{1N} = U_{2N} I_{2N} \tag{5-4-9}$$

选择变压器时需要满足以下三个条件。

(1) 额定一次电压 U_{1N} 等于电源的供电电压(允许有±10%的误差)。

(2) 额定二次电压 U_{2N} 等于负载的工作电压(允许有±10%的误差)。

(3) 额定视在功率大于或等于负载的视在功率。

【例 5-4-3】 某机床控制电路负载如下：一个照明灯参数为 36V、30W；3 个交流继电器参数均为 36V、18W、功率因数 0.6；2 个中间继电器参数均为 36V、20W、功率因数 0.5。可接电源为线电压 380V 的三相四线制供电线路，4 台备选变压器参数如表 5-4-1 所示。

表 5-4-1 变压器参数

变压器型号	额定一次电压 U_{1N}/V	额定二次电压 U_{2N}/V	容量 S_N(视在功率)/VA
BK-200/380	380	36	200
BK-150/380	380	36	150
BK-200/220	220	36	200
BK-200/220	220	48	200

为满足控制电路需要，试选择可供使用的单相变压器的电压和功率，计算其一、二次侧的电流，并说明接入电路的方式。

【解】 通过本例，学习根据负载要求选择供电变压器，并能进行正确的接线。

按照前述变压器的选择要求，变压器要满足电源供电电压、负载工作电压和负载功率三个条件。

(1) 电源电压：4 个备用变压器的一次额定电压 U_{1N} 分别是 380V 和 220V，而供电电源为 380V 三相四线制系统，其线电压为 380V、相电压为 220V，可见只要接法正确，两种电压都可满足要求。

(2) 负载工作电压：3 组负载的工作电压为 36V，1～3 号备用变压器的二次额定电压 U_{2N} 为 36V，满足负载要求；4 号备用变压器的二次额定电压 U_{2N} 为 48V，高于负载电压，不满足负载要求。

(3) 负载统计：负载数量多，列表统计如表 5-4-2 所示。

表 5-4-2 负载统计

组别	数量	功率因数 $\cos\varphi$	有功功率 P	无功功率 Q
照明灯	1	1.0	1×30=30(W)	0Var
交流继电器	3	0.6	3×18=54(W)	72Var
中间继电器	2	0.5	2×20=40(W)	69Var
功率汇总			124W	141Var
视在功率			188VA	

供电变压器的视在功率应大于负载的计算功率，根据表 5-4-2 计算结果，1 号、3 号备用变压器的额定容量为 200VA，满足负载要求，2 号备用变压器的容量为 150VA，不满足要求。

(4) 计算负载电流：负载电流需要根据实际的负载大小进行计算。

1 号备用变压器的一、二次负载电流分别为

$$I_1=\frac{S}{U_{1N}}=\frac{188}{380}\approx 0.495(\mathrm{A})$$

$$I_2=\frac{S}{U_{2N}}=\frac{188}{36}\approx 5.222(\mathrm{A})$$

2 号备用变压器的一、二次负载电流分别为

$$I_1=\frac{S}{U_{1N}}=\frac{188}{220}\approx 0.855(\mathrm{A})$$

$$I_2=\frac{S}{U_{2N}}=\frac{188}{36}\approx 5.222(\mathrm{A})$$

(5) 接入电源：1 号备用变压器的额定电压 U_{1N} 为 380V，应该接在供电线路的线电压上；3 号备用变压器的额定电压 U_{1N} 为 220V，应该接在供电线路的相电压上。

提示：变压器的选择不仅要考虑电压和功率的要求，还需要考虑接入电路的方式。

三相电力变压器

5.4.2 三相电力变压器

三相电力变压器的用途最为广泛。从发电厂、变电站、工厂车间到居民小区，凡是用电的地方，都离不开三相电力变压器。

三相电力变压器由三对绕组组成。三个一次侧绕组、三个二次侧绕组分别接成星形(Y)或三角形(△)。图 5-4-7 给出了一种三相电力变压器的实物图，并简要画出了运行中的四种接线方式。

图 5-4-7 三相电力变压器的接线方式

三相电力变压器的工作原理与上述单相控制变压器相同，区别在于二者的功率表达式不同。若以 U_{1N}、I_{1N} 分别表示三相变压器一次侧的线电压、线电流，以 U_{2N}、I_{2N} 分别表示二次侧的线电压、线电流，则三相变压器的视在功率表达式为

$$S_N = \sqrt{3}U_{1N}I_{1N} = \sqrt{3}U_{2N}I_{2N} \tag{5-4-10}$$

【例 5-4-4】 一台三相变压器额定容量 $S_N = 180\text{kVA}$，一、二次绕组的额定电压 $U_{1N}/U_{2N} = 10000/380\text{V}$。试求：

(1) 一、二次绕组的额定电流 I_{1N}、I_{2N} 各为多大？

(2) 现有两组负载：一组负载为 380V、100kW、功率因数 0.75，另一组负载为 380V、100kW、功率因数 0.5，问哪一组负载可以正常接入电路，并说明原因。

【解】 通过本例，学习三相电力变压器的基本参数计算和容量选择方法。

(1) 根据式(5-4-10)，可计算出一、二次侧的额定电流分别为

$$I_{1N} = \frac{180 \times 1000}{\sqrt{3} \times 10000} \approx 10.39(\text{A})$$

$$I_{2N} = \frac{180 \times 1000}{\sqrt{3} \times 380} \approx 273.5(\text{A})$$

(2) 负载接入电路判断

第一组负载：$S_1 = \frac{P_1}{\cos\varphi_1} = \frac{100}{0.75} \approx 133\text{kVA} < S_N$，可以正常接入电路。

第二组负载：$S_2 = \frac{P_2}{\cos\varphi_2} = \frac{100}{0.5} = 200\text{kVA} > S_N$，不能正常接入电路；如果强行接入，长时间运行后会造成变压器过热损坏。

5.4.3 自耦调压器

自耦调压器也叫自耦变压器。普通变压器是通过一、二次侧的绕组电磁耦合来传递能量，一、二次侧没有直接电的联系。自耦变压器的二次侧绕组就是一次侧绕组的一部分，一、二次侧直接有电的联系。由于二次侧电压可调，在设备维修和试验中，常用自耦调压器来获得任意大小的二次电压。

实际应用中有三相自耦调压器，也有单相自耦调压器，如图 5-4-8(a)、(b)所示，自耦调压器的原理说明如图 5-4-8(c)所示。自耦调压器的基本参数计算与普通变压器相同。

自耦调压器

(a) 三相自耦调压器

(b) 单相自耦调压器

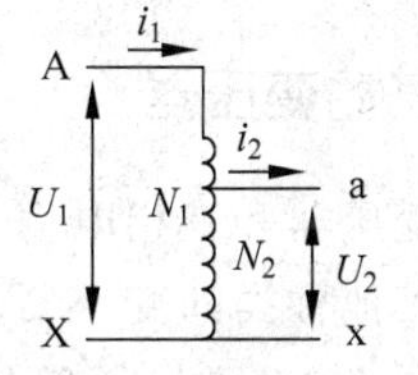

(c) 工作原理图

图 5-4-8 自耦调压器的实物图与原理图

电压比：
$$\frac{U_1}{U_2} \approx \frac{N_1}{N_2} = k$$

电流比：
$$\frac{I_1}{I_2} \approx \frac{N_2}{N_1} = \frac{1}{k}$$

由于自耦调压器一、二次侧绕组之间有电的联系，使用中需要注意表 5-4-3 所列内容。

表 5-4-3 自耦调压器使用注意事项

注意事项	说明	图示
使用前必须将滑动触点旋至零位	接通电源前，应先将滑动触点旋至零位 接通电源后转动手柄，将电压调至所需数值，使用完毕后，滑动触点应再一次调节到零位	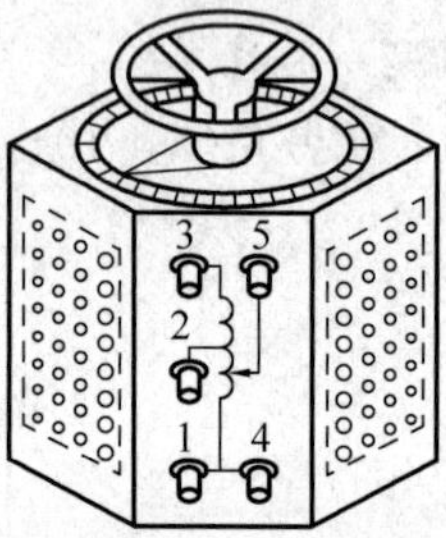 3 5 2 1 4
不可将一、二次侧接反	使用时如将一、二次侧接错，会造成电源短路	
不可将一次侧接地端接反	如果一次侧相线端与接地端接反，即使滑动触点在 0 位（输出端电压为 0V），此时在输出端也会带有危险的相电压，造成人身事故	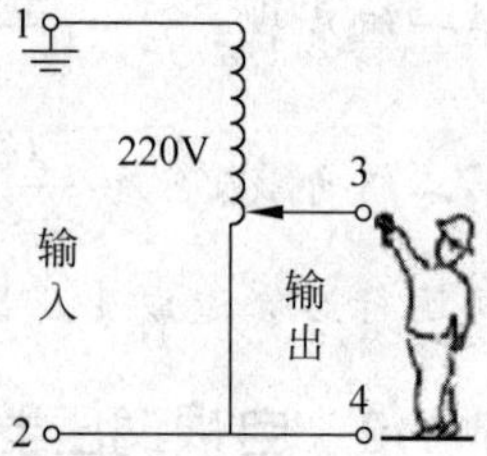 1 220V 3 输入 输出 2 4
多输入接头的自耦调压器，不可接错电压输入端	如果电源输入有 220V 和 110V 两个选择端钮，接线前需要看清对应的电压端钮 如果错把 220V 电压接到 110V 端钮上，会烧毁自耦调压器；如果错把 110V 电压接到 220V 端钮上，不能输出正常电压	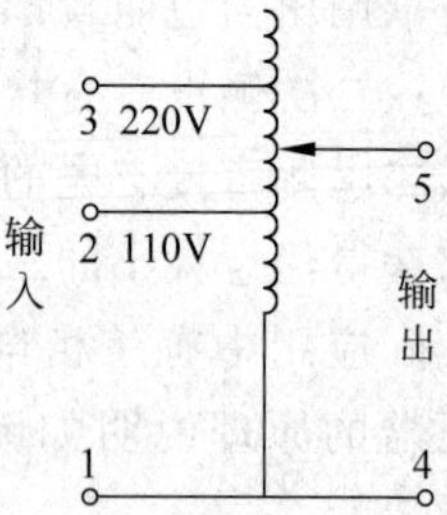 3 220V 5 输入 2 110V 输出 1 4

5.4.4 其他变压器

除了控制变压器和三相电力变压器之外，还有整流变压器、脉冲变压器、电压互感器、电流互感器等其他种类的变压器，这些变压器在整流、调压、电工测量和电子技术领域有广泛的应用。图 5-4-9 列出了部分变压器的实物图。

本章仅介绍了一些变压器的入门知识，有兴趣的读者可参看有关变压器方面的专业书籍。

(a) 整流变压器

(b) 脉冲变压器

(c) 电压互感器

(d) 电流互感器

图 5-4-9　其他种类的变压器

思考与练习

5-4-1　变压器的电压比 $U_1 \approx kU_2$ 是如何推导得出的？

5-4-2　变压器的电流比 $I_1 \approx \frac{1}{k} I_2$ 是如何推导得出的？

5-4-3　变压器的阻抗比 $|Z_1| = k^2 |Z_2|$ 是如何得出的？

5-4-4　变压器能够变电压、变电流，为什么不能变功率？

5-4-5　变压器一次侧电压能决定二次侧电压，为什么一次侧电流不能决定二次侧电流？

5-4-6　三相变压器有Y形和△形两种接法，三相变压器的变比会随着接法的不同而发生变化吗？

5-4-7　自耦调压器输出端电压为 0V，就一定安全吗？

细雨润心田：变压变流，一专多能

变压器(Transformer)是利用电磁感应原理实现改变交流电压等级的装置，是输配电的专用基础设备，广泛应用于工业、农业、交通、城市社区等领域。

变压器的主要构件是初级线圈、次级线圈和铁芯。实现的功能有：电压变换、电流变换、阻抗变换、隔离、稳压(磁饱和变压器)等。

变压器基于电磁感应原理实现交流电压的等级变换。在此基础上，衍生出一些结构不同、形式各异，功能各有侧重、用途不同的变压器(设备)。具体有以下几种。

单相控制变压器：可获得固定电压，用于小容量控制或照明设备中。

三相电力变压器：可获得固定电压，用于大容量电力系统中。

自耦调压器：可获得任意大小的工作电压，用于设备维修和试验中。

电压互感器：可获得 100V 以下的电压，用于高电压测量设备中。

电流互感器：可获得 5A 以下的电流，用于大电流测量设备中。

电焊变压器：通过电弧放电的热量熔化焊条，实现金属部件的连接。

作为一名自动化类专业的学生，需要在掌握变压器基本原理的基础上，通过对比学习熟知各种类型变压器的异同和特点；作为一名未来的电气技术工作者，需要在掌握本专业核心技能的前提下，培养自己的职业素养，拓展自己的专业技能，做到一专多能，适应未来的工作岗位迁移和个人的可持续发展。

本章小结

磁路与变压器

1. 磁场的基本物理量

物理量	物理含义	表达式
磁感应强度 B	磁感应强度 B 是描述磁场内各点磁场强弱和方向的物理量，磁感应强度的方向与该点磁感线切线的方向相同	$B=F/IL$
磁通量 Φ	磁通量 Φ 表示磁场内穿过某个面积 S 磁感线的总量，θ 为磁场方向与面积 S 之间的夹角	$\Phi=BS\cos\theta$
磁导率 μ_r	磁导率 μ_r 表示物质的导磁性能，其他物质的磁导率 μ 与真空磁导率 μ_0 的比值称为该物质的相对磁导率	$\mu_r=\mu/\mu_0$
磁场强度 H	磁场中某点的磁场强度 H，用磁感应强度 B 与磁场介质的磁导率 μ 的比值表示	$H=B/\mu$

2. 磁路基本定律

基本概念		物理含义	表达式
磁路参数	磁通势 F_m	线圈电流 I 和线圈匝数 N 的乘积	$F_m=IN$
	磁阻 R_m	磁通通过磁路时所受到的阻碍作用	$R_m=l/\mu S$
磁路欧姆定律		通过磁路的磁通量与磁通势成正比，与磁阻成反比	$\Phi=F_m/R_m$
磁路全电流定律		由 n 段不同材料组成的磁路中，总磁通势 F_m 是各段磁压降的代数和	$F_m=IN=\sum_{i=1}^{n}H_il_i$

3. 电磁铁的相关知识

类型	作用/关系	表达式
直流电磁铁	直流电磁铁通过电磁转换，能够把电功率转换为力或转矩，实现能量的传递和转化 直流电磁铁中的平均吸力与空气隙的截面积 S_0 和空气隙中的磁感应强度 B_0 的平方成正比	$F_{av}=\frac{10^7}{8\pi}B_0^2S_0$
交流电磁铁	交流电磁铁线圈加电压 U 后，会在铁芯中产生主磁通 Φ_m，电压和铁芯主磁通成正比	$U=4.44fN\Phi_m$
	在主磁通 Φ_m 的作用下，磁力机构的空气隙中会产生磁感应强度 B_m	$B_m=\Phi_m/S_0$
	在磁感应强度 B_m 的作用下，磁力机构能产生电磁吸力 F_{av}	$F_{av}=\frac{10^7}{16\pi}B_m^2S_0$
	交流电磁铁线圈中会产生功率损耗 P_{Cu}（铜损）	$P_{Cu}=I^2R$
	交流电磁铁芯中会产生磁滞损耗 P_h	$P_h=k_hfB_m^nV$
	交流电磁铁芯中会产生涡流损耗 P_e	$P_e=k_efB_m^nV$

4. 变压器的相关知识

作　用	关　系	表 达 式
电压变换	(1) 一、二次侧绕组的电压之比近似等于其匝数比 (2) 变压器的一次侧电压决定二次侧电压	$\frac{U_1}{U_2}\approx\frac{N_1}{N_2}=k$
电流变换	(1) 一、二次侧电流之比约为其匝数比的倒数 (2) 一次侧电流决定于二次侧电流	$\frac{I_1}{I_2}\approx\frac{N_2}{N_1}=\frac{1}{k}$
阻抗变换	一个负载经过变压器后其阻抗值发生了变化，在电子线路中，常通过变压器实现阻抗匹配	$\lvert Z_1\rvert=k^2\lvert Z_2\rvert$
功率传输	变压器可实现功率传输，但不能改变功率的大小	$S_N=U_{1N}I_{1N}=U_{2N}I_{2N}$ $S_N=\sqrt{3}U_{1N}I_{1N}=\sqrt{3}U_{2N}I_{2N}$

习题 5

5-1　一个圆形闭合的均匀铁芯线圈，励磁线圈为 200 匝，磁路平均长度为 30cm，要求铁芯中的磁感应强度为 0.7T。试求：铁芯材料分别为铸铁、铸钢、硅钢片时线圈中的电流。

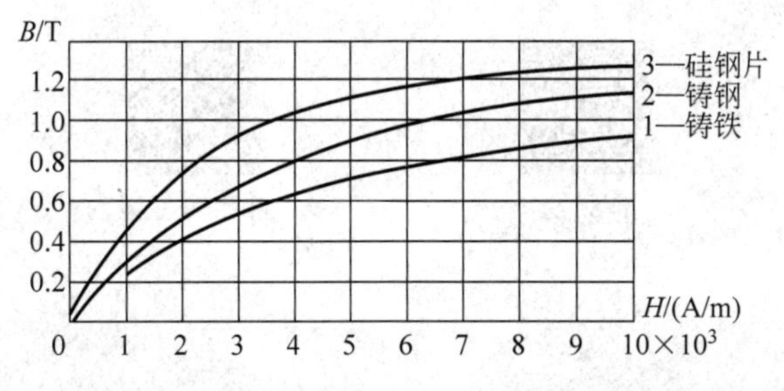

习题 5-1 图　某型铸铁、铸钢、硅钢片的磁化曲线

5-2　一台单相变压器额定容量 $S_N=10\text{kVA}$，一、二次侧绕组的额定电压 $U_{1N}/U_{2N}=1000/220\text{V}$，求一、二次侧绕组的额定电流 I_{1N}、I_{2N} 各为多大？现有两组负载，第一组为 220V、6kW、$\cos\varphi=0.75$ 的感性负载，第二组为 220V、6kW、$\cos\varphi=0.5$ 的感性负载，问哪一组负载接入电路可正常工作？

5-3　把电阻 $R=8\Omega$ 的扬声器接到变比 $k=500/100$ 的变压器二次侧，试进行以下计算：

(1) 扬声器折合到一次侧的等效电阻。

(2) 若把扬声器直接接到 $E=10\text{V}$、内阻 $R_0=200\Omega$ 的交流信号源上，求输出到扬声器上的功率。

(3) 把扬声器经变压器后再接到信号源上，此时输出到扬声器上的功率又是多少？

(4) 比较(2)、(3)的计算结果，能得出什么结论？

5-4　已知某电子电路电源的等效内阻为 100Ω，负载电阻为 4Ω 的扬声器，为实现输出功率最大，使用变压器进行阻抗匹配。试求：

(1) 变压器的变比是多少？如果一次侧绕组匝数为625匝，则二次侧的匝数是多少？

(2) 如电源电压为交流12V，则经过阻抗匹配后扬声器的最大输出功率是多少？

5-5　某作业平台供电电源为三相四线制，线电压为660V，负载如题5-5表所示。现有两台自制的备用变压器，试选择一台容量合适的变压器，并正确接入电路。

习题5-5表　资料表

	组别	电压/V	功率/W	功率因数	数量
负载资料	荧光灯	220	40	0.5	8
	空调	220	2250	0.84	2
	通风装置	220	200	0.8	4
	电加热装置	220	1000	1.0	1
变压器资料	型号	一次电压/V	二次电压/V	容量/VA	
	ZBK-7500/660	660	220	7500	
	ZBK-8000/660	660	220	8000	

5-6　一台三相变压器，额定容量$S_N=630$kVA，额定电压为35/0.4kV。试求以下问题：

(1) 变压器为Y/Y连接时，一、二次侧的额定相电流。

(2) 变压器为Y/△连接时，一、二次侧的额定相电流。

5-7　自耦变压器和普通控制变压器在结构上有何不同？在使用中应注意哪些问题？

自测题

自测题答案

Chapter 6 —— 第6章

三相异步电动机

电动机是把电能转换为机械能的装置。到处都能看到电动机在工作，如电动剃须刀、电风扇、水泵、车床、动车等，见下图。正是有了不同类型的电动机，才使得现代人的生活变得简单、方便又舒适。

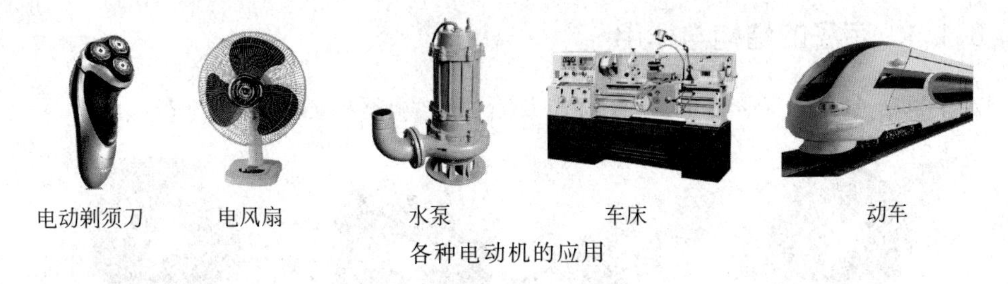

电动剃须刀　电风扇　水泵　车床　动车

各种电动机的应用

电动机种类繁多，下面仅对常见的直流电动机和交流电动机进行简单的分类。

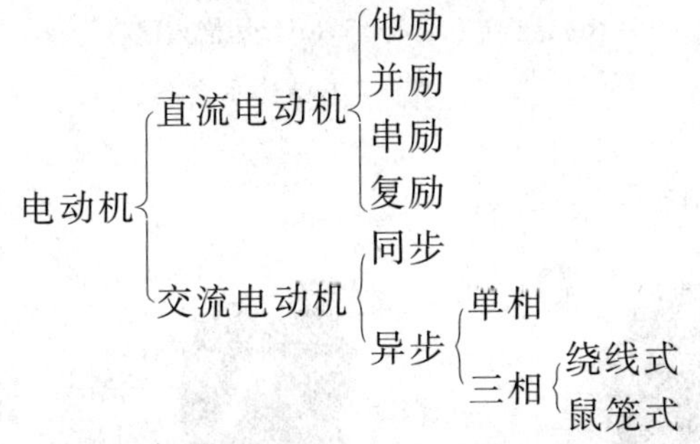

三相异步电动机以结构简单、维护方便而广泛应用于各种场合。本章以三相异步电动机为例，介绍三相异步电动机的结构、工作原理、机械特性和运行特点。

6.1 电动机的结构与铭牌

【学习目标】

- 了解三相异步电动机定子的结构与作用。

- 了解三相异步电动机转子的结构与作用。
- 熟悉三相异步电动机的铭牌数据和接线方式。

【学习指导】

电动机的材料和结构,决定了其工作原理、功能与运行方式。能够定性了解三相异步电动机定子、转子的结构和功能,对后续的原理学习大有帮助。

三相异步电动机的结构与作用简介

三相异步电动机用途广泛,由三相异步电动机转换的电能占所有电动机转换电能的70%以上。图 6-1-1 是一个典型的鼠笼式三相异步电动机,其结构主要由定子、转子两大部分部分组成。

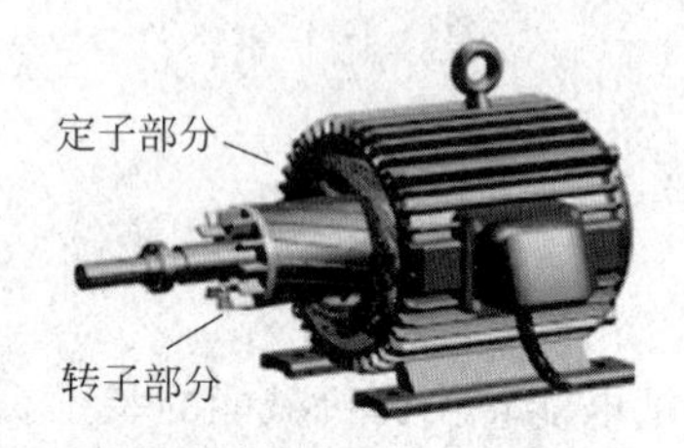

图 6-1-1 鼠笼式三相异步电动机

6.1.1 定子的结构与作用

定子部分主要由定子铁芯、定子绕组及附件组成,结构如图 6-1-2 所示。

(a) 定子铁芯

(b) 定子绕组

(c) 绕组嵌入铁芯

(d) 定子整体

图 6-1-2 定子结构示意图

定子的其他附件如图 6-1-3 所示。

(a) 机座

(b) 接线盒

(c) 风盖

图 6-1-3 定子附件

定子各部件的作用如表 6-1-1 所示。

表 6-1-1 定子各部件的作用

部件名称	作 用
定子铁芯	由厚度为 0.35～0.5mm、相互绝缘的硅钢片叠成 硅钢片内的圆有均匀分布的槽，用于嵌放三相定子绕组 绕组通电后产生磁场，铁芯为磁通提供路径
定子绕组	由三组铜漆包线绕制而成，按一定规律对称嵌入定子铁芯槽内 绕组通入对称三相交流电后，可产生旋转磁场
其他附件	机座：用于固定定子铁芯及端盖，小型电动机用铸铁或铸铝浇注，大型机采用钢板焊接 吊环：用于电动机的运输或装配 后端盖：用于支撑电动机的轴 接线盒：用于电动机外接电源或改变接线方式 风扇：用于电动机散热 风盖：用于保护电动机风扇

6.1.2 转子的结构与作用

三相异步电动机的转子分为鼠笼式转子和绕线式转子，二者的结构不同，使用场合也不同。

1. 鼠笼式转子

鼠笼式转子部分主要由转子铁芯、转子绕组及轴承组成，结构如图 6-1-4 所示。

(a) 转子铁芯

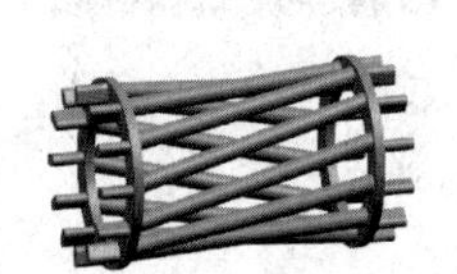

(b) 转子绕组

(c) 轴承

图 6-1-4 鼠笼式转子结构示意图

鼠笼式转子各部件的作用如表 6-1-2 所示。

表 6-1-2 鼠笼式转子各部件的作用

部件名称	作 用
转子铁芯	由厚度为 0.35～0.5mm、相互绝缘的硅钢片叠成，铁芯为磁通提供路径 硅钢片外圆有均匀分布的槽（有的槽不开口），用于浇注转子绕组
转子绕组	转子绕组由铜或铝浇筑而成，两端用短路环连接 转子绕组实际上是一条条的短路导线，形状像个鼠笼
转子轴承	转子铁芯装配在轴承上，轴承通过前后端盖装配在机座上

2. 绕线式转子

绕线式异步电动机的转子绕组与定子绕组相似,如图 6-1-5 所示。在转子铁芯槽内嵌有对称的三个绕组,做星形连接。三个绕组的尾端连在一起,首端分别接到转轴上三个铜制的集电环上,通过电刷与外接的可调电阻器相连,用于改善电动机的起动或调速性能。

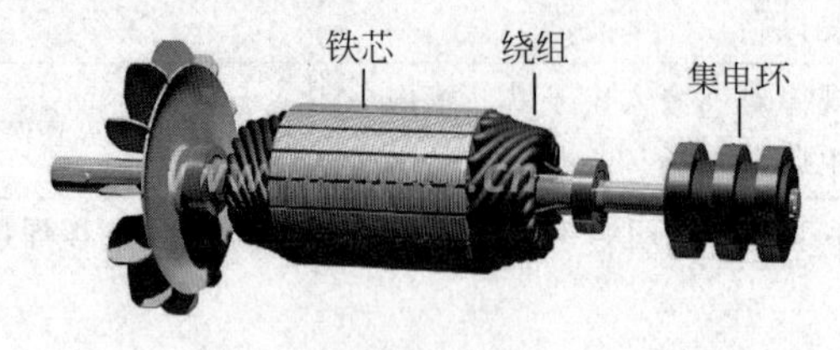

(a) 绕线式转子

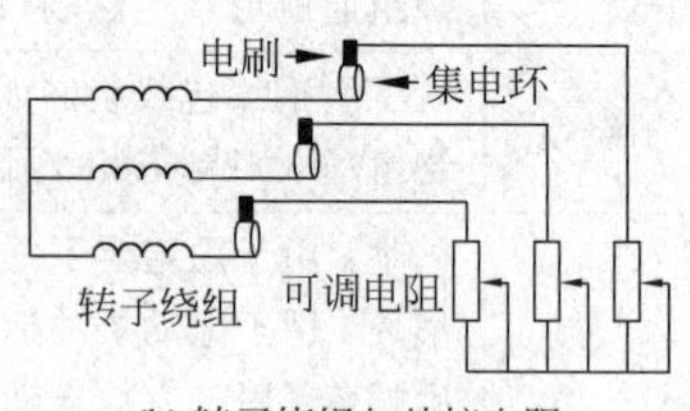

(b) 转子绕组与外接电阻

图 6-1-5 绕线式转子结构示意图

绕线式转子铁芯和其他附件与鼠笼式转子相同。

6.1.3 铭牌与接线

在电动机的外壳上装配有铭牌与接线盒,接线盒内有电源接线方式,如图 6-1-6 所示。

三相异步电动机的铭牌与接线简介

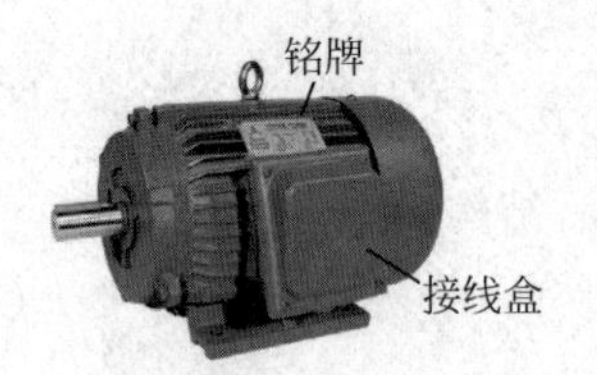

(a) 电动机

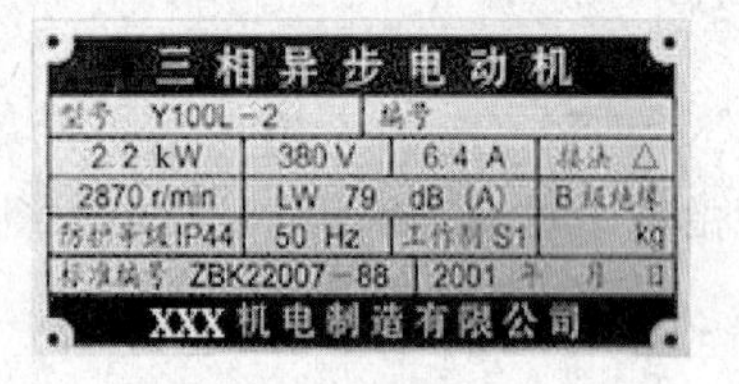

(b) 铭牌

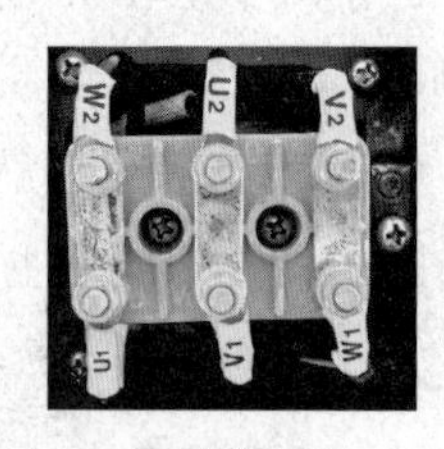

(c) 接线方式

图 6-1-6 电动机的铭牌与接线

电动机铭牌包含的主要信息如表 6-1-3 所示。

表 6-1-3 电动机铭牌信息

名 称	作 用
电动机型号	电动机型号按 GB 4831 规定,由产品代号、规格代号两部分依次排列组成,主要有Y、YR、YKS 系列等 以型号 Y100L-2 为例说明,Y:鼠笼型异步电动机;100:机座中心高度,单位为 mm;L:机座长度(L—长机座,M—中机座,S—短机座);2:磁极数
额定功率 P_N	电动机在额定电压下运行、带额定负载时,电动机轴上的输出功率 单位:kW
额定电压 U_N	电动机长期运行时所适用的最佳线电压,与接线方式有关 电动机运行期间,允许电源电压在$(1\pm5\%)U_N$之间波动 单位:V

续表

<table>
<tr><th>名 称</th><th>作 用</th></tr>
<tr><td>额定电流 I_N</td><td>电动机在额定电压下运行、带额定负载时的输入线电流，与接线方式有关
单位：A</td></tr>
<tr><td>$\cos\varphi_N$</td><td>电动机运行时的额定功率因数</td></tr>
<tr><td>额定效率 η_N</td><td>电动机在额定状态运行时，电动机的输出机械功率与输入电功率之比</td></tr>
<tr><td>额定频率 f_N</td><td>施加在定子绕组上的电源频率，我国电器设备的通用频率为 50Hz
电源频率允许有±0.5Hz 的波动；有些国家电器设备的频率为 60Hz
单位：Hz</td></tr>
<tr><td>额定转速 n_N</td><td>在额定电压、额定频率、额定输出功率下，电动机轴的旋转速度
单位：r/min(转/分)</td></tr>
<tr><td>噪声量</td><td>电动机运行时带来的噪声量和振动情况
单位：dB(分贝)</td></tr>
<tr><td>绝缘等级</td><td>电动机内部绝缘材料的耐热等级，绕组温升限值是指电动机温度与环境温度差的最大值
<table>
<tr><td>绝缘的温度等级</td><td>A 级</td><td>E 级</td><td>B 级</td><td>F 级</td><td>H 级</td></tr>
<tr><td>最高允许温度/℃</td><td>105</td><td>120</td><td>130</td><td>155</td><td>180</td></tr>
<tr><td>绕组温升限值/K</td><td>60</td><td>75</td><td>80</td><td>100</td><td>125</td></tr>
</table></td></tr>
<tr><td>工作制</td><td>连续工作制(S1)：长期连续运行
短时工作制(S2)：按铭牌要求的时间短时运行
断续工作制(S3)：周期性断续运行</td></tr>
<tr><td>防护等级</td><td>电动机外壳防止粉尘进入及水浸的能力
IP(Ingress Protection)防护等级由 IEC(International Electro Technical Commission)起草
IP 防护等级两位数字含义：第 1 位表示防止粉尘、外物侵入的等级；第 2 位表示防止湿气、水浸的密闭程度；数字越大防护等级越高</td></tr>
</table>

三相异步电动机各主要技术参数之间关系如下：

$$P_N = \sqrt{3} U_N I_N \cos\varphi_N \eta_N \tag{6-1-1}$$

三相异步电动机本质上是一个三相负载，它的接线方式有星形(Y)和三角形(△)两种。电动机接线盒中标出的接线方式如表 6-1-4 所示。

表 6-1-4 三相异步电动机的接线方式

接线方式	星形(Y)	三角形(△)
接线图	W_2 U_2 V_2 U_1 V_1 W_1	W_2 U_2 V_2 U_1 V_1 W_1
电源接线端钮	U_1—V_1—W_1	U_1—V_1—W_1

【例 6-1-1】 某车间的电源线电压为 380V,现有两台三相异步电动机,其铭牌主要数据如表 6-1-5 所示。试确定两台电动机定子绕组的连接方式,并给出电动机的额定电流值。

表 6-1-5 铭牌数据

序 号	P_N	f/Hz	U_N/V	接法	I_N/A	n_N/(r/min)	$\cos\varphi_N$
电动机 1	5.5kW	50	220/380	△/Y	20.1/11.5	1420	0.79
电动机 2	4.0kW	50	380/660	△/Y	8.81/5.01	1455	0.81

【解】 通过本例了解三相异步电动机与供电电源的正确连接方式。

(1) 电动机 1 的每相工作电压为 220V,电源线电压为 380V,只有把电动机 1 的绕组接为星形(Y),才能保证电动机的工作线电压为 380V(相电压为 220V),正常运行。

此时电动机的额定电流为 11.5A。

(2) 电动机 2 的每相工作电压为 380V,电源线电压为 380V,只有把电动机 2 的绕组接为三角形(△),才能保证电动机的工作线电压为 380V(相电压也为 380V),正常运行。

此时电动机的额定电流为 8.81A。

两台电动机与电源的正确接线如图 6-1-7 所示。

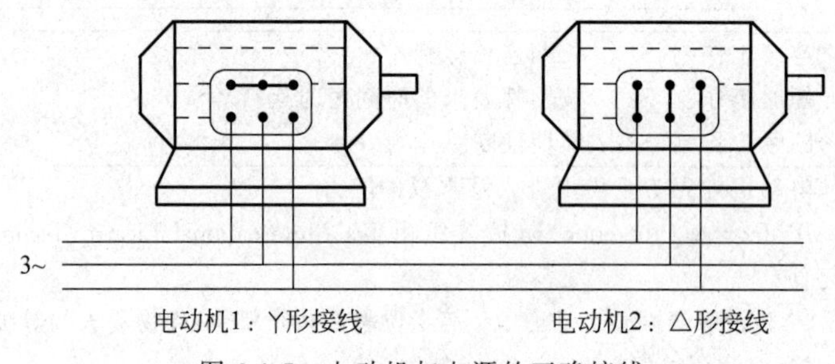

图 6-1-7 电动机与电源的正确接线

结论:三相异步电动机正常工作的条件是,电源线电压与电动机线电压相匹配(相等)。

了解三相异步电动机的结构与铭牌,是学习三相异步电动机工作原理的基础。有关电动机的型号、类型、绝缘等级、防护等级等,都有专门的资料介绍,有兴趣的读者,可参阅相关书籍阅读提高。

思考与练习

6-1-1 电动机的作用是什么?请列举一些生活中使用电动机的例子。

6-1-2 家用电器中的电动机是三相异步电动机吗?为什么?

6-1-3 三相鼠笼式异步电动机主要由哪几部分组成?各有什么作用?

6-1-4 三相异步电动机常有两种接线方式,正常运行的条件是什么?

6-1-5 为什么有的三相异步电动机有两个额定电压,却只有一个额定功率?

6-1-6 有人说,只要电动机带额定负载运行,就是额定工作状态。这种说法准确吗?

6-1-7 简要说明鼠笼式转子与绕线式转子的区别。

6-1-8 查阅电动机资料,说明型号 Y112M-4 中各符号的含义。

6-1-9 电动机的绝缘等级是按什么要求分的?哪一个绝缘等级的耐受温度最高?

6.2 电动机的工作原理

【学习目标】

- 了解定子旋转磁场的产生条件与形成过程。
- 了解转子绕组中电磁力的产生过程。
- 掌握转子转速与转差率的关系。

【学习指导】

三相异步电动机通入三相交流电后,就能依靠轴旋转输出机械功率。能够定性了解电动机的旋转条件和旋转原理,就容易理解后续的机械特性分析和关键参数的计算了。

三相异步电动机通入三相交流电后,转子就会转动,并能带动其他机械装置旋转。在这个过程中,定子、转子各负其责:定子部分产生旋转磁场,转子部分形成电磁力矩。这种特性使得三相异步电动机能够把电能转换为机械能,进而通过轴输出功率,带动其他机械装置工作。

6.2.1 定子旋转磁场的产生

三相异步电动机的定子绕组按一定规律(空间对称)嵌入定子铁芯,其作用是绕组通电后产生旋转磁场。图 6-2-1 是一个简化的定子绕组模型,图中仅用三根导线代替电动机定子中的三相绕组。

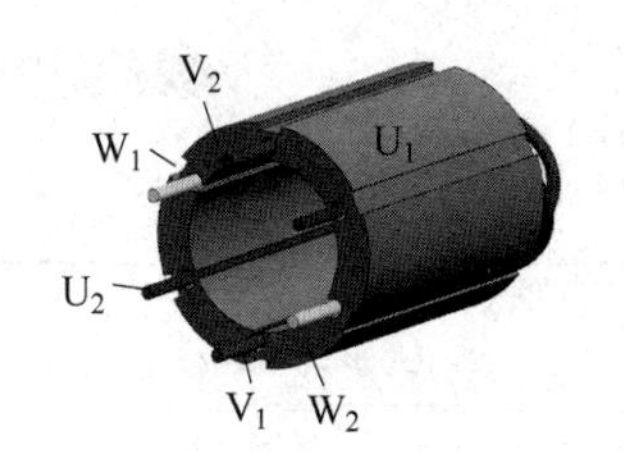

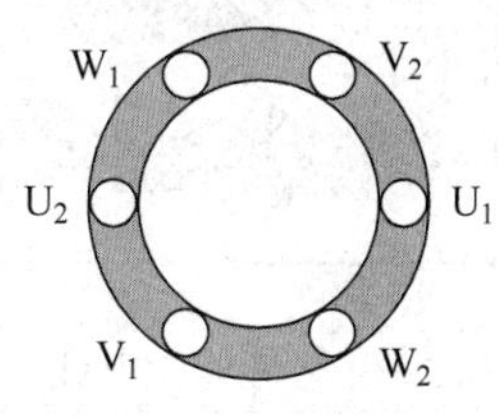

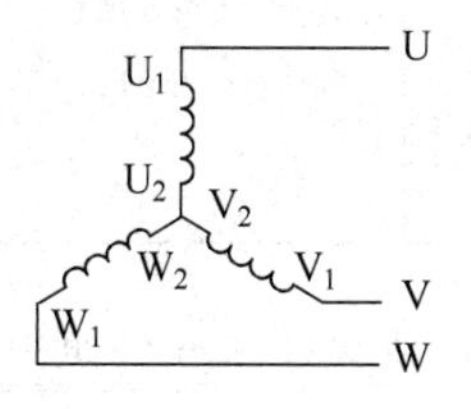

定子的结构与作用

图 6-2-1 定子绕组简易模型

图 6-2-1 中,定子铁芯中有 6 个槽,三个绕组按空间对称的方式依次嵌入,三个绕组的 6 个引线端在空间按照相差 60°布置,3 个首端(或末端)依次相差 120°。

为帮助理解定子旋转磁场的产生过程,对图和表格中的绕组、电流作如下规定。

(1) 绕组的首端记为“1”,末端记为“2”。

(2) 绕组通入电流时,电流为“+”表示流入,为“−”表示流出。

(3) 绕组中,电流流出标为“•”,流入标为“×”。

(4) 三相绕组中通入的三相交流电流为

$$i_U=I_m\sin(\omega t),\quad i_V=I_m\sin(\omega t-120°),\quad i_W=I_m\sin(\omega t+120°)$$

在表 6-2-1 中,详细给出了电动机定子旋转磁场的产生过程。

表 6-2-1　定子旋转磁场的产生过程

时间节点	输入电流(A)	旋转磁场产生过程	合成磁场方向
$\omega t=0°$	$i_U=0$ $i_V=-0.866I_m$ $i_W=0.866I_m$	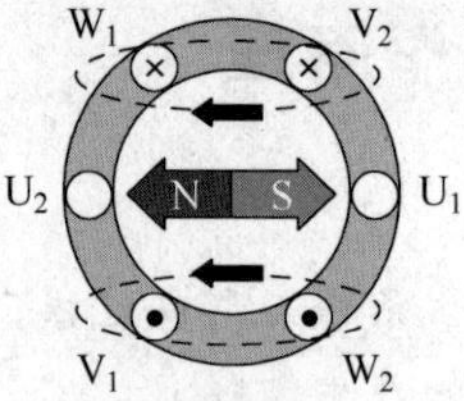	磁极 S 在 0°方向 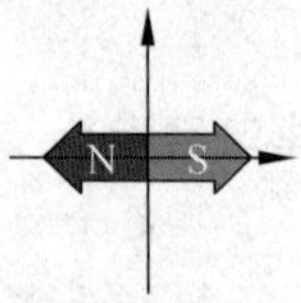
$\omega t=120°$	$i_U=0.866I_m$ $i_V=0$ $i_W=-0.866I_m$	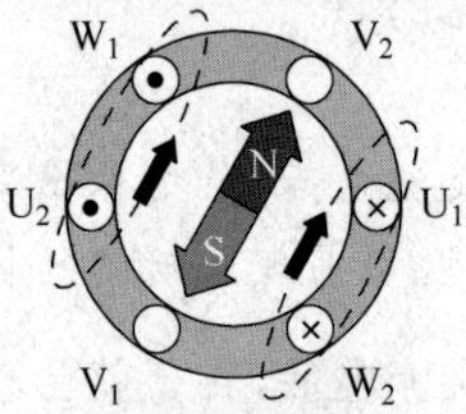	磁极 S 顺时针旋转 120° 
$\omega t=240°$	$i_U=-0.866I_m$ $i_V=0.866I_m$ $i_W=0$	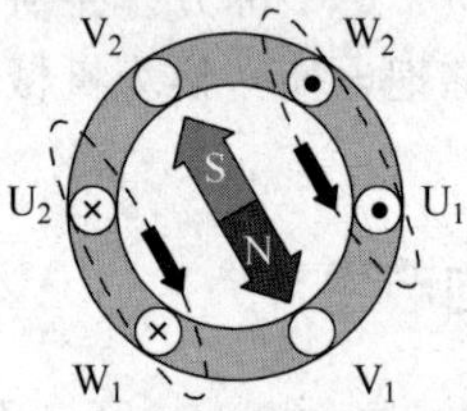	磁极 S 顺时针旋转 240° 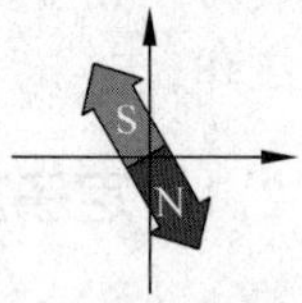
$\omega t=360°$	$i_U=0$ $i_V=-0.866I_m$ $i_W=0.866I_m$	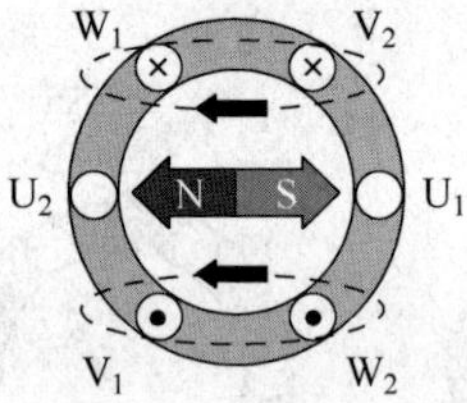	磁极 S 在 0°方向 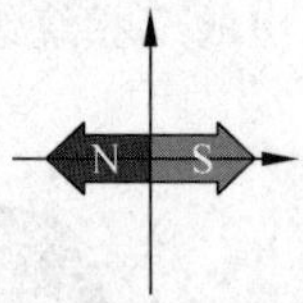

结论:在定子三相绕组中通入三相交流电流,就会在定子中产生一个旋转磁场;该旋转磁场的方向与三相电流的相序一致;可通过调整电源相序的方式调整磁场的旋转方向。

电工故事:三相异步电动机是如何转起来的

很多人小时候都玩过磁石(吸铁石)。图 6-2-2 的中间是一块塑料隔板,上面是一块磁石,下面是一个可以滚动的铁质圆柱体。

如果磁石向右移动,下面的铁质圆柱体在克服地面摩擦后,就会随着向右滚动。

如果把中间的塑料隔板弯成一个圆形,内部的铁质圆柱体固定在一个转轴上,如图 6-2-3 所示。当磁石沿着塑料隔板外圈旋转时,塑料隔板内圈的铁质圆柱体也会随着旋转。

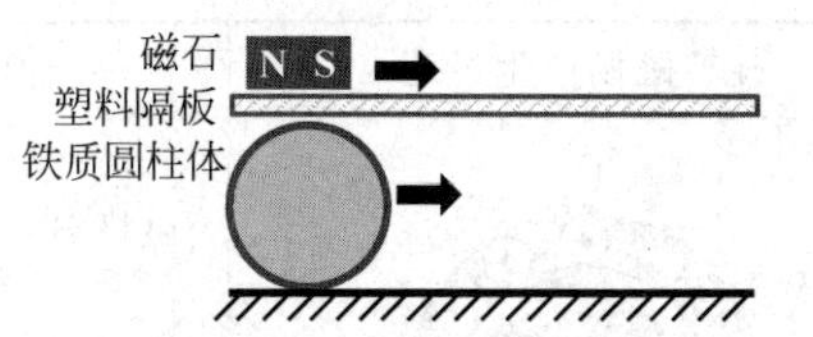

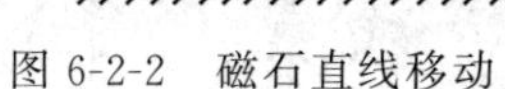
图 6-2-2　磁石直线移动

图 6-2-3　磁石旋转

三相异步电动机的原理与此类似。如果在三相异步电动机的定子中形成一个旋转磁场，随着磁场的旋转，固定在转轴上的转子就会跟着转动起来。

6.2.2　定子旋转磁场的速度

以图 6-2-1 方式连接的定子绕组，形成一对磁极（2 极）。从表 6-2-1 中可以看出，在只有一对磁极的定子绕组中，交流电流变化一周，合成磁极（N-S）也随着旋转一周（360°）。由此可见，旋转磁场的速度与交流电的频率相关。

定子合成磁场的旋转速度以 n_0 表示，则 1 分钟内的速度可表示为

$$n_0 = 60f = 3000(\mathrm{r/min})$$

下面探讨有两对磁极（4 极）的三相异步电动机定子绕组旋转磁场的速度。

图 6-2-4 中，定子铁芯中的槽数增加到 12 个。每相两个绕组，三相共有 6 个绕组。这 6 个绕组的 12 个引线端在空间成 30°夹角布置。

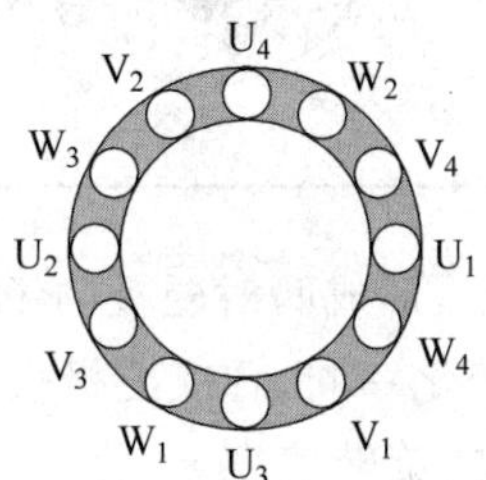

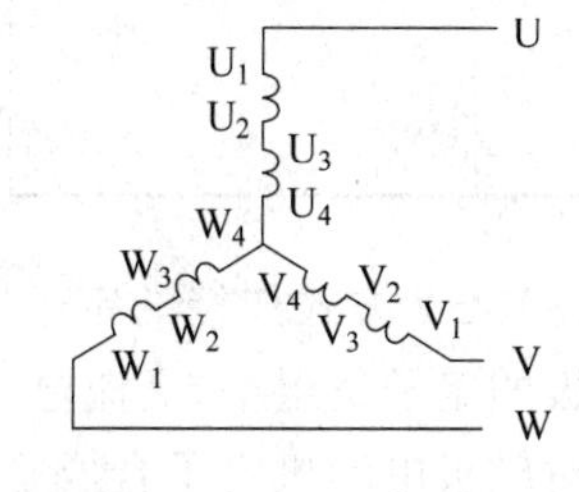

图 6-2-4　定子绕组简易模型

在表 6-2-2 中给出了两对磁极（4 极）定子旋转磁场的形成过程。

表 6-2-2　两对磁极定子旋转磁场的转速

时间节点	输入电流（A）	旋转磁场产生过程	合成磁场方向
$\omega t = 0°$	$i_U = 0$ $i_V = -0.866 I_m$ $i_W = 0.866 I_m$		磁极 SS 在 0°方向

续表

时间节点	输入电流(A)	旋转磁场产生过程	合成磁场方向
$\omega t=120°$	$i_U=0.866I_m$ $i_V=0$ $i_W=-0.866I_m$	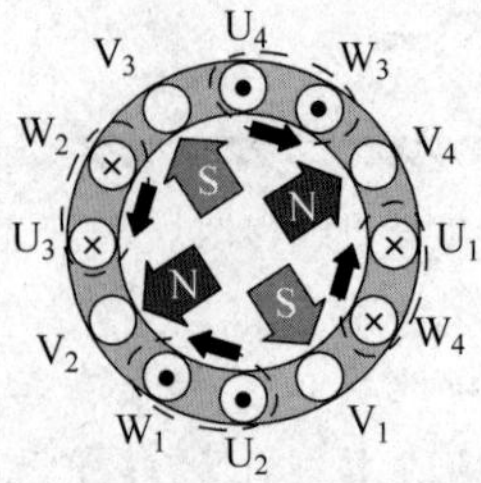	磁极 SS 顺时针旋转至 60° 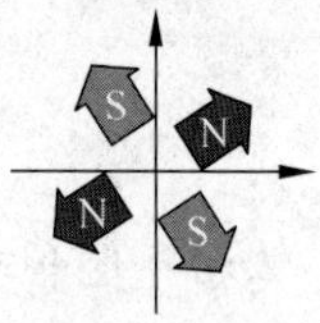
$\omega t=240°$	$i_U=-0.866I_m$ $i_V=0.866I_m$ $i_W=0$	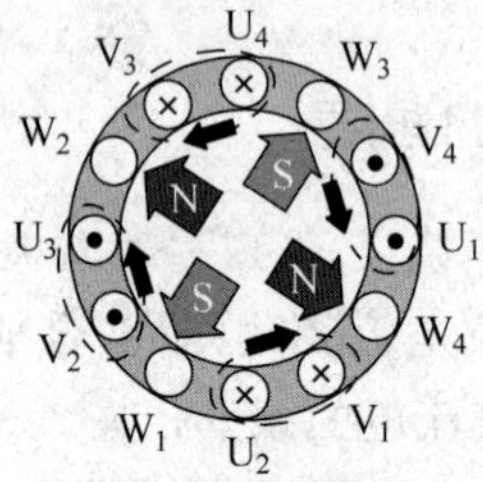	磁极 SS 顺时针旋转至 120° 
$\omega t=360°$	$i_U=0$ $i_V=-0.866I_m$ $i_W=0.866I_m$	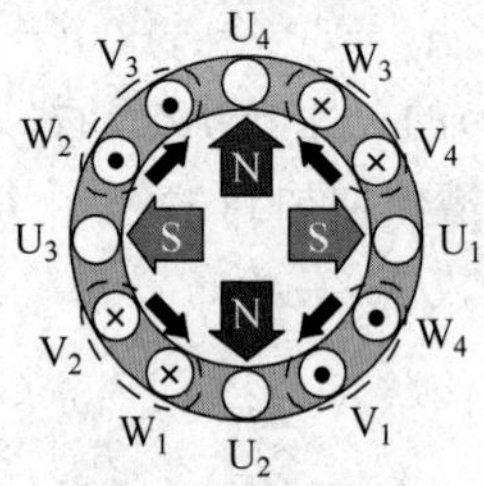	磁极 SS 顺时针旋转至 180° 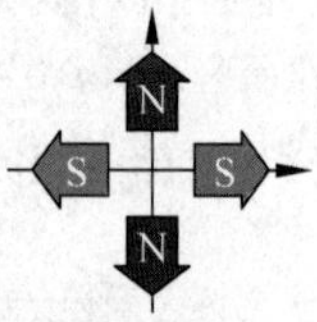

以图 6-2-2 方式连接的定子绕组,形成两对磁极(4 极)。从表 6-2-2 中可以看出,在有两对磁极的定子绕组中,交流电流变化一周,合成磁极仅旋转了 0.5 周(180°)。

两对磁极电动机定子合成磁场的旋转速度 n_0 为

$$n_0=\frac{60f}{2}=1500(\text{r/min})$$

当有多对磁极时,设定子绕组的磁极对数为 p,其合成磁场的旋转速度为

$$n_0=\frac{60f}{p} \tag{6-2-1}$$

定子旋转磁场的转速也叫同步转速,表 6-2-3 给出了同步转速与极对数的对应关系。

表 6-2-3　同步转速与极对数的关系

p	1	2	3	4	…
n_0/(r/min)	3000	1500	1000	750	…

当三相异步电动机每相绕组由多个组成时,运行中可通过改变连接方式实现电动机的调速。

6.2.3 转子旋转原理

三相异步电动机通入三相交流电后就能旋转，从通电到旋转是在一瞬间完成的。图 6-2-5 是一个简易的三相异步电动机模型，为分析转子的旋转过程，做如下设定。

(1) 以一对合成磁极 N—S 代表定子旋转磁场，旋转方向为顺时针；为了分析问题方便，假定旋转磁场固定不动，根据相对运动关系，则转子绕组设定为逆时针切割磁力线。

(2) 取转子中处于合成磁极下方的一对导线代替转子绕组进行受力分析。

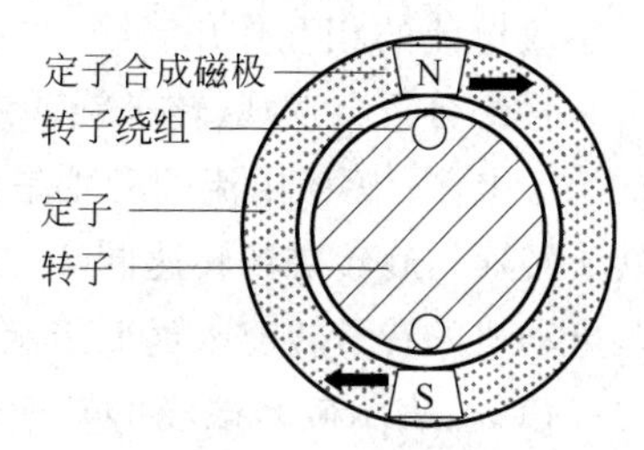

图 6-2-5　电动机旋转模型

转子的结构与作用

做如上规定后，通过表 6-2-4 以分解动作的方式说明转子的旋转过程。

表 6-2-4　转子的旋转过程

项　　目	说　　明	转子的旋转过程
分析模型	假定定子旋转磁场固定不动，则转子绕组逆时针旋转切割定子磁场	
感应电流判断	使用右手定则判断感应电流的方向：伸出右手，使拇指与其余四个手指垂直；让磁感线从手心进入，并使拇指指向导线运动方向，此时四指所指方向就是感应电流的方向 右图可以看出，绕组上端电流流出，下端电流流入	
电磁力判断	使用左手定则判断电磁力的方向：伸出左手，使拇指与其余四个手指垂直，让磁感线从手心进入，并使四指指向电流的方向，此时拇指所指方向就是通电导线在磁场中所受电磁力的方向 右图显示，一对绕组形成了一对方向相反的电磁力 这对电磁力形成的力矩促使转子旋转，称为电磁转矩	
转子旋转方向	转子绕组所受电磁力矩，与合成磁极旋转方向一致，带动转子顺时针旋转	—

结论： 在定子旋转磁场的作用下，转子绕组中会产生感应电流→感应电流在定子旋转磁场中形成电磁转矩→电磁转矩带动转子旋转，方向与定子旋转磁场方向相同。

6.2.4 转子的转速与转差率

三相异步电动机是一种感应电动机,电磁转矩来自定子绕组的旋转磁场与转子绕组中感应电流的相互作用。

仔细分析会发现,转子旋转是因为受到电磁力矩的作用;电磁力矩的产生源于转子中的感应电流;感应电流的产生是由于转子绕组与旋转磁场的相对运动(切割磁力线),一旦转子转速与旋转磁场转速同步,二者之间就没有了相对运动,电磁转矩随之消失。因此,异步电动机的转子转速永远低于定子旋转磁场的转速,这正是三相“异步”电动机的由来。

以 n_0 表示旋转磁场的转速(同步转速)、n 表示转子转速、s 表示转差率,三者之间的关系如下:

$$s=\frac{n_0-n}{n_0} \quad 或 \quad n=(1-s)n_0 \tag{6-2-2}$$

一般异步电动机的满载转差率在 0.015～0.06。

【例 6-2-1】 某车间有两台三相异步电动机,电动机 1 的额定转速为 1455r/min,电动机 2 的额定转速为 2940r/min。试计算两台异步电动机的转差率。

【解】 通过本例熟悉三相异步电动机的磁极对数、转差率等基本常识。

电动机 1 的转速为 1455r/min,可判断其磁极对数为 2,同步转速为 1500r/min,转差率为

$$s_1=\frac{n_0-n}{n_0}\times 100\%=\frac{1500-1455}{1500}\times 100\%=3\%$$

电动机 2 的转速为 2940r/min,可判断其磁极对数为 1,同步转速为 3000r/min,转差率为

$$s_2=\frac{n_0-n}{n_0}\times 100\%=\frac{3000-2940}{3000}\times 100\%=2\%$$

正确理解三相异步电动机的工作原理,对后续机械特性与负载特性的分析尤为重要。

思考与练习

6-2-1 异步电动机为什么叫作感应电动机?

6-2-2 某异步电动机的转速为 730r/min,试判断该电动机的极对数和同步转速。

6-2-3 三相异步电动机如何调整转动方向?

6-2-4 三相异步电动机定子旋转磁场形成的条件是什么?

6-2-5 异步电动机是否可以达到同步速度运行?

6-2-6 影响三相异步电动机定子旋转磁场转速的主要因素有哪些?

6.3 电动机的机械特性与运行特性

【学习目标】

- 了解影响电动机电磁转矩的相关因素。

- 掌握电动机机械特性曲线的内涵与关键参数。
- 熟悉负载的机械特性与电动机的运行特性。
- 了解电动机运行时的功率关系。

【学习指导】

机械特性是分析三相异步电动机运行的理论基础，是本章的难点。准确理解电磁转矩与机械特性需要较好的数学基础。读者不妨试着从影响电磁转矩的相关因素出发，定性了解机械特性曲线的内涵，尝试掌握机械特性曲线的关键参数：起动转矩、临界转矩、最大转矩等。

三相异步电动机通电后就能带动其他机械装置运转。电动机的机械特性与负载特性相互作用，形成了电动机的运行特性。

6.3.1　电动机的机械特性

*1. 电磁转矩表达式

电动机要带动负载运行，需要有足够的电磁转矩。三相异步电动机电磁转矩 T 的表达式为

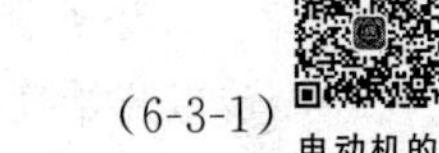
电动机的机械特性

$$T = C_T \Phi_m I_2 \cos\varphi_2 \tag{6-3-1}$$

表 6-3-1 定性给出了电磁转矩表达式中各个物理量及其含义。

表 6-3-1　影响电磁转矩的各个物理量

物理量及表达式	说　明
C_T	与三相异步电动机的结构、材料有关的转矩常数
$\Phi_m = \dfrac{U}{4.44 f_1 N_1 k_{w1}}$	定子旋转磁场的每极磁通量，与以下参数相关 U：电源相电压 f_1：定子引入交流电源的频率 N_1：定子每相绕组的串联匝数 k_{w1}：定子每相绕组与结构有关的系数
$I_2 = \dfrac{sE_2}{\sqrt{R_2^2 + (sX_{20})^2}} = \dfrac{4.44 s f_1 N_2 k_{w2} \Phi_m}{\sqrt{R_2^2 + (sX_{20})^2}}$	转子绕组电流的有效值，与以下参数相关 sE_2：转子每相绕组的感应电动势 R_2：转子每相绕组的电阻 X_{20}：转子静止时每相绕组的电抗 N_2：转子每相绕组的串联匝数 k_{w2}：转子的绕组系数 s：转差率
$\cos\varphi_2 = \dfrac{R_2}{\sqrt{R_2^2 + (sX_{20})^2}}$	转子电路的功率因数

把表 6-3-1 中的 C_T、Φ_m、I_2、$\cos\varphi_2$ 代入式(6-3-1)后，整理可得

$$T = C_T \frac{N_2 k_{w2}}{4.44 f_1 N_1^2 k_{w1}^2} U \frac{sR_2}{R_2^2 + (sX_2)^2}$$

$C_{\mathrm{T}}\dfrac{N_2k_{\mathrm{w}2}}{4.44f_1N_1^2k_{\mathrm{w}1}^2}$是一个与电动机结构、电源频率有关的常数，用 C 表示后，电磁转矩可表示为

$$T=CU\frac{sR_2}{R_2^2+(sX_{20})^2} \tag{6-3-2}$$

*2. 转矩特性曲线

把 T 与 s 之间的关系绘制成图 6-3-1 所示的曲线，称为三相异步电动机的转矩特性曲线。下面对转矩特性曲线进行定性分析。

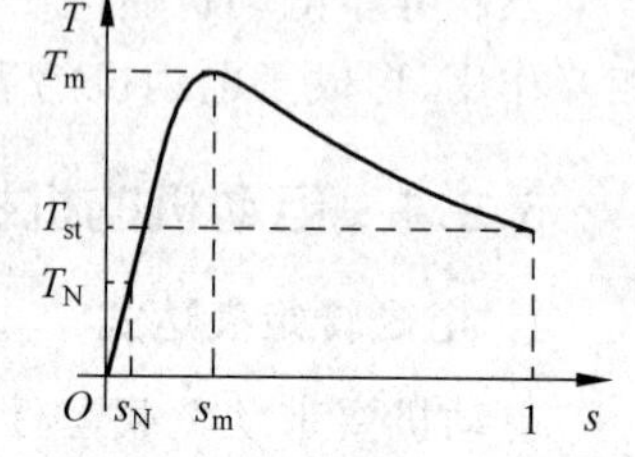

图 6-3-1 转矩特性曲线

图 6-3-1 中，当 $s=0$ 时 $n=n_0$、$T=0$，说明此时定子磁场和转子之间没有相对运动，因而也不能产生电磁转矩，此状态是电动机的理想空载运行状态。

随着 s 的增大，转速降低，定子磁场和转子之间有了相对运动，产生的电磁转矩在增大，并带动负载运行。

当 T 到达 T_{m}，即达到转矩的最大值后，随着 s 的增大，转矩开始变小。最大转矩称为临界转矩，根据式(6-3-2)，通过转矩对转差率的求导($\mathrm{d}T/\mathrm{d}s=0$)，可得 $s_{\mathrm{m}}=R_2/X_{20}$。此转差率称为临界转差率 s_{m}。

当 $s=1$ 时，$n=0$，此处是电动机的起动状态，此时的转矩是起动转矩 T_{st}。

3. 机械特性曲线

实际应用中，使用者更关心转速 n 与电磁转矩 T 之间的关系。把 $s=(n_0-n)/n_0$ 带入式(6-3-2)，经过坐标转换后得到如图 6-3-2 所示的曲线，称为三相异步电动机的机械特性曲线，用它分析电动机的运行状态更为方便和常用。

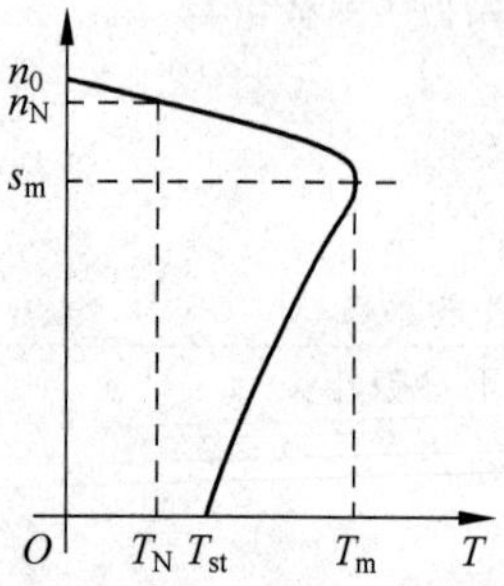

图 6-3-2 机械特性曲线

机械特性曲线上需要关注的是“两区三点”。

两区：在纵坐标(转速轴)上，对应于最大转矩的转差率是临界转差率 s_{m}，其上部为稳定工作区，下部为不稳定工作区。

三点：在横坐标(转矩轴)上的额定转矩 T_{N}、起动转矩 T_{st}、最大转矩 T_{m}。

表 6-3-2 简要说明了“两区三点”的含义和作用。

表 6-3-2 机械特性上的“两区三点”

两区三点	机械特性曲线分析
稳定工作区	在稳定工作区，随着负载转矩的小幅增加，速度略有下降，电磁转矩通过自适应调整随之增加，达到新的平衡状态后继续稳定运行；反之，随着负载转矩的小幅减小，也能达到新的平衡状态，继续稳定运行
不稳定工作区(起动区)	在不稳定工作区，随着负载转矩的增加，速度加快，电磁转矩随之增加，电动机的工作点会越过不稳定区到达稳定工作区；反之，随着负载转矩的减小，速度降低，电磁转矩随之减小，不能通过自适应调整达到新的平衡状态

续表

两区三点	机械特性曲线分析
额定转矩 T_N	电动机在额定电压下驱动额定负载、以额定转速运行、输出额定功率时的电磁转矩 $$T_N = 9550\frac{P_N}{n_N} \qquad (6\text{-}3\text{-}3)$$ P_N：额定功率(kW) n_N：额定转速(r/min) T_N：额定转矩(牛顿·米,N·m)
最大转矩 T_m	转差率为 $s_m = R_2/X_{20}$ 时,对应的电磁转矩为 $$T_m = C\frac{U}{2X_{20}} \propto U \qquad (6\text{-}3\text{-}4)$$ 最大转矩与转子电抗及电源电压的平方成正比 通常用 $\lambda_m = T_m/T_N$ 表示电动机的过载能力,λ_m 值一般为 1.8～2.2
起动转矩 T_{st}	电动机在接通电源后,起动瞬间的电磁转矩,此时 $n=0$、$s=1$ $$T_{st} = CU\frac{R_2}{R_2^2 + X_{20}^2} \propto U \qquad (6\text{-}3\text{-}5)$$ 起动转矩与转子的结构材料及电源电压的平方成正比 通常用 $\lambda_{st} = T_{st}/T_N$ 表示电动机的起动能力,λ_{st} 值一般为 1.3～2

提示：三相异步电动机的电磁转矩、最大转矩、起动转矩均与电源电压的平方成正比,这个结论在电动机的计算中十分重要,请务必记牢。

6.3.2 负载的机械特性

电动机带着负载运行才能发挥它的作用,负载的机械特性直接影响电动机的运行状态。正确分析负载的机械特性有助于理解电动机的运行特性。

负载的机械特性

生产机械种类繁多,按负载转矩的性质可分为恒转矩负载、恒功率负载和泵与风机类负载三类。表 6-3-3 简要介绍了各类负载的机械特性。

表 6-3-3　各类负载的机械特性

负载类型	负载特点		机械特性曲线
恒转矩负载	反抗性恒转矩负载	负载转矩(T_L)大小恒定不变,负载转矩的方向始终与转速相反,总是对电动机的运行起阻碍作用 案例：皮带运输机、轧钢机等 特点：$n>0$ 时,$T_L>0$；$n<0$ 时,$T_L<0$ 负载特性曲线位于 1、3 象限	n, T_L, O, T_L, T
	位能性恒转矩负载	负载转矩(T_L)的大小和方向都恒定不变,与电动机的旋转速度和方向无关,负载转矩主要由负载的重量产生 案例：起重机、垂直电梯、矿山提升机 特点：T_L 恒定不变 负载特性曲线位于 1、4 象限	n, O, T_L, T

续表

负载类型	负 载 特 点	机械特性曲线
恒功率负载	负载功率(P_L)不变,负载转矩(T_L)与转速的乘积为常数 $$P_L = T_L \cdot n/9550$$ 案例:车床类 特点:切削加工时,进刀量大速度慢,进刀量小速度快 负载特性曲线为双曲线,位于1、3象限	n, T_L, O, T_L, T
泵与风机类负载	泵与风机类负载的转矩近似与转速的平方成正比 $$T_L = \begin{cases} kn^2 & (n>0,k>0) \\ -kn^2 & (n<0,k>0) \end{cases}$$ 案例:水泵、油泵、螺旋桨、通风机等 特点:速度越快,转矩越大 负载特性曲线是一个抛物线,位于1、3象限	n, O, T_L

表6-3-3中的负载类型是从大量生产机械的负载机械特性中概括出来的,实际的生产机械中,往往是以某种典型负载类型为主,兼有其他类型特性。例如在泵类负载中,除了叶轮产生的负载转矩外,其传动机构还将产生一定的摩擦力矩。但是在分析电动机的运行特性时,以主要负载类型进行分析。

在上述机械特性与负载特性分析之后,理解三相异步电动机的运行特性就比较容易了。

6.3.3 电动机的运行特性

电动机的运行过程,就是电磁转矩 T 和负载转矩 T_L 相互作用的过程;电动机的运行特性,是电动机的机械特性与负载的机械特性相互作用的结果。电动机要稳定运行,需要满足以下两个条件。

(1) 必要条件:机械特性与负载特性有相交点(工作点),在工作点处须满足 $T=T_L$。

(2) 充分条件:在机械特性曲线上,工作点以上需满足 $T<T_L$;工作点以下需满足 $T>T_L$。

运行中,可根据以上两个条件判断三相异步电动机的运行状态。

【例6-3-1】 一台三相鼠笼式异步电动机,驱动皮带运输机(反抗性恒转矩负载)时的机械特性曲线和负载特性曲线如图6-3-3所示。试定性分析电动机的稳定运行点。

【解】 通过本例熟悉三相异步电动机的机械特性与稳定运行条件。

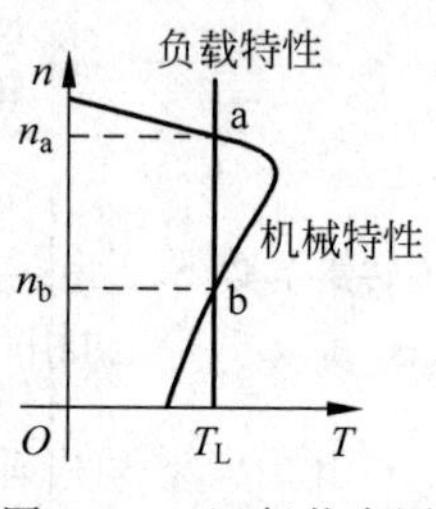

图6-3-3 运行状态图

图6-3-3中,负载特性曲线与电动机的机械特性曲线有a、b两个交点,根据电动机稳定运行条件逐一进行判断。

a点:在a点以上有 $T<T_L$,在a点以下有 $T>T_L$,电动机通过自行调整后能达到新的平衡点，可稳定运行，具体分析过程如下。

过程分析：运行中电动机受到扰动后转速稍有上升超过 a 点→电磁转矩随之减小→电动机通过自行调整后速度随之降低→达到新的平衡点；反之，电动机受到扰动后转速稍有下降低于 a 点→电磁转矩随之增大→电动机通过自行调整后速度随之上升→达到新的平衡点。

b 点：在 b 点以上有 $T>T_L$，在 b 点以下有 $T<T_L$，电动机无法通过自行调整达到新的平衡点，不可稳定运行，具体分析过程如下。

过程分析：运行中电动机受到扰动后转速稍有上升超过 b 点→电磁转矩随之增大→电动机通过调整后速度继续上升→电动机可能越过最大转矩达到新的平衡点；反之，电动机受到扰动后转速稍有下降低于 b 点→电磁转矩随之减小→电动机通过自行调整后速度继续下降→无法达到新的平衡点。

表 6-3-4 针对不同类型的负载，定性给出了三相异步电动机稳定运行的条件。

表 6-3-4　三相异步电动机的运行特性

负载类型	稳定运行条件	机械特性曲线/负载特性曲线
恒转矩负载	以正向运行为例说明 a：稳定运行点 b：不稳定运行点	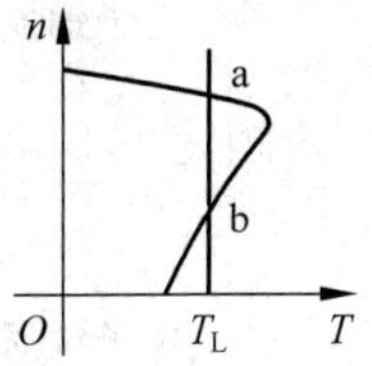 n　a　b　O　T_L　T
恒功率负载	以正向运行为例说明 a：稳定运行点 b：不稳定运行点	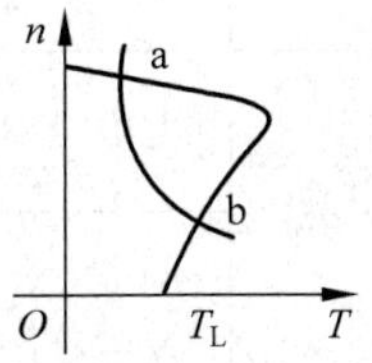 n　a　b　O　T_L　T
泵与风机类负载	以正向运行为例说明 a：稳定运行点 b：不稳定运行点	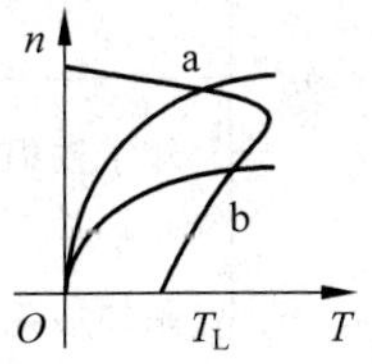 n　a　b　O　T_L　T

*6.3.4　电动机的功率关系

三相异步电动机输入电功率，输出机械功率，二者之间通过电磁耦合联系起来。在电动机运行过程中，除了输入电功率和输出机械功率之外，定子、转子中还有各种损耗产生。图 6-3-4 简要标出了三相异步电动机运行时的功率流向图。

表 6-3-5 对图 6-3-4 中三相异步电动机运行中的功率流向和各种损耗做了简要说明。

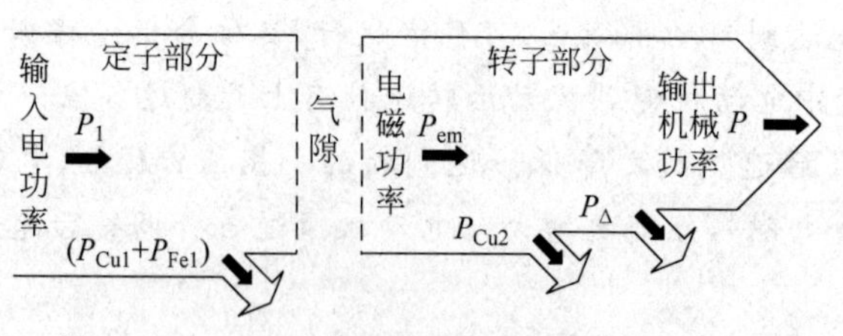

图 6-3-4 三相异步电动机运行时的功率流向图

表 6-3-5 三相异步电动机运行时的功率传递

各种功率		物理表达式	物理含义
定子部分	输入功率	$P_1=3U_PI_P\cos\varphi$	电动机运行时,通过定子向电网获取的电功率 P_1：输入电功率 U_P：定子相电压 I_P：定子相电流 $\cos\varphi$：电动机的功率因数
	定子铜损	$P_{Cu1}=3I_P^2R_P$	电动机运行时,定子绕组(铜导线)产生的损耗 P_{Cu1}：定子铜损 I_P：定子每相电流 R_P：定子每相电阻
	定子铁损	$P_{Fe1}=3I_{em}^2R_{em}$	电动机运行时,定子铁芯产生的损耗 P_{Fe1}：定子铁损 I_{em}：定子铁芯的每相等效涡流电流 R_{em}：定子铁芯的每相等效磁阻
转子部分	电磁功率	$P_{em}=P_1-P_{Cu1}-P_{Fe1}$	电动机输入功率除去定子铜损、定子铁损后,通过电磁耦合传递给转子的机械功率
	转子铜损	$P_{Cu2}=3I_2^2R_2$	电动机运行时,转子绕组产生的损耗 P_{Cu2}：转子铜损 I_2：转子每相电流 R_2：转子每相电阻
	转子铁损	—	电动机运行时,转子电流的频率仅为1～3Hz,产生的转子铁损可忽略不计
	附加损耗	$P_\Delta=P_N(0.5\sim3)\%$	电动机运行时,通风和摩擦等产生的附加损耗,占额定功率的0.5%～3%
	输出功率	$P=P_{em}-P_{Cu2}-P_\Delta$	电磁功率除去各种损耗后,电动机轴上输出的机械功率

三相异步电动机的效率是转子的输出机械功率与定子的输入电功率之比,可表示为

$$\eta=\frac{P}{P_1}=\frac{P}{\sqrt{3}U_LI_L\cos\varphi}=\frac{P}{3U_PI_P\cos\varphi} \tag{6-3-6}$$

式中,U_L、U_P 分别表示电源的线电压、相电压；I_L、I_P 分别表示电源的线电流、相电流。

此处的 U_L、I_L 与式(6-1-1)中的 U_N、I_N 含义相同。

与三相异步电动机相关的理论知识还很多，如转速特性 $n=f(P)$、定子电流特性 $I_1=f(P)$、定子功率因数特性 $\cos\varphi_1=f(P)$、电磁转矩特性 $T=f(P)$、效率特性 $\eta=f(P)$；转子电流特性 $I_2=f(s)$、转子功率因数特性 $\cos\varphi_2=f(s)$等。

本节仅简要介绍了三相异步电动机的机械特性 $T=f(n)$、负载的机械特性 $T_L=f(n)$与基本运行特性。有兴趣的读者可参阅相关资料补充学习。

思考与练习

6-3-1　最大转矩与电源电压是什么关系？

6-3-2　起动转矩与电源电压是什么关系？

6-3-3　写出三相异步电动机的功率、转矩、转速之间的关系表达式。

6-3-4　恒转矩负载有什么特点？

6-3-5　恒功率负载有什么特点？

6-3-6　风机类负载有什么特点？

6-3-7　如何判断三相异步电动机的稳定运行点？

6-3-8　三相异步电动机的输入功率与输出功率性质有什么不同？

6.4　电动机的起动、调速、反转和制动

【学习目标】

- 了解三相异步电动机的起动特性，熟悉各种起动方法。
- 掌握三相异步电动机的反转原理与接线方法。
- 掌握三相异步电动机的调速原理，了解常用的调速方法。
- 了解三相异步电动机的常用制动方法。

【学习指导】

三相异步电动机的运行包括起动、调速、反转、制动，这些内容是本章的重点，也是三相异步电动机原理和机械特性的具体应用。只有了解电动机的起动特性，才能正确选择合适的起动方法；只有掌握电动机的调速原理，才能正确选择合理的调速方案。

6.4.1　电动机的起动

三相异步电动机转子绕组电阻很小，起动时，转差率 $s=1$，起动转矩的表达式为

$$T_{st}=CU\frac{sR_2}{R_2^2+(sX_{20}^2)}\approx CU\frac{R_2}{X_{20}^2}\approx(1.3\sim2)T_N \tag{6-4-1}$$

此时转子电流的表达式(参阅表 6-3-1)为

$$I_{2st}=\frac{sE_2}{\sqrt{R_2^2+(sX_{20})^2}}=\frac{E_2}{\sqrt{R_2^2+X_{20}^2}} \tag{6-4-2}$$

电动机的起动

由于运行时 s 是一个远小于 1 的数，所以起动时转子电流远大于额定运行时的值。反映到定子端，定子的起动电流与额定电流的关系为

$$I_{st}=(4\sim 7)I_N \tag{6-4-3}$$

起动转矩较大,可以满载甚至重载起动,是电动机的优点;而起动电流很大,导致电动机本身发热量大,对供电电网的冲击大,是它的缺点。

结论:三相异步电动机的起动电流很大、起动转矩较大。

我们可从日常生活中直观感受到电动机起动时对周围设备的影响。很多人都有这样的经历,灯泡在工作时会短时变暗,稍后又恢复正常亮度。

图 6-4-1 中,把一个灯泡与大型电动机接在同一个电网(电源)上。当电动机起动时,由于起动电流很大,引起电网电压下降,致使灯泡亮度短时变暗,待起动完成后,灯泡的亮度又恢复到正常亮度。

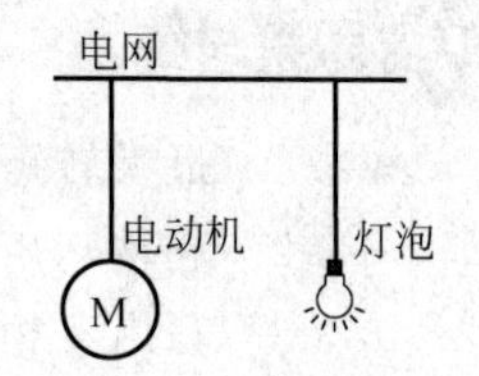

图 6-4-1　电动机起动的影响

电动机起动方案的设计与选择,应该结合三相异步电动机的特点,扬长避短,此外,还需要考虑电源容量的限制。三相异步电动机常见的起动方式主要有全压直接起动、降压起动、转子串电阻起动、软起动等。

1. 全压直接起动

全压直接起动方法简单,使用设备少。小容量电动机一般允许直接起动。对于较大容量的电动机,直接起动受供电电源总容量的限制。工程实践中,常按以下经验公式核定直接起动的可行性。

$$\frac{I_{st}}{I_N}\leqslant\frac{3}{4}+\frac{S_\Sigma}{4P_N} \tag{6-4-4}$$

式中,I_{st} 为电动机的起动电流;I_N 为额定电流;P_N 为电动机额定功率;S_Σ 为电源容量。

【例 6-4-1】 一台额定功率为 10kW 的鼠笼式三相异步电动机,$I_{st}/I_N=7$,接在容量为 400kVA 的电力变压器二次侧。试分析这台电动机能否直接起动?另一台额定功率为 20kW 的鼠笼式三相异步电动机,$I_{st}/I_N=6$,可否直接起动?

【解】 通过本例了解三相异步电动机的直接起动与电源容量的约束关系。

(1) 10kW 电动机:根据式(6-4-4)可得

$$\frac{I_{st}}{I_N}=7,\quad 而\left(\frac{3}{4}+\frac{S_\Sigma}{4P_N}\right)=\left(\frac{3}{4}+\frac{400}{4\times 10}\right)=10.75$$

允许直接起动。

(2) 20kW 电动机:根据式(6-4-4)可得

$$\frac{I_{st}}{I_N}=6,\quad 而\left(\frac{3}{4}+\frac{S_\Sigma}{4P_N}\right)=\left(\frac{3}{4}+\frac{400}{4\times 20}\right)=5.75$$

不允许直接起动。

如果三相异步电动机的起动电流大,起动时影响到其他设备的正常运行,就要考虑另外三种起动方案了。

注:本书的 7.2 节会详细介绍三相异步电动机直接起动的电气控制电路。

2. 鼠笼式三相异步电动机的降压起动

鼠笼式三相异步电动机全压起动电流过大，适当降低起动电压，能够有效遏制起动电流，随之也降低了电动机的起动转矩。降压起动一般适合鼠笼式三相异步电动机，起动方法主要有三种：定子串电抗器(电阻)起动、电动机Y-△降压起动、自耦变压器降压起动。

为便于比较，通过表 6-4-1 对鼠笼式三相异步电动机各种降压起动方法做一简要说明。

表 6-4-1 鼠笼式三相异步电动机的降压起动

降压起动方法	电 路 图	说 明
定子串电抗器	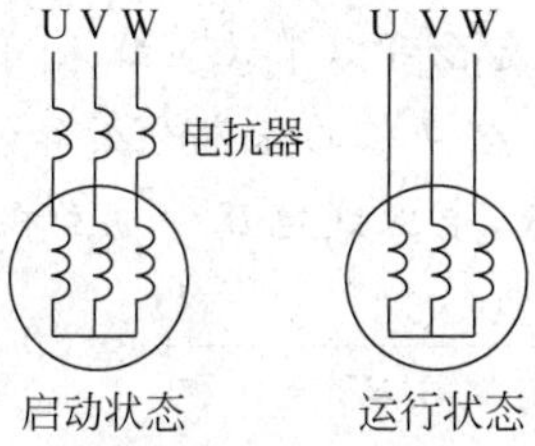 电抗器 启动状态 运行状态	原理说明：串联电抗器起降压(限流)作用。起动时电抗器与电动机定子绕组串联，起动完成后电抗器被自动切除 适用场合：对起动转矩要求不高的中小容量电动机 应用案例：风机类负载 注：定子串电阻起动原理与串电抗相同，但由于在起动过程中有较大的功率消耗，较少使用
Y-△降压	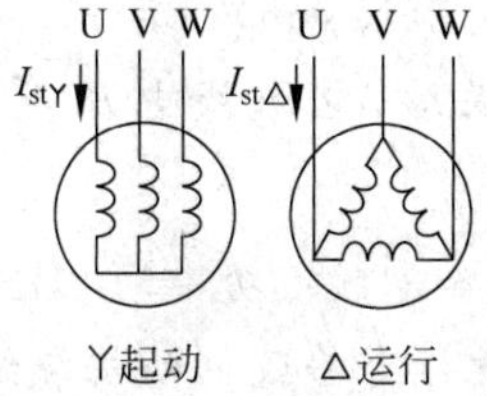 Y起动 △运行	原理说明：起动时定子绕组Y联结，运行时△联结 起动电压：$U_{stY}=\frac{1}{\sqrt{3}}U_{st\triangle}$ 起动电流：$I_{stY}=\frac{1}{3}I_{st\triangle}$ 起动转矩：$T_{stY}=\frac{1}{3}T_{st\triangle}$ 优点：设备简单，控制方便 适用场合：正常运行为△联结、允许轻载起动的鼠笼式三相异步电动机 注：本书的 7.4 节会详细介绍Y-△起动运行电气控制电路
自耦变压器降压	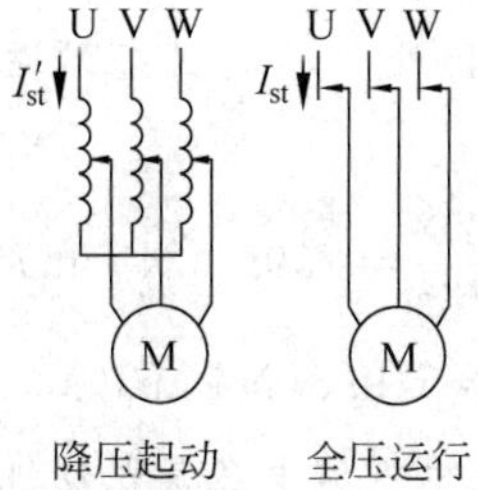 降压起动 全压运行	原理说明：起动时接在变压器二次侧，运行时自耦变压器被自动切除，全压运行 降压起动电压/正常电压：$U_3/U_1=k$ 降压起动电流/全压起动电流：$I'_{st}/I_{st}=k^2$ 降压起动转矩/全压起动转矩：$T'_{st}/T_{st}=k^2$ 优点：起动电压可调，适合Y联结和△联结的电动机 缺点：需要配备专用的起动变压器 适用范围：容量大、正常运行不宜重载起动的电动机 注：自耦变压器通常有 3 个电压抽头，即 40%、60%、80%

注：表中各种参数关系仅给出了结果，如需知悉详细推导过程，请参阅三相电路和变压器相关知识。

下面的两个例题，是三相异步电动机的基本理论、基本计算、基本分析的具体应用。

【例 6-4-2】 一台鼠笼式三相异步电动机的铭牌数据如表 6-4-2 所示。

表 6-4-2 铭牌数据

P_N	工作电压	接法	n_N	η_N	$\cos\varphi_N$	I_{st}/I_N	T_{st}/T_N
20kW	220/380V	△/Y	735r/min	91%	0.85	7.0	2.0

试根据电源线电压 U 的不同,进行以下分析计算。

(1) $U=380$V,电动机运行应采取哪种接线?此时 I_{st}、T_{st} 各为多少?

(2) $U=380$V,电动机运行如采用△形接线,电动机输出功率是多少,能否正常运行?

(3) $U=220$V,电动机运行应采取哪种接线?此时 I_{st}、T_{st} 各为多少?

(4) $U=220$V,电动机如采用Y形接线,电动机输出功率是多少,能否正常运行?

(5) $U=220$V,采用Y-△降压起动模式,此时的 I_{st}、T_{st} 各为多少?

(6) $U=220$V,负载转矩为额定转矩的 80%,是否可以带此负载采用Y-△方式起动?

【解】 通过本例的学习,掌握鼠笼式三相异步电动机的基本分析和计算方法。

(1) 电源电压为 380V,电动机应采取Y形接线,电源线电压=电动机线电压。

额定电流: $$I_N=\frac{P_N}{\sqrt{3}U_N\cos\varphi\eta_N}=\frac{20\times10^3}{\sqrt{3}\times380\times0.85\times0.91}\approx39.3(\text{A})$$

起动电流: $$I_{stY}=7I_N\approx275\text{A}$$

额定转矩: $$T_N=9550\frac{P_N}{n_N}=9550\times\frac{20}{735}=259.9(\text{N}\cdot\text{m})$$

起动转矩: $$T_{stY}=2T_N=2\times259.9=519.8(\text{N}\cdot\text{m})$$

(2) 电源线电压为 380V,电动机如采取△联结,电源线电压是电动机线电压的 $\sqrt{3}$倍。

根据三相电路知识可知,此时电动机的输出功率是额定功率的 3 倍,短时运行会导致电动机急剧发热,若电路中没有保护措施,长时间运行会导致电动机绕组过热烧毁。

(3) 电源线电压为 220V,电动机应采用△形接线,电源线电压=电动机线电压。

额定电流: $$I_N=\frac{P_N}{\sqrt{3}U_N\cos\varphi\eta_N}=\frac{20\times10^3}{\sqrt{3}\times220\times0.85\times0.91}\approx67.9(\text{A})$$

起动电流: $$I_{st\triangle}=7I_N\approx475\text{A}$$

电动机接线方式随电源电压进行调整,电动机仍处于额定状态下运行,电动机的转矩不变。

额定转矩: $$T_N=9550\frac{P_N}{n_N}=9550\times\frac{20}{735}=259.9(\text{N}\cdot\text{m})$$

起动转矩: $$T_{st\triangle}=2T_N=2\times259.9=519.8(\text{N}\cdot\text{m})$$

(4) 电源线电压为 220V,电动机如采取Y形接线,电源线电压是电动机线电压的 $1/\sqrt{3}$倍。

根据三相电路知识可知,此时电动机的输出功率是额定功率的 1/3 倍,电动机的转矩为额定转矩的 1/3 倍,运行无力,只能带轻载运行,不能正常发挥作用。

(5) 电源线电压为 220V,为降低起动电流,采用Y-△降压起动运行模式,即起动Y形接线,运行转入△形接线。此时的起动电流和起动转矩都发生变化。

起动电流：
$$I_{stY}=\frac{1}{3}I_{st\triangle}=\frac{1}{3}\times 475\approx 158(\text{A})$$

起动转矩：
$$T_{stY}=\frac{1}{3}T_{st\triangle}=\frac{1}{3}\times 519.8=173.3(\text{N}\cdot\text{m})$$

(6) 电源线电压 220V，负载转矩为额定转矩的 80%，如采用Y-△降压起动，其起动转矩为：不能带此负载直接起动。

$$T_{stY}=\frac{1}{3}T_{st\triangle}=\frac{1}{3}\times 2T_N=0.67T_N<0.8T_N$$

说明：三相异步电动机采用Y-△起动运行时，在降低起动电流的同时，也减小了起动转矩。

【例 6-4-3】 一台三相异步电动机的参数为：额定功率 15kW，$U_N=380\text{V}$，$T_{st}/T_N=2$，$I_{st}/T_N=6.5$，$n_N=1470\text{r/min}$，$\cos\varphi_N=0.88$，$\eta_N=0.9$，Y形接线。为减小起动电流，该电动机接在自耦变压器的二次侧，起动时采用 60%的电压抽头。试求：

(1) 当负载转矩分别为额定转矩的 80%和 60%时，该电动机能否起动？

(2) 此时电动机的起动转矩、起动电流分别为多少？

【解】 通过本例学习三相异步电动机自耦降压起动的分析计算方法。

(1) 起动时采用 60%的电压抽头，即 $k=0.6$，此时电动机的起动转矩为

$$T'_{st}=k^2T_{st}=0.6^2\times 2T_N=0.72T_N$$

由此判断，负载转矩为额定转矩的 60%的设备可以起动，80%的设备不可以起动。

(2) 负载转矩为 $60\%T_N$ 时，各参数计算

$$T_N=9550\frac{P_N}{n_N}=9550\times\frac{15}{1470}=97.45(\text{N}\cdot\text{m})$$

$$I_N=\frac{P_N}{\sqrt{3}U_N\cos\varphi_N\eta_N}=\frac{15\times 10^3}{\sqrt{3}\times 380\times 0.88\times 0.9}\approx 29.1(\text{A})$$

$k=0.6$ 时，电动机的起动转矩、起动电流分别为

$$T'_{st}=k^2T_{st}=0.6^2\times 2T_N\approx 70.2(\text{N}\cdot\text{m})$$

$$I'_{st}=k^2I_{st}=0.6^2\times 6.5I_N\approx 68.1(\text{A})$$

说明：三相异步电动机采用自耦变压器起动后，起动转矩、起动电流都有较大幅度的下降。

3. 绕线式异步电动机的转子串电阻起动

绕线式电动机的最大特点，就是转子绕组与外接的可调电阻 R' 相连后(见图 6-4-2)，改善了电动机的起动性能。

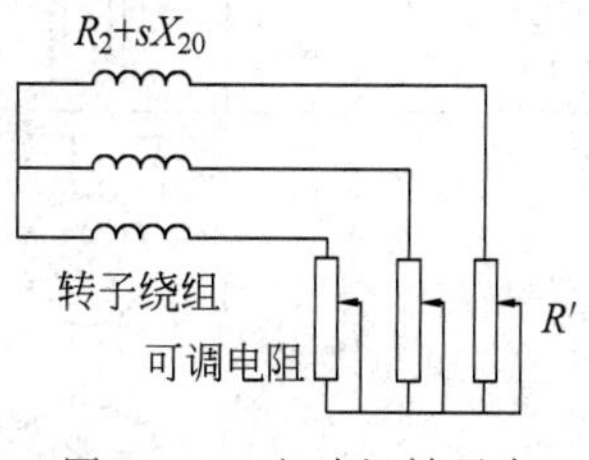

图 6-4-2 电动机转子串电阻起动

起动瞬间，转子绕组附加 R' 之后，式(6-4-1)中转矩表达式修正为

$$T_{st}=CU\frac{R_2+R'}{(R_2+R')^2+X_{20}^2}$$

式(6-4-2)中转子电流的表达式为

$$I_{2st}=\frac{E_2}{\sqrt{(R_2+R')^2+X_{20}^2}}$$

从上面两式可以看出，由于 R_2 与 X_2 相比很小，附加可调电阻 R' 之后，绕线式异步电动机的 T_{st} 增大、I_{st} 减小了。这是一种比较理想的起动方式，既能增加起动转矩，又能减小起动电流。

说明：绕线式三相异步电动机的起动转矩较大，起动电流较小，适合重载起动的场合。

尽管有以上优点，但是绕线式三相异步电动机结构较为复杂，起动设备笨重，起动过程能量浪费较多。如果附加电阻由多段组成，起动过程转矩波动大、控制线路复杂，增加了设备成本。由于绕线式三相异步电动机有以上不足，由此衍生出转子串电抗器、串频敏电阻变阻器的起动方式。有兴趣的读者可参考相关资料学习提高。

注：本书的7.6节会详细介绍绕线式三相异步电动机转子串电阻起动的电气控制电路。

*4. 其他起动方式

除了以上常用的传统起动方式外，在对起动性能要求较高的场合，可以采用软起动方式，还可以选用深槽式或双鼠笼式三相异步电动机。表 6-4-3 对这几种起动方式做一简单介绍。

表 6-4-3 其他起动方式简介

启动方法	图 示	说 明
软起动		软起动是一种降压起动方式 利用晶闸管技术，把电源电压变为从 0 到 U_N 连续可调的电压，施加在电动机绕组上，获得对电源和负载无冲击的电磁转矩，带动负载柔性起动 目前市场上的软起动器(soft starter)是一种集电机软起动、软停车、轻载节能和多种保护功能于一体的新颖电动机控制装置，用户只需按照起动需求设置起动参数即可
深槽式电动机		交流电通过导体时，会产生趋肤效应 靠近导线表面的电流密度大，靠近中心的电流密度小，使得导体的等效电阻增大 采用深槽式转子，起动时转子绕组电流频率高，转子的等效阻抗增大；起动完成后，转子绕组电流频率仅为 1～3Hz，趋肤效应几乎消失，转子的等效阻抗减小 利用这个特点可有效改善电动机的起动性能
双鼠笼式电动机		双鼠笼转子也是利用交流电的趋肤效应改善电动机的起动性能 转子有两个鼠笼，上笼靠近转子顶部，下笼靠近转子中心 起动时转子电流频率高，电流主要集中在上笼，由于上笼电阻大，可有效限制起动电流，增大起动转矩；运行时转子电流频率很低，上笼电流减小，下笼电流增大，转子绕组等效电阻变小，减少损耗

注：如需深入了解上表所列内容，请查阅相关专业资料。

6.4.2 电动机的调速

为满足机械负载对速度的不同需求，需要根据负载特性和运行要求进行实时调速。下面从电动机的速度公式出发寻找调速的方法。三相异步电动机的转速公式为

电动机的调速

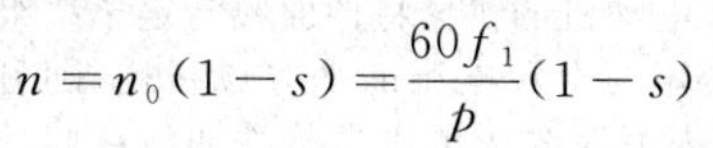

$$n=n_0(1-s)=\frac{60f_1}{p}(1-s)$$

从上式可以看出，调速方案有三种，分别为调频率、调极对数、调转差率，表 6-4-4 分别予以说明。

表 6-4-4 三相异步电动机的调速方案

调速方案	方案说明	电路原理示意图
调频率 f_1	调速原理：调频率调速又叫变频调速，要用专门的变频器；变频器能够把固定频率的三相电源电压变为频率、电压可调的三相电压输出 优点：平滑性好、效率高、机械特性硬、调速范围广 缺点：需要专用设备，成本较高 适用场合：所有的鼠笼式三相异步电动机 注：随着电力电子技术的飞速发展，变频调速已逐渐成为调速的主流方案	3~ L_1 L_2 L_3 变频器 U V W 3~
调极对数 p	案例 1：Y/YY 接线方式：低速时定子绕组Y形接法，高速时双Y并联 优点：结构简单，控制方便 缺点：磁极对数成倍变化，不能实现平滑调速 适用场合：仅适用定子绕组可改接线的鼠笼式电动机 注意事项：由于低速时磁极对数增加了一倍，三相定子绕组在空间的电角度增加了一倍；同样的空间位置高速时为 0°～120°～240°，在低速时就变为 0°～240°～480°(120°)，为维持变速前后转向相同，必须在变极对数的同时，将 V 和 W 相互换	U V W U_1 U_2 U_3 U_4 Y接线；U V W U_1 U_2 U_3 U_4 YY接线
	案例 2：△/YY 接线方式：低速时定子绕组△形接法，高速时双Y形接法 其他说明：同Y/YY 注：本书的 7.5 节会详细介绍双速起动运行电气控制电路 另有三速、四速电机，此处不做介绍	U V W U_1 U_2 U_3 U_4 △接线；U V W U_1 U_2 U_3 U_4 Y接线

续表

调速方案	方案说明	电路原理示意图
调转差率 s	案例 1：降压调速 调速前提：不改变旋转磁场的转速 调速原理：异步电动机的机械特性曲线与定子绕组电压相关；电磁转矩与电源电压的平方成正比，随着电源电压的降低，人为地改变了机械特性曲线。同一负载转矩 T_L 下，随着电压的降低，转速在下调 优点：调节方便，对于泵类负载调速范围广 缺点：对其他类型负载调速范围小 适用场合：泵类、通风机类负载	
	案例 2：改变转子绕组电阻值 调速前提：不改变旋转磁场的转速 调速原理：异步电动机的机械特性曲线与转子电阻相关。随着转子电阻的增大，机械特性曲线的临界转差率 s_m 位置下移；同一负载转矩 T_L 下，s 上升，速度 n 下降 优点：可实现平滑调速，设备简单、成本较低 缺点：轻载效果差，低速机械特性变软，电能浪费多 适用场合：绕线式异步电动机驱动的恒转矩负载	

注：另有滑差调速、串级调速(转子绕组串电动势)，此处不做介绍。

6.4.3 电动机的反转

前面在定子旋转磁场的形成中已经介绍过，定子旋转磁场的方向与三相电流的相序一致；转子旋转方向与定子旋转磁场方向相同。

运行中，如果需要调整三相异步电动机的转向，就需要调整定子旋转磁场的转向，具体做法是，把三相电源线的任意两相位置对调即可。

注：本书 7.3 节会详细介绍三相异步电动机正反转运行的电气控制电路。

电动机的制动

6.4.4 电动机的制动

电动机断电后由于惯性的作用，要过一段时间才能停下来。为了安全和提高生产效率，需要通过制动让电动机迅速停转。常用的制动方法有能耗制动、反接制动和回馈制动，表 6-4-5 对各种制动方案进行了简要说明。

表 6-4-5 各种制动方案

制动方案	电路原理示意图	说明
能耗制动		原理说明：电动机切除电源时，把直流电通入定子绕组(Y联结时，接入二相定子绕组；△联结时，接入一相定子绕组)，产生恒定不变的磁场，这个磁场对任意转向的电动机转子均有制动作用 优点：电动机快速停止 缺点：需要专用直流设备，定子线圈消耗能量

续表

制动方案	电路原理示意图	说　明
反接制动	U V W　U V W M　M 运行　制动	原理说明：电动机切除电源时，通入反向交流电，在定子绕组中产生反向旋转磁场，可使电动机迅速停转 优点：电动机迅速停止，不需专用设备，造价低 缺点：旋转磁场与电动机转速相反，定子电流大，对电机绕组和传动部件危害大 措施：为限值制动电流，制动时一般要在主回路中串入电阻，防止电机绕组过热；同时需要加装速度继电器，当速度接近于0时，通过速度继电器的触点把控制电路电源断开 注：本书7.7节会详细介绍电动机反接制动的电气控制电路
回馈制动	略	原理说明：对于位能性负载，当重物下降时，在重力力矩作用下，转子转速大于同步转速，电磁转矩的方向与转子转向相反，异步电动机既回馈电能又在电动机轴上产生机械制动转矩，运行于制动状态 优点：电能消耗较低，经济性好 缺点：系统控制复杂 适用场合：三相异步电动机驱动的起重设备

本节仅从应用的角度，简要介绍了三相异步电动机的常用起动方法、调速方案与制动方式。有兴趣的读者可参阅相关资料补充学习。

思考与练习

6-4-1　三相异步电动机的起动电流有什么特点？对电动机和电网设备有什么影响？

6-4-2　中小型三相异步电动机的全压直接起动对电源容量有什么要求？

6-4-3　定子串电抗器(串电阻)起动为什么能减小起动电流？

6-4-4　定子串电抗器(串电阻)起动是否可以重载起动？为什么？

6-4-5　三相异步电动机Y-△起动运行要求电动机正常运行为哪种接线？

6-4-6　三相异步电动机Y-△起动在降低起动电流的同时，起动转矩如何变化？

6-4-7　三相异步电动机Y-△起动适合重载起动吗？为什么？

6-4-8　自耦变压器降压起动的三相异步电动机在降低起动电流的同时，起动转矩如何变化？

6-4-9　一个接在自耦变压器二次侧的三相异步电动机，与全压起动相比，选用80%电压抽头时的起动电流，起动转矩如何变化？

6-4-10　绕线式异步电动机的起动转矩和起动电流有什么特点？

6-4-11　绕线式异步电动机转子串电阻起动有什么缺点？

6-4-12　调试时发现电动机反转，如何调整转向？

6-4-13　变频调速有什么优缺点？

6-4-14　调整极对数调速能否实现平滑调速？为什么？

6-4-15　降压调速的调速范围如何？适合什么类型的机械负载？

6-4-16　改变转子绕组电阻值调速是否可以用于鼠笼式三相异步电动机？为什么？

6-4-17　改变转子绕组电阻值调速有什么缺点？

6-4-18　采用能耗制动，为什么在电动机切除电源时，要把直流电通入定子绕组？

6-4-19　采用反接制动，当速度接近0时，应采取哪种措施防止电动机反转？

6-4-20　与能耗制动相比，反接制动有什么优缺点？

细雨润心田：电机运转，经济发展

风扇为什么能旋转？

电梯为什么会上下运行？

机床为什么能加工产品？

机器人如何搬运货物？

动车高铁如何在原野上“奔驰”？

宇宙飞船又如何在太空遨游？

正是有了电动机，这一切才成为可能。

全世界依靠电力驱动实现电能转换最多的设备是电动机，电动机实现的电能转换占到电能消耗的90%以上。

工农业生产和家庭生活中，到处都能看到电动机驱动的设备在工作。举目四望，小到电剃刀、电风扇、油烟机、洗衣机、冰箱、空调，大到车床、化学反应釜、纺织机械、自动生产线、动车、高铁等，无不是电动机在驱动运行。

正是有了各种类型的电动机，才使得生产效率大幅提高，也使得现代人的生活变得简单、方便又舒适。可以说，是电动机的运转带动了全世界经济的发展和人们生活水平的提高。

作为学生需要了解各类电动机的结构和工作原理，在此基础上，熟知电动机的“起动、调速、反转和制动”方法，进而掌握各种电动机的运行控制方案，为将来从事机电设备的运行、维护、维修工作奠定良好的基础。

本章小结

1. 结构与铭牌

结构	定子铁芯	由厚度为0.35～0.5mm、相互绝缘的硅钢片叠成 绕组通电后产生磁场，铁芯为磁通提供路径
	定子绕组	由三组铜漆包线绕制而成，按一定规律对称嵌入定子铁芯槽内 绕组通入对称三相交流电后，可产生旋转磁场
	转子铁芯	由厚度为0.35～0.5mm、相互绝缘的硅钢片叠成，铁芯为磁通提供路径 硅钢片外圆有均匀分布的槽(有的槽不开口)，用于浇注转子绕组
	转子绕组	转子绕组由铜或铝浇筑而成，两端用短路环连接 在旋转磁场的作用下产生感应电流，进而产生电磁转矩，带动转子旋转

续表

铭牌	电动机型号、额定功率 P_N、额定电压 U_N、额定电流 I_N、额定功率因数 $\cos\varphi_N$、额定效率 η_N、额定频率 f_N、额定转速 n_N、噪声量、绝缘等级、工作制、防护等级
接线	Y形，△形

2. 工作原理

定子旋转磁场	产生：在空间对称的三相绕组中，通入时间对称的三相交流电，在定子绕组中会产生一个旋转磁场 方向：旋转磁场的方向与三相电流的相序一致 速度：$n_0=60f/p$
转子转动原理	电磁力矩：在定子旋转磁场的作用下，转子绕组中会产生感应电流→感应电流在定子旋转磁场中形成电磁转矩→电磁转矩带动转子旋转 方向：转子转动方向与定子旋转磁场方向相同
转速与转差率	$n=(1-s)n_0$

3. 机械特性曲线

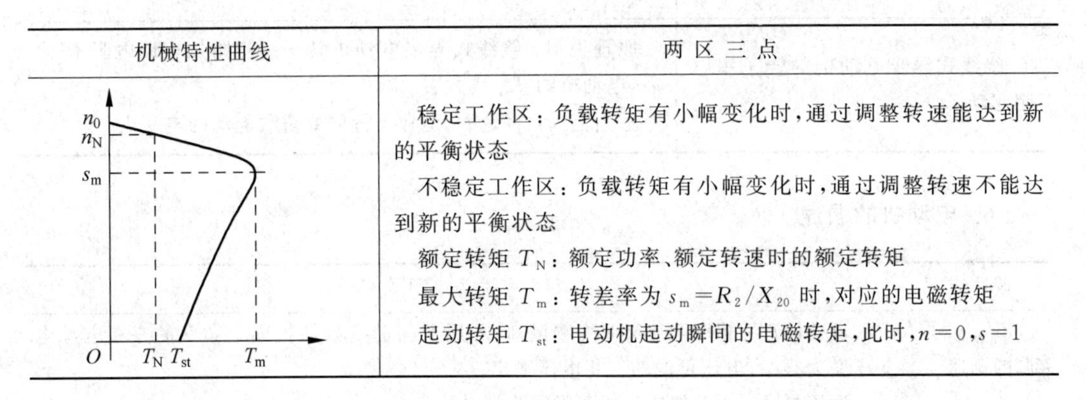

机械特性曲线	两 区 三 点
	稳定工作区：负载转矩有小幅变化时，通过调整转速能达到新的平衡状态 不稳定工作区：负载转矩有小幅变化时，通过调整转速不能达到新的平衡状态 额定转矩 T_N：额定功率、额定转速时的额定转矩 最大转矩 T_m：转差率为 $s_m=R_2/X_{20}$ 时，对应的电磁转矩 起动转矩 T_{st}：电动机起动瞬间的电磁转矩，此时，$n=0$，$s=1$

4. 关键公式

物 理 意 义	表 达 式
额定转矩：额定功率、额定转速与额定转矩的关系	$T_N=9550\dfrac{P_N}{n_N}$
额定功率、电压、电流、功率因数、效率之间的关系	$P_N=\sqrt{3}U_N I_N\cos\varphi_N\eta_N$
电磁转矩：转矩与转差率的关系	$T=CU\dfrac{sR_2}{R_2^2+(sX_{20})^2}$
最大转矩：转差率为 $s_m=R_2/X_{20}$ 时，对应的电磁转矩 最大转矩与电源电压的平方成正比	$T_m=C\dfrac{U}{2X_{20}}\propto U$
起动转矩：电动机接通电源后起动瞬间的电磁转矩 起动转矩与电源电压的平方成正比	$T_{st}=CU\dfrac{R_2}{R_2^2+X_{20}^2}\propto U$

5. 电动机的起动

起动存在的问题：$T_{st}\approx(1.3\sim2)T_N$，$I_{st}=(4\sim7)I_N$。

启动方案		说明
1. 全压直接起动		小容量电动机一般允许直接起动 较大容量电动机，直接起动受供电电源总容量的限制 电源容量计算公式：$\dfrac{I_{st}}{I_N}\leqslant\dfrac{3}{4}+\dfrac{S_\Sigma}{4P_N}$
2. 鼠笼式异步电动机的降压起动	定子串电抗器	原理说明：串联电抗器起降压(限流)作用，起动时电抗器与电动机定子绕组串联，起动完成后电抗器被自动切除 适用场合：中小容量、对起动转矩要求不高的电动机
	Y-△降压	原理说明：起动时定子绕组Y形联结，运行时△形联结 适用场合：正常运行为△形联结、允许轻载起动的电动机
	自耦降压起动	原理说明：起动时接在自耦变压器二次侧，运行时变压器被自动切除，全压运行 适用范围：容量大、正常运行不宜重载起动的电动机
3. 绕线式异步电动机的转子串电阻起动		原理说明：绕线式异步电动机转子绕组附加可调电阻 R' 之后，电动机的 T_{st} 增大、I_{st} 减小 适用范围：容量大、正常运行需要重载起动的电动机

6. 电动机的调速

调速方案	说明
调频调速	调速原理：频率调速又叫变频调速，要用专门的变频器把固定频率的三相电源电压变为频率、电压可调的三相电压输出 适用场合：所有的鼠笼式三相异步电动机
调级调速	常用方案：Y/YY、△/YY 接线方式：低速时定子绕组Y形接法或△形接法，高速时双Y形并联 适用场合：仅适用定子绕组可改接线的鼠笼式电动机
调转差率调速	方案1：降压调速 调速原理：异步电动机的机械特性曲线与定子绕组电压相关；电磁转矩与电源电压的平方成正比，随着电源电压的降低，人为地改变了机械特性曲线；同一负载转矩 T_L 下，随着电压的降低，转速在下调 适用场合：泵类、通风机类负载
	方案2：改变转子绕组电阻值 调速原理：异步电动机的机械特性曲线与转子电阻相关；随着转子电阻(R_2+R')的增大，曲线的临界转差率 s_m 位置下移；同一负载转矩 T_L 下，s 上升，速度 n 下降 适用场合：绕线式异步电动机驱动的恒转矩负载

7. 电动机的制动

制动方案	说　明
能耗制动	原理说明：电动机切除电源时，把直流电通入定子绕组（Y联结时，接入二相定子绕组；△联结时，接入一相定子绕组），产生恒定不变的磁场，这个磁场对任意转向的电动机转子均有制动作用
反接制动	原理说明：电动机切除电源时，通入反向交流电，在定子绕组中产生反向旋转磁场，可使电动机迅速停转
回馈制动	原理说明：对于位能性负载，当重物下降时，在重力力矩作用下，转子转速大于同步转速，电磁转矩的方向与转子转向相反，异步电动机既回馈电能又能在电动机轴上产生机械制动转矩，运行于制动状态

习题 6

6-1　简述三相异步电动机定子旋转磁场的产生过程。

6-2　简述三相异步电动机转子的旋转过程。

6-3　当一台三相异步电动机有两种接线方式时，举例说明如何选择合适的接线方式。

6-4　简述机械特性曲线“两区三点”的物理意义。

6-5　画图说明，恒转矩负载、恒功率负载、风机类负载的稳定运行点和不稳定运行点。

6-6　简述三相异步电动机直接起动对电源容量的要求。

6-7　一台鼠笼式三相异步电动机，其铭牌数据如题 6-7 表所示。

习题 6-7 表　铭牌数据一

f	P_N	U_N	接法	n_N	η_N	$\cos\varphi_N$	I_{st}/I_N	T_{st}/T_N
50Hz	15kW	380V	Y	1470r/min	88%	0.84	6.0	2.0

试求：

(1) 电动机额定运行时的转差率 s_N。

(2) 电动机额定运行时的输入电流。

(3) 电动机带额定负载时的起动转矩。

6-8　一台鼠笼式三相异步电动机，其铭牌数据如题 6-8 表所示。

习题 6-8 表　铭牌数据二

f	P_N	U_N	接法	n_N	η_N	$\cos\varphi_N$	I_{st}/I_N	T_{st}/T_N
50Hz	20kW	220/380V	△/Y	970r/min	91.5%	0.84	7.0	2.0

试求：

(1) 电动机不同运行方式下的额定电流。

(2) 该电动机在什么条件下可以采取Y-△起动运行？

(3) 采取Y-△起动运行时的起动电流、起动转矩各为多少？

6-9　一台鼠笼式三相异步电动机，其铭牌数据如题6-9表所示。

习题6-9表　铭牌数据三

f	P_N	U_N	接法	n_N	η_N	$\cos\varphi_N$	I_{st}/I_N	T_{st}/T_N
50Hz	20kW	220/380V	△/Y	970r/min	91.5%	0.84	7.0	2.0

试求：

(1) 若电源电压为380V，电机正常运行应采取哪种方式接线？

(2) 若电源电压为220V，电机△联结接在自耦降压器二次侧进行降压起动，二次侧有80%、70%、60%三个电压抽头。此时若负载转矩为额定转矩的80%，选择哪个电压抽头进行起动最合适？此时的起动转矩为多少？

6-10　电源线电压为380V，现有两台三相异步电动机，其铭牌主要数据如题6-10表所示。

习题6-10表　铭牌数据四

电机序号	P_N	f	U_N	接法	I_N	n_N	$\cos\varphi_N$	I_{st}/I_N
M1	1.1kW	50Hz	220/380V	△/Y	4.67/2.7A	1420r/min	0.79	6.5
M2	4.0kW	50Hz	380/660V	△/Y	8.8/5.1A	1455r/min	0.82	6

试求：

(1) 分别选择定子绕组的连接方式。

(2) 分别计算两台电动机的起动电流I_{st}。

(3) 分别计算两台电动机的额定转差率s_N。

6-11　有一台三相异步电动机，额定功率为30kW，$T_{st}/T_N=1.7$，$n_N=1470$r/min，$U_N=380$V，△联结。为减小起动电流，该电机接在自耦降压器的二次侧。起动时自耦变压器二次侧电压为额定电压的65%。试作以下分析计算：

(1) 当负载转矩T_L分别为额定转矩的80%和50%时，该电动机能否起动？

(2) 此时电动机的起动转矩为多大？

6-12　一台鼠笼式三相异步电动机，其铭牌数据如题6-11表所示。

习题6-5表　铭牌数据五

P_N	U_N	接法	n_N	η_N	$\cos\varphi_N$	I_{st}/I_N	T_{st}/T_N
20kW	220/380V	△/Y	720r/min	91%	0.85	7.0	2.0

试求：

(1) 若电源电压为380V，电动机正常运行应采取哪种方式接线？

(2) 此时电动机的额定起动电流I_{st}，起动转矩T_{st}是多少？

(3) 若电源电压为220V，电动机采取Y联结，电动机的输出功率是多少？

(4) 若电源电压为380V，电动机采取△联结，长时间运行会发生什么情况？

自测题

自测题答案

Chapter 7 第7章

三相异步电动机的典型电气控制电路

工农业生产中使用了大量的三相异步电动机，见下图。我们看到的风机鼓风、水泵抽水、机床加工产品、起重机搬运重物、皮带运输机运送煤炭等，都是三相异步电动机运转的结果。

三相异步电动机的各种应用

下图是一个简单的风机电气控制图，图中包含了电气控制所需的元器件和线路连接方式。

比较发现，实物接线图(a)烦琐且不易绘制，原理接线图(b)清晰且较易画出。电路图

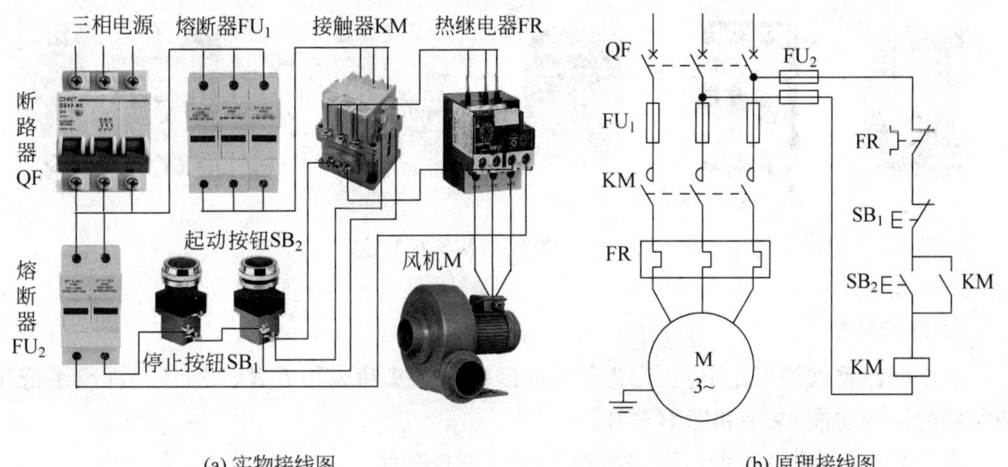

(a) 实物接线图 (b) 原理接线图

风机运行的电气控制图

是工程师的语言,不但要自己能看懂,还要方便别人使用。在绘制电路图时,使用电器元件的标准图形符号和文字符号代替实物,使绘制过程大为简化,清晰易懂。

本章精选了7个典型的电气控制电路,供读者从基本电器元件开始,学习元器件的结构与功能、电气控制原理、装接方案与检查调试方法。这些典型的电气控制电路既可以单独使用,又可以像搭积木一样,构成更复杂的电气控制系统。

7.1 常用低压电器

【学习目标】

- 了解常用低压电器的结构和功能。
- 熟悉常用低压电器的测量和判断方法。
- 掌握常用低压电器的正确使用方法。

【学习指导】

常用低压电器是实现电气控制所需的基本电器元件。掌握好每一个电器元件的结构与功能,是学习电气控制电路的基础。请带着万用表和螺丝刀,通过测量判断,了解电器元件的结构和功能,并尝试进行正确使用。

与电气控制电路相关的常用低压电器元件主要有:低压断路器、熔断器、按钮、交流接触器、热继电器等,下面开始逐一认识这些元器件。

7.1.1 低压断路器

低压断路器是一种控制和分配电能的开关电器,可用于手动接通和分断电路;在电路发生短路时能自动切除故障电路;有附加功能的断路器还能在电路严重过载、欠压或漏电等情况下,及时切断电路,保障人员和设备的安全。

低压
断路器

图7-1-1是几种常见的低压断路器。各厂家的低压断路器形式各异,但主要功能相同。

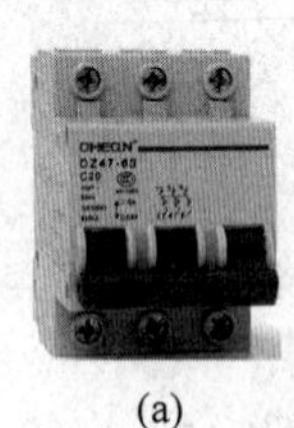

(a)

(b)

(c)

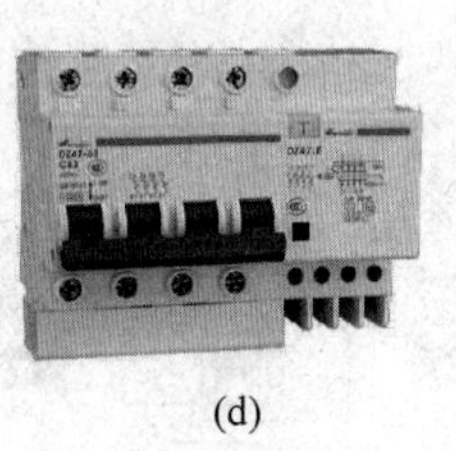

(d)

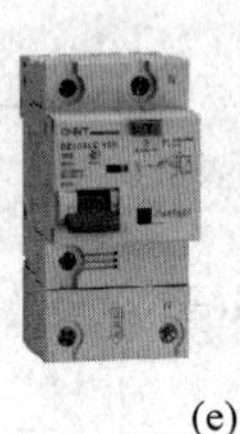

(e)

图7-1-1 常见的低压断路器

1. 结构功能

低压断路器根据用途不同,设置了不同的操作方式和脱扣方式,图7-1-2画出了低压断路器的结构功能、文字和图形符号。

表7-1-1简要介绍了低压断路器各部件的基本功能。

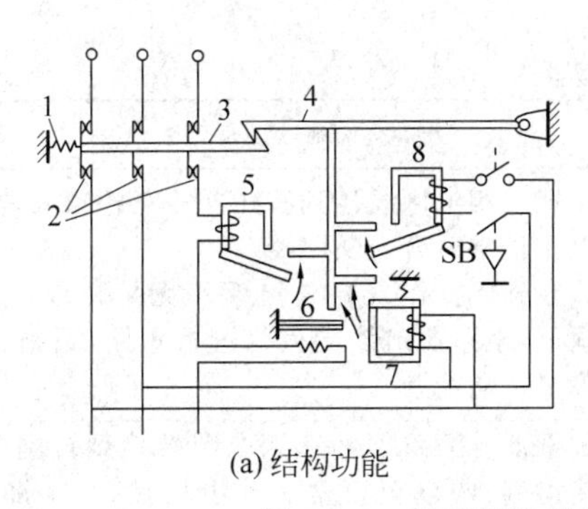

QF

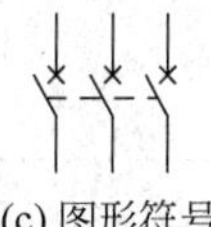

(a) 结构功能　　(b) 文字符号　　(c) 图形符号

图 7-1-2　低压断路器的结构功能、文字和图形符号

表 7-1-1　低压断路器各部件功能说明

部　　件	功　　能
1—分闸弹簧	脱扣状态下，依靠弹簧拉力，保持三对主触点分离
2—主触点	接通或断开电路
3—传动杆	带动三对主触点，接通或断开电路
4—锁扣	扣紧状态下，保证电路处于接通状态
5—过电流脱扣器	电路发生短路时，过电流脱扣器瞬时起动，向上挑开锁扣，切除电源
6—过载脱扣器	电路过载时，依靠双金属片发热弯曲，延时起动向上挑开锁扣，切除电源
7—欠压失压脱扣器	电路失压或欠压时，电磁机构失电后瞬时起动，向上挑开锁扣，切除电源
8—分励脱扣器	手动按下 SB，分离脱扣器瞬时起动，向上挑开锁扣，切除电源

2．测试判断

低压断路器的功能是否正常，直接影响人身和生产设备的安全。无论是设备本身故障，还是在安装和更换设备之前，都需要对低压断路器进行必要的功能测试。表 7-1-2 给出了常规项目的测试方法。

表 7-1-2　低压断路器各项功能的测试

测试项目	图　　例	测 试 方 法
触点状态测试		保持断路器在“开”的状态，用万用表电阻挡逐一测量上下对应触点之间的阻值，正常值接近于“∞”
		保持断路器在“合”的状态，用万用表电阻挡逐一测量上下对应触点之间的阻值，正常值接近于“0”

续表

测试项目	图例	测试方法
短路测试		把三相电源线接到断路器的三相输入端，电源电压正常时合上断路器 在确保操作人员安全、环境无易燃易爆品的情况下，断路器出线端人为进行短路，断路器应能瞬时自动断开
欠压失压测试，过压测试		把低压断路器的三相电源端接到自耦调压器输出端，调整至正常工作电压后，合上断路器。调整自耦变压器输出电压，当电压降低到设定欠电压(如 $0.5U_N$)及以下时，断路器应能自动断开；当电压升高到设定过电压(如 $1.2U_N$)及以上时，断路器应能自动断开
漏电测试		对于有漏电功能的低压断路器，在电源电压正常时合上断路器，按下断路器上的测试按钮"T"，断路器应能自动断开 按下复位按钮"R"，回复正常状态 注：漏电测试按钮应一个月按下一次，检查漏电功能是否正常
过载保护测试		对于有过载保护功能的断路器，需要与负载配合进行动作参数的整定，还需要进行专门的试验 注：具体可参考产品技术手册进行测试
分离脱扣测试		较大容量的低压断路器，一般配置有分离脱扣功能；需要断开电路时，可用指尖或尖头螺丝刀轻按分离脱扣按钮

3. 主要技术数据

低压断路器的技术数据是选择设备的依据，表 7-1-3 给出了低压断路器的主要技术数据。

表 7-1-3 低压断路器的主要技术数据

技术数据	参数意义
额定电压 U_N	长期运行的允许工作电压，$U_N \geqslant$ 电源工作电压
额定电流 I_N	长期运行的允许工作电流，$I_N \geqslant$ 负载工作电流
开断电流 I_{oc}	能够开断的最大短路电流，$I_{oc} \geqslant$ 安装点的最大短路电流
动作漏电流 $I_{\triangle n}$	能够起动漏电脱扣器的最大漏电电流，$I_{\triangle n} \leqslant 30\text{mA}$
动作欠电压 $U_<$	能够起动欠压脱扣器的最高工作电压，查看产品技术手册
动作过电压 $U_>$	能够起动过压脱扣器的最低工作电压，查看产品技术手册

注：除表中信息外，在产品铭牌(技术手册)上还标注了品牌、型号、执行标准、适用环境温度等其他信息。

7.1.2　低压熔断器

熔断器是电路短路和过电流时常用的保护器件。根据电流的热效应原理，当通过熔体的电流超过其额定值时，以本身产生的热量使熔体熔断，断开电路，实现电路的短路和过流保护。

1. 结构功能

低压熔断器

图 7-1-3 是几种常见的低压熔断器（熔体）。不同型号、使用场合不同的熔断器（熔体）形式各异，但主要功能相同，在电路中的文字、图形符号也相同。

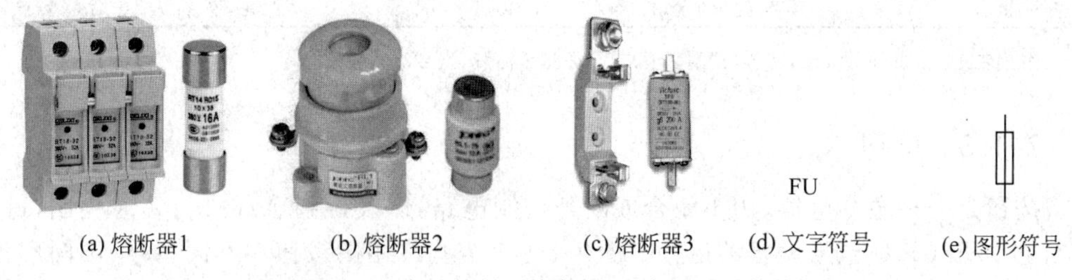

(a) 熔断器1　(b) 熔断器2　(c) 熔断器3　(d) 文字符号　(e) 图形符号

图 7-1-3　常见的低压熔断器、文字和图形符号

2. 测试判断

低压熔断器直接影响人身和生产设备的安全。在安装和更换熔体之前，需要对熔体进行状态测试。表 7-1-4 给出了常规项目的测试方法。

表 7-1-4　低压熔断器（熔体）功能测试

测试项目	图　例	测试方法
熔体测试	Ω	用万用表电阻挡测量熔体上下金属部分的阻值 正常值接近于“0”，若接近“∞”表明熔体内部已经断开
熔断器测试	Ω	安装熔体后，用万用表电阻挡，逐一测量熔断器上下接线柱之间的阻值 正常值接近于“0”；若有一定的值或接近“∞”时，表明熔断器有接触不良或接线柱有断开的情况

3. 主要技术数据

低压熔断器的技术数据是选择设备的依据，表 7-1-5 给出了低压熔断器的主要技术数据。

熔体熔断时间与通过熔体的电流密切相关。表 7-1-5 中的“熔体通过电流与熔断时间对照表”是一个电流与时间的大致关系对照表。从中可以定性看出，持续的 I/I_{EN} 越大，熔断时间越短。

表 7-1-5　低压熔断器的主要技术数据

技术数据	参数意义								
额定电压 U_N	熔断器长期运行的允许工作电压，$U_N \geqslant$ 电源工作电压								
熔体额定电流 I_{EN}	熔体长期运行的允许工作电流，I_{FN} 要根据负荷类型进行选择 (1) 电炉和照明等电阻性负载：I_{EN} 应大于或等于负载的额定电流 (2) 单台电动机：$I_{EN} \geqslant (1.5 \sim 2.5)$ 倍电动机额定电流 注：其他更多内容参看相关资料								
熔断器额定电流 I_{FN}	熔断器长期运行的允许工作电流，$I_{FN} \geqslant I_{EN}$								
熔断器开断电流 I_{oc}	熔断器能够开断的最大短路电流，$I_{oc} \geqslant$ 安装点的最大短路电流								
熔体通过电流与熔断时间对照表	I/I_{EN}	1.25	1.6	2.0	2.5	3	4	8	10
	熔断时间/s	∞	3600	40	8	4.5	2.5	1	0.4

注：除表中信息外，在产品铭牌(技术手册)上还标注了品牌、型号等其他信息。

7.1.3　按钮

按钮是一种主令电器，用于闭合或断开控制电路，以发出指令或进行程序控制，进而控制电动机或其他电气设备的运行。图 7-1-4 是一些常用的按钮。不同型号、不同厂家、使用场合不同的按钮形式各异，但主要功能相同。

按钮

图 7-1-4　几种常用的按钮

1. 结构功能

图 7-1-5 是按钮的结构功能、文字与图形符号。

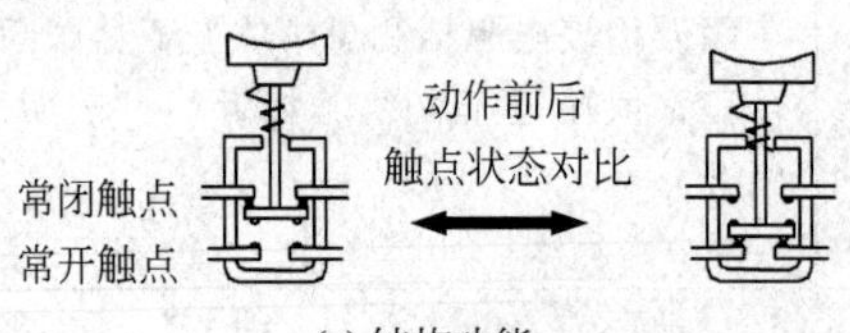

(b) 文字符号　SB

(c) 常开触点

(d) 常闭触点

图 7-1-5　按钮的结构功能、文字与图形符号

2. 测试判断

按钮在安装和更换之前，可按表 7-1-6 进行触点状态的测试。

表 7-1-6　按钮触点状态的测试

测试项目	测试方法
常开触点	用万用表电阻挡测试按钮常开触点的状态 原始状态：阻值接近于"∞"；按下状态：阻值接近于"0"
常闭触点	用万用表电阻挡测试按钮常闭触点的状态 原始状态：阻值接近于"0"；按下状态：阻值接近于"∞"

3. 主要技术数据

表7-1-7给出了按钮的主要技术数据。

表7-1-7　按钮的主要技术数据

技术数据	参数意义
额定电压 U_N	长期运行的允许工作电压，$U_N \geqslant$ 控制电路工作电压
额定电流 I_N	长期运行的允许工作电流，$I_N \geqslant$ 控制电路工作电流

注：按钮选用颜色要求，停止、急停—红色；起动—绿色；点动—黑色；复位—蓝色。

7.1.4　交流接触器

交流接触器是一种利用电磁铁操作，频繁接通或断开交直流电路及大容量控制电路的自动切换装置，主要用于电动机、电焊机、电热设备等电路的通断控制。图7-1-6是几种常见的交流接触器。不同厂家、不同型号的交流接触器形式各异，但主要功能相同。

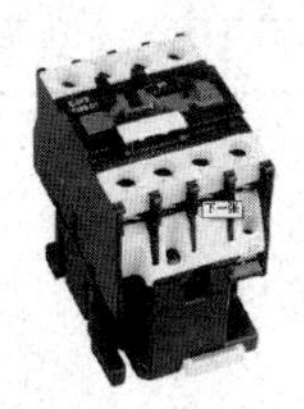

图7-1-6　常见的交流接触器

1. 结构功能

本书5.4节中已介绍过交流接触器的基本原理和电磁关系，这里主要介绍它的功能和动作过程。图7-1-7画出了交流接触器的结构示意图与触点动作过程，并给出了文字和图形符号。

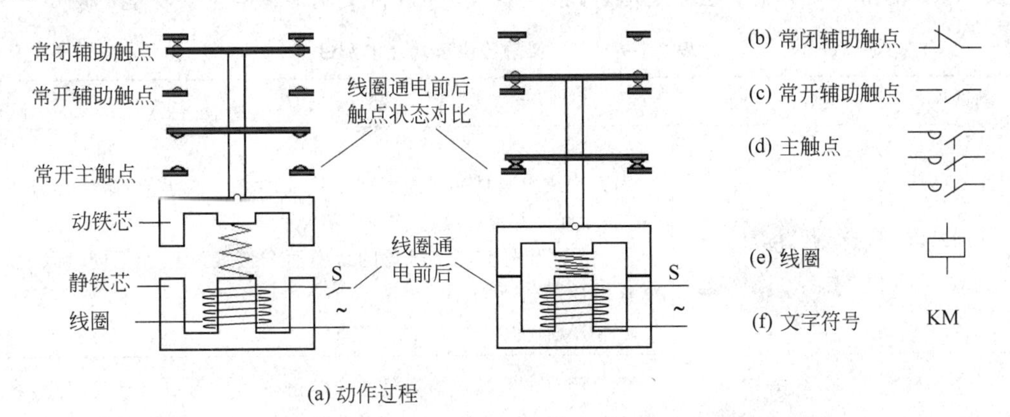

图7-1-7　交流接触器的结构示意图与触点动作过程、文字和图形符号

表7-1-8给出了交流接触器主要部件的作用。

表 7-1-8　交流接触器主要部件的作用

部件	功　　能
铁芯	静铁芯：固定在设备底座上，线圈套在静铁芯上；铁芯为磁通提供路径，并能极大地增强磁路中的磁感应强度
	动铁芯：也叫活动衔铁。线圈通电后，静铁芯上产生的电磁力吸引动铁芯；动铁芯带动触点动作，实现电路的通断控制
线圈	线圈通电后产生主磁通，主磁通经过铁芯产生电磁力
触点	常开主触点：触点容量大，用于主电路的通断控制，20A 以上需加灭弧罩 触点状态：线圈通电前处于断开状态，线圈通电后闭合
	辅助常开触点：触点容量小，可用于控制电路的自锁和起动功能 触点状态：线圈通电前处于断开状态，线圈通电后闭合
	辅助常闭触点：触点容量小，可用于控制电路实现互锁功能 触点状态：线圈通电前处于闭合状态，线圈通电后断开
其他附件	参看 5.4 节

说明：(1) 交流接触器的线圈和触点的图形符号不同，但是文字符号相同，同为 KM。

(2) 线圈电压有直流型和交流型之分，并有多个电压等级可选择。

(3) 不同型号的交流接触器触点对数不同，6～8 对触点分配如下。

- 6 对触点包括 4 对常开主触点，1 对常开辅助触点，1 对常闭辅助触点。
- 7 对触点包括 3 对常开主触点，2 对常开辅助触点，2 对常闭辅助触点。
- 8 对触点包括 4 对常开主触点，2 对常开辅助触点，2 对常闭辅助触点。

提示：接触器线圈通电，触点状态转换；线圈失电，触点状态复原。接触器具有失压和欠压保护功能。

2. 测试判断

在安装和更换交流接触器之前，可按照表 7-1-9 进行交流接触器主要功能的测试。

表 7-1-9　交流接触器主要功能的测试

测试项目	图　　例	测 试 方 法
线圈测试		用万用表电阻挡测量线圈两个接线端之间的阻值，阻值接近于“0”表示线圈短路；接近于“∞”表示线圈开路 注：不同型号交流接触器的线圈两个接线端位置不同，则线圈工作电压阻值不同
触点测试	Ω	用万用表电阻挡成对测量交流接触器对应触点的状态，原始状态：常开触点阻值接近于“∞”；常闭触点阻值接近于“0” 触点状态转换：常开触点阻值接近于“0”；常闭触点阻值接近于“∞” 注：不同型号的交流接触器，各对应触点位置不同

3. 主要技术数据

要正确选择和使用交流接触器，需要适当了解表 7-1-10 中的关键技术数据。

表 7-1-10　交流接触器的关键技术数据

技术数据	参数意义
额定绝缘电压 U_N	长期运行的最高允许工作电压，U_N≥电源工作电压
额定工作电流 I_N	长期运行的触点允许工作电流，I_N≥负载工作电流
线圈电压	线圈起动需要满足的工作电压 注：线圈电压有交、直流两种类型，使用时需要特别注意
主触点寿命	额定状态下，主触点的最少动作次数一般在 60 万～120 万次

注：除表中信息外，产品的技术数据还包括约定发热电流、主触点接通/分断能力、线圈起动/吸持容量等。

7.1.5　热继电器

热继电器是电动机电路中专门用于过载保护的一种低压电器。图 7-1-8 是一些常用的热继电器。不同型号、不同厂家的热继电器形式各异，但主要功能相同。

图 7-1-8　几种常用的热继电器

1. 结构功能

热继电器利用电流经过导体时的热效应原理，使有不同膨胀系数的双金属片发生形变；当形变达到一定距离时，连杆机构带动开关动作；该开关可使控制电路断开、接触器线圈失电，进而断开主电路，实现电动机的过载保护。图 7-1-9 画出了热继电器的原理示意图和触点动作过程，给出了文字和图形符号。

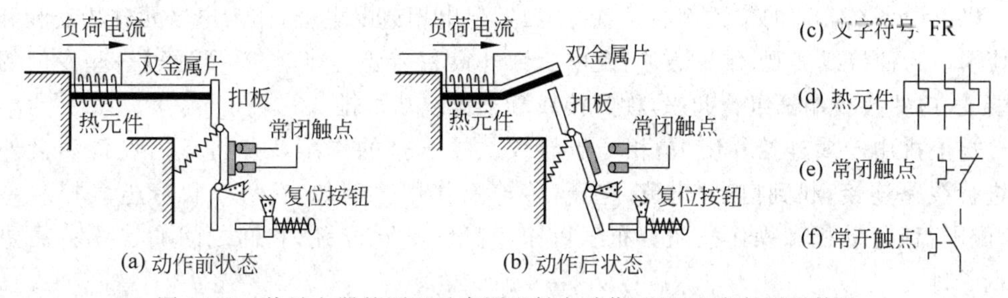

图 7-1-9　热继电器的原理示意图和触点动作过程、文字与图形符号

2. 测试判断

热继电器在安装和更换之前，可按表 7-1-11 给出的测试方法进行热元件及触点状态的测试。

表 7-1-11 热继电器热元件及触点状态的测试

测试项目	测 试 方 法
热元件	热元件串联接在主电路中，可用万用表电阻挡测试热元件对应触点的状态 正常阻值接近于“0”
常闭触点	过载时用于断开控制电路，可用万用表电阻挡测试常闭触点的状态 原始状态：阻值接近于“0”；按下实验按钮：阻值接近于“∞” 注：热继电器动作后，需要等双金属片冷却后，通过手动复位
常开触点	过载时用于报警等，可用万用表电阻挡测试常开触点的状态 原始状态：阻值接近于“∞”；按下实验按钮：阻值接近于“0”

说明：(1) 热继电器的热元件和触点的图形符号不同，但是文字符号相同，同为 FR。

(2) 当通过电流大于设定值时，较长时间的过载使热元件发生形变，引发触点动作。

3. 主要技术数据

热继电器的技术参数是选择和正确使用的依据，表 7-1-12 给出了热继电器的主要技术数据。

表 7-1-12 热继电器的主要技术数据

技 术 数 据	参 数 意 义
额定绝缘电压 U_N	长期运行的允许工作电压，$U_N \geqslant$电路工作电压
额定工作电流 I_N	长期运行的允许工作电流，$I_N \geqslant$电路工作电流
整定电流范围	被保护电动机额定电流的(0.6～1.2)倍，具体设定值要根据电动机的负载情况确定

*7.1.6 接线端子排

机电设备在合适的位置都会设置配电盘、配电箱或配电屏，作为电器元件的安装和配线使用。为使接线美观、维护方便，配电盘内外设备需要连接时，都要通过一些专门的接线端子，这些接线端子组合起来，称为接线端子排或端子排。

端子排由金属连接片组成，相当于导线。端子排的作用就是将盘内设备和盘外设备进行线路连接，起到信号(电流/电压)传输的作用。例如，在一个机床电气控制系统中，配电盘、电动机和操作按钮分布于机床床身的不同位置，它们之间的连线就需要通过端子排。

图 7-1-10 所示是一些常用的接线端子排和使用方法，以及本书中使用的图形符号与文字符号。

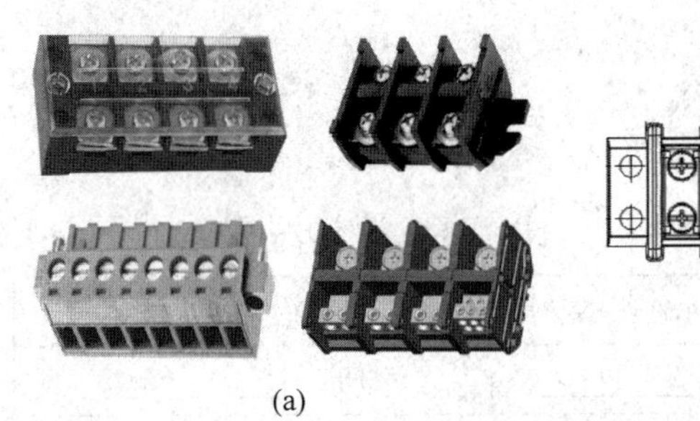

(a)

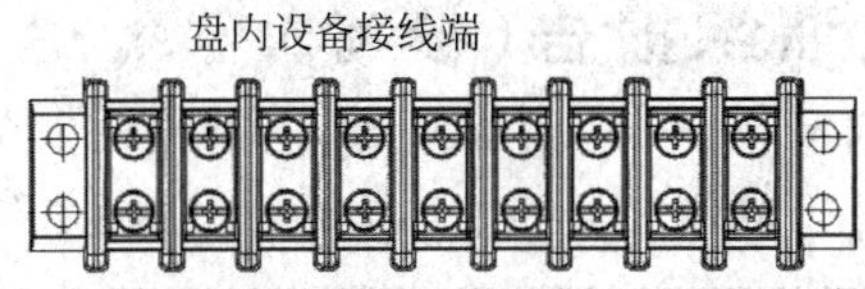

(b)

(c) 文字符号　XT

(d) 图形符号

图 7-1-10　接线端子排

除了上文介绍的各种常用低压电器外，还有行程开关（限位开关）、时间继电器、中间继电器、速度继电器等，在后续的典型电气控制电路使用时再做介绍。

思考与练习

7-1-1　低压断路器的主要功能是什么？

7-1-2　低压断路器的过流保护和过载保护有什么区别？

7-1-3　低压断路器欠压保护有什么意义？它是根据什么原理动作的？

7-1-4　如何判断一个低压断路器的触点系统是正常的？

7-1-5　如何选择低压断路器？

7-1-6　带漏电保护功能的低压断路器的测试按钮（T）有什么作用？

7-1-7　熔断器和低压断路器的功能有什么区别？

7-1-8　如何判断熔断器中的熔体状态是否正常？

7-1-9　状态正常的熔体装入熔断器后，熔断器的状态就一定正常吗？

7-1-10　交流接触器主要实现什么功能？

7-1-11　交流接触器的辅助常开触点和辅助常闭触点的功能有什么区别？

7-1-12　如何判断交流接触器的线圈是否正常？

7-1-13　如何判断交流接触器触点系统的状态是否正常？

7-1-14　同一电器元件的不同部分是否可以使用不同的文字符号？

7-1-15　按钮是用于主电路还是控制电路的通断控制？

7-1-16　按钮的两对触点系统中，通断顺序是如何设计的？

7-1-17　如何判断按钮的触点状态是否正常？

7-1-18　热继电器的测试按钮（T）和复位按钮（R）有什么作用？

7-1-19　如何判断热继电器的状态是否正常？

7-1-20　热继电器的执行机构使用同种材料的金属片是否可行？

7-1-21　端子排的两端是否可以接通？

7-1-22　配电盘内的元器件连线是否需要通过端子排？

附：技能训练报告(参考)

班级________ 姓名________ 学号________

项目名称	常用低压电器元件基本功能的测量	
课时：__________	实验/实训室：__________	时间：__________

功能测试

1. 低压断路器触点状态的测量

用万用表电阻挡测量上下对应触点的阻值，做出正常(√)与否(×)的判断。

断开状态			闭合状态		
触点	测量阻值	状态判断	触点	测量阻值	状态判断
1—1′			1—1′		
2—2′			2—2′		
3—3′			3—3′		
4—4′			4—4′		

2. 熔断器(熔体)状态的测量

用万用表电阻挡测量熔断器(熔体)的阻值，做出正常(√)与否(×)的判断。

项目	测量阻值	状态判断
熔体		
熔断器		

3. 交流接触器状态的测量

(1) 用万用表电阻挡测量线圈的阻值，做出正常(√)与否(×)的判断。

线圈阻值		状态判断	

(2) 用万用表电阻挡测量常开、常闭触点的电阻值，做出正常(√)与否(×)的判断。

原始状态				保持触点状态强制转换			
触点		测量阻值	状态判断	触点		测量阻值	状态判断
主触点	1—1′			主触点	1—1′		
	2—2′				2—2′		
	3—3′				3—3′		
	4—4′				4—4′		
辅助常开	1—1′			辅助常开	1—1′		
	2—2′				2—2′		
辅助常闭	1—1′			辅助常闭	1—1′		
	2—2′				2—2′		

功能测试

4. 按钮状态的测量

用万用表电阻挡测量对应触点的阻值，做出正常(√)与否(×)的判断。

原始状态			按下状态		
触点	测量阻值	状态判断	触点	测量阻值	状态判断
常开触点			常开触点		
常闭触点			常闭触点		

5. 热继电器状态的测量

(1) 用万用表电阻挡测量热元件的阻值，做出正常(√)与否(×)的判断。

热元件	测量阻值	状态判断
1—1′		
2—2′		
3—3′		

(2) 用万用表电阻挡测量对应触点的阻值，做出正常(√)与否(×)的判断。

原始状态			按下状态		
触点	测量阻值	状态判断	触点	测量阻值	状态判断
常开触点			常开触点		
常闭触点			常闭触点		

报告得分		教师签名		批改时间	年 月 日

注：不同厂家、不同型号元器件的触点标号不同，上表可根据使用的元器件进行相应修改。

7.2 三相异步电动机单向运行的电气控制

【学习目标】

- 熟悉组成单向运行电气控制电路的元器件。
- 掌握单向连续运行电气控制电路的工作原理，并能进行电路功能分析。
- 熟知点动控制电路的组成元器件，并能进行电路功能分析。
- 熟知两地控制电路的组成元器件，并能进行电路功能分析。

三相异步电动机单向运行的电气控制

【学习指导】

三相异步电动机单向运行电气控制电路是最简单的典型控制电路。熟知组成电路的每个低压电器元件的功能，了解各元器件在电路中的配合，理解电路的设计思路，并进行电路的装接与故障检查，是学好后续其他典型电气控制电路的基础。在此基础上，进一步探索点动控制电路和两地控制电路的组成与功能，将对后续电路的学习起到事半功倍的作用。

心动还需行动，请拿起万用表和电工工具，开始电气控制电路的原理学习和电路装接吧。

7.2.1 电路组成与功能分析

1. 电路组成

三相异步电动机单向运行，是指电动机在正常运行时只沿一个方向旋转，如抽水泵、大型风机、各种磨床等。

(1) 手动控制的电动机单向运行电路

一些十分简单的电动机控制，如小型车间的鼓风机、家庭作坊的磨豆腐机等，只需一个断路器就可以实现电动机的运行控制，电路如图 7-2-1 所示。

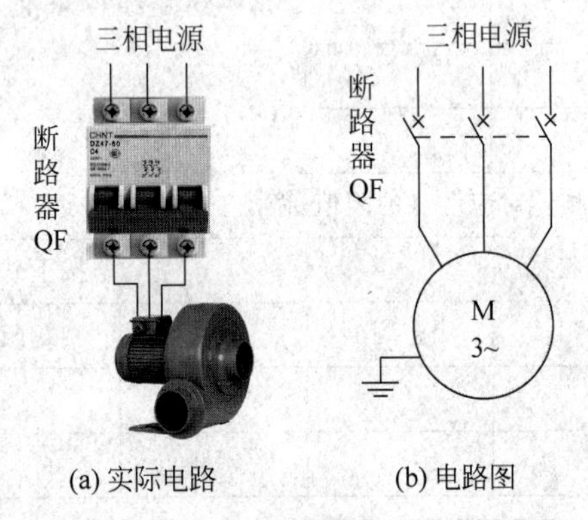

图 7-2-1 直接手动控制的三相异步电动机

该电路十分简单，只能通过手动操作控制电路的运行，仅适合要求不高的就地控制电路，不适合较复杂或远程电路的运行控制。

实际工作中，稍微复杂一些的电动机运行电路都要用到接触器。通过接触器不但可实现远程控制，还可实现运行过程的自动化。

(2) 接触器控制的电动机单向运行电路

电气控制电路的功能通过电气控制原理图表达，绘制电气控制原理图应遵循以下原则。

① 主电路与控制电路(辅助电路)分开。

② 同一电器元件按功能分解为不同部分，不同部分使用同一个文字符号。

③ 电器元件图形符号以国标 GB 4726—1983、GB 4728.7—1984 为准。

④ 各电器元件的触点状态，都按未受外力作用时的触点状态画出。

⑤ 电路中有直接电联系的交叉点以“•”表示。

图 7-2-2 是按上述要求绘制的三相异步电动机单向运行的电气控制原理图。电路由主电路和控制电路组成，主电路把三相电源提供的电能传输到电动机上，控制电路实现主电路的起动和停止运行控制。

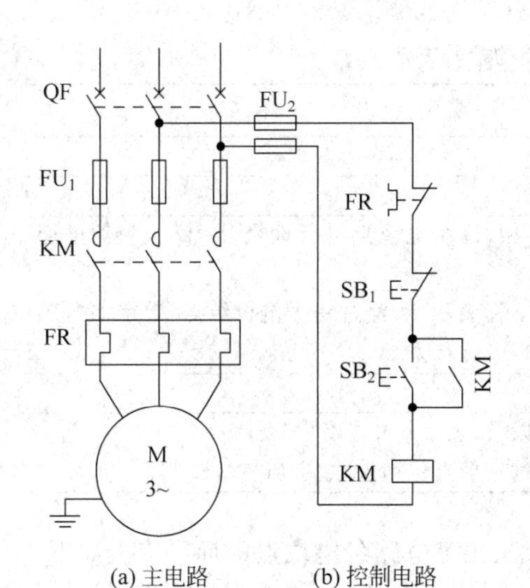

主要电路各元器件的功能说明如下。

- QF：电源开关
- FU_1：主电路短路与过流保护
- FR：过载保护热元件
- KM 主触点：实现电动机通断控制，控制电路各元器件功能
- FU_2：控制电路短路保护
- FR：主电路过载后断开控制电路
- SB_1：停止按钮
- SB_2：启动按钮
- KM 线圈：线圈得电，触点状态转换
- KM 辅助常开触点：实现SB_2按钮自锁

(a) 主电路　　(b) 控制电路

图 7-2-2　三相异步电动机单向运行的电气控制原理图

2. 电路功能分析

（1）起动过程

合上电源开关 QF→按下起动按钮 SB_2→接触器 KM 线圈得电→KM 主触点闭合，电动机通电运行→KM 辅助常开触点闭合，通过自锁实现电动机连续运行。

（2）停止过程

按下停止按钮 SB_1→接触器 KM 线圈失电→KM 主触点断开，电动机断电停止运行→KM 辅助常开触点断开，解除电路自锁→断开电源开关 QF。

（3）短路保护

主电路发生短路或过电流时，FU_1 中的熔体熔断，故障电路切除。

控制电路发生短路时，FU_2 中的熔体熔断，控制电路失电。

注意：严重短路时，FQ 直接作用于跳闸，切断电源。

（4）过载保护

主电路过载时，控制电路中的 FR 常闭触点打开，KM 线圈失电，电动机停止运行。

（5）欠压保护

控制电路电压过低时，接触器 KM 不能维持最小电磁力，主触点断开，电动机停止运行。

7.2.2　电路装接

动手进行电路的实际装接，既能巩固所学理论知识，更能训练操作技能。

当电路非常简单时，根据电气原理图进行电路装接比较可行；当电路比较复杂时，仅根据电气原理图进行装接就会丢三落四频频出错，降低工作效率。姓名是识别人的标志，如果能给电路中的每个连接点（电位相同点）命名一个唯一的标号，就可大大提高电路装接和检修的效率。

1. 电路标号

给电路中的每个连接点（电位相同点）进行标号，可按表 7-2-1 所示方法进行标注。

表 7-2-1 电气控制电路的标号方法

电路	电位点	标号说明
主电路	电源引入线	一般用 L_1、L_2、L_3 表示
	负载引出线	一般用 U、V、W 表示
	其他部分	主电路为三相电路，需要逐相、逐个电位点进行标号，以 U 相为例进行说明 “U”表示 U 相电路，采用双下标表示，每经过一个电位结点，数字加“1”，如 U_{11}、U_{12}、U_{13} 等
控制电路	电源引入线	使用原引入点标号
	其他部分	过熔断器后，控制电路首端以“1”表示；末端以“0”表示 从控制电路首端开始，每经过一个电位结点，数字加“1”，如 1、2、3 等

经过标号的电气控制原理图如图 7-2-3 所示，三相主电路各电位点的标号依次如下。

- U 相：L_1、U_{11}、U_{12}、U_{13}、U。
- V 相：L_2、V_{11}、V_{12}、V_{13}、V。
- W 相：L_3、W_{11}、W_{12}、W_{13}、W。

控制电路经过标号后，可单独画出。控制电路各连接点(电位点)的标号依次为 V_{11}、1、2、3、4、0、W_{11}。

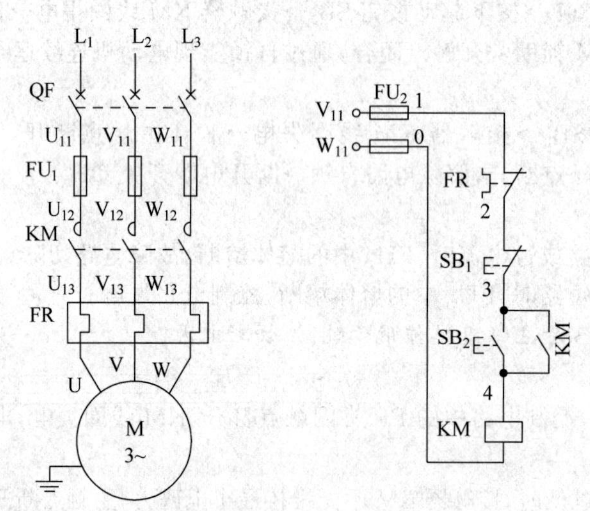

图 7-2-3 标号后的电气控制原理图

2. 元件接线图

标号后的电气控制原理图看起来似乎更复杂了，为方便接线，还应将标号后的原理图转化为元件接线图。具体做法是：把各个电器元件的不同部件用图形符号画在一起，把原理图中的电路标号标注到图形符号对应的触点上。

三相异步电动机单向运行电气控制电路中，断路器、熔断器、交流接触器、热继电器属于盘内设备，电源进线、按钮、电动机属于盘外设备。盘内、外设备之间的连接要经过端子排，所以在元件接线图中还应附加端子排。这样做过之后，原理图就变成了如图 7-2-4 所示的元器件接线图。

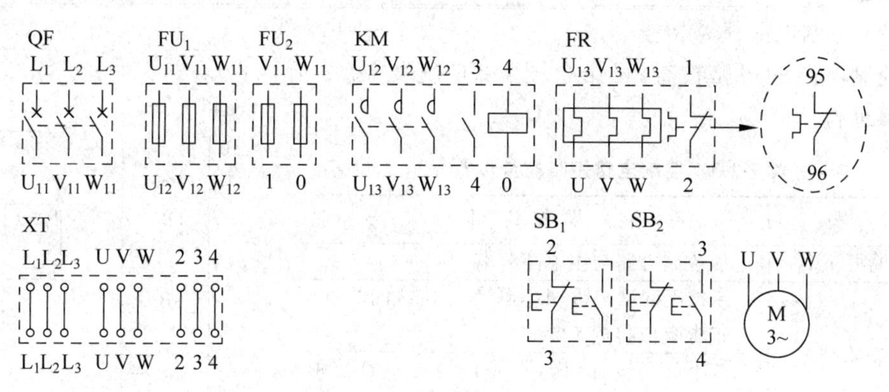

图 7-2-4　元器件接线图

3. 电路的装接

元器件摆放好位置后，根据电路元件接线图中的电路标号，按照从上到下，从左到右的顺序，把不同元器件中电路标号相同的点，逐一用导线相连，就完成了电路的装接。

7.2.3　电路检查

电路装接完成后，常常由于连接错误或元器件故障无法正常运行；如果电路中存在短路，还会危及人身与设备的安全。在通电运行之前，必须进行短路检查和故障检查。

1. 短路检查

电路检查

通电试车之前，为防止接线过程中出现短路，危及人身设备安全，首先要对电路进行短路检查。

（1）主电路短路检查

主电路的短路检查，可结合图 7-2-5 按表 7-2-2 所示步骤进行。

表 7-2-2　主电路短路检查步骤

步　骤	操作说明
（1）打开 QF	使断路器处于断开状态
（2）断开 FU_2	使控制电路与主电路分离
（3）保持 KM 未动作	两两测量 U_{11}—V_{11}—W_{11} 的电阻值 3 组电阻值正常情况接近于“∞”
（4）保持 KM 主触点闭合	两两测量 U_{11}—V_{11}—W_{11} 的电阻值 3 组电阻值应等于电动机绕组的电阻值

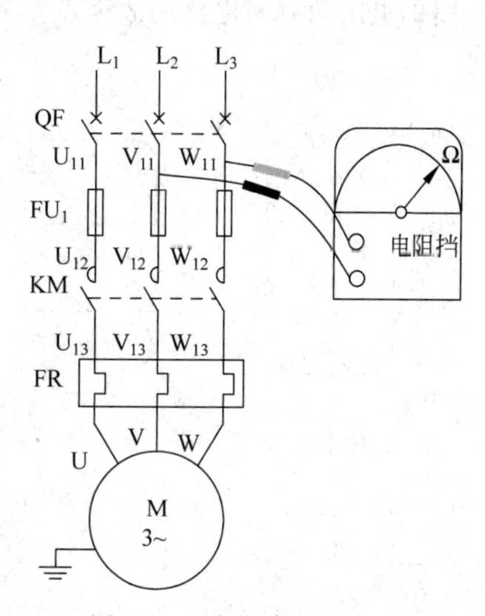

图 7-2-5　主电路短路检查

说明：主电路中，交流接触器 KM 未动作时，各线路之间的阻值为“∞”；交流接触器 KM 的常开触点闭合时，电动机绕组接入电路中，各线路之间的阻值即为电动机绕组的阻值。

注意：如果有测量值接近于"0"，说明电路有短路点，应逐一检查元器件的装接连线。

(2) 控制电路短路检查

控制电路的短路检查，可结合图 7-2-6 按表 7-2-3 所示步骤进行。

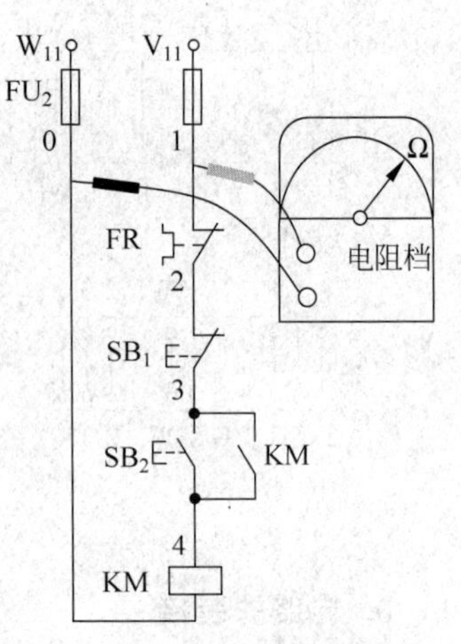

图 7-2-6 控制电路短路检查

表 7-2-3 控制电路短路检查步骤

步 骤	操 作 说 明
(1) 断开 FU_2	使控制电路与主电路分离
(2) 参数测量	未按下起动按钮 SB_2，测量 1—0 之间的阻值 正常阻值接近于"∞"
	按下起动按钮 SB_2，测量 1—0 之间的阻值 正常阻值等于线圈的直流电阻值

说明：控制电路中，按钮 SB_2 未动作时，1—0 标号之间的阻值为"∞"；按下 SB_2 时，交流接触器 KM 的线圈接入电路中，1—0 标号之间的阻值即为 KM 线圈的直流电阻值。

注意：如果有测量值接近于"0"，说明电路有短路点，应逐一检查元器件的装接连线。

如上测试后，如果电路中没有短路情况，就可以通电试车了。如果通电试车不能正常运行，就需要进行下面的故障检查。

2. 故障检查

故障检查的目的是找寻故障点，然后修正错误连接或更换损毁元器件。电路故障的检查方法有电阻测量法和电压测量法，掌握这两种方法是电工的基本技能。

(1) 电阻测量法

电阻测量法又称无电检查法，是在电路未通电状态下，测量电路中的电阻值，根据测得的电阻值判断电路的故障点。下面对主电路和控制电路的电阻测量法分别予以介绍。

① 主电路故障检查。主电路的常见故障是三相电路缺相、供电线路断线或接触不良，熔断器熔断等，可结合图 7-2-7 按表 7-2-4 所示步骤进行。

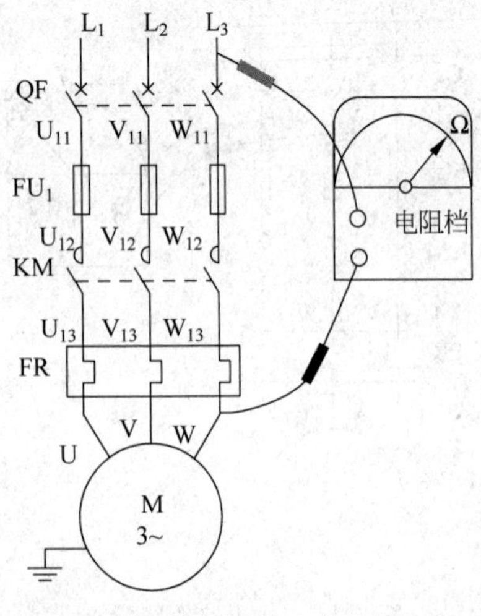

图 7-2-7 电阻测量法检查主电路故障(一)

表 7-2-4 主电路故障检查步骤

步 骤	操 作 说 明
(1) 主电路脱离电源	保持 L_1—L_2—L_3 未接入电源
(2) 断开电动机电源引线	使电动机与主电路分离
(3) 断开 FU_2	使控制电路与主电路分离
(4) 合上 QF	使断路器处于闭合状态
(5) 保持 KM 主触点闭合	逐相测量 L_1—U、L_2—V、L_3—W 的电阻值 正常阻值接近于"0"

说明：主电路中，交流接触器 KM 主触点闭合后，各相线路应该处于接通状态，从电源到电动机引线之间的各相电阻值接近于“0”。

注意：如果测量值不为“0”，应逐一检查元器件的装接连线。

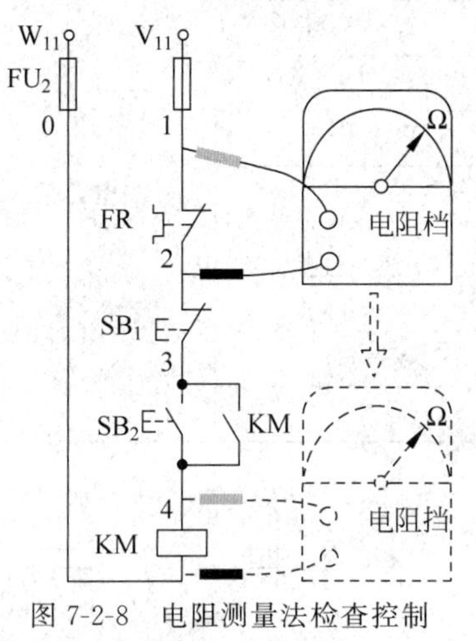

图 7-2-8　电阻测量法检查控制电路故障(二)

② 控制电路故障检查。控制电路的常见故障是断线、接触不良、丢线、熔断器熔断等，可结合图 7-2-8 按表 7-2-5 所示步骤进行检查。

表 7-2-5　控制电路故障检查步骤(一)

步　骤	操 作 说 明
(1) 断开 FU_2	使控制电路与主电路分离
(2) 按下 SB_2	逐一测量“1—2、2—3、3—4、4—0”各标号之间的电阻值 “1—2、2—3、3—4”之间的正常阻值接近于“0” “4—0”之间的电阻值等于线圈的直流电阻值

说明：控制电路中，各常闭触点之间的电阻值接近于“0”，各常开触点之间的电阻值接近于“∞”，交流接触器线圈所测阻值为直流电阻值。

注意：如果某两点之间的电阻值为“∞”，说明此处有断点，应逐一检查元器件的装接连线。

(2) 电压测量法

电压测量法又称带电检查法，是在电路通电状态下，测量电路中的电压值，根据测得的电压值判断电路的故障点。主电路和控制电路的测量方法的区别如下。

① 主电路故障检查。在通电检查故障时，为了保护电动机，最好把电动机的 3 个电源引入线 U　V　W 与电动机分离，这样可有效防止电动机绕组缺相时烧毁电动机。

主电路的常见故障前已述及。在保证主电路接入电源、合上 QF、强制保持接触器 KM 主触点接通的情况下，结合图 7-2-9 测量表 7-2-6 中列出的各电压值进行故障检查。

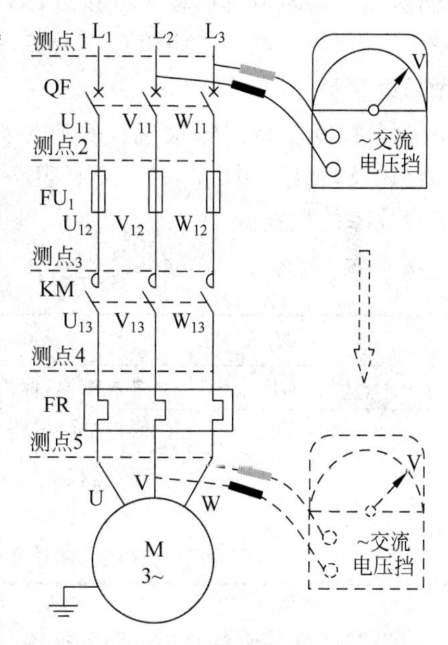

图 7-2-9　电压测量法检查主电路故障

说明：主电路在通电状态下，横向各对应触点之间的电压值是电源的线电压。

注意：如果某两点间的测量值不等于线电压，说明此处有断点或接触不良，应在断电状态下逐一检查元器件的装接连线。

表 7-2-6 主电路故障检查测量表

测点 1	L_1—L_2	L_2—L_3	L_3—L_1	电压参考值
电压值				
测点 2	U_{11}—V_{11}	V_{11}—W_{11}	W_{11}—U_{11}	
电压值				
测点 3	U_{12}—V_{12}	V_{12}—W_{12}	W_{12}—U_{12}	线电压值
电压值				
测点 4	U_{13}—V_{13}	V_{13}—W_{13}	W_{13}—U_{13}	
电压值				
测点 5	U—V	V—W	W—U	
电压值				

如果表 7-2-6 中测量的电压值均为线电压值(供电线路正常),电动机仍无法正常运行,则故障可能在电动机的绕组上。

电动机绕组故障的检查:把电动机的三相电源进线与主电路分离;用万用表电阻挡分别两两测试电动机 3 个绕组的阻值,不论电动机是哪种接线方式,所测 3 组阻值都应该十分接近,如果测量结果有较大出入,说明电动机绕组存在故障,此时不可通电做后续测量。

② 控制电路故障检查。控制电路的常见故障前已述及,可结合图 7-2-10 按照表 7-2-7 所示步骤进行故障的检查。

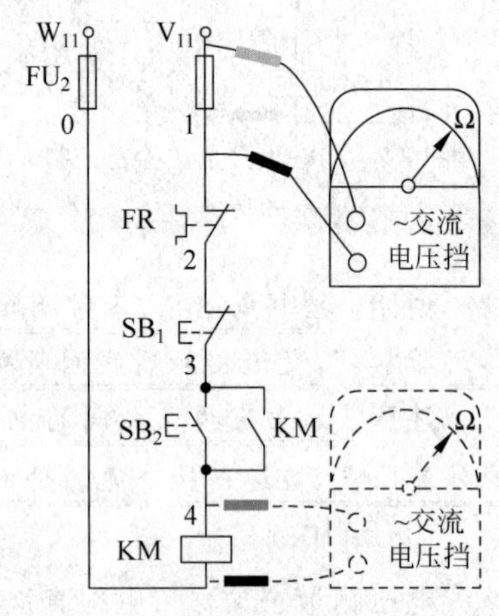

图 7-2-10 电压测量法检查控制电路故障

表 7-2-7 控制电路故障检查步骤(二)

步 骤	操作说明
(1) 闭合 QF	引入电源,保持主电路处于通电状态
(2) 闭合 FU_2	保持控制电路处于通电状态
(3) 按下 SB_2	逐一测量“V_{11}—1、1—2、2—3、3—4、4—0、0—W_{11}”各标号之间的电压值 “V_{11}—1、1—2、2—3、3—4、0—W_{11}”标号之间的正常电压值接近于“0” “4—0”标号之间的电压值等于 V_{11}—W_{11} 之间的电压

说明:控制电路中,如果起动按钮 SB_2 按下接通后,控制回路的电源电压 V_{11}—W_{11} 应该全部加在交流接触器的线圈上;如果其他电位点之间存在电压,说明此处有断点,应在断电状态下逐一检查元器件的装接连线。

提示:本例中的交流接触器使用了电源线电压作为线圈工作电压,但实际工作中,交流接触器也可选择电源相电压、安全电压,甚至使用直流接触器。

电路装接检查完成后，需要认真撰写技能训练报告，对装接过程中存在的问题进行必要的总结。报告格式可参考本节所附“技能训练报告”。

*7.2.4　具有点动功能的单向运行电气控制电路

一些搬运或加工类型的机电设备，需要精细操作时，往往需要电动机有点动控制功能。即按下起动按钮电动机运转，放开起动按钮电动机停转。具有点动控制功能的电动机，主电路与单向运行的主电路相同，区别仅在控制电路。图 7-2-11(b)是一个既能点动，又可连续运行的电气控制电路。

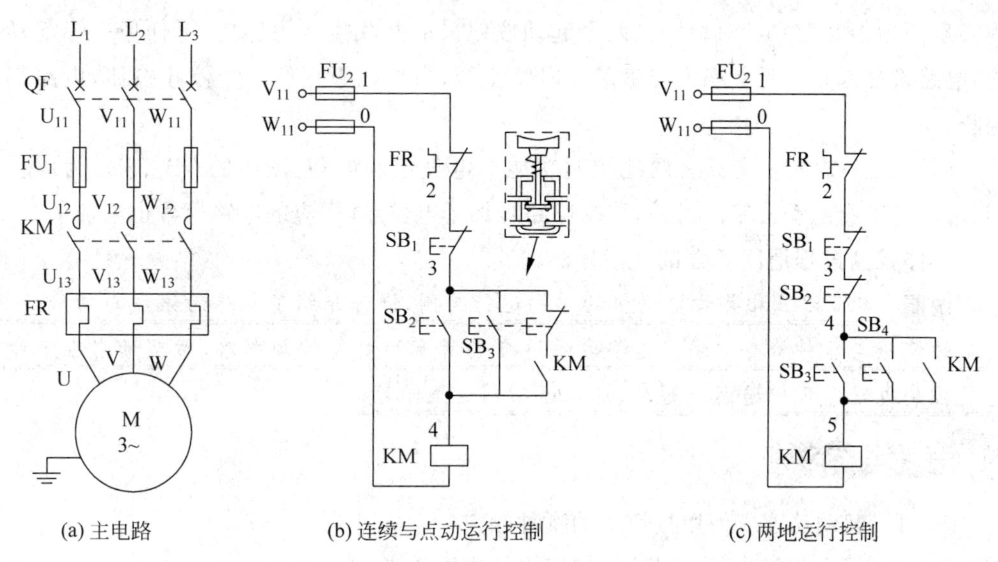

(a) 主电路　(b) 连续与点动运行控制　(c) 两地运行控制

图 7-2-11　电动机单向连续运行、点动与两地运行控制

连续运行的动作过程与 7.2.1 小节分析相同，这里仅介绍点动部分的控制功能。

图 7-2-11(b)中的 SB_2 为连续运行起动按钮，SB_3 为点动运行起动按钮。

SB_3 是复合按钮，复合按钮在设计上要求在按下按钮时，常闭触点先断开，常开触点后闭合。把 SB_3 的常闭触点与 KM 的辅助常开触点串联，作用是按下 SB_3 时解除 KM 的自锁功能。

连续运行通过 SB_2 实现，操作如前所述，下面仅说明点动运行的操作过程。

(1) 电动机处于停止状态

合上电源开关 QF→按下点动按钮 SB_3→接触器 KM 线圈得电→KM 主触点闭合，电动机点动运行→放开起动按钮 SB_3→接触器 KM 线圈失电→KM 主触点断开，电动机停止运行。

(2) 电动机处于连续运行状态

按下点动按钮 SB_3→与 KM 辅助常开触点串联的回路断电，失去自锁功能→接触器线圈 KM 得电→KM 主触点闭合，电动机点动运行→放开起动按钮 SB_3→接触器线圈

KM 失电→KM 主触点断开，电动机停止运行。

通过上面的分析发现，无论电动机原先处于停止状态还是连续运行状态，只要按下 SB_3，电路的自锁功能解除，就可以进行点动的运行操作。

*7.2.5 能够两地操作的单向运行电气控制电路

一些大型的机电设备，为了控制方便，需要在两处均能控制同一台电动机的起停运行。

具有两地控制功能的电动机，主电路与单向运行的主电路相同，区别仅在控制电路。为实现两地控制，在电路设计时，两个起动按钮采取并联接线，只要按下任何一个起动按钮，电路都能起动；两个停止按钮采取串联接线，只要按下任何一个停止按钮，电路都能停止。

图 7-2-11(c)是一个具有两地控制功能的电气控制电路，图中的 SB_1、SB_2 为停止按钮，SB_3、SB_4 为起动按钮。另外，控制回路增加了电位点，相应的电路标号也增加了。

具体控制过程请读者尝试自行分析。

说明：本节以三相异步电动机的单向运行为例，详细介绍了电路的组成与功能分析、电路的装接与各种检查方法。这些方法适应于所有的电气控制电路，希望读者在后续的电气控制电路学习中遇到问题时，可以返回到这里学习。

思考与练习

7-2-1 起动功能应使用按钮中的哪种触点？

7-2-2 停止功能是否可以使用按钮中的常开触点？

7-2-3 自锁功能是否可以使用接触器的辅助常闭触点？

7-2-4 电气控制图中各电器元件的触点位置是按哪种状态画出的？

7-2-5 电路中已经有了断路器(熔断器)保护，为什么还需要热继电器？

7-2-6 交流接触器的主触点和辅助触点各用于什么地方？

7-2-7 按钮是否可以用于主电路的通断控制？

7-2-8 电气原理图和元件接线图有什么区别？

7-2-9 电路的短路检查有什么意义？

7-2-10 电路的短路检查是测量电路的电压还是电路的电阻？

7-2-11 为什么用万用表测量的线圈阻值为其直流电阻值？

7-2-12 电阻测量法是否可以在通电状态下进行测量？

7-2-13 点动运行控制如何解除电路的自锁功能？

7-2-14 两地运行控制电路的起动按钮为什么要并联？

7-2-15 两地运行控制电路的停止按钮是否可以并联？

附：技能训练报告(参考)

班级________　姓名________　学号________

<table>
<tr><td>项目名称</td><td colspan="5">三相异步电动机单向运行电路的装接与调试(3个电路任选)</td></tr>
<tr><td colspan="2">课时：__________</td><td colspan="2">实验/实训室：__________</td><td colspan="2">时间：__________</td></tr>
<tr><td>电路原理图</td><td colspan="5">(电路原理图请参考教材内容)</td></tr>
<tr><td>元器件接线图</td><td colspan="5">(元器件接线图应由学生画出)</td></tr>
<tr><td rowspan="7">元器件列表</td><td>序号</td><td>元器件名称</td><td>型号规格</td><td>数量</td><td>电路中的作用</td></tr>
<tr><td></td><td></td><td></td><td></td><td></td></tr>
<tr><td></td><td></td><td></td><td></td><td></td></tr>
<tr><td></td><td></td><td></td><td></td><td></td></tr>
<tr><td></td><td></td><td></td><td></td><td></td></tr>
<tr><td></td><td></td><td></td><td></td><td></td></tr>
<tr><td></td><td></td><td></td><td></td><td></td></tr>
<tr><td>回答问题</td><td colspan="5">(参考问题)
1. 简述电路的操作过程。
2. 电路的自锁功能有什么作用？说明自锁功能在电路中是如何实现的。</td></tr>
<tr><td>装接体会</td><td colspan="5">(针对装接过程出现中的问题,写出发现问题与解决问题的具体过程)</td></tr>
<tr><td>报告得分</td><td></td><td>教师签名</td><td></td><td>批改时间</td><td>年　月　日</td></tr>
</table>

注：上表可根据具体的操作项目做相应修改。

7.3 三相异步电动机双向运行的电气控制

【学习目标】

- 熟悉组成双向运行电气控制电路的元器件,了解电气、机械互锁功能的作用。
- 掌握双向运行电气控制电路的工作原理,并能进行电路功能分析。
- 了解行程(限位)开关的作用,尝试进行自动往返控制功能的电路设计。

三相异步电动机双向运行的电气控制

【学习指导】

三相异步电动机的双向运行比单向运行的难度稍有增加。只有掌握双向运行电气控制电路的原理,才能顺利进行后续的电路装接与电路检查。合理利用行程(限位)开关,可使电动机运行的自动化控制程度更高。

7.3.1 电路组成与功能分析

1. 电路组成

双向运行是三相异步电动机普遍存在的一种控制方式。电梯升降、铣刀前后移动、工件左右调整等,都是电动机双向运行的体现。图 7-3-1 是一个典型的三相异步电动机双向运行电气控制原理图。

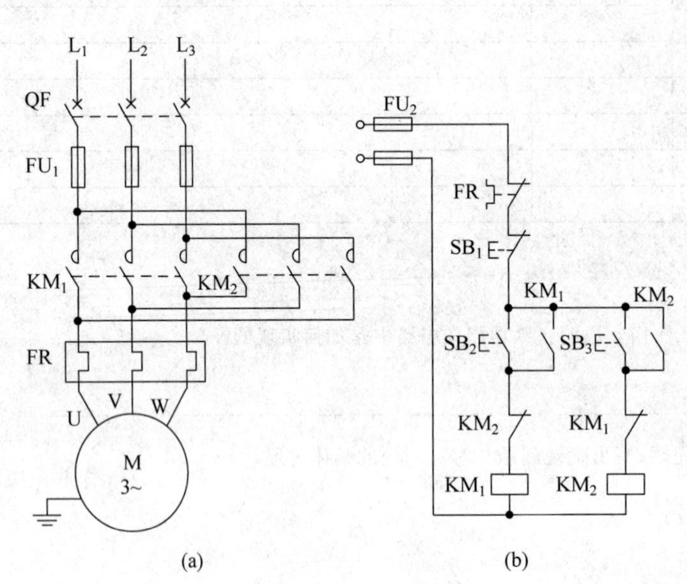

主要电路各元件的功能说明如下。

- QF:电源开关
- FU_1:主电路短路与过流保护
- KM_1 /KM_2:正反转通断控制
- FR:过载保护热元件,控制电路各元件功能
- FU_2:控制电路短路保护
- FR:主电路过载后断开控制电路
- SB_1:停止按钮
- SB_3/SB_2:正/反转起动按钮
- KM_1常开触点:正转按钮自锁
- KM_1常闭触点:反转回路互锁
- KM_2常开触点:反转按钮自锁
- KM_2常闭触点:正转回路互锁
- KM_1线圈:正转控制线圈
- KM_2线圈:反转控制线圈

图 7-3-1 三相异步电动机双向运行电气控制原理图

图 7-3-1 中,KM_1 工作时,电源线 L_1—L_2—L_3 对应接通电动机的 U—V—W;KM_2 工作时,电源线 L_1—L_2—L_3 对应接通电动机的 W—V—U。通过两个交流接触器的下部端点进行三相电路的换相操作。

电动机运行中，如果两个接触器同时接通，会造成 L_1—L_3 两相电源线短路。为防止误操作引起相间短路，在控制电路中引入了互锁功能。即把正转接触器 KM_1 的辅助常闭触点串联接入反转控制回路中；把反转接触器 KM_2 的辅助常闭触点串联接入正转控制回路中，互相钳制。

说明：互锁功能可以有效防止双向运行控制电路误操作引起的相间短路，是必不可少的装置。

2. 电路功能分析

（1）正转运行

① 起动过程。合上电源开关 QF→按下正转起动按钮 SB_2→KM_1 线圈得电→KM_1 主触点闭合，电动机正转运行→KM_1 辅助常开触点闭合，实现自锁功能→KM_1 辅助常闭触点断开，对反转回路进行互锁。

② 停止过程。按下停止按钮 SB_1→KM_1 线圈失电→KM_1 主触点断开，电动机停止运行→KM_1 辅助常开触点断开，解除电路自锁→KM_1 辅助常闭触点闭合，解除反转回路互锁→断开电源开关 QF。

（2）反转运行

① 起动过程。合上电源开关 QF→按下反转起动按钮 SB_3→KM_2 线圈得电→KM_2 主触点闭合，电动机反转运行→KM_2 辅助常开触点闭合，实现自锁功能→KM_2 辅助常闭触点断开，对正转回路进行互锁。

② 停止过程。按下停止按钮 SB_1→KM_2 线圈失电→KM_2 主触点断开，电动机停止运行→KM_2 辅助常开触点断开，解除电路自锁→KM_2 辅助常闭触点闭合，解除正转回路互锁→断开电源开关 QF。

（3）保护措施

① 短路保护。主电路发生短路或过电流时，FU_1 中的熔体熔断，切除故障电路。

控制电路发生短路时，FU_2 中的熔体熔断，控制电路失电。

注意：严重短路时，FQ 直接作用于跳闸，切断电源。

② 过载保护。主电路过载时，控制电路中的 FR 常闭触点打开，KM_1/KM_2 线圈失电，电动机停止运行。

③ 欠压保护。控制电路电压过低时，交流接触器 KM_1/KM_2 主触点断开，电动机停止运行。

7.3.2　电路装接

进行电路装接与检查的过程，就是提高电工操作技能的过程。

1. 电路标号

电路标号仍按照表 7-2-1 所示的方法进行标注，标号后的电气控制原理图如图 7-3-2 所示。

双向运行的主电路由两路组成，由于同一个电位点只能有一个标号，所以电路标号并

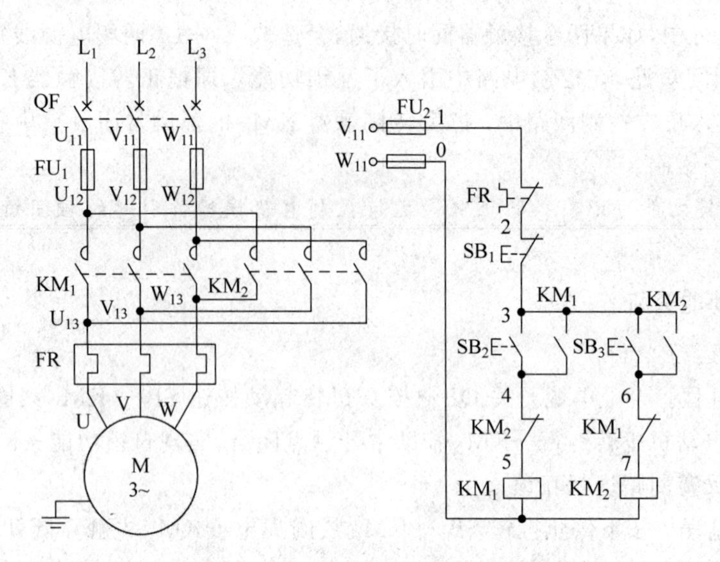

图 7-3-2　标号后的电气控制原理图

没有增加。三相主电路各电位点的标号依次如下。

- U 相：L_1、U_{11}、U_{12}、U_{13}、U。
- V 相：L_2、V_{11}、V_{12}、V_{13}、V。
- W 相：L_3、W_{11}、W_{12}、W_{13}、W。

控制电路增加了一列反转回路，按照从上到下、从左到右的顺序标号后，控制电路各连接点(电位点)的标号依次如下。

- 正转回路：V_{11}、1、2、3、4、5、0、W_{11}。
- 反转回路：V_{11}、1、2、3、6、7、0、W_{11}。

2. 元件接线图

把图 7-3-2 中的电气控制原理图转化为图 7-3-3 所示的元件接线图。

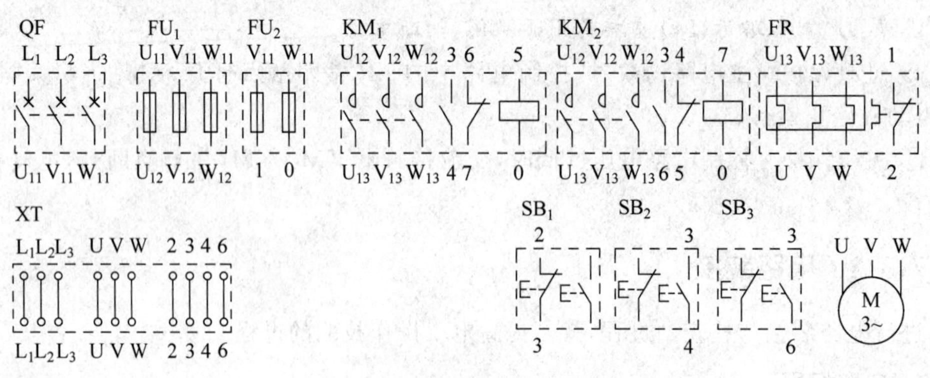

图 7-3-3　双向运行元器件接线图

3. 电路的装接

按图 7-3-3 中元件接线图的电路标号，按照从上到下、从左到右的顺序，把不同元件中电路标号相同的点，逐一用导线相连，完成电路装接。

7.3.3 电路检查

有关电路检查的内容，在 7.2.3 小节中已有详细说明。相同部分不再赘述，不同部分在此做一说明。

1. 短路检查

（1）主电路短路检查

结合图 7-3-4 进行主电路的短路检查，步骤如表 7-3-1 所示。

表 7-3-1 主电路短路检查步骤

步　骤	操作说明
（1）打开 QF	使断路器处于断开状态
（2）断开 FU_1	使控制电路与主电路分离
（3）KM_1、KM_2 未动作	两两测量 U_{11}—V_{11}—W_{11} 的电阻值 正常情况接近于“∞”
（4）KM_1 主触点闭合，KM_2 未动作	两两测量 U_{11}—V_{11}—W_{11} 的电阻值 正常情况等于电动机绕组的电阻值
（5）KM_2 主触点闭合，KM_1 未动作	重复以上操作

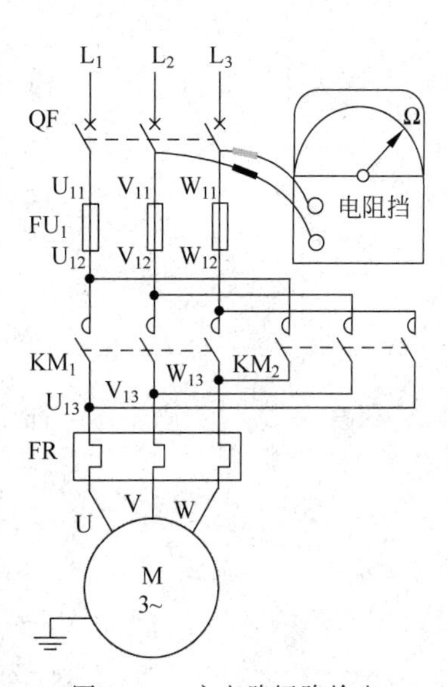

图 7-3-4 主电路短路检查

注意：如果有测量值接近于“0”，说明电路有短路点，应逐一检查元器件的装接连线。

（2）控制电路短路检查

结合图 7-3-5 进行控制电路的短路检查，步骤如表 7-3-2 所示。

表 7-3-2 控制电路短路检查步骤

步　骤	操作说明
（1）断开 FU_2	使控制电路与主电路分离
（2）参数测量	SB_2、SB_3 未按下，测量 1—0 之间的阻值 正常阻值接近于“∞”
	仅按下 SB_2，测量 1—0 之间的阻值 正常阻值等于线圈的直流电阻值
	仅按下 SB_3，测量 1—0 之间的阻值 正常阻值等于线圈的直流电阻值

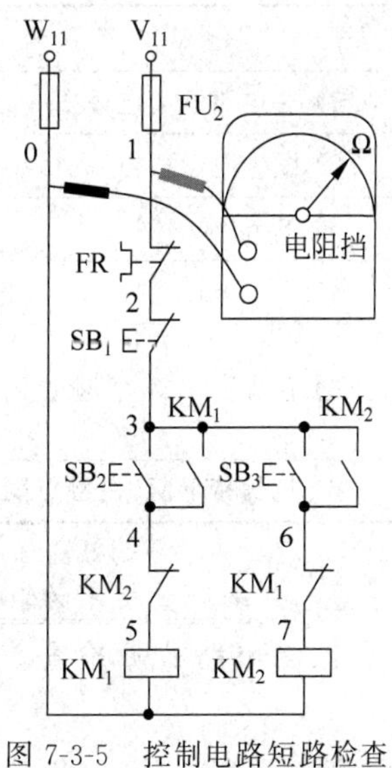

图 7-3-5 控制电路短路检查

注意：如果测量值与正常值不符，应检查元器件的装接连线。

如果电路中没有短路情况，可以通电试车。如果通电试车不能正常运行，则需进行下面的故障检查。

2. 故障检查

(1) 电阻测量法

① 主电路故障检查。结合图 7-3-6 进行主电路的故障检查，步骤如表 7-3-3 所示。

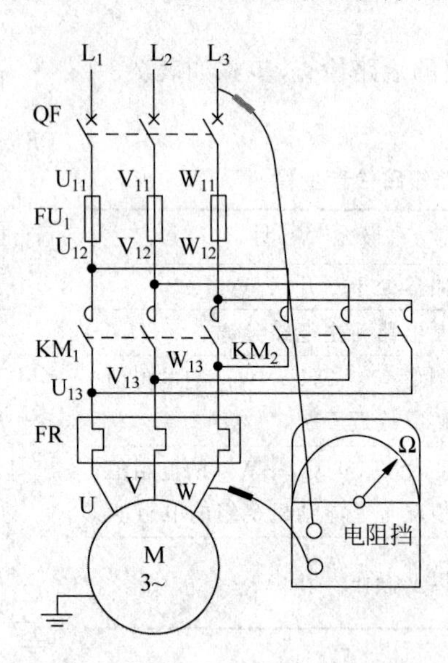

图 7-3-6 电阻测量法检查主电路故障

表 7-3-3 主电路故障检查步骤

步　骤	操作说明
(1) 主电路脱离电源	保持 L_1—L_2—L_3 未接入电源
(2) 断开电动机电源引线	使电动机与主电路分离
(3) 断开 FU_1	使控制电路与主电路分离
(4) 合上 QF	使断路器处于闭合状态
(5) 仅保持 KM_1 主触点闭合	逐相测量 L_1—U、L_2—V、L_3—W 的电阻值 正常阻值接近于“0”
(6) 仅保持 KM_2 主触点闭合	重复以上操作

注意：如果测量值不为“0”，应逐一检查元器件的装接连线。

② 控制电路故障检查。结合图 7-3-7 进行控制电路的故障检查，步骤如表 7-3-4 所示。

注意：如果某两点之间的电阻值为“∞”，说明此处有断点，应逐一检查元器件的装接连线。

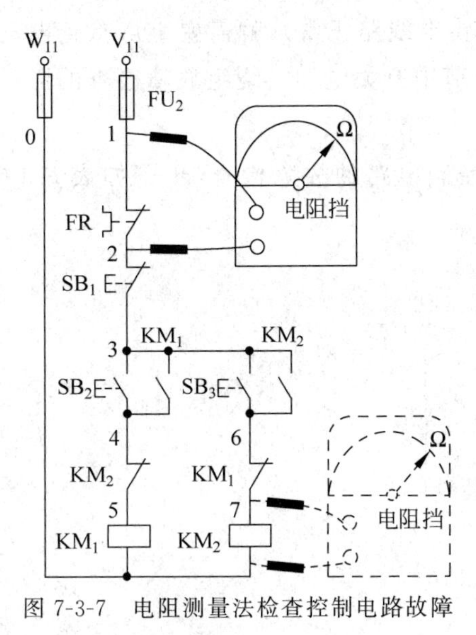

图 7-3-7　电阻测量法检查控制电路故障

表 7-3-4　控制电路故障检查步骤(一)

步　骤	操作说明
(1) 断开 FU_2	使控制电路与主电路分离
(2) 仅按下 SB_2	逐一测量"1—2、2—3、3—4、4—5、5—0"各标号之间的电阻值 "1—2、2—3、3—4、4—5"之间的正常阻值接近于"0" "5—0"之间的电阻值等于线圈的直流电阻值
(3) 仅按下 SB_3	逐一测量"1—2、2—3、3—6、6—7、7—0"各标号之间的电阻值 "1—2、2—3、3—6、6—7"之间的正常阻值接近于"0" "7—0"之间的电阻值等于线圈的直流电阻值

(2) 电压测量法

① 主电路故障检查。在主电路电源接入、电动机脱离电源、QF 闭合、接触器 KM_1 或 KM_2 主触点闭合(二者不可同时闭合)的情况下,结合图 7-3-8 和测量表 7-3-5 中所列各电压值,进行主电路的故障检查。

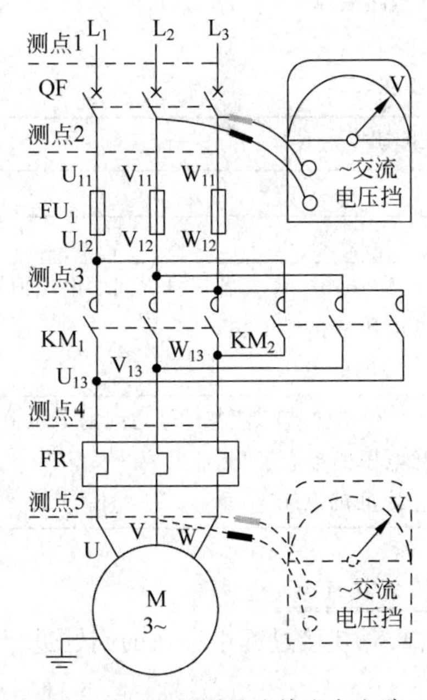

图 7-3-8　电压测量法检查主电路

表 7-3-5　主电路故障检查测量表

测点 1	L_1—L_2	L_2—L_3	L_3—L_1	参考电压值
电压值				线电压值
测点 2	U_{11}—V_{11}	V_{11}—W_{11}	W_{11}—U_{11}	
电压值				
测点 3	U_{12}—V_{12}	V_{12}—W_{12}	W_{12}—U_{12}	
电压值				
测点 4	U_{13}—V_{13}	V_{13}—W_{13}	W_{13}—U_{13}	
电压值				
测点 5	U—V	V—W	W—U	
电压值				

注意:如果某两点间的测量值不等于线电压,则此处有断点或接触不良,应在断电状态下逐一检查元器件的装接连线。

如果表 7-3-2 中测量的电压值均为线电压值(供电线路正常),就需要重点检查电动机的绕组。有关绕组的检查方法,请查看 7.2.3 小节中有关电动机绕组故障检查的详细说明。

② 控制电路故障检查。结合图 7-3-9 进行控制电路的故障检查,步骤如表 7-3-6 所示。

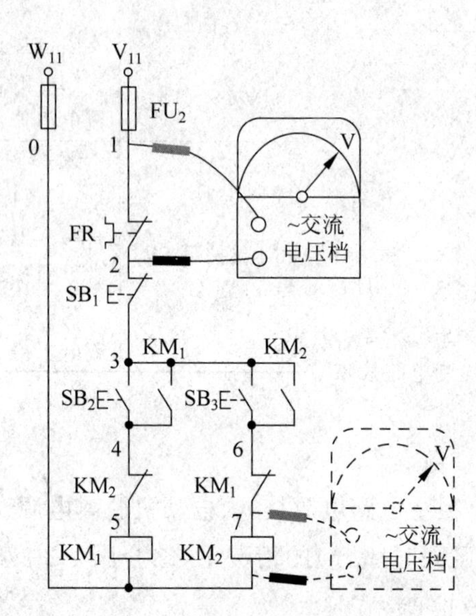

图 7-3-9 电压测量法检查控制电路故障

表 7-3-6 控制电路故障检查步骤(二)

步 骤	操作说明
(1) 闭合 QF	引入电源,保持主电路处于通电状态
(2) 闭合 FU_2	保持控制电路处于通电状态
(3) 按下 SB_2	逐一测量"V_{11}—1、1—2、2—3、3—4、4—5、5—0、0—W_{11}"各标号之间的电压值 "1—2、2—3、3—4、4—5"标号之间的正常电压值接近于"0" "5—0"标号之间的电压值等于 V_{11}—W_{11} 之间的电压
(4) 按下 SB_3	逐一测量" V_{11}—1、1—2、2—3、3—6、6—7、7—0、0—W_{11}"各标号之间的电压值 "1—2、2—3、3—6、6—7"标号之间的正常电压值接近于"0" "7—0"标号之间的电压值等于 V_{11}—W_{11} 之间的电压

注意:如果测量值与正常值不符,应检查元器件的装接连线。

电路装接检查完成后,需要认真撰写技能训练报告,对装接过程中存在的问题进行必要的总结。报告格式可参考本节所附"技能训练报告"。

7.3.4 机械电气双重互锁的双向运行控制电路

上述双向运行控制电路在电动机调整运转方向时,需要电动机先停止后,再反向起动。有些机电设备为了缩短辅助工时，需要电动机能够直接进行正反转的切换。

图7-3-10(b)是一个通过按钮—接触器实现机械电气双重互锁的双向运行控制电路，利用SB_2和SB_3按钮的复合功能，可实现电动机正、反转的直接切换。本电路的机械互锁由按钮的常闭触点实现，电气互锁由接触器的常闭触点完成。由于电路中增加了电位点，因此控制回路的电路标号发生了变化。

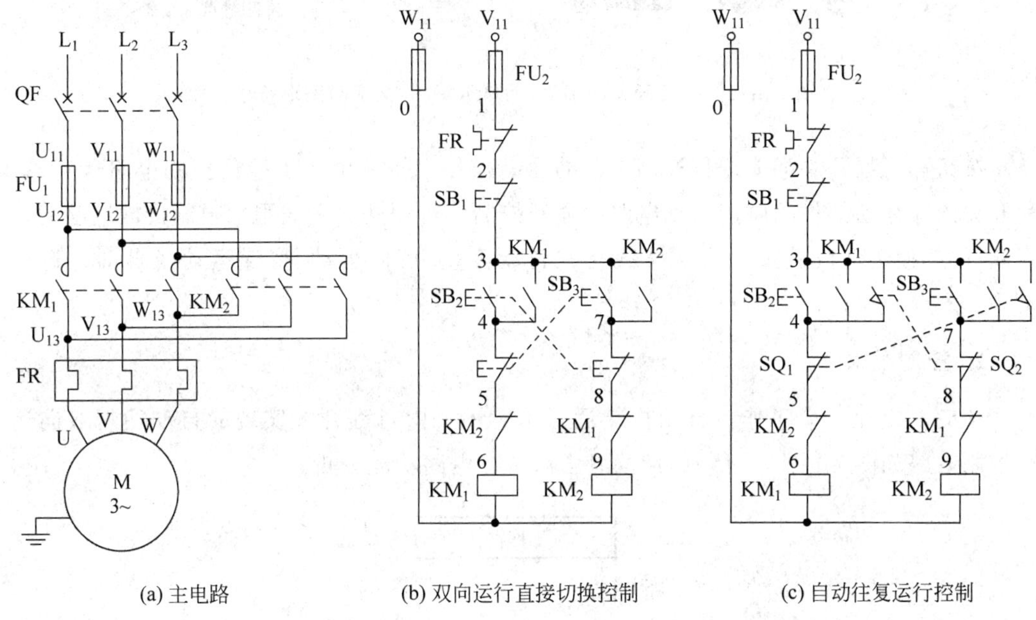

图 7-3-10　电动机双向运行的直接切换控制、自动往复运行控制电路

双向控制功能相同部分略过，这里仅介绍电动机正、反转的直接切换过程。

(1) 正转运行状态，KM_1主触点闭合→按下反转起动按钮SB_3→正转控制回路中SB_3的常闭触点断开，KM_1线圈失电→反转控制回路中的KM_1常闭辅助触点闭合，KM_2线圈得电→KM_2主触点闭合，电动机反向运转→……

(2) 反转运行状态，KM_2主触点闭合→按下正转起动按钮SB_2→反转控制回路中SB_2的常闭触点断开，KM_2线圈失电→正转控制回路中的KM_2常闭辅助触点闭合，KM_1线圈得电→KM_1主触点闭合，电动机正向运转→……

*7.3.5　能自动往复的双向运行控制电路

加工机械中的龙门刨床、导轨磨床等，需要工作台在一定范围内自动往复运行，连续加工工件。利用测量位置的行程开关(限位开关)可实现这一功能要求。

1. 行程开关

行程开关又称限位开关，是位置开关的一种，也是一种常用的小电流主令电器。它能利用机械运动部件的碰撞使其触点动作来实现电路的通断控制，达到控制目的。

图 7-3-11 是一些常见的行程开关,它的动作过程与按钮类似。图中画出了行程开关的动作示意图,以及在电路图中的文字与图形符号。

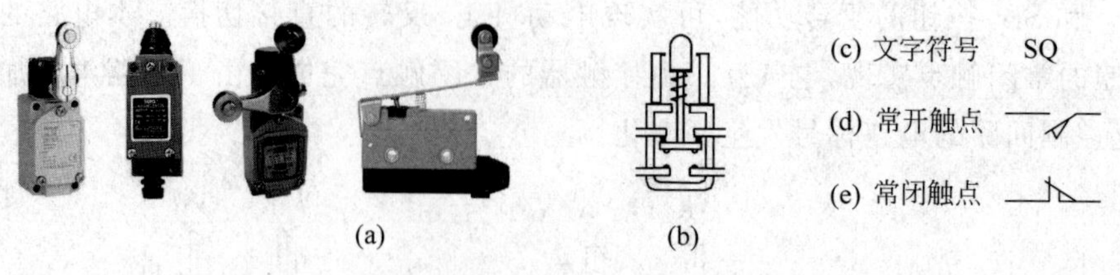

图 7-3-11 行程开关的实物、动作示意图、文字与图形符号

按钮和行程开关都能进行控制电路的通断操作。按钮由人工操作控制电路运行,行程开关依靠运动部件的碰撞实现电路的通断控制。行程开关常被用来限制机械运动的位置或行程,使运动机械按一定位置或行程自动停止、反向运动、变速运动或自动往返运动等。

2. 控制要求

图 7-3-12 是一个工作台自动往复运行示意图。由行程开关实现的自动往复双向运行控制电路如图 7-3-10(c)所示,请读者尝试进行电路功能分析。

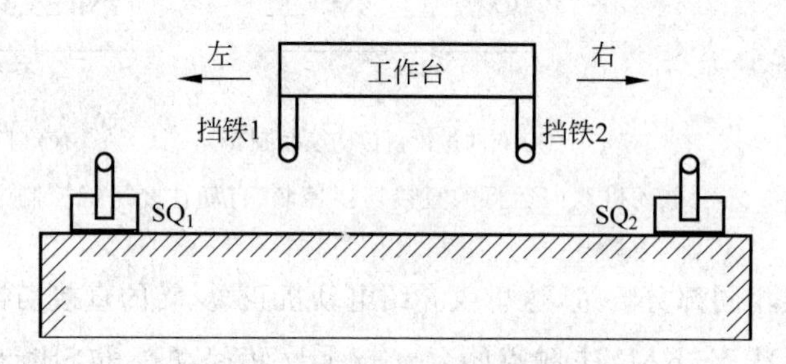

图 7-3-12 工作台自动往复运行示意图

本节以三相异步电动机的双向运行控制为例,再次详细介绍了电路的组成与功能分析、电路的装接与各种检查方法。这些方法不仅适用于本书所介绍的各种电气控制电路,也同样适用于其他机电设备的电路检查与维修。

7-3-1 在双向运行控制电路中,互锁功能有什么作用?

7-3-2 电路的互锁是如何实现的?

7-3-3 是否可以使用接触器的常开触点实现电路的互锁?

7-3-4 双向运行控制的直接切换是如何防止相间短路的?

7-3-5 行程开关(限位开关)与按钮的功能有什么区别?

7-3-6 自动往复运行控制是否可以由人工操作实现?

附：技能训练报告(参考)

班级________　姓名________　学号________

<table>
<tr><td>项目名称</td><td colspan="5">三相异步电动机双向运行电路的装接与调试(3个电路任选)</td></tr>
<tr><td colspan="2">课时：__________</td><td colspan="2">实验/实训室：__________</td><td colspan="2">时间：__________</td></tr>
<tr><td>电路原理图</td><td colspan="5">(画出装接电路的原理图)</td></tr>
<tr><td>元器件接线图</td><td colspan="5">(画出装接电路的元器件接线图)</td></tr>
<tr><td rowspan="9">元器件列表</td><td>序号</td><td>元器件名称</td><td>型号规格</td><td>数量</td><td>电路中的作用</td></tr>
<tr><td></td><td></td><td></td><td></td><td></td></tr>
<tr><td></td><td></td><td></td><td></td><td></td></tr>
<tr><td></td><td></td><td></td><td></td><td></td></tr>
<tr><td></td><td></td><td></td><td></td><td></td></tr>
<tr><td></td><td></td><td></td><td></td><td></td></tr>
<tr><td></td><td></td><td></td><td></td><td></td></tr>
<tr><td></td><td></td><td></td><td></td><td></td></tr>
<tr><td></td><td></td><td></td><td></td><td></td></tr>
<tr><td>回答问题</td><td colspan="5">(参考问题)
1. 简述电路的操作过程。
2. 电路的互锁功能有何作用？并说明互锁功能在电路中是如何实现的。</td></tr>
<tr><td>装接体会</td><td colspan="5">(针对装接过程出现中的问题，写出发现问题与解决问题的具体过程)</td></tr>
<tr><td>报告得分</td><td></td><td>教师签名</td><td></td><td>批改时间</td><td>年　月　日</td></tr>
</table>

注：上表可根据具体的操作项目做相应修改。

7.4 三相异步电动机Y-△起动运行的电气控制

【学习目标】

- 了解时间继电器的结构、原理与功能。
- 熟悉组成Y-△起动运行电气控制电路的元器件。
- 掌握Y-△起动运行电气控制电路的工作原理,并能进行电路功能分析。
- 熟悉用万用表进行电路状态检查的方法与操作技能。

三相异步电动机Y-△起动运行的电气控制

【学习指导】

只有正确掌握Y-△起动运行电气控制电路的工作原理,才能有效进行电气控制电路的装接与检查。能够独立实施的电路难度增加一点,理论素养和技能水平就更进一步。

在6.4.1小节中有关“电动机的起动”中曾简要介绍过鼠笼式三相异步电动机的“Y-△起动运行”。由于起动过程自动进行,在“Y-△”接线转换过程中需要通过时间继电器进行延时操作。在学习电气控制原理之前,首先了解时间继电器的相关知识。

7.4.1 时间继电器

时间继电器是一种实现延时控制的自动开关装置。当加入(或去掉)输入信号后,其输出电路经过设定时间的延时后,触点状态转换,实现电路的通断控制。时间继电器种类很多,有空气阻尼型、电子型、数字型等。图7-4-1所示的是几种常见的时间继电器。

时间继电器

(a) 空气阻尼型

(b) 电子型

(c) 数字型

图 7-4-1 常见的时间继电器

时间继电器的触点配有通电延时型、断电延时型、瞬动型等类型,用于满足不同的控制需求。使用时需要根据动作要求进行合理的选择。表7-4-1给出了时间继电器的文字图形符号及触点功能表。

表 7-4-1 时间继电器的文字图形符号及触点功能表

文字符号	通电延时型			断电延时型			附加触点
	线圈	常开触点	常闭触点	线圈	常开触点	常闭触点	瞬动触点
KT	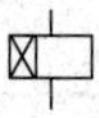	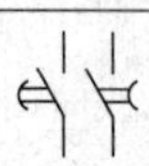	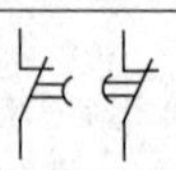	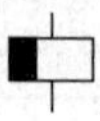	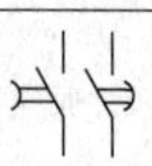	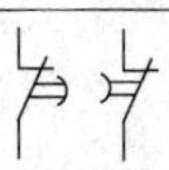	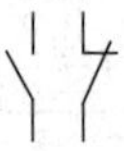
功能		通电延时闭合 断电瞬时断开	通电延时打开 断电瞬时闭合		通电瞬时闭合 断电延时断开	通电瞬时打开 断电延时闭合	

7.4.2 电路组成与功能分析

1. 电路组成

Y-△ 起动运行方式要求电动机定子绕组起动时接成Y形，运行时接成△形。这种起动运行方式适合大中型鼠笼式三相异步电动机的轻载起动，在有效降低电动机起动电流的同时，也大大降低了电动机的起动转矩。

起动时，

$$I_{\mathrm{Yst}}=\frac{1}{3}I_{\triangle \mathrm{st}},\quad T_{\mathrm{Yst}}=\frac{1}{3}T_{\triangle \mathrm{st}}$$

电路起动时，交流接触器 KM_1、KM_3 的主触点闭合，电动机绕组接成Y形；经过一定的延时后，KM_3 线圈失电、KM_2 线圈得电，电动机绕组改接成△形。

电路运行中，为防止 KM_2、KM_3 的线圈同时得电，造成三相电源线短路，在 KM_2、KM_3 的线圈回路中设置了互锁功能。

图 7-4-2 是三相异步电动机Y-△起动运行电气控制的原理图，电路图中已标注电路标号。

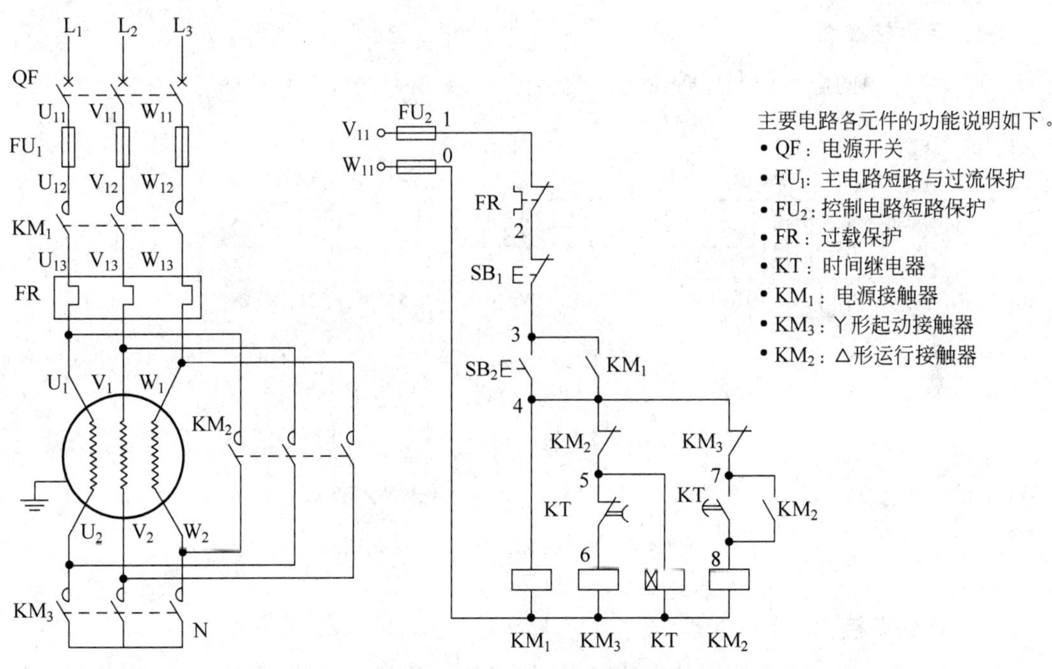

图 7-4-2 三相异步电动机Y-△起动运行电气控制原理图

提示：互锁功能可有效防止Y-△起动运行控制电路的三相电源短路，不可缺少。

2. 电路功能分析

(1) Y形起动

合上电源开关 QF→按下起动按钮 SB_2→接触器 KM_1、KM_3 线圈得电→KM_1、KM_3

主触点闭合,电动机Y形起动→KM_1 辅助常开触点闭合,实现 KM_1 线圈通电自锁→KM_3 辅助常闭触点断开,对△形运行回路进行互锁→KT 线圈得电,起动延时装置。

(2) △形运行

到达设定延时时间后,KT 延时常闭触点打开→接触器 KM_3 线圈失电→KM_3 主触点断开,Y形起动回路断开→KM_3 主辅助常闭触点闭合,对△形运行回路互锁解除→KT 延时常开触点闭合→KM_2 线圈得电、主触点闭合,电动机转入△形运行→KM_2 辅助常闭触点断开,对Y形起动回路进行互锁。

(3) 停止过程

按下停止按钮 SB_1→KM_1、KM_2 线圈失电→KM_1、KM_2 接触器主触点断开,电动机停止运行→KM_1、KM_2 接触器辅助触点断开,解除电路自锁→KM_2 辅助常闭触点闭合,解除Y形起动回路互锁。

7.4.3 电路的装接与检查

电路的装接与检查请按如下顺序进行:绘制元件接线图→进行电路接线→检查电路故障→通电试车→撰写项目报告。

1. 元件接线图

图 7-4-2 中的电气控制原理图可转化为图 7-4-3 所示的元件接线图。

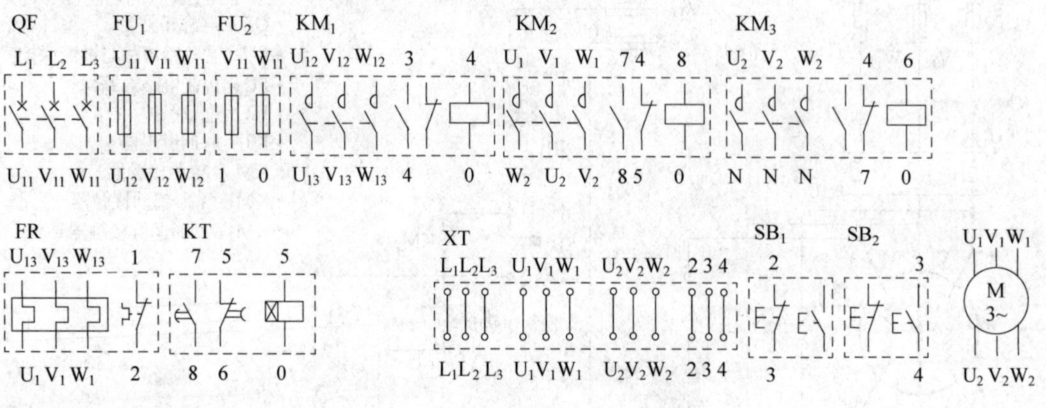

图 7-4-3 Y-△起动运行元件接线图

2. 电路装接

按图 7-4-3 中元件接线图的电路标号,按照从上到下、从左到右的顺序,把不同元件中电路标号相同的点,全部用导线相连,完成电路装接。

3. 电路检查

有关电路检查的内容,前面已有详细说明。如有不明之处,请看 7.2.3 小节、7.3.3 小节中相关内容。

4. 撰写技能训练报告

电路装接检查完成后，可参照7.2节和7.3节所附撰写“技能训练报告”。

思考与练习

7-4-1　通电延时闭合的常开触点，断电时是否也是延时断开？

7-4-2　在Y-△起动运行控制电路中，互锁功能起什么作用？

7-4-3　电路的互锁是如何实现的？

7-4-4　图7-4-2中，KM_1、KM_2的辅助常开触点各起什么作用？

7-4-5　Y形起动由哪两个交流接触器实现？

7-4-6　△形运行由哪两个交流接触器完成？

7.5　三相异步电动机双速运行的电气控制

【学习目标】

- 熟悉组成双速运行电气控制电路的元器件。
- 掌握双速运行电气控制电路的工作原理，并能进行电路功能分析。
- 巩固对电气机械双重互锁功能的理解，了解其应用场合。

三相异步电动机双速运行的电气控制

【学习指导】

三相异步电动机的双速运行能实现一台电动机根据加工需要以高低两个速度起动或运行。在几乎不增加成本的情况下，通过电路设计即可实现双速运行，由此可见电路设计的重要性。

三相异步电动机的双速运行是一种常见的电气控制电路。有些机床设备要求加工时有多个速度运行，以实现加工精度的调整，T68型卧式镗床就有高低两个运行速度要求。

在6.4.2小节中，已对电动机双速运行的原理做过较为详细的介绍。本节将详细介绍双速运行电气控制功能的实现过程。

7.5.1　电路组成与功能分析

1. 电路组成

三相异步电动机双速运行可以手动操作控制，也可以按照时间原则进行顺序控制。图7-5-1是一个手动操作的△-YY双速运行电气控制原理图。

2. 电路功能分析

双速运行电动机的高速起动电流和工作电流远大于低速时的起动电流与运行电流，因此主电路的过载保护应设置两个热继电器。在实际使用中，即便需要高速运行，也往往采用先低速起动后再转入高速运行的方式。

在双速运行调整过程中，定子绕组的空间电角度扩大了一倍，为维持变速前后转向相同，在变极对数的同时，将V相和W相位置互换。

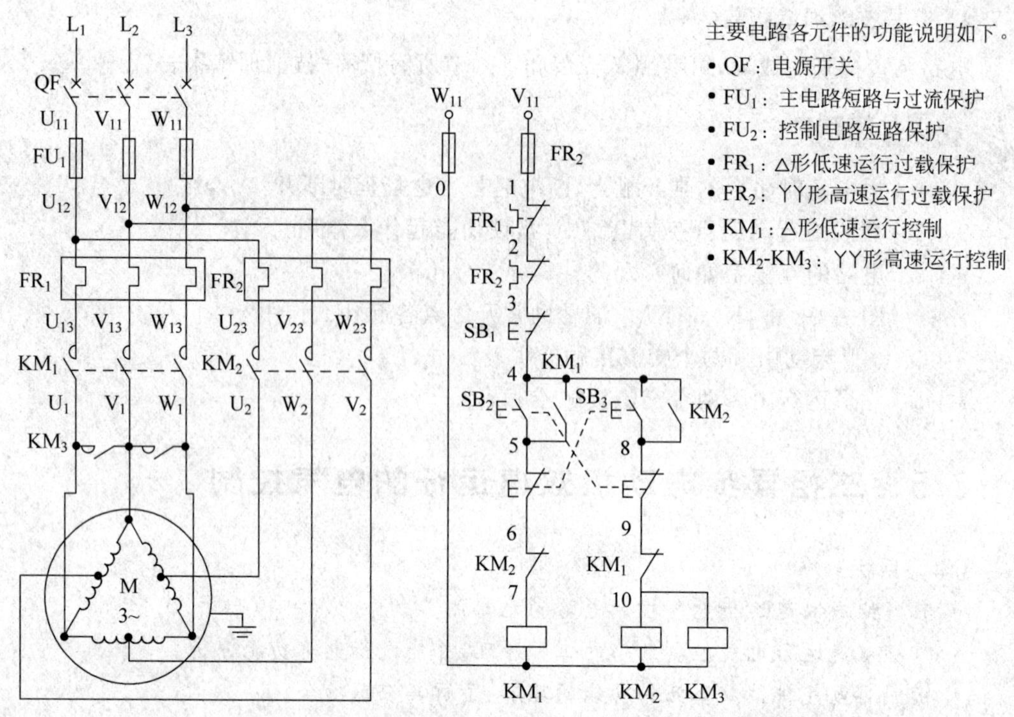

主要电路各元件的功能说明如下。

- QF：电源开关
- FU_1：主电路短路与过流保护
- FU_2：控制电路短路保护
- FR_1：△形低速运行过载保护
- FR_2：YY形高速运行过载保护
- KM_1：△形低速运行控制
- KM_2-KM_3：YY形高速运行控制

图 7-5-1 三相异步电动机△-YY双速运行电气控制原理图

运行中，为防止低高速按钮同时按下，或交流接触器触点粘连，造成 L_1—L_2—L_3 电源线短路，在控制电路中引入了电气机械双重互锁功能，即把低速运行接触器 KM_1 的辅助常闭触点串联接入高速运行控制回路中，把高速运行接触器 KM_2 的辅助常闭触点串联接入低速运行控制回路中，互相钳制。

说明：电气机械双重互锁功能极大地提高了电路运行的安全性。

3. 电路功能分析

（1）△形低速运行

① 起动过程。合上电源开关 QF→按下低速起动按钮 SB_2→接触器 KM_1 线圈得电→KM_1 的 3 对主触点闭合，电动机低速△形运行→KM_1 辅助常开触点闭合，实现自锁，保持电动机连续运行→KM_1 辅助常闭触点断开，实现高速控制回路互锁。

② 停止过程。按下停止按钮 SB_1→接触器 KM_1 线圈失电→KM_1 的 3 对主触点断开，电动机停止运行→与 SB_2 并联的 KM_1 辅助常开触点断开，解除电路自锁→KM_1 辅助常闭触点闭合，解除高速控制回路互锁。

（2）YY形高速运行

① 起动过程。合上电源开关 QF→按下正转起动按钮 SB_3→接触器 KM_2、KM_3 线圈得电→KM_2、KM_3 主触点闭合，电动机高速YY形运行→KM_2 辅助常开触点闭合，实现自锁，保持电动机连续运行→KM_2 辅助常闭触点断开，实现低速控制回路互锁。

② 停止过程。按下停止按钮 SB_1→接触器 KM_2、KM_3 线圈失电→KM_2、KM_3 主触

点断开，电动机停止运行→与 SB_3 并联的 KM_2 辅助常开触点断开，解除电路自锁→KM_2 辅助常闭触点闭合，解除低速控制回路互锁→断开电源开关 QF。

该电路具有电气机械双重互锁功能，运行中可直接通过按钮进行低高速运行的转换。

7.5.2　元件接线图

前面已对装接与检查过程进行了详细说明，这里不再重复。

图 7-5-1 所示的电气原理图电路中，主回路的两个分支路标号有所不同，请读者注意。

图 7-5-2 是电路装接的元件接线参考图。读者也可根据自己的元件布局，尝试进行元件接线图的转化与绘制。

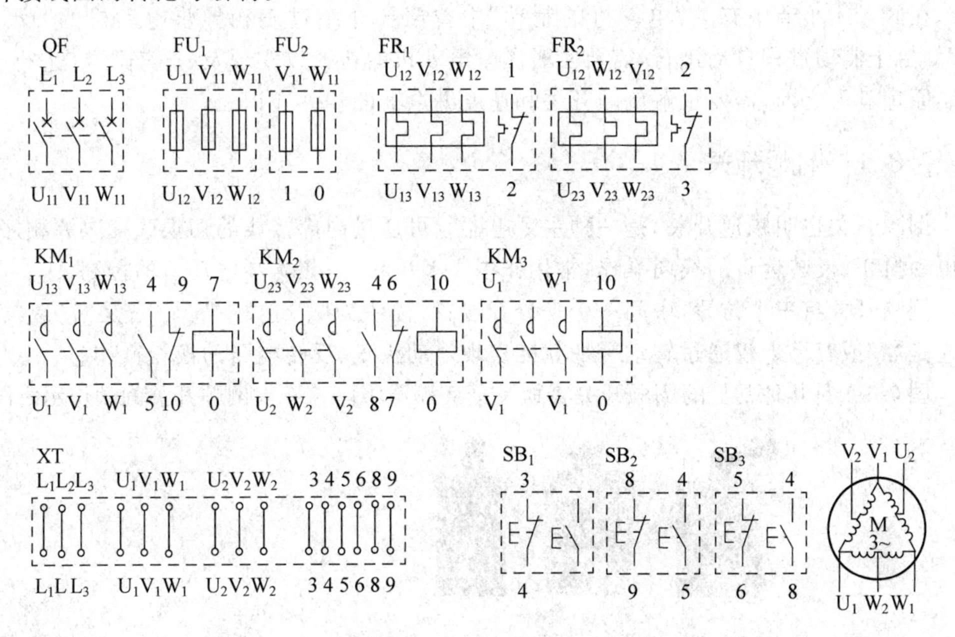

图 7-5-2　△-YY双速运行元件接线图

思考与练习

7-5-1　双速运行电路中，为什么要换相才能保证高速时与低速是转向一致的？

7-5-2　低速运行主电路的△形接线是如何实现的？

7-5-3　高速运行主电路的YY形接线是如何实现的？

7-5-4　电气机械双重互锁分别由什么元件组成？

7-5-5　为什么说电气机械双重互锁提高了电路运行的安全性？

7.6 三相异步电动机反接制动的电气控制

三相异步电动机反接制动的电气控制

【学习目标】

- 熟悉组成电动机反接制动电气控制电路的元器件。
- 掌握反接制动电气控制电路的工作原理,并能进行电路功能分析。
- 进一步巩固电路状态检查的方法与操作技能。

【学习指导】

与前面其他典型电气控制电路类似,反接制动控制电路是组成大中型机电设备常用的典型电路。能掌握这类典型电路的工作原理,并能进行功能分析,是进行大中型电气设备维修检查的基础。

在 6.4.4 小节中有关"电动机的制动"中曾简要介绍过三相异步电动机的"反接制动"。由于制动过程自动进行,需要实时测量电动机的转速以实现及时停车。在进行电气控制原理学习之前,需要了解倒顺开关和速度继电器的相关知识。

7.6.1 倒顺开关

倒顺开关也叫顺逆开关,是一种主令电器。可通过内部接线的切换改变电源相序,实现电动机正、反转运行的换向操作,常用作中小型单相、三相异步电动机的控制。

倒顺开关有三个位置,中间一个是分开位置,标注为"0"或"停";往右是"1"或"正";往左是"2"或"反"。仅通过转动手柄就能实现电动机正、反转电路的换相操作。

图 7-6-1 是几种常见的倒顺开关实物及文字符号,图 7-6-2 是倒顺开关的动作示意图。

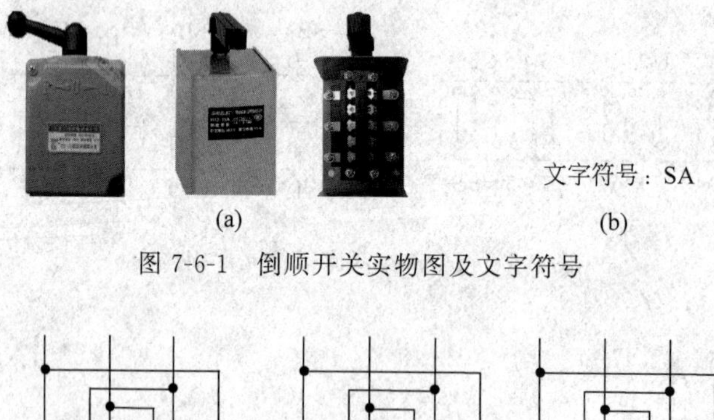

图 7-6-1 倒顺开关实物图及文字符号

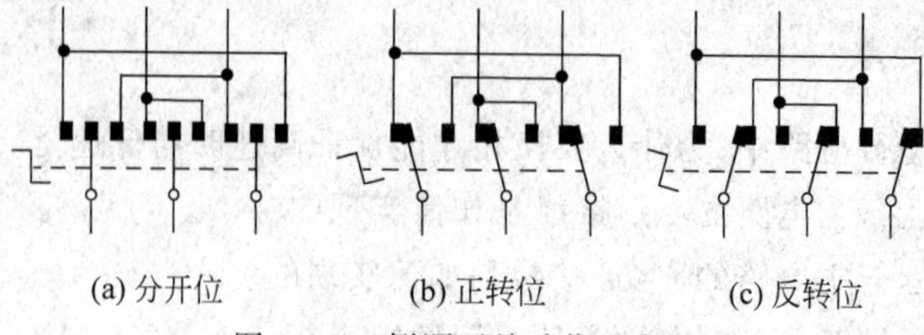

图 7-6-2 倒顺开关动作示意图

7.6.2 速度继电器

速度继电器是用来感测电动机的转速和转向,并根据转速大小实现通断电路的一种低压电器。它的轴与电动机的轴连在一起，在电动机电气控制电路中的作用是，当转速接近零时立即发出信号，切断控制电源使电动机停车，防止因反接制动引起的电动机反向运转。图 7-6-3 是速度继电器动作示意图、文字及图形符号。

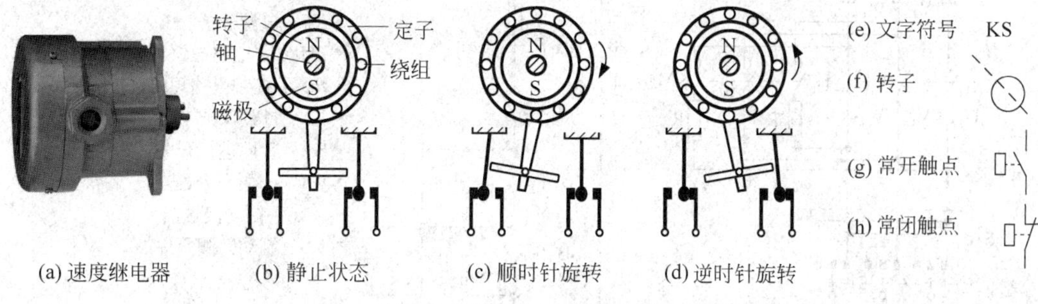

图 7-6-3　速度继电器动作示意图、文字及图形符号

7.6.3　电路组成与功能分析

1. 制动要求

反接制动是通过在停车瞬间，定子绕组反相序接入电源，使电动机产生反向转矩以便快速停转的一种制动过程。

反接制动时，电动机定子绕组所产生的旋转磁场与电动机旋转方向相反，制动过程会产生很大的制动电流。既要快速停车，又要适当减少对电动机的冲击，电气控制对反接制动电路的要求如下。

(1) 无论电动机正转还是反转，在停车时施行与原运转方向相反的反接制动。

(2) 反接制动过程中，尽量减少能量消耗。

(3) 反接制动的速度接近于“0”时，应立即停转，以防反向起动。

实际中，当电动机转速低于 120r/min 时，速度继电器的常开触点已经断开，据此即可实现切断制动电源的操作。

2. 电路组成

图 7-6-4 是满足上述要求的三相异步电动机反接制动电气控制原理图。

3. 电路功能分析

(1) 正转起动运行

合上电源开关 QF→倒顺开关 SA 转到正转→按下起动按钮 SB_2→接触器 KM_1 线圈得电→KM_1 主触点闭合，电动机正向起动运行→KM_1 辅助常开触点闭合，实现正转自锁→KM_1 辅助常闭触点打开，实现反转互锁→速度继电器正转，触点 KS+闭合

(2) 正转反接制动

按下停止按钮 SB_1(注意深按到底，保证常闭触点闭合)→KM_1 线圈失电，KM_1 主触点断开，电动机正向运行电源断开→KM_1 辅助常闭触点闭合，反转互锁解除→依靠惯性速度继电器正转触点 KS+仍保持闭合→KM_2 线圈得电→KM_2 主触点闭合，电动机反接制动→KM_2 辅助常开触点闭合，实现反向自锁→KM_2 辅助常闭触点打开，实现正向互锁→

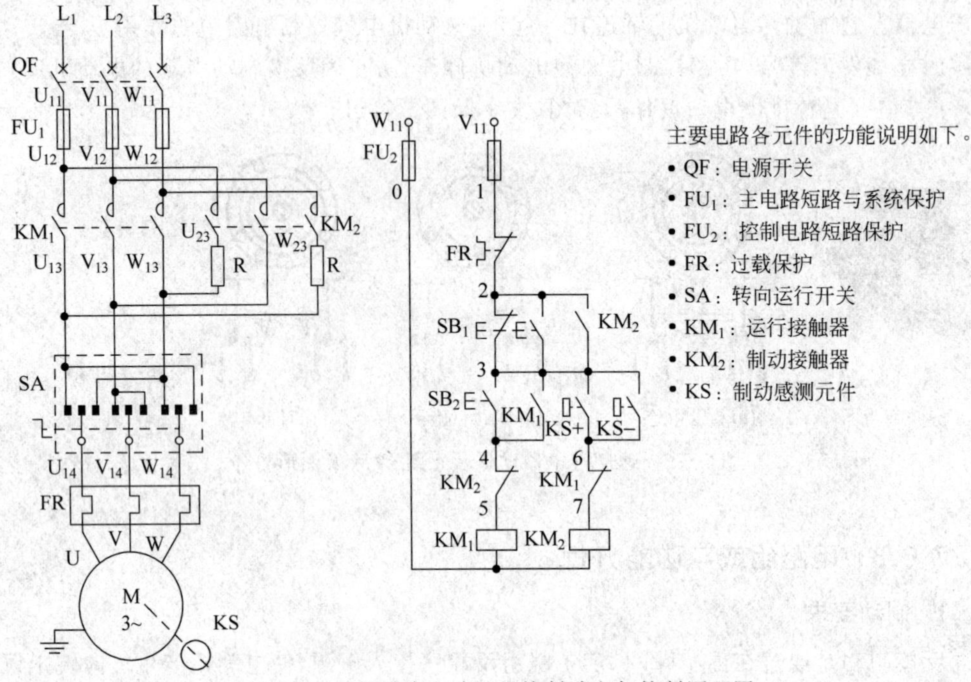

图 7-6-4　三相异步电动机反接制动电气控制原理图

当速度降低至 120r/min，速度继电器正转触点 KS＋断开→KM_2 线圈失电→KM_2 主触点断开，电动机反向制动电源断开→电动机停止运行。

(3) 反转起动运行

合上电源开关 QF→倒顺开关 SA 转到反转→……

其余过程请读者尝试自己分析。

提示： 按下停止按钮 SB_1 时，要保证其常开触点闭合才会实现反接制动功能。

7.6.4　元件接线图

元件参考接线图如图 7-6-5 所示。技能训练报告格式可参考 7.2 节和 7.3 节所附“技能训练报告”。

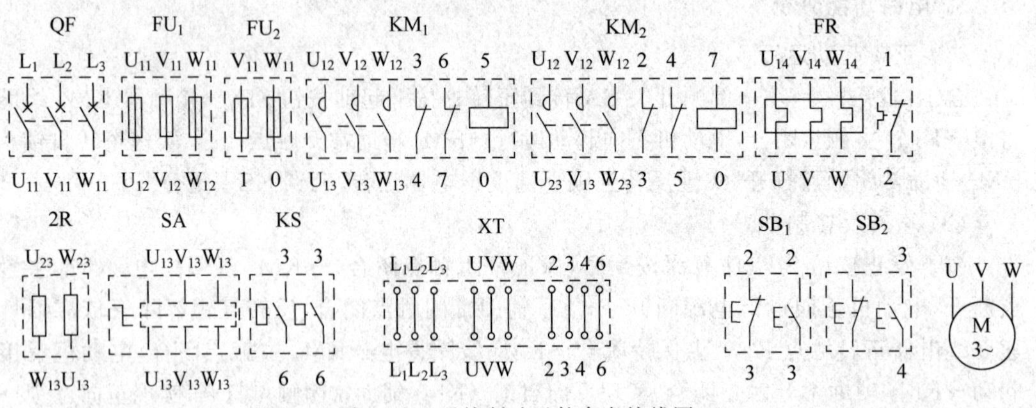

图 7-6-5　反接制动元件参考接线图

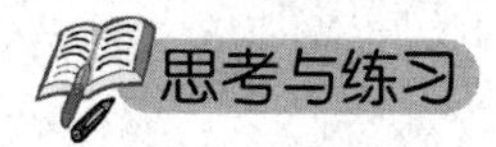

7-6-1 具有反接制动功能的电气控制电路，在操作停止按钮时有何特殊要求？

7-6-2 电动机反向运行时，反接制动是正转状态还是反转状态？

7-6-3 反接制动时，速度继电器的两对常开触点起什么作用？

7-6-4 为什么当电动机转速低于120r/min时，速度继电器的常开触点需要断开？

7.7 电动机顺序运行电气控制电路的设计与实施

【学习目标】

- 了解电气控制电路设计的一般方法，能根据控制要求初步设计简单的电气原理图。
- 熟悉电气元件选择的一般方法。
- 能根据电气原理图进行元件接线图的设计、转化与绘制。
- 能根据运行要求选择元器件。
- 能进行电气控制电路的装接与调试。
- 能进行常见故障的检查与排除。

电动机顺序运行电气控制电路的设计

【学习指导】

前面所学的典型电气制电路就像积木块一样，可组成复杂的具有综合功能的电路。能通过改进典型控制电路实现新的功能，进行电气控制电路的设计，解决实际问题的能力将得到极大的提升。

将来的实际工作中，会遇到对机电设备进行自动化改造或对原有设备进行技术革新的问题。能根据常用的典型控制电路，通过增加部分功能或改变电路设计实现新的功能，是电气工作人员的必要技能。本节从一个工程问题开始，尝试进行电气控制电路的设计与实施。

7.7.1 工程问题

某机电设备中的M_1为冷却泵电动机，M_2为加工电动机，具体参数如表7-7-1所示。

表7-7-1 参数表

编号	型号	P_N	U_N	I_N	接线	n_N	η_n	$\cos\varphi$	T_{st}/T_N	T_m/T_N	I_{st}/I_N
M_1	Y2-801-2	0.75kW	380V	1.83 A	Y	2845r/min	0.75	0.83	2.2	2.3	6.1
M_2	Y2-200L1-2	30kW	380V	55.5 A	△	2940r/min	91.2	0.9	2.0	2.3	7.5

为保证机电设备正常工作，按如下要求设计电气控制电路并具体实施。

(1) 主电路有短路保护与过载保护。

(2) 控制电路有短路保护。

(3) 顺序起动：M_1起动后M_2才能起动；倒序停车：M_2停车后M_1才能停车。

(4) 任何一台电动机过载保护起动后，两台电动机同时停止工作。

(5) 选择电路元器件的型号规格。

(6) 设计电气控制原理图。

(7) 设计元器件布局。

(8) 绘制元器件接线图。

7.7.2 电气控制原理图设计

1. 设计原则

电气控制系统最主要的三个图为：电气控制原理图、电器元件布置图、电器元件接线图。

电气控制原理图表明电气设备的工作原理及各电器元件之间的作用和相互关系；电器元件布置图显示各电器设备的实际安装位置；电器元件接线图提供各元件之间的详细连接信息，包括线缆种类和敷设方式等。以上三个图是分析电路功能、进行设备安装、实施电气连线，检查排除故障的重要依据。

电气控制原理图设计应遵循以下原则。

(1) 体现电气设备的工作原理，表明各电器元件之间的作用和相互关系。

(2) 主电路与控制电路(辅助电路)分开，主电路在左，控制电路在右。

(3) 各电器元件以图形符号辅以文字符号标出。

(4) 同一电器元件按功能分解为不同部分，不同部分使用同一个文字符号。

(5) 电器元件图形符号以国标 GB/T 4728.1—2018 绘制。

(6) 各电器元件的触点状态，都按未受外力作用时的触点状态画出。

(7) 电路中有直接电联系的交叉点以"•"表示。

2. 设计思路

本项目设计的重点是实现两台电动机的顺序起动和倒序停车。

(1) 顺序起动：把 M_2 的起动按钮置于 M_1 的起动按钮之后即可实现。

(2) 倒序停车：M_2 起动后，利用控制 M_2 的接触器常开触点闭锁 M_1 的停止按钮。

3. 电气控制原理图设计

满足以上要求的两台三相异步电动机顺序运行的电气控制原理如图 7-7-1 所示。

4. 电路功能说明

(1) 起动过程

合上电源开关 QF→①按下冷却泵电动机 M_1 起动按钮 SB_2→接触器 KM_1 线圈得电→KM_1 主触点闭合，冷却泵电动机 M_1 起动运行→KM_1 辅助常开触点闭合，实现 KM_1 线圈自锁→②按下加工电动机 M_2 起动按钮 SB_4→接触器 KM_2 线圈得电→KM_2 主触点闭合，加工电动机 M_2 起动运行→KM_2 辅助常开触点闭合→实现 KM_2 线圈自锁→实现 SB_1 按钮互锁。

说明：M_2 的起动按钮 SB_4 置于 M_1 的起动按钮 SB_2 之后，满足起动要求。

(2) 停车过程

① 按顺序操作。按下 M_2 停止按钮 SB_3→KM_2 线圈失电，KM_2 主触点打开，电动机

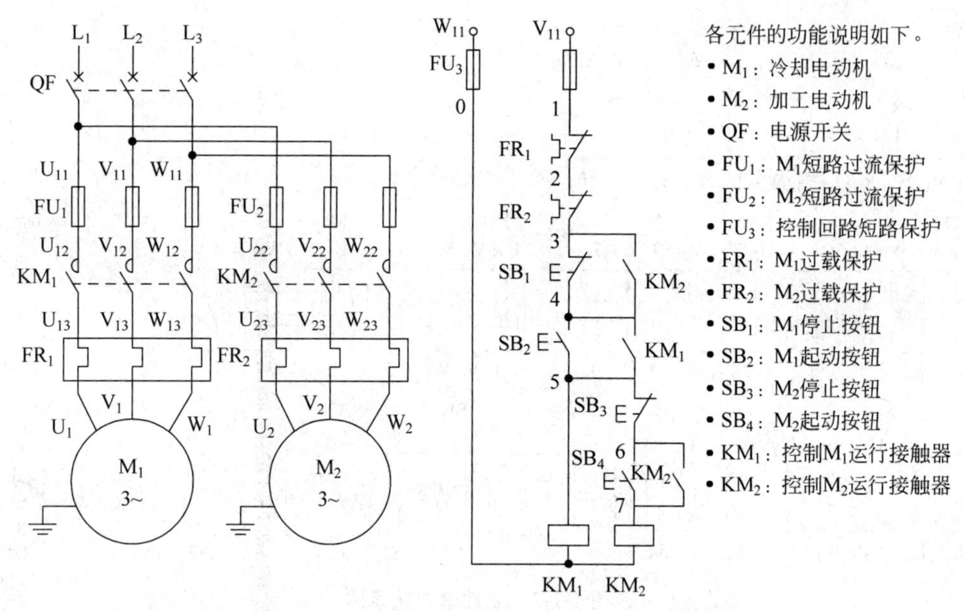

图 7-7-1　两台电动机顺序运行电气控制原理图

M_2 停车→按下 M_1 停止按钮 SB_1→KM_1 线圈失电，KM_1 主触点打开，电动机 M_1 停车。

② 不按顺序操作。按下 M_1 停止按钮 SB_1→由于 SB_1 两端被 KM_2 常开触点锁住，操作无效。

(3) 过载保护动作

运行过程中，M_1 或 M_2 因过载导致 FR_1 或 FR_2 常闭辅助触点断开，都会断开控制电路的电源，致使两台电动机同时停车。

7.7.3　元件接线图设计

元件接线图设计可按以下步骤进行。

(1) 把电路元件按照装配要求放置，做出布局图。

(2) 把各个电器元件的不同部件用图形符号画在一起。

(3) 把原理图中的电路标号标注到图形符号对应的触点上。

满足以上要求的元件参考接线图如图 7-7-2 所示。

7.7.4　电器元件选择

电器元件的选择方法在 7.1 节中已有简要介绍。如果从事产品设计，详细的选择方案需要查看专业资料和元件技术手册，这里就初学者的常见问题提出如下建议。

(1) 搞清机电设备对电器元件的技术要求，如工作性质，功率、电压、电流等关键参数。

(2) 在满足技术要求(保证质量)的前提下，选择价格相对便宜的电器元件。

(3) 尽量选择同一品牌的电器元件，便于元件之间的互相配合与更换。

(4) 对需要参数整定的设备，如断路器、熔断器等，需要进行相关试验。

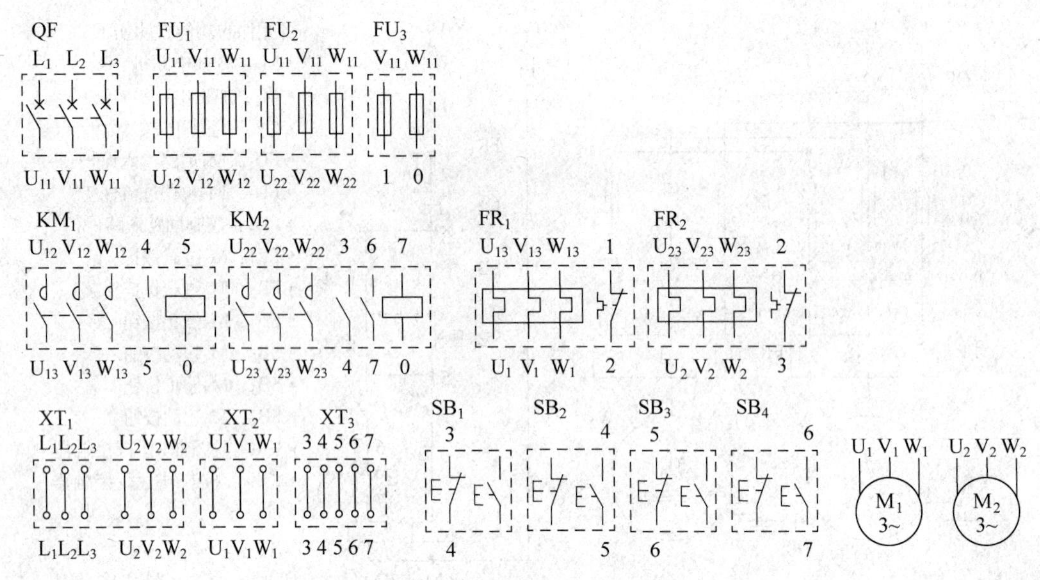

图 7-7-2　元件参考接线图

（5）如果是成批生产，需保证一定数量的备用电器元件。

按照上述原则，以国产品牌德力西为例，选择满足电气控制要求的电路元器件如表 7-7-2 所示。

表 7-7-2　顺序运行电气控制电路元器件表

序号	元件/作用	数量	型　　号	图　　样	主要技术参数	电路技术要求
1	QF 低压断路器 电源总开关	1	DZ47s-4P/63A		额定电压：400V 额定电流：63A 短路分断能力：6kA	工作电压：380V 负载电流：56.4A
2	FU_1 熔断器 1 M_1 短路保护	3	RS0-100		额定电压：500V 额定电流：100A 短路分断能力：50kA	工作电压：380V 负载电流：55.5A
3	FU_2 熔断器 2 熔芯 2 M_2 短路保护	1 3	RT18-3P/32 RT-18-6		额定电压：380V 额定电流：6A 短路分断能力：100kA	工作电压：380V 负载电流：1.83A
4	FU_3 熔断器 3 熔芯 3 控制回路短路保护	1 2	RT18-2P/32 RT-18-6		额定电压：380V 额定电流：6A 短路分断能力：100kA	工作电压：380V 负载电流：3A

续表

序号	元件/作用	数量	型　号	图　样	主要技术参数	电路技术要求
5	KM_1 交流接触器 1 M_1 通断控制	1	CDC1-9 注：定制辅助触点		额定电压：690V 额定电流：9A 线圈电压：36、220、380V	工作电压：380V 负载电流：1.83A
6	KM_2 交流接触器 2 M_2 通断控制	1	CJX2-65		额定电压：690V 额定电流：65A 线圈电压：24、36、48、110、127、220、380V	工作电压：380V 负载电流：55.5A
7	FR_1 热继电器 1 M_1 过载控制	1	JRS1D-25(2.5)		额定电压：660V 壳架电流：25A 整定电流范围：1.6～2.5A	工作电压：380V 负载电流：1.83A
8	FR_2 热继电器 2 M_2 过载控制	1	JRS1D-93(65)		额定电压：380V 壳架电流：93A 整定电流范围：48～65A	工作电压：380V 负载电流：55.5A
9	SB_1～SB_4 按钮 起动停止操作	4	LAY7-11BN 红帽 2 个 绿帽 2 个		额定电压：600V 额定电流：10A	工作电压：380V 负载电流：3A
10	XT_1 接线端子排 1 M_1 电源接线	1	TB-1505 5 节 1 组		额定电压：600V 额定电流：15A	工作电压：380V 负载电流：3A
11	XT_2 接线端子排 2 M_2 电源接线	2	TC-6004 4 节 1 组		额定电压：600V 额定电流：60A	工作电压：380V 负载电流：3A
12	XT_3 接线端子排 3 控制回路接线	2	TB-1505 5 节 1 组		额定电压：600V 额定电流：15A	工作电压：380V 负载电流：3A

*7.7.5 电路装接与调试

(1) 按图 7-7-2 进行电器元件布局，并按照元件接线图的电路标号，把不同元件中电路标号相同的点，逐一用导线按走线规范连接，完成电路接线。

(2) 装接完成后，进行短路检查，确认电路无故障后可通电试车。

(3) 如不能正常运行可进行故障检查，直到解决问题。有关电路检查的内容，在 7.2.3 小节、7.3.3 小节中有详细说明。

(4) 电路装接完成后,认真撰写技能训练报告,对装接过程中存在的问题进行必要的总结。报告格式可参考 7.2 节和 7.3 节所附“技能训练报告”。

学习中如能完成上述工程项目的设计与实施,进行电路的原理分析、功能说明与绘制元件接线图,并能独立完成电路的装接和故障检查,将为工作后进行复杂的机电设备电路分析和电气维修奠定坚实基础。

思考与练习

7-7-1 图 7-7-1 中,起动按钮 SB_3 为什么置于 SB_2 之后?

7-7-2 图 7-7-1 中,KM_2 的辅助常开触点为什么并联在 SB_1 两端?

7-7-3 表 7-7-2 中,熔断器 1 与熔断器 2 为何不选用同种型号的熔断器?

7-7-4 表 7-7-2 中,为什么 FU_1 的额定电流大于 QF 的额定电流?

7-7-5 接触器 1 和接触器 2 的线圈为什么有多个电压?

7-7-6 查询产品手册,说明交流接触器 KM_1(CDC1-9)为什么要定制辅助触点?

细雨润心田:练精技能,铸就匠心

一个设计合理的、具有一定功能的电路,还需要通过电器元件的选择、布局、安装、接线、调试才能实现其功能。

一个电气产品从电路图设计到产品实物成形的每个阶段,都有其操作规范和实施细则,每道工序无不渗透着技术人员规范操作、严谨细致、一丝不苟的匠心。

在设计电路时,电器元件图形符号要按照国标 GB/T 4728.1—2018 标准绘制;在进行电路装接时,也需要按照国标 GB 50150—2006 进行。

严格执行电气产品设计、安装的国家标准是产品优、良、合格的保证。唯其如此,才能保证送到客户手上的产品好用、耐用。

执行标准,规范操作,是电气技术人员的基本职业素养。

严谨细致,方法正确,是练就过硬技能的有效途径。

勤学苦练,一丝不苟,是练精技能,铸就匠心的必然过程。

作为一名自动化类专业的学生,需要在学习期间熟知各种常用低压电器元件的结构和功能,能根据电路原理图绘制元器件接线图,在此基础上进行电路的装接与检查,保证电路的正常运行;作为一名未来的电气技术工作者,要能够根据现有知识和技能,举一反三,触类旁通,尽快适应工作岗位机电设备维护维修的职业要求。

本章小结

本章介绍了 11 个低压电器元件和 6 个典型电气控制电路,希望读者能根据自身条件实施 3~4 个典型电气控制电路的装接,并能进行电路故障检查。

1. 常用低压电器

低压电器	图　样	主要功能
按钮		一种主令电器，用于接通或断开控制电路，进而控制电动机或其他电气设备的运行 复合按钮通常有两对触点，一对常开、一对常闭 一对常开用作起动按钮，常闭触点用作停止按钮
倒顺开关		一种主令电器，有三个位置 可通过内部接线的切换改变电源相序，实现电动机正反转运行的换向操作，常用作中小型单相、三相异步电动机的控制
行程开关 限位开关		一种主令电器，它利用机械运动部件的碰撞使其触点动作来实现电路的通断控制，常被用来限制机械运动的位置或行程，使运动机械实现自动停止、反向运动、变速运动或自动往返运动等 与按钮功能类似，按钮由人操作，行程开关由机械装置操作
低压断路器		一种控制和分配电能的开关电器，可手动接通和分断电路；电路发生短路时能自动切除故障电路；有附加功能的断路器能在电路严重过载、欠压或漏电等情况下，及时切断电路，保障人员和设备的安全
熔断器		一种短路和过电流发生时常用的电路保护器件，根据电流的热效应原理，当通过熔体的电流超过其额定值时，以本身产生的热量使熔体熔断，进而断开电路，实现电路的短路和过流保护
交流接触器		一种利用电磁铁操作，频繁通断交直流电路及大容量控制电路的自动切换装置，主要用于电动机、电焊机、电热设备等电路的通断控制 主触点用于主电路，辅助触点仅用于控制回路 线圈电压有直流型和交流型之分，并有多个电压等级可选择
热继电器		热继电器利用电流经过导体时的热效应原理，使有不同膨胀系数的双金属片发生形变；当形变达到一定距离时，连杆机构带动开关动作；该开关可使控制电路断开、接触器线圈失电，进而断开主电路，实现电动机的过载保护
时间继电器		一种实现延时控制的自动开关装置，其输出电路经过设定时间的延时后，触点状态转换 触点有3种类型：通电延时型、断电延时型、瞬动型等，要根据动作要求进行合理的选择
中间继电器		结构和原理与接触器基本相同 触点数量多，没有主辅触点之分，只能通过小电流，主要用于在控制电路中传递中间信号 线圈电压有直流型和交流型之分

续表

低压电器	图样	主要功能
欠电流继电器		一种依据线圈电流大小,使触点接通或断开的低压电器 动作过程:通过线圈的电流大于欠电流设定值时,衔铁被吸合带动触点动作;小于欠电流设定值时,衔铁被释放触点状态复原
速度继电器		一种感测电动机转速,并根据转速大小实现通断电路的一种低压电器,它的轴与电动机的轴连在一起 在控制电路中的作用是,当转速接近零时立即发出信号,切断控制电源使电动机停车,防止因反接制动引起的电动机反向运转

2. 典型电气控制电路

典型电气控制电路	实现功能、学习内容和重点难点
单向运行控制	实现功能:电动机只沿一个方向旋转,如抽水泵、大型风机、各种磨床等 学习内容:功能分析,简单电路的装接与检查 重点难点:自锁功能的构成与实现;点动,两地控制
双向运行控制	实现功能:通过电动机实现设备的上下、左右、前后运行 学习内容:功能分析,基本电路的装接与检查 重点难点:互锁功能的构成与实现;直接正反转,自动往复
Y-△起动运行控制	实现功能:电动机定子绕组起动时接成Y形,运行时接成△形,适合大中型鼠笼式三相异步电动机的轻载起动 学习内容:功能分析,较复杂电路的装接与检查 重点难点:互锁功能;接线转换的实现方式
双速起动运行控制	实现功能:满足机电设备多速运行要求 学习内容:功能分析,较复杂电路的装接与检查 重点难点:功能分析,双速的实现过程,调速时需要换相
反接制动控制	实现功能:在停车瞬间定子绕组反相序接入电源,使电动机产生反向转矩,实现电动机快速停转 学习内容:功能分析,尝试绘制元件接线图,电路装接与检查 重点难点:功能分析,制动的操作方法,制动的实现过程
顺序运行设计与实施	实现功能:两台电动机顺序起动,倒序停车 学习内容:原理图设计,绘制元件接线图,电路装接与检查 重点难点:电路需求分析,控制功能实现,电气控制原理图设计,元件接线图绘制,电路装接与检查

习题 7

7-1 电动机主电路中已装有熔断器,为什么还要装热继电器?

7-2 三相异步电动机起动电流很大,为什么不能引发热继电器动作。

7-3　习题7-3图是初学者在电路装接中常见的接线错误，请指出错误所在及故障现象。

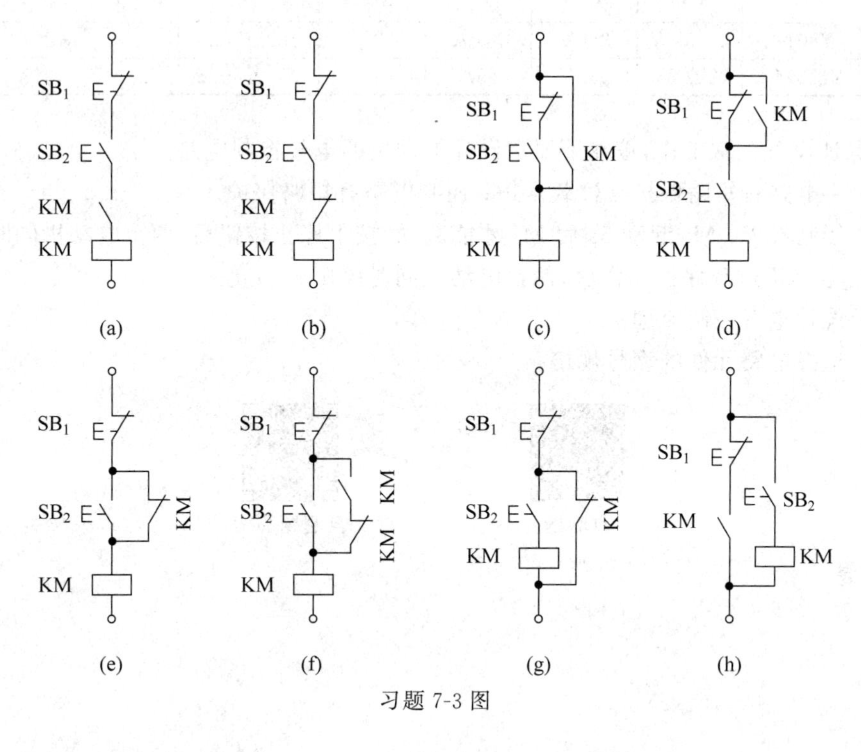

习题7-3图

7-4　接触器控制电路的欠压保护和失压保护是如何实现的？

7-5　在电动机双向运行直接切换控制电路中，既然已有按钮进行机械互锁，为什么还要设置接触器进行电气互锁？

7-6　习题7-6图是电动机双向运行电路装接中常见的接线错误，请指出错误所在及故障现象。

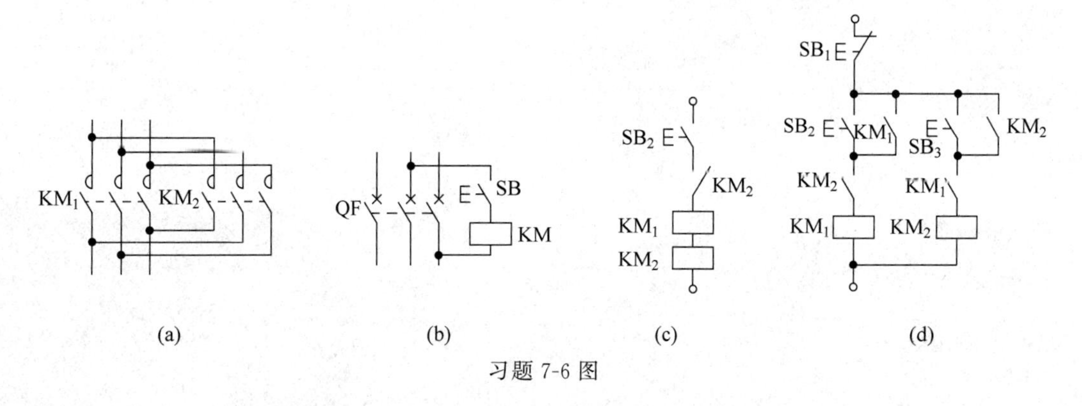

习题7-6图

7-7　反接制动控制电路是如何防止电动机制动过程发生反转的？

*7-8　尝试进行一个电气控制电路的设计。两台电动机技术参数见习题7-8表。

习题 7-8 表　参数表

编号	型号	P_N	U_N	I_N	接线	n_N	T_{st}/T_N	T_m/T_N	I_{st}/I_N
M_1	Y801-2	0.75kW	380V	1.6A	Y	2825r/min	2.2	2.3	6.1
M_2	Y180M-2	22kW	380V	45A	△	2940r/min	2.0	2.3	7.5

为保证设备正常工作，按如下要求设计电动机的电气控制电路。

(1) 主电路有短路保护与过载保护；控制电路有短路保护。

(2) 控制要求：M_1 起动 5s 后 M_2 才能起动，按下停止按钮后，两台电动机同时停车；任意一台电动机过载保护动作后，两台电动机同时停车。

(3) 设计电气控制原理图。

(4) 选择电路元件的型号规格。

自测题

自测题答案

附　　录

附录 A　常见电阻的特点及用途

<table>
<tr><th colspan="2">名　　称</th><th>符号表示</th><th>特　　点</th><th>用　　途</th></tr>
<tr><td rowspan="2">色环电阻</td><td>碳膜电阻</td><td rowspan="7">R</td><td rowspan="2">在电阻表面涂上一定颜色的色环，代表阻值</td><td rowspan="2">应用广泛，如家用电器、电子仪表、电子设备等</td></tr>
<tr><td>金属膜电阻</td></tr>
<tr><td colspan="2">绕线电阻</td><td>用特殊的电阻丝缠绕在绝缘棒上制成，阻值稳定，功率大</td><td>用于高电压、高功率电路中</td></tr>
<tr><td colspan="2">水泥电阻</td><td>将电阻线绕在无碱性耐热瓷件上，放入方形瓷器框内，用特殊不燃性耐热水泥充填密封而成</td><td>用于功率大、电流大的场合，如空调、电视机等功率在百瓦级以上的电器</td></tr>
<tr><td colspan="2">压敏电阻</td><td>阻值随压力的改变发生显著变化</td><td>应用于瞬态过电压保护</td></tr>
<tr><td colspan="2">贴片电阻</td><td>表面贴片元件的一种，其大小只有米粒的一半，精度非常高</td><td>用于大规模集成电路板</td></tr>
<tr><td colspan="2">排阻</td><td>把若干个阻值相同且有一个公共端的电阻封装在一起</td><td>应用在数字电路上，比如作为某个并行口的上拉或者下拉电阻用</td></tr>
<tr><td colspan="2">电位器</td><td>R</td><td>可变电阻又称电位器，其阻值在一定范围内是可以调节的</td><td>主要用于电压或电流调节，达到控制电路状态的目的</td></tr>
</table>

附录 B　色环的含义

色环颜色	色环所处的排列位			色环颜色	色环所处的排列位		
	有效数字	倍乘数	允许偏差		有效数字	倍乘数	允许偏差
黑	0	$\times10^{0}$		紫	7	$\times10^{7}$	±0.1%
棕	1	$\times10^{1}$	±1%	灰	8	$\times10^{8}$	
红	2	$\times10^{2}$	±2%	白	9	$\times10^{9}$	
橙	3	$\times10^{3}$		金	—	$\times10^{-1}$	±5%
黄	4	$\times10^{4}$		银	—	$\times10^{-2}$	±10%
绿	5	$\times10^{5}$	±0.5%	无色	—	—	±20%
蓝	6	$\times10^{6}$	±0.25%				

附录 C　常见电容

<table>
<tr><th colspan="2">名　称</th><th>符号表示</th><th>用　途</th></tr>
<tr><td rowspan="2">电解电容</td><td>铝电解电容</td><td rowspan="2">C +/−</td><td>适用于电源滤波或低频电路</td></tr>
<tr><td>钽电解电容</td><td>一般用于要求较高的设备中</td></tr>
<tr><td rowspan="4">无极性电容</td><td>纸介电容</td><td rowspan="4">C+</td><td>用于低频电路</td></tr>
<tr><td>瓷介电容</td><td>容量小,适用于高频电路</td></tr>
<tr><td>云母电容</td><td>适用于高频电路</td></tr>
<tr><td>贴片电容</td><td>应用于电信、汽车的引擎控制系统、安全系统、照明、DC/DC 交换器中</td></tr>
<tr><td colspan="2">可变电容</td><td>C+</td><td>可变电容的容量比较小,稳定性差</td></tr>
</table>

附录 D　常见电感

<table>
<tr><th>名　称</th><th>符号表示</th><th>元 件 介 绍</th></tr>
<tr><td>无芯电感</td><td>L</td><td>无芯电感的电感量比较小,主要应用于感应接收、调焦、磁卡、磁头、无线收发等领域</td></tr>
<tr><td>带铁芯电感</td><td>L</td><td>在无芯电感中插入铁芯的电感,通常应用在工作频率较低的电路中</td></tr>
<tr><td>带磁芯电感</td><td>L</td><td>在无芯电感中插入磁芯的电感。与铁芯电感相反,带磁芯电感通常应用在工作频率较高的电路中</td></tr>
<tr><td>贴片电感</td><td rowspan="2">L</td><td>贴片电感应用在想要节省空间的电路板中</td></tr>
<tr><td>色码电感</td><td>色码电感以铁氧体磁芯为基体,在其外表涂覆制成,主要用于信号处理</td></tr>
</table>

附录E　防护等级

表 E-1　电器离尘、防止外物侵入的等级

数字	防护范围	说明
0	无防护	对外界的人或物无特殊的防护
1	防止大于50mm的固体外物侵入	防止人体(如手掌)因意外而接触到电器内部的零件,防止较大尺寸(直径大于50mm)的外物侵入
2	防止大于12.5mm的固体外物侵入	防止人的手指接触到电器内部的零件,防止中等尺寸(直径大于12.5mm)的外物侵入
3	防止大于2.5mm的固体外物侵入	防止直径或厚度大于2.5mm的工具、电线及类似的小型外物侵入而接触到电器内部的零件
4	防止大于1.0mm的固体外物侵入	防止直径或厚度大于1.0mm的工具、电线及类似的小型外物侵入而接触到电器内部的零件
5	防止外物及灰尘	完全防止外物侵入。虽不能完全防止灰尘侵入,但灰尘的侵入量不会影响电器的正常运作
6	防止外物及灰尘	完全防止外物及灰尘侵入

表 E-2　电器防湿气、防水侵入的密闭程度

数字	防护范围	说明
0	无防护	对水或湿气无特殊的防护
1	防止水滴侵入	垂直落下的水滴(如凝结水)不会对电器造成损坏
2	倾斜15°时,仍可防止水滴侵入	当电器由垂直倾斜至15°时,水滴不会对电器造成损坏
3	防止喷洒的水侵入	防雨或防止与垂直的夹角小于60°的方向所喷洒的水侵入电器而造成损坏
4	防止飞溅的水侵入	防止各个方向飞溅而来的水侵入电器而造成损坏
5	防止喷射的水侵入	防止来自各个方向由喷嘴射出的水侵入电器而造成损坏
6	防止大浪侵入	装设于甲板上的电器,可防止因大浪的侵袭而造成的损坏
7	防止浸水时水的侵入	电器浸在水中一定时间或水压在一定的标准以下,可确保不因浸水而造成损坏

附录F Y系列三相异步电动机型号选择表

表 F-1 同步转速 3000 转/分(r/min)

<table>
<tr><th rowspan="2">型　号</th><th rowspan="2">功率
/kW</th><th rowspan="2">额定电流
I_N/A</th><th rowspan="2">额定转速
n_N/(r/min)</th><th rowspan="2">效率 η
/%</th><th rowspan="2">功率因数
(cos)</th><th>堵转转矩</th><th>起动电流</th><th>最大转矩</th></tr>
<tr><th>额定转矩
T_{st}/T_N</th><th>额定电流
I_{st}/I_N</th><th>额定转矩
T_{max}/T_N</th></tr>
<tr><td>Y80M1-2</td><td>0.75</td><td>1.8</td><td rowspan="2">2830</td><td>75.0</td><td>0.84</td><td rowspan="6">2.2</td><td>6.5</td><td rowspan="10">2.3</td></tr>
<tr><td>Y80M2-2</td><td>1.1</td><td>2.5</td><td>77.0</td><td>0.86</td><td rowspan="17">7.0</td></tr>
<tr><td>Y90S-2</td><td>1.5</td><td>3.4</td><td rowspan="2">2840</td><td>78.0</td><td>0.85</td></tr>
<tr><td>Y90L-2</td><td>2.2</td><td>4.7</td><td>80.5</td><td>0.86</td></tr>
<tr><td>Y100L-2</td><td>3</td><td>6.4</td><td>2870</td><td>82.0</td><td rowspan="2">0.87</td></tr>
<tr><td>Y112M-2</td><td>4</td><td>8.2</td><td>2890</td><td rowspan="2">85.5</td></tr>
<tr><td>Y132S1-2</td><td>5.5</td><td>11</td><td rowspan="2">2900</td><td rowspan="4">0.88</td><td rowspan="12">2.0</td></tr>
<tr><td>Y132S2-2</td><td>7.5</td><td>15</td><td>86.2</td></tr>
<tr><td>Y160M1-2</td><td>11</td><td>22</td><td rowspan="3">2930</td><td>87.2</td></tr>
<tr><td>Y160M2-2</td><td>15</td><td>29</td><td>88.2</td></tr>
<tr><td>Y160L-2</td><td>18.5</td><td>36</td><td rowspan="2">89.0</td><td rowspan="12">0.89</td><td rowspan="12">2.2</td></tr>
<tr><td>Y180M2</td><td>22</td><td>43</td><td>2940</td></tr>
<tr><td>Y200L1-2</td><td>30</td><td>57</td><td rowspan="2">2950</td><td>90.0</td></tr>
<tr><td>Y200L2-2</td><td>37</td><td>70</td><td>90.5</td></tr>
<tr><td>Y225M-2</td><td>45</td><td>84</td><td rowspan="4">2970</td><td rowspan="2">91.5</td></tr>
<tr><td>Y250M-2</td><td>55</td><td>103</td></tr>
<tr><td>Y280S-2</td><td>75</td><td>140</td><td>92.0</td></tr>
<tr><td>Y280M-2</td><td>90</td><td>167</td><td rowspan="2">92.5</td></tr>
<tr><td>Y315S-2</td><td>110</td><td>200</td><td rowspan="4">2980</td><td rowspan="4">1.8</td><td rowspan="4">6.8</td></tr>
<tr><td>Y315M-2</td><td>132</td><td>237</td><td>93.0</td></tr>
<tr><td>Y315L1-2</td><td>160</td><td>286</td><td rowspan="2">93.5</td></tr>
<tr><td>Y315L2-2</td><td>200</td><td>356</td></tr>
</table>

表 F-2 同步转速 1500 转/分(r/min)

<table>
<tr><th rowspan="2">型 号</th><th rowspan="2">功率
/kW</th><th rowspan="2">额定电流
I_N/A</th><th rowspan="2">额定转速
n_N/(r/min)</th><th rowspan="2">效率 η
/%</th><th rowspan="2">功率因数
(cos)</th><th>堵转转矩</th><th>起动电流</th><th>最大转矩</th></tr>
<tr><th>额定转矩
T_{st}/T_N</th><th>额定电流
I_{st}/I_N</th><th>额定转矩
T_{max}/T_N</th></tr>
<tr><td>Y80M1-4</td><td>0.55</td><td>1.5</td><td rowspan="2">1390</td><td>73.0</td><td rowspan="2">0.76</td><td>2.4</td><td rowspan="2">6.0</td><td rowspan="11">2.3</td></tr>
<tr><td>Y80M2-4</td><td>0.75</td><td>2.0</td><td>74.5</td><td rowspan="3">2.3</td></tr>
<tr><td>Y90S-4</td><td>1.1</td><td>2.8</td><td rowspan="2">1400</td><td>78.0</td><td>0.78</td><td rowspan="2">6.5</td></tr>
<tr><td>Y90L-4</td><td>1.5</td><td>3.7</td><td>79.0</td><td>0.79</td></tr>
<tr><td>Y100L1-4</td><td>2.2</td><td>5.0</td><td rowspan="2">1430</td><td>81.0</td><td>0.82</td><td rowspan="7">2.2</td><td rowspan="15">7.0</td></tr>
<tr><td>Y100L2-4</td><td>3</td><td>6.8</td><td>82.5</td><td>0.81</td></tr>
<tr><td>Y112M-4</td><td>4</td><td>8.8</td><td rowspan="3">1400</td><td>84.5</td><td>0.82</td></tr>
<tr><td>Y132S-4</td><td>5.5</td><td>12</td><td>85.5</td><td>0.84</td></tr>
<tr><td>Y132M-4</td><td>7.5</td><td>15</td><td>87.0</td><td>0.85</td></tr>
<tr><td>Y160M-4</td><td>11</td><td>23</td><td rowspan="2">1460</td><td>88.0</td><td>0.84</td></tr>
<tr><td>Y160L-4</td><td>15</td><td>30</td><td>88.5</td><td>0.85</td></tr>
<tr><td>Y180M-4</td><td>18.5</td><td>36</td><td rowspan="3">1470</td><td>91.0</td><td rowspan="2">0.86</td><td rowspan="3">2.0</td><td rowspan="12">2.2</td></tr>
<tr><td>Y180L-4</td><td>22</td><td>43</td><td>91.5</td></tr>
<tr><td>Y200L-4</td><td>30</td><td>57</td><td>92.2</td><td rowspan="2">0.87</td></tr>
<tr><td>Y225S-4</td><td>37</td><td>70</td><td rowspan="6">1480</td><td>91.8</td><td rowspan="2">1.9</td></tr>
<tr><td>Y225M-4</td><td>45</td><td>84</td><td>92.3</td><td rowspan="3">0.88</td></tr>
<tr><td>Y250M-4</td><td>55</td><td>103</td><td>92.6</td><td>2</td></tr>
<tr><td>Y280S-4</td><td>75</td><td>140</td><td>92.7</td><td rowspan="2">1.9</td></tr>
<tr><td>Y280M-4</td><td>90</td><td>164</td><td>93.5</td><td rowspan="5">0.89</td></tr>
<tr><td>Y315S-4</td><td>110</td><td>201</td><td>93.5</td><td rowspan="4">1.8</td><td rowspan="4">6.8</td></tr>
<tr><td>Y315M-4</td><td>132</td><td>241</td><td rowspan="3">1490</td><td>94.0</td></tr>
<tr><td>Y315L1-4</td><td>160</td><td>291</td><td rowspan="2">94.5</td></tr>
<tr><td>Y315L2-4</td><td>200</td><td>354</td></tr>
</table>

表 F-3　同步转速 1000 转/分(r/min)

型　号	功率 /kW	额定电流 I_N/A	额定转速 n_N/(r/min)	效率 η /%	功率因数 (cos)	堵转转矩 / 额定转矩 T_{st}/T_N	起动电流 / 额定电流 I_{st}/I_N	最大转矩 / 额定转矩 T_{max}/T_N
Y80M-6	0.55	1.8		71.5	0.70			
Y90S-6	0.75	2.3	910	72.5	0.70		5.5	
Y90	1.1	3.2		73.5	0.72			
Y100L-6	1.5	4.0		77.5	0.74		6.0	2.2
Y112M-6	2.2	5.6	940	80.5				
Y132S-6	3	7.2		83.0	0.76	2.0		
Y132M1-6	4	9.4		84.0	0.77			
Y132M2-6	5.5	13	960	85.3				
Y160M-6	7.5	17		86.0	0.78			
Y160L-6	11	25		87.0				
Y180L-6	15	31	970	89.5	0.81			
Y200L1-6	18.5	38		89.8	0.83	1.8		
Y200L2-6	22	45		90.2				
Y225M-6	30	60			0.85	1.7	6.5	
Y250M-6	37	72	980	90.8	0.86			2.0
Y280S-6	45	85		92.0		1.8		
Y280M-6	55	104						
Y315S-6	75	141		92.8	0.87			
Y315M-6	90	168	990	93.2		1.6		
Y315L1-6	110	204		93.5				
Y315L2-6	132	245		93.8				

表 F-4 同步转速 750 转/分(r/min)

<table>
<tr><th rowspan="2">型 号</th><th rowspan="2">功率
/kW</th><th rowspan="2">额定电流
I_N/A</th><th rowspan="2">额定转速
n_N/(r/min)</th><th rowspan="2">效率 η
/%</th><th rowspan="2">功率因数
(cos)</th><th>堵转转矩</th><th>起动电流</th><th>最大转矩</th></tr>
<tr><th>额定转矩
T_{st}/T_N</th><th>额定电流
I_{st}/I_N</th><th>额定转矩
T_{max}/T_N</th></tr>
<tr><td>Y132S-8</td><td>2.2</td><td>5.6</td><td rowspan="2">710</td><td>80.5</td><td>0.71</td><td rowspan="5">2.0</td><td rowspan="2">5.5</td><td rowspan="16">2.0</td></tr>
<tr><td>Y132M-8</td><td>3</td><td>7.3</td><td>82.0</td><td>0.72</td></tr>
<tr><td>Y160M1-8</td><td>4</td><td>9.5</td><td rowspan="3">715</td><td>84.0</td><td>0.73</td><td rowspan="2">6.0</td></tr>
<tr><td>Y160M2-8</td><td>5.5</td><td>12.7</td><td>85.0</td><td>0.74</td></tr>
<tr><td>Y160L-8</td><td>7.5</td><td>17.0</td><td>86.0</td><td>0.75</td><td>5.5</td></tr>
<tr><td>Y180L-8</td><td>11</td><td>24.4</td><td rowspan="2">730</td><td>87.5</td><td>0.77</td><td>1.7</td><td rowspan="6">6.0</td></tr>
<tr><td>Y200L-8</td><td>15</td><td>32.9</td><td>88.0</td><td rowspan="2">0.76</td><td>1.8</td></tr>
<tr><td>Y225S-8</td><td>18.5</td><td>39.7</td><td rowspan="3">735</td><td>89.0</td><td>1.7</td></tr>
<tr><td>Y225M-8</td><td>22</td><td>46.4</td><td>90.0</td><td>0.78</td><td rowspan="3">1.8</td></tr>
<tr><td>Y250M-8</td><td>30</td><td>61.6</td><td>90.5</td><td>0.80</td></tr>
<tr><td>Y280S-8</td><td>37</td><td>76.1</td><td rowspan="6">740</td><td>91.0</td><td>0.79</td></tr>
<tr><td>Y280M-8</td><td>45</td><td>90.8</td><td>91.7</td><td rowspan="2">0.80</td><td rowspan="5">1.6</td><td rowspan="4">6.5</td></tr>
<tr><td>Y315S-8</td><td>55</td><td>111</td><td>92.0</td></tr>
<tr><td>Y315M-8</td><td>75</td><td>150</td><td>92.5</td><td>0.81</td></tr>
<tr><td>Y315L1-8</td><td>90</td><td>179</td><td>93.0</td><td rowspan="2">0.82</td></tr>
<tr><td>Y315L2-8</td><td>110</td><td>219</td><td>93.3</td><td>6.3</td></tr>
</table>

表 F-5 同步转速 600 转/分(r/min)

<table>
<tr><th rowspan="2">型 号</th><th rowspan="2">功率
/kW</th><th rowspan="2">额定电流
I_N/A</th><th rowspan="2">额定转速
n_N/(r/min)</th><th rowspan="2">效率 η
/%</th><th rowspan="2">功率因数
(cos)</th><th>堵转转矩</th><th>起动电流</th><th>最大转矩</th></tr>
<tr><th>额定转矩
T_{st}/T_N</th><th>额定电流
I_{st}/I_N</th><th>额定转矩
T_{max}/T_N</th></tr>
<tr><td>Y315S-10</td><td>45</td><td>100</td><td rowspan="3">590</td><td>91.5</td><td>0.75</td><td rowspan="3">1.5</td><td rowspan="3">6.2</td><td rowspan="3">2.0</td></tr>
<tr><td>Y315M-10</td><td>55</td><td>121</td><td>92</td><td>0.75</td></tr>
<tr><td>Y315L1-10</td><td>75</td><td>162</td><td>92.5</td><td>0.76</td></tr>
</table>

附录 G 习题答案

习题答案

参考文献

[1] 邱关源.电路[M].北京：高等教育出版社,2006.
[2] 燕庆明.电路分析教程[M].北京：高等教育出版社,2007.
[3] 秦曾煌.电工学[M].北京：高等教育出版社,1999.
[4] 徐锋,等.电机与电器控制[M].北京：清华大学出版社,2014.
[5] 李金钟.电机与电气控制[M].北京：中国劳动和社会保障出版社,2014.
[6] 王慧玲.电路基础[M].北京：高等教育出版社,2007.
[7] 林训超,等.电工技术与应用[M].北京：高等教育出版社,2013.
[8] James W Nilsson,Susan A Riedel. Electric Circuits(Ninth Edition)[M].周玉坤,等译.北京：电子工业出版社, 2012.
[9] Thomas L. Floyd.电路基础[M].夏琳,等译.北京：清华大学出版社,2006.
[10] 陆国和.电路与电工技术[M].北京：高等教育出版社,2005.
[11] 张才华,等.电路分析与应用[M].上海：华东师范大学出版社,2007.
[12] 韩承江,等.电工基本技能[M].北京：中国劳动和社会保障出版社,2006.
[13] 阎伟.电工技术轻松入门[M].北京：人民邮电出版社,2008.
[14] 孙余凯,等.企业电工使用技术 300 问[M].北京：电子工业出版社,2005.
[15] 赵春云,等.常用电子元器件及应用电路手册[M].北京：电子工业出版社,2007.
[16] 张才华.电路分析与应用[M].上海：华东师范大学出版社,2007.
[17] 王兰君,等.看图学电工技能[M].北京：人民邮电出版社,2004.
[18] 陆国和.电路与电工技术[M].北京：高等教育出版社,2005.